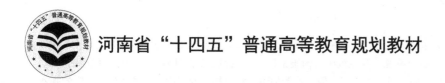

河南省"十四五"普通高等教育规划教材

机床数控技术
（第2版）

刘 军　吕刚磊　郑喜贵　主　编

朱永刚　沈华刚　徐彦伟　副主编

张 莉　王基月　杨 晨　张秀丽　张 军　参 编

电子工业出版社.

Publishing House of Electronics Industry

北京·BEIJING

内 容 简 介

本书内容重点突出，力求体现先进性、实用性，系统地介绍了数控机床的基本原理和应用。全书共 6 章：数控技术概述、计算机数控系统、数控机床的伺服系统、数控加工工艺基础、数控加工程序的编制、数控机床的机械结构，每章均附有思考与练习，便于读者加深对相关知识的理解。全书从数控机床的基本概念入手，重点介绍数控技术所涉及的几个重要方面内容，使读者通过系统的学习，掌握数控机床的基本原理，熟悉数控机床的机械结构和控制知识，熟练应用数控机床的加工工艺和编程方法。

本书既可作为高等院校机械设计制造及其自动化、机械电子工程等专业的本科生教材及机械制造及自动化、机电一体化、数控技术等相关专业的专科生教材使用，也可供数控技术领域的研究人员和工程技术人员学习参考。

图书在版编目（CIP）数据

机床数控技术 / 刘军，吕刚磊，郑喜贵主编. —2 版. —北京：电子工业出版社，2023.7
ISBN 978-7-121-45934-4

Ⅰ．①机… Ⅱ．①刘… ②吕… ③郑… Ⅲ．①数控机床－高等学校－教材 Ⅳ．①TG659

中国国家版本馆 CIP 数据核字（2023）第 123918 号

责任编辑：郭穗娟
印　　刷：北京虎彩文化传播有限公司
装　　订：北京虎彩文化传播有限公司
出版发行：电子工业出版社
　　　　　北京市海淀区万寿路 173 信箱　　邮编　100036
开　　本：787×1092　1/16　印张：23　　字数：585.6 千字
版　　次：2015 年 12 月第 1 版
　　　　　2023 年 7 月第 2 版
印　　次：2024 年 12 月第 3 次印刷
定　　价：79.80 元

凡所购买电子工业出版社图书有缺损问题，请向购买书店调换。若书店售缺，请与本社发行部联系，联系及邮购电话：(010)88254888，88258888。

质量投诉请发邮件至 zlts@phei.com.cn，盗版侵权举报请发邮件至 dbqq@phei.com.cn。

本书咨询联系方式：(010)88254502，guosj@phei.com.cn。

前　言

　　机床数控技术是先进制造技术的基础和重要组成部分，是计算机技术、自动控制技术、检测技术和机械加工技术的交叉和综合技术。随着我国装备制造业的迅速发展，数控技术及数控装备得到了广泛应用，企业对数控技能人才提出了更高的要求。当前，生产企业尤其缺乏"懂工艺、会编程、能操作、会维修"的综合型数控高级技能人才。为了适应数控技术日新月异的发展形势和生产企业的实际需要，编者总结了数控机床方面的教学实践经验和研究成果，在第 1 版的基础上对本书进行了修订。

　　本书以数控机床为主线，从数控机床的基本概念入手，对数控技术所涉及的几个重要方面内容、核心技术和最新技术成果进行系统、深入的叙述，使读者通过系统的学习，掌握数控机床的基本原理，熟悉数控机床的机械结构和控制知识，熟练应用数控机床的加工工艺和编程方法，提高实际操作能力。

　　本书注重理论联系实际，各章内容既相互联系，又有一定的独立性。每章均附有思考与练习，便于读者加深对相关知识的理解。本书体系结构及内容有别于同类教材，富有鲜明的特色与创新性。在内容安排上，着重介绍一些基本概念、实施方法和关键技术；在介绍实施方法时，突出思路和方法的多样化，以开阔读者思路，培养读者分析问题和解决问题的能力。

　　本书由郑州科技学院的刘军、吕刚磊、郑喜贵担任主编，郑州科技学院的朱永刚、沈华刚和河南科技大学的徐彦伟担任副主编，郑州科技学院的张莉、王基月、杨晨，以及河南农业大学的张秀丽、郑州科技学院的张军参编。具体编写分工如下：刘军编写第 1 章，吕刚磊编写第 3 章，郑喜贵编写第 4 章，朱永刚编写第 5 章中的 5.4 节，沈华刚编写第 5章中的 5.1～5.3 节，徐彦伟编写第 2 章中的 2.1～2.3 节，张莉编写第 6 章中的 6.1～6.4 节，王基月编写第 6 章中的 6.5～6.6 节，杨晨编写第 2 章中的 2.4 节，张秀丽编写第 2 章中的2.5 节，张军编写第 2 章中的 2.6 节和第 6 章中的 6.7 节。

在本书的编写过程中，编者参阅了国内诸多同行专家和学者的数控技术著作，编者在本书的参考文献中已列出，在此，致以诚挚的谢意！电子工业出版社郭穗娟编辑及其他人员为本书的出版提出了许多宝贵的意见和建议，在此表示衷心的感谢！

由于编者水平有限，书中不足及不妥之处在所难免，敬请广大读者批评指正，以便我们进一步修订和完善。

编　者

2023 年 1 月

目　　录

第 1 章　数控技术概述………………………………………………………………………1

1.1　机床数控技术的基本概念………………………………………………………2
1.2　数控机床的组成及工作原理……………………………………………………2
　　1.2.1　数控机床的组成…………………………………………………………2
　　1.2.2　数控机床的工作原理……………………………………………………5
1.3　数控机床的分类…………………………………………………………………7
　　1.3.1　按工艺用途分类…………………………………………………………7
　　1.3.2　按运动轨迹分类…………………………………………………………10
　　1.3.3　按伺服控制分类…………………………………………………………11
　　1.3.4　按功能水平分类…………………………………………………………13
　　1.3.5　按联动轴数分类…………………………………………………………14
1.4　数控机床的特点及应用范围……………………………………………………17
　　1.4.1　数控机床的特点…………………………………………………………17
　　1.4.2　数控机床的应用范围……………………………………………………18
1.5　数控机床的发展概况与发展趋势………………………………………………18
　　1.5.1　数控机床的发展概况……………………………………………………18
　　1.5.2　数控机床的发展趋势……………………………………………………20
思考与练习……………………………………………………………………………28

第 2 章　计算机数控系统………………………………………………………………29

2.1　概述………………………………………………………………………………30
　　2.1.1　CNC 系统的组成…………………………………………………………30
　　2.1.2　CNC 系统的功能…………………………………………………………30
　　2.1.3　CNC 系统的一般工作过程………………………………………………33
2.2　CNC 系统的硬件结构……………………………………………………………35
　　2.2.1　单 CPU 结构 CNC 系统…………………………………………………35
　　2.2.2　多 CPU 结构 CNC 系统…………………………………………………37
2.3　CNC 系统的软件结构……………………………………………………………38
　　2.3.1　CNC 系统的软/硬件功能界面……………………………………………38
　　2.3.2　CNC 系统的软件结构特点………………………………………………39
　　2.3.3　CNC 系统的软件结构模式………………………………………………42

2.4 可编程控制器 ·· 43
　2.4.1 概述 ·· 43
　2.4.2 PLC 在数控机床上的应用 ······································ 48
2.5 插　补 ·· 56
　2.5.1 插补的定义 ·· 56
　2.5.2 对插补器的基本要求 ·· 56
　2.5.3 插补方法的分类 ·· 57
　2.5.4 主要的插补方法 ·· 58
2.6 刀具半径补偿 ·· 80
　2.6.1 刀具半径补偿的基本概念 ·· 80
　2.6.2 刀具半径补偿的基本原理 ·· 81
　2.6.3 B 功能刀具半径补偿 ·· 81
　2.6.4 C 功能刀具半径补偿 ·· 81
思考与练习 ·· 84

第 3 章　数控机床的伺服系统 ·· 85

3.1 概述 ·· 85
　3.1.1 伺服系统的相关概念 ·· 85
　3.1.2 数控机床对伺服系统的要求 ······································ 86
　3.1.3 伺服系统的分类 ·· 88
3.2 主轴驱动系统 ·· 91
　3.2.1 基本要求 ·· 91
　3.2.2 工作原理 ·· 92
　3.2.3 主轴分段无级变速 ·· 94
　3.2.4 主轴准停 ·· 96
3.3 步进电动机 ·· 100
　3.3.1 步进电动机组成、工作原理、工作方式、特点和类型 ··············· 100
　3.3.2 步进电动机的主要性能指标及其选择原则 ························· 104
　3.3.3 步进电动机的控制电路 ·· 106
3.4 直流伺服电动机 ·· 108
　3.4.1 直流伺服电动机的工作原理、类型、特点及工作特性 ··············· 108
　3.4.2 直流伺服电动机的速度控制方法 ·································· 113
3.5 交流伺服电动机 ·· 117
　3.5.1 交流伺服电动机的分类及特点 ···································· 118
　3.5.2 交流伺服电动机的结构及工作原理 ································ 118
　3.5.3 交流伺服电动机的主要特性参数 ·································· 121
　3.5.4 交流同步伺服电动机的调速方法 ·································· 121

3.6　直线电动机传动 ··· 121
　　3.6.1　直线电动机的工作原理 ······················· 122
　　3.6.2　直线电动机的结构形式 ······················· 122
　　3.6.3　直线电动机驱动系统的特点 ··············· 123
3.7　位置检测装置 ··· 123
　　3.7.1　概述 ··· 123
　　3.7.2　常用的位置检测装置 ··························· 125
思考与练习 ··· 137

第4章　数控加工工艺基础 ··· 139
4.1　数控加工工艺概述 ··· 139
　　4.1.1　数控加工工艺的特点 ··························· 139
　　4.1.2　数控加工工艺的内容 ··························· 140
4.2　数控加工内容的确定 ·· 141
　　4.2.1　适用数控加工的内容 ··························· 141
　　4.2.2　不适用数控加工的内容 ······················· 141
4.3　数控加工零件的工艺性分析 ····································· 141
　　4.3.1　数控加工零件的图样分析 ··················· 142
　　4.3.2　数控加工零件的结构工艺性分析 ··········· 143
4.4　数控加工工艺路线的设计 ·· 145
　　4.4.1　加工方法与加工方案的确定 ··············· 146
　　4.4.2　工序的划分 ····································· 150
　　4.4.3　工步的划分 ····································· 152
　　4.4.4　加工顺序的安排 ······························· 153
　　4.4.5　数控加工工序与普通工序的衔接 ··········· 154
4.5　数控加工工序的设计 ·· 154
　　4.5.1　走刀路线的确定 ······························· 154
　　4.5.2　零件的定位与安装 ····························· 164
　　4.5.3　数控加工刀具与工具系统 ··················· 169
　　4.5.4　对刀点、刀位点与换刀点的确定 ··········· 181
　　4.5.5　切削用量的确定 ······························· 184
4.6　数控加工工艺文件的编制 ·· 189
　　4.6.1　工艺卡 ··· 189
　　4.6.2　工序卡 ··· 189
　　4.6.3　刀具卡 ··· 190
　　4.6.4　走刀路线图 ····································· 190
　　4.6.5　程序单 ··· 191

4.7　典型零件的数控加工工艺性分析 ··· 192

4.7.1　轴类零件的数控车削加工工艺性分析 ································· 192

4.7.2　盖板零件数控铣削加工工艺性分析 ···································· 194

思考与练习 ··· 199

第 5 章　数控加工程序的编制 ·· 202

5.1　概述 ·· 202

5.2　数控编程基础 ··· 204

5.2.1　数控编程的方法 ··· 204

5.2.2　数控机床坐标系 ··· 205

5.2.3　加工程序结构与格式 ·· 208

5.2.4　程序编制中的数值计算 ··· 209

5.3　数控铣削加工程序的编制 ··· 210

5.3.1　数控铣床和加工中心的编程特点 ····································· 210

5.3.2　数控铣床及加工中心坐标系的确定 ·································· 211

5.3.3　数控铣床和加工中心常用代码 ·· 212

5.3.4　刀具补偿功能 ·· 223

5.3.5　子程序编程 ··· 227

5.3.6　孔加工固定循环指令代码 ·· 230

5.3.7　数控铣床及加工中心编程实例 ·· 238

5.4　数控车削加工程序的编制 ··· 245

5.4.1　编程特点 ·· 245

5.4.2　坐标系的确定 ·· 246

5.4.3　数控车床常用的功能指令代码 ·· 248

5.4.4　车削固定循环指令代码 ··· 255

5.4.5　螺纹加工指令代码 ·· 266

5.4.6　刀具补偿功能 ·· 275

5.4.7　子程序 ··· 281

5.4.8　数控车削加工编程实例 ··· 284

思考与练习 ··· 287

第 6 章　数控机床的机械结构 ·· 290

6.1　概述 ·· 290

6.1.1　数控机床机械结构的组成 ·· 290

6.1.2　数控机床机械结构的主要特点 ·· 292

6.1.3　数控机床对机械结构的要求 ··· 293

6.2　数控机床整体布局 ··· 295

6.2.1　数控车床的布局 ··· 295

6.2.2 数控铣床的布局 ································· 297

6.2.3 加工中心的布局 ································· 298

6.3 数控机床的主传动系统 ································· 301

6.3.1 数控机床对主传动系统的要求 ····················· 301

6.3.2 主传动系统的传动方式 ························· 302

6.3.3 主轴部件 ································· 306

6.3.4 主轴润滑与密封 ····························· 316

6.4 数控机床的进给系统 ································· 318

6.4.1 对数控机床进给系统的要求 ····················· 319

6.4.2 数控机床进给系统的形式 ······················· 320

6.4.3 滚珠丝杠副 ································· 320

6.4.4 齿轮传动副间隙的调整 ························· 327

6.5 数控机床的导轨 ····································· 329

6.5.1 数控机床对导轨的要求 ························· 330

6.5.2 数控机床导轨形状和组合形式 ····················· 330

6.5.3 数控机床常用的导轨 ··························· 332

6.5.4 导轨的润滑与防护 ····························· 336

6.6 数控机床的自动换刀装置 ······························· 338

6.6.1 数控车床的自动换刀装置 ······················· 338

6.6.2 加工中心自动换刀装置 ························· 341

6.7 数控机床的回转工作台 ······························· 350

6.7.1 分度工作台 ································· 350

6.7.2 数控回转工作台 ····························· 353

思考与练习 ··· 355

参考文献 ··· 357

第1章 数控技术概述

教学要求

本章介绍数控机床的基本知识。通过本章学习，要求学生理解并掌握数控机床的基本概念、组成、加工特点、应用范围及其分类，了解其发展概况及趋势。

引例

数控技术是20世纪制造技术的重大成就之一，是吸收了计算机技术、自动控制技术、检测技术和机械加工技术精华的交叉与综合技术领域。对图1-1所示的这类异形曲面复杂零件，只有通过图1-2所示的高精度的数控加工装备——数控机床，采用数控方法才能够顺利完成加工。

数控技术与装备是制造业现代化的重要基础。这个基础是否牢固，直接影响到一个国家的经济发展和综合国力，关系到一个国家的战略地位。因此，工业发达国家均采取重大措施发展本国的数控技术及其产业。

在我国，数控技术与装备的发展也得到了高度重视。近年来，该领域取得了相当大的进步。特别是在通用微机数控领域，已经走在了世界前列。但是，我国在数控技术研究和产业发展方面也存在不少问题，在技术创新能力、商用化进程、市场占有率等方面的问题尤为突出。如何有效解决这些问题，使我国数控领域沿着可持续发展的道路，从整体上全面迈入世界先进行列，使我们在国际竞争中有举足轻重的地位，将是数控研究开发部门和数控机床生产厂家面临的重要任务。

什么是数控技术？数控机床的组成、工作原理及其关键技术、数控机床的特点是什么？数控机床的发展趋势如何？本章将对这些内容进行阐述。

图1-1 异形曲面复杂零件

图1-2 数控机床

1.1　机床数控技术的基本概念

数字控制（Numerical Control，NC）是近代发展起来的用数字化信号，对机床运动及其加工过程进行自动控制的一种方法，简称数控或 NC。

数控技术（Numerical Control Technology）是指用数字量及字符发出指令并实现机床自动控制的技术，它是制造业实现自动化、柔性化和集成化生产的基础技术。计算机辅助设计与制造（CAD/CAM）、计算机集成制造系统（CIMS）、柔性制造系统（FMS）和智能制造（IM）等先进制造技术都是建立在数控技术之上的。由于计算机应用技术的发展，目前广泛采用通用或专用计算机实现数字程序控制，即计算机数控（Computer Numerical Control，CNC）。数控技术广泛应用于金属切削机床和其他机械设备，如数控铣床、数控车床、机器人、机械手和坐标测量机等。数控技术被较早应用于机床装备中，本书中的数控技术主要指机床数控技术。

数控机床（Numerical Control Machine Tools）是指采用数控技术的机床。国际信息处理联盟（International Federation of Information Processing）对数控机床的定义如下："数控机床是一个装有程序控制系统的机床，该系统能够逻辑地处理具有使用代码或其他符号编码指令规定的程序。"换言之，数控机床是一种通过计算机利用数字化信号进行控制的高效且能自动加工的机床，它能够按照规定的机床数字化代码，把机械位移量、工艺参数、辅助功能（如刀具的交换、切削液开关的开启/关闭等）表示出来，经过数控系统的逻辑处理与运算，发出各种控制指令，实现所要求的机械动作，自动完成零件加工任务。当被加工零件或加工工序变换时，它只需改变控制指令程序就可以实现新的加工。因此，数控机床是一种灵活性很强、技术密集度及自动化程度都很高的机电一体化加工设备。

随着自动控制理论、电子技术、计算机技术、精密测量技术和机械制造技术的进一步发展，数控技术正向高速度、高精度、智能化、开放化及高可靠性等方向迅速发展。

1.2　数控机床的组成及工作原理

1.2.1　数控机床的组成

数控机床一般由输入/输出装置、数控装置、伺服系统、机床本体和检测反馈装置组成，如图 1-3 所示。图中实线箭头所指部分为开环系统，虚线箭头所指部分包含检测反馈装置，构成闭环系统。

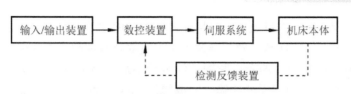

图1-3 数控机床的组成

1. 输入/输出装置

输入/输出装置是 CNC 系统与外部设备进行信息交互的"桥梁"，主要用于零件数控程序的编译、存储、打印和显示等。早期的数控机床常用的信息（程序）载体有标准穿孔带（见图1-4）、磁盘和 U 盘等。现代数控机床常用的信息载体有硬盘和 CF 卡等，信息载体上记载的加工信息由按一定规则排列的文字、数字和代码所组成。目前，国际上通常使用 EIA（Electronic Industries Association）代码以及 ISO（International Organization For Standardization）代码，这些代码经输入装置（MDI 键盘和 CF 卡接口等）输送到数控装置。现代数控机床一般都具有利用通信方式进行信息交换的能力，这种通信方式是实现 CAD/CAM、FMS 和 CIMS 的基本技术。在 CAD/CAM 集成系统中，加工程序可不需要任何载体而直接由个人计算机通过机床传输线输入数控系统。目前，在数控机床上常采用的通信方式有以下几种。

（1）串行通信（RS232、RS422、RS485 等通信接口）。

（2）自动控制专用接口和规范（DNC 接口，MAP 协议等）。

（3）网络通信（Internet、LAN 等）。

（4）无线通信（无线 AP 和智能终端等）。

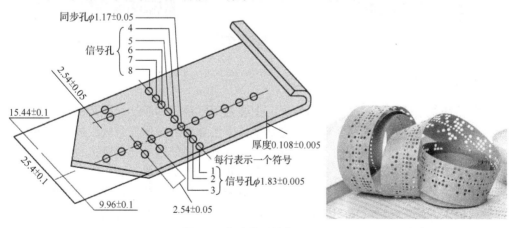

图1-4 穿孔带（单位：mm）

2. 数控装置

数控装置是数控机床的核心，也是区别于普通机床的最重要特征之一。数控装置通常由一台通用或专用微型计算机组成，包括输入装置、内部处理器、中央处理器、输出接口和控制电路等，如图1-5所示。数控装置用来接收并处理控制介质的信息，将代码加以识别、存储、运算，输出相应的命令脉冲，经过功率放大驱动伺服机构，使数控机床按规定要求动作。它能完成加工程序的输入、编辑及修改，实现信息存储、数据交换、代码转换、插补运算及各种控制功能。因此，数控机床功能的强弱主要取决于数控装置。图1-6所示的车床、铣床/加工中心数控装置是我国自主研发生产的华中8型数控装置（中高端系列产品）。

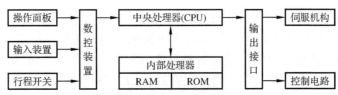

图1-5　数控装置的组成

图1-6　华中8型数控装置

3. 伺服系统

伺服系统是数控机床工作的动力装置，主要由伺服单元和驱动装置两部分组成。伺服单元是CNC和机床本体的联系环节，它把来自数控装置的微弱信号放大成控制驱动装置的大功率信号。根据接收指令的不同，伺服单元分脉冲式伺服单元和模拟式伺服单元，而模拟式伺服单元按电源种类又可分为直流伺服单元和交流伺服单元。

驱动装置是把经伺服单元放大的指令信号变为机械运动的部件，通过简单的机械连接部件驱动机床，使工作台（或刀架）精确定位或按规定的轨迹作严格的相对运动，最后加工出图样所要求的零件。和伺服单元向对应，常用的驱动装置有步进电动机、直流伺服电动机和交流伺服电动机等。

伺服系统是数控系统的执行部分，数控装置发出的指令依靠伺服系统实施，因此伺服系统是数控机床的重要组成部分。伺服系统分开环伺服系统、半闭环伺服系统和闭环伺服系统。在半闭环伺服系统和闭环伺服系统中，需要使用位置检测反馈装置，间接或直接测量执行部件的实际位移值，并与指令位移值进行比较，按闭环原理，将其误差转换并放大后控制运动部件的进给。伺服系统性能的好坏直接影响数控机床的加工精度和生产效率，因此要求伺服系统具有良好的快速响应性能，能准确而迅速地跟踪数控装置的指令信号。

4．检测反馈装置

检测反馈装置由检测元件和相应的检测与反馈电路组成，其作用是检测运动部件的位移、速度和方向，并将其转化为电信号反馈给数控装置，构成闭环控制系统。常用的检测元件有脉冲编码器、旋转变压器、感应同步器、光栅和磁尺等。开环控制系统没有检测反馈装置。

5．机床本体

机床本体是指数控机床的机械结构实体部分。和普通机床相比，数控机床同样包括机床的主运动部件、进给运动部件、执行部件和基础部件，如底座、立柱、工作台（刀架）、滑鞍和导轨等，不同的是数控机床的主运动和进给运动都是由单独的伺服电动机驱动的，因此其传动链短、结构比较简单。图 1-7 所示为数控车床的本体结构。为了保证数控机床的快速响应特性，在数控机床上普遍采用精密滚珠丝杠副和直线滚动导轨副；为了保证数控机床的高精度、高效率和高自动化加工，数控机床的机械结构具有较高的动态特性、动态刚度、阻尼精度、耐磨性和抗热变形等性能。除此之外，数控机床还配套一些良好的辅助控制装置，如自动换刀装置（ATC）、工件自动交换装置（APC）、冷却装置、润滑装置、排屑装置、防护装置及对刀/测量装置等，以便最大限度地发挥数控机床的功能。由于可编程序控制器（PLC）具有响应快、性能可靠、易于编程和修改等优点，并可直接驱动机床电器。因此，目前辅助控制装置普遍采用 PLC 进行控制。

图 1-7　数控车床的本体结构

1.2.2　数控机床的工作原理

数控机床在加工工艺与表面成形方法上与普通机床基本相同，但在实现自动控制的原理和方法上区别很大。数控机床是用数字化信息实现自动控制的。在数控机床上加工零件时，要事先根据加工图样的要求确定零件的加工路线、工艺参数和刀具数据，再按数控机床编程手册的有关规定编写零件数控加工程序，然后通过输入装置将数控加工程序输入数控系统。在数控系统控制软件的支持下，这些加工程序经过处理与计算后，发出相应的控制指令，通过伺服系统使数控机床按预定的轨迹运动，从而进行零件的切削加工。数控机床加工零件的过程如图 1-8 所示。

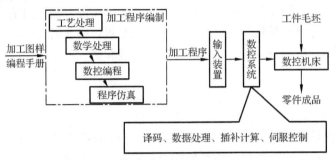

图 1-8　数控机床加工零件的过程

（1）加工程序编制。首先，根据图样对工件的形状、尺寸、位置关系、技术要求等进行工艺分析。然后，确定合理的加工方案、加工路线、装夹方式、刀具及切削参数和图形轮廓的坐标值计算（数学处理）等。最后，根据加工路线、工艺参数、图形轮廓的坐标值及数控系统规定的功能指令代码及程序段格式，编写加工程序。对编写好的加工程序进行程序仿真检验。

（2）加工程序输入。加工程序通过输入装置输入数控系统。目前，采用的输入方式主要有软驱、USB 接口、RS232C 通信接口、分布式数字控制（Direct Numerical Control，DNC）接口、网络接口等。数控系统一般有两种不同的输入方式：一种是边输入边加工，DNC 属于此类输入方式；另一种是一次性把零件加工程序输入数控系统内部的存储器，加工时再由存储器一段一段地读出，软驱、USB 接口属于此类输入方式。

（3）译码。数控系统接收的程序是由程序段组成的，程序段中包含零件轮廓信息、进给速度等加工工艺信息和其他辅助信息，计算机不能直接识别这些信息。译码就是按照一定的语法规则将上述信息解释成计算机能够识别的数据形式，并按一定的数据格式存放在指定的内存专用区域。在译码过程中对程序段还要进行语法检查，发现错误立即报警。

（4）数据处理。数据处理一般包括刀具补偿、速度计算及辅助功能的处理。刀具补偿包括刀具半径补偿和刀具长度补偿。刀具半径补偿的任务是根据刀具半径补偿值和零件轮廓轨迹计算出刀具中心轨迹。刀具长度补偿的任务是根据刀具长度补偿值和程序值计算出刀具轴向实际移动值。速度计算是指根据程序中所给的合成进给速度，计算出各坐标轴运动方向的分速度。辅助功能的处理主要指完成指令的识别、存储和设定标志，这些指令大都是开关量信号，现代数控机床可由 PLC 控制。

（5）插补计算。加工程序提供了刀具运动的起始点、终点和运动轨迹，而刀具从起始点沿直线或圆弧运动轨迹走向终点的过程则要通过数控系统的插补软件控制。插补软件的任务就是通过插补计算程序，根据程序规定的进给速度要求，完成在轮廓起始点和终点之间的中间点的坐标值计算，即数据点的密化工作。

（6）伺服控制和零件加工。伺服系统接收插补计算后的脉冲指令信号或插补周期内的位置增量信号，这些信号经放大器放大后驱动伺服电动机，带动机床的执行部件运动，从而将毛坯加工成零件。

1.3　数控机床的分类

数控机床的品种规格很多，分类方法也各不相同。一般可根据功能和结构，按表 1-1 所示的 5 种分类方法进行分类。

表 1-1　数控机床的 5 种分类方法

分类方法	数控机床的类型		
按工艺用途分类	金属切削类	金属成形类	特种加工类
按运动轨迹分类	点位控制	直线控制	轮廓控制
按伺服控制分类	开环控制	半闭环控制	闭环控制
按功能水平分类	低档型（经济型）	中档型（普及型）	高档型
按联动轴数分类	两轴联动	三轴联动	多轴联动

1.3.1　按工艺用途分类

数控机床是在通用机床的基础上发展起来的，某工艺用途与传统的通用机床工艺用途相似。因此，按工艺用途对数控机床进行分类是最基本的分类方法，可以将其分为金属切削类数控机床、金属成形类数控机床、特种加工类数控机床。

1．金属切削类数控机床

金属切削类数控机床是指能够从工件上削除一部分材料得到所需形状零件的数控机床，此类数控机床和普通机床品种一样，其品种包括数控车床、数控铣床、数控钻床、数控镗床、数控磨床和加工中心等。根据自动化程度的高低，又可将金属切削类数控机床分为普通数控机床、加工中心和柔性制造单元（FMC）。图 1-9～图 1-12 所示为常见的金属切削类数控机床。

普通数控机床的工艺特点和相应的通用机床相似，但它们具有加工复杂形状零件的能力。常见的加工中心有镗铣类加工中心和车削加工中心，它们是在相应的普通数控机床的基础上加装刀库和自动换刀装置而构成的。其工艺特点如下：工件经一次装夹后，数控系统能控制机床自动地更换刀具，连续自动地对工件的各个加工面进行铣（车）、镗、钻、攻（车）螺纹等多工序加工。柔性制造单元是具有更高自动化程度的数控机床，它可以由加工中心和搬运机器人等自动物料存储运输系统组成，有的柔性制造单元还具有对加工精度、切削状态和加工过程进行自动监控的功能。

图 1-9　数控车床

图 1-10　数控铣床

图 1-11　车削加工中心

图 1-12　镗铣类加工中心

2. 金属成形类数控机床

金属成形类数控机床是指使用挤、冲、压、拉等成形工艺方法加工零件的数控机床，包括数控折弯机、数控压力机、数控弯管机、数控旋压机、数控冲床、数控剪板机等，图 1-13～图 1-16 所示为常见的金属成形类数控机床。这一类机床起步较晚，但目前发展很快。

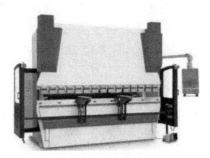

图 1-13　数控折弯机

图 1-14　数控弯管机

图 1-15　数控冲床

图 1-16　数控剪板机

3. 特种加工类数控机床

特种加工类数控机床是指利用特种加工技术（电火花、激光技术等）得到所需形状零件的数控机床，包括数控线切割机床、数控电火花成形机床、数控激光切割机床、数控火焰切割机床、数控等离子切割机床、数控水刀切割机床、带有自动换电极功能的电加工中心等，图 1-17～图 1-20 所示为常见的特种加工类数控机床。目前，特种加工方式已成为常规切削、磨削加工的重要补充。

图 1-17　数控线切割机床

图 1-18　数控电火花成形机床

图 1-19　数控激光切割机床

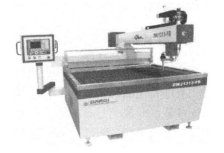

图 1-20　数控水刀切割机床

其他类型数控机床有工业机器人、数控三坐标测量仪、数控对刀仪、数控绘图仪等。这些设备为广义上的数控装备，可归为其他类型数控机床，图 1-21～图 1-23 所示为常见的其他类型数控机床。

图 1-21　工业机器人　　　　图 1-22　数控三坐标测量仪　　　　图 1-23　数控对刀仪

1.3.2　按运动轨迹分类

1. 点位控制数控机床

这类数控机床的特点是保证点到点之间的准确定位，它只能控制行程的终点坐标值，对两点之间的运动轨迹不做严格要求。此类数控机床的刀具在运动过程中，不进行切削加工。图 1-24 所示为点位控制钻孔加工示意。此类数控机床有数控钻床、数控镗床、数控冲床、数控电焊机等。

2. 直线控制数控机床

这类数控机床的特点是不仅具有准确的定位功能，而且刀具相对于工件以给定的速度，沿平行于坐标轴方向或沿与坐标轴成 45°角方向的一条直线进行切削加工。这类机床一般只能加工矩形、台阶形零件。图 1-25 所示为直线控制车削加工示意。

单纯用于直线控制的数控机床并不多见，这类机床主要有简单数控车床、简易数控铣床、数控磨床等。

3. 轮廓控制数控机床

轮廓控制又称连续控制，这类数控机床的特点是要能对两个或两个以上坐标轴同时进行控制，不仅要控制机床移动部件的起始点和终点，而且要控制加工过程中每点的速度、方向和位移量，即控制刀具的运动轨迹，将工件加工成所需的特定轮廓形状。工具运动轨迹可以是任意的直线、圆弧、抛物线及其他函数关系的曲线或曲面。图 1-26 所示为轮廓控制铣削加工示意。

这类数控机床主要有数控车床、数控铣床、数控磨床、数控线切割机床、加工中心等。现代数控机床基本上都是这种类型，它们除了具有两坐标或两坐标以上联动功能，还具有刀具半径补偿、刀具长度补偿、机床轴向运动误差补偿、丝杠螺距误差补偿等一系列功能，因而可以进行复杂曲线或复杂曲面的加工。

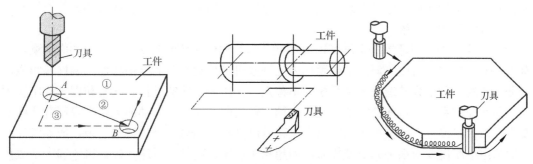

图 1-24　点位控制钻孔加工示意　　图 1-25　直线控制车削加工示意　　图 1-26　轮廓控制铣削加工示意

1.3.3　按伺服控制分类

按数控系统的进给系统有无位置检测装置，数控机床可分为开环数控机床和闭环数控机床。在闭环数控机床中，根据位置检测装置安装位置的不同，又可把它们分为全闭环数控机床和半闭环数控机床。

1. 开环控制数控机床

开环控制系统框图如图 1-27 所示，开环控制数控机床没有位移检测反馈装置，信息流是单向的，数控装置发出指令而没有反馈信息，因此称为开环控制。开环控制系统一般以步进电动机作为伺服驱动元件，数控装置每发出一个进给脉冲指令，经功率放大后驱动步进电动机旋转一个步距角，再通过丝杠螺母副机构转换为执行部件（工作台或刀架）的直线位移。执行部件的移动速度与位移量是由输入脉冲的频率和脉冲数所决定的。

开环控制数控机床容易操作，但其控制精度受到限制，主要取决于伺服驱动系统、机械传动机构的性能和精度。开环控制具有结构简单、制造成本低、工作稳定及维护维修方便等优点，在精度和速度要求不高、驱动力矩不大的场合得到广泛应用；一般用于经济型数控机床和旧机床的数控化改造。

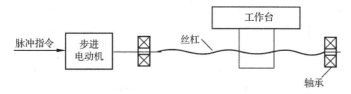

图 1-27　开环控制系统框图

2. 全闭环控制数控机床

全闭环控制系统框图如图 1-28 所示，闭环控制数控机床带有位移检测装置，而且采用直线位移检测元件（如光栅尺等）。这些检测元件安装在机床工作台或刀架等执行部件上，用于随时检测这些执行部件的实际位置。反馈的实际位置值与指令位置值相比较，根据差值控制电动机的转速，进行误差修正，直到位置误差消除为止，以实现运动部件的精确定位，构成闭环控制系统。

从理论上讲，闭环控制系统可以消除整个驱动和传动环节的误差、间隙和失动量，具有很高的位置控制精度。但由于位置环内的许多机械传动环节的摩擦特性、刚性和间隙都是非线性的，故很容易造成闭环系统的不稳定，使闭环系统的设计、安装和调试都比较困难。闭环控制系统对机床结构的刚性、传动部件的间隙及导轨移动的灵敏性等都有严格的要求，故价格昂贵。这类机床的特点是位移精度高，但调试、维修都较复杂，成本较高，一般适用于精度要求很高的数控机床，如超精车机床、超精磨机床、镗铣机床和大型数控机床等。

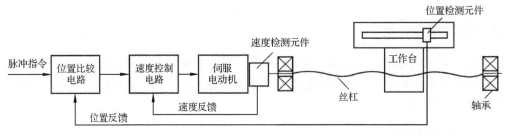

图 1-28　全闭环控制系统框图

3. 半闭环控制数控机床

半闭环控制系统框图如图 1-29 所示，半闭环控制数控机床也带有位移检测装置，而且采用转角检测元件（如编码器等）。这些检测元件安装在伺服电动机轴上或丝杠的端部，通过检测伺服电动机或丝杠的角位移间接计算出工作台或刀架等执行部件的实际位移值，然后与指令位移值相比较，进行差值控制。由于工作台位移没有完全包括在控制回路中，故称半闭环控制系统。

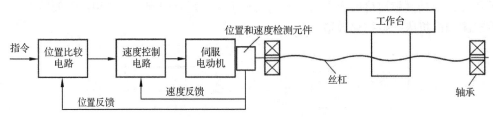

图 1-29　半闭环控制系统框图

半闭环环路不包括或只包括少量机械传动环节，因此可获得较好的控制性能，该系统的稳定性虽不如开环系统，但比全闭环系统的稳定性好。另外，由于位置环内各组成环节的误差可得到某种程度的纠正，而位置环外的各环节的误差，如丝杠的螺距误差、齿轮间隙引起的运动误差均难以消除，因此，其精度比开环系统的精度好，比闭环要差。但可对这类误差进行补偿，仍可获得满意的精度。

半闭环控制系统结构简单、调试方便、精度也较高、价格较低，因此应用较为广泛。

目前，通常将角位移检测元件和伺服电动机设计成一个部件，使用起来十分方便。现在大多数中小型数控机床都采用半闭环控制系统。

1.3.4　按功能水平分类

按数控系统的功能水平，通常把数控机床分为低、中、高 3 个档次，其功能及指标见表 1-2。这种分类方法目前并无明确的定义和确切的分类界限，不同国家对该分类的含义也不同，不同时期的此类含义也在不断发展变化。

表 1-2　不同档次数控机床的功能和指标

功能	低档型	中档型	高档型
系统分辨率	10μm	1μm	0.1μm
进给速度	3～8m/min	10～24m/min	24～100m/min
伺服类型	开环及步进电动机	半闭环及直流/交流伺服电动机	闭环及数字化交流伺服电动机
联动轴数	2～3	2～4	≥5
主轴功能	不能自动变速	自动无级变速	自动无级变速、C 轴功能
通信功能	无接口或有 RS232 通信接口	RS232 或 DNC	RS232、DNC、MAP
显示功能	数码管显示器	阴极射线管显示器（CRT）：图形、人机对话	CRT：三维图形、自诊断
内装PLC	无	有	强功能，内装PLC
主微处理器	8 位、16 位微处理器	16 位、32 位微处理器	32 位、64 位微处理器
结构	单板机或单片机	单微处理器或多微处理器	分布式多微处理器

1. 低档型数控机床

低档型数控机床又称经济型数控机床，其伺服驱动一般由步进电动机实现开环驱动，功能比较简单，价格比较低廉，能满足一般精度要求的加工，能加工形状较简单的直线、斜线、圆弧及带螺纹的零件。一般控制的轴数和联动轴数为 3 或小于 3，脉冲当量（系统分辨率）多为 10μm，进给速度小于 10m/min，数控系统采用单板机或单片机，具有数码管显示、CRT 字符显示功能，有的还配有 RS232C 通信接口。

2. 中档型数控机床

中档型数控机床又称标准型数控机床或普及型数控机床，此类机床采用直流/交流伺服电动机实现半闭环驱动，能实现四轴或四轴以下的联动控制，脉冲当量为 1μm，进给速度为 15～24m/min，一般采用 16 位或 32 位微处理器，配有 RS232C 通信接口、DNC 接口和内装 PLC，具有一定的图形显示功能及面向用户的宏程序功能等。

3. 高档型数控机床

高档型数控机床是指能加工复杂形状零件的、多轴联动的数控机床，其功能强，工序集中，自动化程度高。高档型数控机床一般采用 32 位以上微处理器，形成多微处理器结构；采用数字化交流伺服电动机或直线电动机形成闭环驱动，具有主轴伺服功能，能实现五轴或五轴以上联动，脉冲当量为 0.1～1μm，进给速度可达 100m/min 及以上；具有友好的图形用户界面和三维动画功能，能进行加工仿真，同时具有智能监控、智能诊断和智能工艺数据库等功能；配有制造自动化协议（Manufacturing Automation Protocol，MAP）等通信接口，能实现计算机联网和通信。

1.3.5 按联动轴数分类

数控机床有时需要同时控制多个坐标轴协调运动，这种控制称为多轴联动控制。根据数控系统可实现的联动轴数，数控机床可分为两轴联动数控机床、两轴半联动数控机床、三轴联动数控机床及多轴联动数控机床。数控机床的联动轴数越多，控制系统越复杂，加工能力就越强。

1. 两轴联动数控机床

两轴联动数控机床是指能同时控制两个坐标轴联动加工的数控机床，例如，数控车床可同时控制 X 轴和 Z 轴方向的运动，实现两轴联动。图 1-30（a）所示为采用两轴联动车削加工具有各种曲线轮廓的回转体零件。有的数控铣床虽然有 X、Y、Z 轴 3 个方向的运动，但数控装置只能同时控制两个坐标轴，实现两轴联动。图 1-30（b）所示为采用两轴联动铣削加工平面轮廓，图 1-30（c）所示为通过坐标平面的变换，以两轴联动铣削加工零件的沟槽。

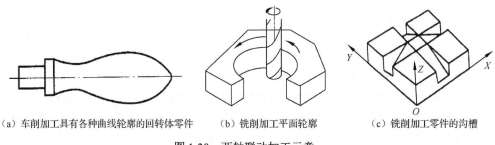

（a）车削加工具有各种曲线轮廓的回转体零件　　（b）铣削加工平面轮廓　　（c）铣削加工零件的沟槽

图 1-30　两轴联动加工示意

2. 两轴半联动数控机床

两轴半联动是指在两轴联动的基础上增加第三轴的步进移动，即只有在数控机床两轴联动加工完毕之后固定不动时，第三轴才可以周期性进给一小步。如图 1-31（a）所示，在 XOZ 平面内 X、Y 两轴联动加工，刀具在 Y 轴方向上作周期性进给运动。这种方式可以用来加工三维空间曲面。两轴半联动加工方法本质是采用两轴联动实现分层轮廓铣削加工的，如图 1-31（b）所示。由于计算简单、占用微处理器的时间较少，故数控加工的速度较快，但加工精度不高，因此常用于轮廓表面的粗铣加工。

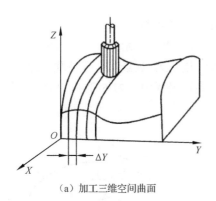

（a）加工三维空间曲面

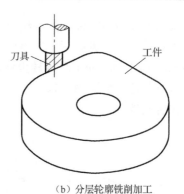

（b）分层轮廓铣削加工

图 1-31 两轴半联动加工示意

3. 三轴联动数控机床

三轴联动数控机床是指具有真正能够同时控制 3 个坐标轴联动运动控制功能的数控机床，适用于高精度曲面的加工，铣削加工三维空间曲面如图 1-32（a）所示。对型腔模具表面采用两轴半联动粗加工后，可以采用三轴联动完成轮廓曲面的精铣加工，如图 1-32（b）所示。

通常 3 轴联动数控机床可以实现两轴联动加工、两轴半联动加工、三轴联动加工。

3 轴联动数控机床一般分为两类：一类就是 X、Y、Z 3 个直线坐标轴联动，多用于数控铣床、加工中心等；另一类是除了同时控制 X、Y、Z 中的两个直线坐标轴，还同时控制围绕其中某一直线坐标轴旋转，如车削加工中心，它除了控制 Z、X 两个直线坐标轴联动，还需要同时控制围绕 Z 轴旋转的主轴（C 轴）联动，也就是在普通数控车床的基础上，增加了 C 轴和动力刀具系统，使数控车床的加工功能大大增强，除了可以进行一般车削加工，还可以进行径向和轴向铣削加工、曲面铣削加工，以及中心线不在零件回转中心的孔和径向孔的钻削加工等。

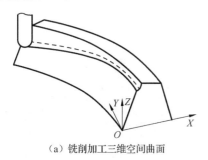

（a）铣削加工三维空间曲面

（b）型腔模具轮廓曲面的精铣加工示意

图 1-32 3 轴联动加工

4. 多轴联动数控机床

多轴联动数控机床是指能同时控制 3 个以上坐标轴联动运动的数控机床。多轴联动数控机床的结构复杂，CNC 系统的功能强大，精度要求高，程序编制困难，适用于加工形状特别复杂的异型曲面零件，如直纹扭曲面、叶轮叶片表面等。

多轴联动加工示意如图1-33所示，其中，四轴联动加工为"3+1"形式，即3个直线坐标轴（X、Y、Z轴）和1个旋转坐标轴（如B轴，用于刀具摆动）；五轴联动加工为"3+2"形式，即3个直线坐标轴（X、Y、Z轴）和2个旋转坐标轴（如B轴和C轴，用于刀具摆动和工作台回转）。

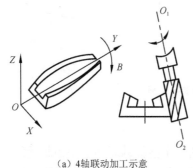

（a）4轴联动加工示意　　　　　　　（b）5轴联动加工示意

图1-33　多轴联动加工示意

图1-34所示为五轴联动数控机床，其中工作台可以作X、Y两个轴方向的直线运动和沿C轴方向的转动；主轴箱可以作Z轴方向的直线运动和沿B轴方向的摆动；主轴带动刀具旋转。主轴的旋转是工件表面成形运动中的主运动，其他五种运动是工件表面成形运动中的进给运动。对图1-35所示的整体叶轮，就需要采用五轴联动加工中心进行加工。

五轴联动数控机床可能仅仅用到两轴联动、两轴半联动、三轴联动、或四轴联动的加工功能，这要根据实际加工需要而定。

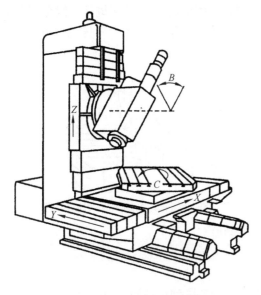

图1-34　五轴联动数控机床　　　　　　　图1-35　整体叶轮

1.4　数控机床的特点及应用范围

1.4.1　数控机床的特点

数控机床是采用数控技术的机械装备中最具代表性的一种，它在机械制造业中得到日益广泛的应用。与普通机床相比，它具有以下特点。

（1）加工精度高、加工质量稳定。数控机床按照预定的程序自动加工，不需要人工干预，这就消除了操作者人为产生的失误或误差。数控机床本身的刚度高、精度好，并且精度保持性较好，这更有利于零件加工质量的稳定；还可以利用软件进行误差补偿和校正，也使数控加工具有较高的精度。

（2）生产效率高。数控机床的进给运动和多数主运动都采用无级调速，并且调速范围大，可选择合理的切削速度和进给速度；可以进行在线检测，避免加工中的停机时间；可采用自动换刀、自动交换工作台，并且一次装夹可实现多面和多工序加工，减少工件装夹对刀等所用时间。因此，数控加工的生产效率高。

（3）适应性强。数控机床由于采用数控加工程序控制，当所加工的零件改变时，只要改变数控加工程序，就可实现对新零件的自动化加工。因此，能适应对产品不断更新换代的要求，解决了多品种、单件或小批量生产的自动化问题。数控机床还可以完成普通机床难以完成或根本不能加工的复杂曲面的零件加工。因此，数控机床在航空、航天、造船、模具等加工业中得到广泛应用。

（4）劳动强度低、劳动条件好。数控机床的操作者一般只需装卸零件、更换刀具、利用操作面板控制机床的自动加工，不需要进行繁杂的重复性手工操作。因此，劳动强度低。此外，数控机床一般都具有较好的安全防护、自动排屑、自动冷却和自动润滑装置，操作者的劳动条件可得到很大改善。

（5）有利于现代化生产与管理。采用数控机床加工，可方便、精确地计算零件的加工时间和加工费用，有利于生产过程的科学管理和信息化管理。数控机床又是先进制造系统的基础，便于制造系统的集成，为实现生产过程自动化创造了条件。

（6）具有故障自诊断和监控能力。对 CNC 系统的故障，一般可以通过系统自诊断程序及时诊断出故障的原因，极大地提高了机床的检修效率。高档型数控机床还可以通过网络将其工作状态和故障信息传给生产厂家，由生产厂家协助诊断和解决一些疑难故障。

（7）操作和维护要求高。数控机床是综合多学科、新技术的产物，价格高，设备一次性投资大，操作和维护要求较高。因此，为保证数控加工的综合经济效益，要求数控机床的使用者和维修人员应具有较高的专业素质。

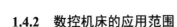

1.4.2　数控机床的应用范围

数控机床有普通机床所不具备的许多优点，其应用范围也在不断扩大，但它并不能完全代替普通机床，还不能以经济的方式解决机械加工中的所有问题。数控机床最适合加工具有以下特点的零件。

（1）多品种、小批量生产的零件。

（2）形状结构比较复杂的零件。

（3）需要频繁改型的零件。

（4）价值昂贵、不允许报废的关键零件。

（5）设计制造周期短的急需零件。

（6）批量较大、精度要求较高的零件。

1.5　数控机床的发展概况与发展趋势

1.5.1　数控机床的发展概况

1．产生背景

随着科学技术和社会生产力的不断发展，人们对机械产品的质量和生产效率提出了越来越高的要求，而机械加工过程的自动化是实现上述要求的有效途径。从工业革命以来，人们实现机械加工自动化的手段有自动机床、组合机床、专用自动生产线。这些设备的使用大大地提高了机械加工自动化的程度，提高了劳动生产率，促进了制造业的发展，但它也存在固有的缺点：初始投资大，准备周期长，柔性差。

上述设备仅适用批量较大的零件生产。然而，随着市场竞争的日趋激烈，产品更新换代周期缩短，批量大的产品越来越少，而小批量产品的生产所占的比重越来越大，约占总加工量的80%以上，因此，迫切需要一种精度高、柔性好的加工设备满足上述需求，这是机床数控技术产生和发展的内在动力。此外，电子技术和计算机技术的飞速发展为数控机床的进步提供了坚实的技术基础。数控机床正是在这种背景下产生和发展起来的。它极其有效地满足了上述要求，为小批量、精密复杂的零件生产提供了自动化加工手段。它的产生给自动化技术带来了新的概念，推动了加工自动化技术的发展。

2．发展历程

数控机床最早诞生于美国。1948年，美国帕森斯公司（Parsons Co.）在研制加工直升机叶片轮廓检查用样板的机床时，提出了数控机床的设想，后来得到美国空军的支持，并与美国麻省理工学院（MIT）合作，于1952年研制出世界上第一台三坐标立式数控铣床，如图1-36所示。1954年底，美国本迪克斯公司（Bendix Co.）在帕森斯公司专利的基础上生产出了第一台工业用的数控机床。这时数控机床的控制系统采用的是电子管，其体积庞大、功耗高，仅在一些军事部门中承担普通机床难以加工的形状复杂的零件的加工。随后，德国、日本、苏联等国于 1956 年分别研制出本国第一台数控机床。我国于 1958 年由清华大学和北京第一机床厂合作研制了第一台数控铣床，如图 1-37 所示。

图 1-36　世界上第一台三坐标立式数控机床　　　　图 1-37　我国研制的第一台数控机床

1959 年后，计算机应用晶体管元件和印制电路板，从而使机床数控系统得到进一步发展。同年，美国克耐•杜列克公司（Keaney & Trecker Co.，简称 K&T 公司）在数控机床上设置刀库，根据穿孔带的指令自动选择刀具，并通过机械手将刀具装在主轴上。人们把这种带自动交换刀具的数控机床称为加工中心（Machining Center，MC）。

1967 年，英国 Mollin 公司将几台数控机床用计算机集中控制，组成具有柔性的加工系统，这就是最初的柔性制造系统（Flexible Manufacturing System，FMS）。

20 世纪 70 年代，由于计算机数控（CNC）系统和微处理器数控（MNC）系统的研制成功，使数控机床进入了一个较快的发展时期。

1974 年，美国约瑟夫•哈林顿（Joseph Harrington）博士提出了计算机集成制造的概念，由此组成的系统称为计算机集成制造系统（Computer Integrated Manufacturing System，CIMS）。其核心内容如下：“企业生产的各环节，即从市场分析、产品设计、加工制造、经营管理到售后服务的全部生产活动是一个不可分割的整体，要紧密连接，统一考虑。整个生产过程实质上是一个数据的采集、传送和加工处理的过程。”

进入 20 世纪 80 年代，微处理器升档更加迅速，极大地促进了数控机床向柔性制造单元（Flexible Manufacturing Cell，FMC）、柔性制造系统方向发展，奠定了数控机床向规模更大、层次更高的生产自动化系统[如计算机集成制造系统（CIMS）、自动化工厂（Factory Automation，FA]方向发展的坚实基础。

20 世纪 80 年代末期，又出现了以提高综合效益为目的的、以人为主体、以计算机技术为支柱，综合应用信息、材料、能源、环境等高新技术以及现代系统管理技术，研究并改造传统制造过程作用于产品全生存周期的所有适用技术——通称为先进制造技术（Advanced Manufacturing Technology，AMT）。

20 世纪 90 年代以来，随着微电子技术、计算机技术的发展，以个人计算机（Personal

Computer，PC）技术为基础的 CNC 逐步发展成为世界的主流，它是自有数控技术以来最有深远意义的一次飞跃。以 PC 为基础的 CNC 通常是指运动控制板或整个 CNC 单元（包括集成的 PLC）插入 PC 的标准插槽中，使用标准的硬件平台和操作系统。20 世纪 90 年代初开发的数控系统，都是基于 PC 或欧洲通用模块（Versatile Modul Eurocard）总线（简称 VME 总线）的、具有开放式体系结构的新一代数控系统。

从世界上第一台数控机床诞生至今，伴随着微电子和计算机技术的发展，数控机床的数控系统不断更新。按照数控系统控制方式的不同，可将数控机床的发展历程划分为两个阶段，如图 1-38 所示。第一阶段，采用数字逻辑电路制成的专用计算机作为数控系统，称为硬件连接数控（NC）；第二阶段，将计算机作为数控系统的核心部件，称为计算机数控（CNC）。在第一阶段随着电子元器件的发展数控机床经历了三代：第一代为由电子管元件构成的数控系统；第二代为由晶体管元件构成的数控系统；第三代为小规模集成电路数控系统。在第二阶段，随着计算机技术的发展数控机床又经历了第四～第六三代：第四代采用小型通用计算机的数控系统；第五代采用微型计算机的数控系统；第六代数控是以 PC 作为控制系统的硬件部分，在 PC 上安装 CNC 软件系统，易于实现智能化、网络化制造。

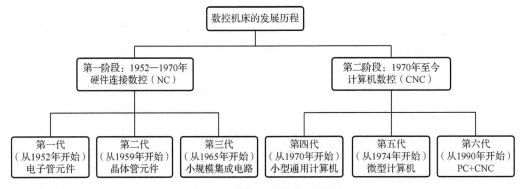

图 1-38　数控机床的发展历程

近年来，随着微电子和计算机技术的日益成熟，先后开发出了计算机直接数字控制系统（DNC）、柔性制造系统（FMS）和计算机集成制造系统（CIMS）。数控加工设备的应用范围也迅速延伸和扩展，除了用于金属切削机床，还扩展到铸造机械、锻压设备等各种机械加工设备，并且延伸到非金属加工行业中的玻璃、陶瓷制造等各类设备。数控机床已成为国家工业现代化和国民经济建设的基础与关键设备。

1.5.2　数控机床的发展趋势

随着计算机技术、微电子技术、信息技术、自动控制技术、精密检测技术及机械制造技术的高速发展，数控加工技术也得到了长足进步。目前，数控机床的发展趋势主要体现在以下几个方面：运行高速化、加工高精化、系统可靠化、功能复合化、控制智能化、编程自动化、体系开放化、体积极端化、驱动并联化、生产柔性化、交互网络化、绿色生态化等。

1. 运行高速化

速度和精度是数控机床的两个重要指标，直接关系到加工效率和所加工产品的质量。新一代的数控机床在运行高速化方面有更高的要求。运行高速化是指使进给速度、主轴转速、刀具交换速度、托盘交换速度实现高速化，并且具有较高的加/减速度。

现在知名品牌数控机床的进给速度指标都有了大幅度的提高，目前的最高水平是在分辨率为 1μm 时，最大进给速度可达 240m/min。在最大进给速度下可对复杂型面进行精确加工；在程序段长度为 1mm 时，其最大进给速度达到 30m/min，并且具有 1.5g 的加/减速度。

近年来，由于直线电动机及其驱动控制技术在数控机床进给驱动上的应用，使数控机床的传动结构出现了重大变化，并使数控机床性能有了新的飞跃。图 1-39 所示为直线电动机在数控机床进给系统中的应用，这种"零传动"方式，带来了原旋转电动机驱动方式无法达到的性能指标和优点，使数控机床的动态响应、定位精度、传动刚度、速度与加/减速、传动效率等都得到了大大的提高。

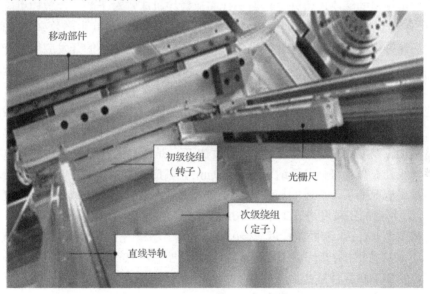

图 1-39　直线电动机在数控机床进给系统中的应用

主轴高速化的手段是采用电主轴，其如图 1-40 所示。它是一种内装式主轴电动机，即主轴电动机的转子轴就是主轴部件，从而可将主轴转速大大提高，主轴最大转速达到 200000r/min。

自动换刀时间和自动交换工作台时间也大大缩短。现在数控车床刀架的转位时间可达 0.4～0.6s，加工中心自动交换刀具时间可达 3s，最快能达到 1s 以内；自动交换工作台时间也可达到 6～10s，个别可达到 2.5s。

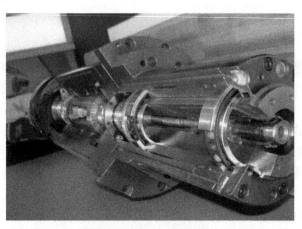

图1-40　电主轴的结构

随着超高速切削机理、超硬耐磨刀具材料和磨料磨具、大功率高速电主轴、由高加/减速度直线电动机驱动的进给系统以及高性能控制系统（含监控系统）和防护装置等一系列领域中关键技术的解决，将开发出新一代高速数控机床。对于新一代数控机床（含加工中心），只有通过高速化大幅度缩短切削工时才可能进一步提高其生产效率。超高速加工，特别是超高速铣削与新一代高速数控机床，特别是高速加工中心的开发应用紧密相关。

2．加工高精化

随着现代科学技术的发展，对超精密加工技术不断提出了新的要求。需要发展新型超精密加工机床，完善现代超精密加工技术，以提高机电产品的性能、质量和可靠性。

从精密加工发展到超精密加工（特高精度加工），是世界工业强国致力发展的方向。其精度从微米级到亚微米级，乃至纳米级（<10nm），其应用范围日益广泛。当前，机械加工高精度的发展情况如下：普通的加工精度提高了1倍，达到5μm；精密加工精度提高了两个数量级，超精密加工精度进入纳米级（0.001μm），主轴回转精度要求达到0.01～0.05μm，加工圆度精度为0.1μm，表面粗糙度 Ra=0.003μm 等。超精密加工主要包括超精密切削（车削、铣削）、超精密磨削、超精密研磨抛光以及超精密特种加工（三束加工及微细电火花加工、微细电解加工和各种复合加工等）。

提高数控机床的加工精度有两种方法：

（1）减少数控系统的误差，可采取提高数控系统的分辨率、提高位置检测精度、在位置伺服系统中采用前馈控制与非线性控制等方法。

（2）采用机床误差补偿技术，可采用齿隙补偿、丝杠螺距误差补偿、刀具补偿和设备热变形误差补偿等技术。

3．系统可靠化

数控机床的可靠性是一个非常重要的指标，一般都以平均无故障时间（Mean Time Between Failure，MTBF）来衡量。它是指一台数控机床在使用中出现两次故障的平均时间，即数控机床在使用寿命内总工作时间和总故障次数之比：

$$\text{MTBF} = \frac{\text{总工作时间}}{\text{总故障次数}}$$

数控机床的高可靠性一直是用户最关心的主要指标。这里的高可靠性是指数控机床的可靠性要高于被控设备的可靠性一个数量级以上，但也不是可靠性越高越好，而是适度可靠，因为商品受性价比的约束。它主要取决于数控系统各伺服驱动单元的可靠性，它与数控机床使用寿命不同：数控机床使用寿命取决于其机械结构的可靠性和耐磨性。当前国外数控机床中的数控装置的平均无故障时间已达 6000h 以上，驱动装置的平均无故障时间达到 30000h 以上。为提高数控机床的可靠性，目前主要采取以下措施：

（1）采用更高集成度的电路芯片，采用大规模或超大规模的专用及混合式集成电路，以减少电子元器件的数量，提高可靠性。

（2）通过硬件功能软件化，以适应各种控制功能的要求。同时通过硬件结构的模块化、标准化、通用化及系列化，提高硬件的生产批量和质量。

（3）增强故障自诊断、自恢复和保护功能，实现对系统内硬件、软件和各种外部设备进行故障诊断和报警。当发生加工超程、刀损、干扰、断电等各种意外时，数控系统能自动进行相应的保护。

4. 功能复合化

功能复合化是指在一台机床上实现多工序、多方法的加工。其目的是进一步扩大机床的使用范围，提高机床的生产效率，实现一机多用、一机多能。数控机床加工功能复合化一般可分为工序复合型和跨加工类别技术复合型两种类型。

1）工序复合型

工序复合型，即车削、铣削、钻削、镗削、磨削、齿轮加工等技术复合，形成了加工中心、车削中心、复合加工中心、组合加工中心等系列复合型数控加工设备，从而打破了传统的工序界限和分开加工的工艺规程。

日本 MAZAK 公司推出的 NTEGEX 30 车铣中心备有链式刀库。其中，可选刀具数量较多，使用动力刀具时，可进行较重负荷的铣削，并具有 Y 轴功能（±90mm），该机床实质上为车削中心和加工中心的"复合体"。德国 DMG 集团生产的 DMU80FD 五轴加工中心具有铣削和车削复合加工能力。该机床上的立式主轴可以摆动（B 轴），图 1-41（a）所示为铣头摆动的工作状态。数控回转工作台采用直接驱动方式，零件一次安装，不仅可以实现五面加工和五轴联动加工，而且对直径尺寸大、轴向尺寸小的回转体零件可以实现铣削和车削的复合加工，同时满足高精度和高效率的加工要求。图 1-41（b）所示为该机床在加工回转体零件。

2）跨加工类别技术复合型

跨加工类别技术复合型，如金属切削与激光加工、冲压与激光、金属热处理与镜面切削复合等，并且呈现出复合机床多样性的创新结构。例如，铣削与激光复合机床用于精细型面模具的三维加工，其加工方式可按对象选择。对可以用小直径铣刀加工的型面，采用高速铣削；对特别精细的型面，采用激光加工，并且用控制激光功率密度的方法控制激光"切削"深度。又如，冲压与激光复合机床用于板材加工，对于板材上形状简单和小尺寸的孔，用模具冲压加工；对形状复杂和大尺寸的孔，用激光切割加工，这样既提高了加工效率，又提高了加工质量。

"一台机床就是一个加工厂"和"一次装夹，完全加工"等理念正在被更多人接受，复合机床的发展正呈现多样化的态势。目前，已由机械加工复合发展到非机械加工复合，进而发展到零件制造、管理信息及应用软件的兼容，目的在于实现复杂形状零件的全部加工及生产过程集约化管理。

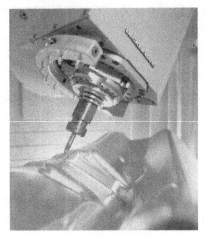

（a）铣头摆动的工作状态　　　　　　　　　（b）加工回转体零件

图1-41　DMU80FD 五轴加工中心

5. 控制智能化

随着人工智能在计算机领域的不断渗透和发展，数控系统向智能化方向发展。在新一代的数控系统中，由于采用"进化计算"（Evolutionary Computation）、"模糊系统"（Fuzzy System）和"神经网络"（Neural Network）等控制机理，其性能大大提高，具有加工过程的自适应控制、负载自动识别、工艺参数自生成、运动参数动态补偿、智能诊断、智能监控等功能。

（1）引进自适应控制技术。由于在实际加工过程中，影响加工精度的因素较多，如工件余量不均匀、材料硬度不均匀、刀具磨损、工件变形、机床热变形等。这些因素事先难以预知，以致在实际加工中，很难用最佳参数进行切削。引进自适应控制技术的目的是使加工系统能根据切削条件的变化，自动调节切削用量等参数，使加工过程保持最佳工作状态，从而得到较高的加工精度和较小的表面粗糙度，同时也能提高刀具的使用寿命和设备的生产效率。

（2）故障自诊断、自修复功能。在数控系统整个工作状态中，其内装程序随时对数控系统、与其相连的各种设备进行自诊断、自检查。一旦出现故障，立即采取停机等措施，进行故障报警，提示发生故障的部位和原因等。同时，利用"冗余"技术，自动使故障模块脱机，接通备用模块，以确保在无人值守环境下工作的要求。

（3）刀具使用寿命自动检测和自动换刀功能。利用红外线、声发射、激光等检测手段，对刀具和工件进行检测，发现工件超差、刀具磨损和破损等现象，及时进行报警、自动补偿或更换刀具，确保产品质量。

（4）模式识别技术。应用图像识别和声控技术，使数控系统辨识图样，按照自然语言命令进行加工。

（5）智能化交流伺服驱动技术。目前已研究出能自动识别负载并自动调整参数的智能化交流伺服系统，包括智能化主轴交流驱动装置和智能化进给伺服驱动装置。这些驱动装置能自动识别电动机及其负载的转动惯量，自动对控制系统参数进行优化和调整，使驱动系统处于最佳运行状态。

6. 编程自动化

随着数控加工技术的迅速发展、设备类型的增多、零件品种的增加及其形状的日益复杂，迫切需要加工速度快、精度高的编程技术，以便于直观检查。为弥补手工编程的不足，20 世纪 70 年代以后研究人员开发出多种自动编程系统，如图形交互式编程系统、会话式自动编程系统、语音数控编程系统等。其中，图形交互式编程系统的应用越来越广泛。图形交互式编程系统是以计算机辅助设计（CAD）软件为基础，首先形成零件的图形文件，然后再调用数控编程模块，自动编制加工程序，同时可动态显示刀具的加工轨迹，其特点是加工速度快、精度高、直观性好、使用简便等。目前，常用的图形交互式软件有 UG、Pro/ENGINEER、MasterCam、PowerMill、HyperMill、Cimatron、CATIA、CAXA 等。

7. 体系开放化

体系开放化是指在不同的工作平台上均能实现数控系统功能，而且可以与其他的系统应用进行互操作，即所谓互操作性、可移植性、可伸缩性和互换性。数控系统的开放化可以大量采用通用微机的先进技术，如多媒体技术、声控自动编程、图形扫描自动编程等。数控系统还可向高集成度方向发展，每个芯片上可以集成更多晶体管，使数控系统更加小型化、微型化，可靠性大大提高。利用多微处理器的优势，实现故障自动排除，增强通信功能，提高联网能力。

新一代开放式数控系统的硬件、软件和总线规范都是对外开放的。充足的软件、硬件资源不仅使数控系统制造商和用户的系统集成得到有力的支持，而且也为用户的二次开发带来极大的方便，促进了数控系统多档次、多品种的开发和广泛应用，既可通过升级或剪裁构成各种档次的数控系统，又可通过扩展功能构成不同类型数控机床的专用数控系统，开发生产周期大大缩短。这种数控系统可随着微处理器的升级而升级，而结构上不必变动。

8. 体积极端化

数控机床体积向大型化和微型化方向发展，从表面上看，是机床外形尺度的变化，实质上集中了众多的高新技术。国防、航空、航天事业的发展和能源等基础产业装备的大型化，需要大型且性能良好的数控机床的支撑，而超精密加工技术和微纳米技术是21世纪的战略技术，需要发展能适应微小尺寸和微纳米加工精度的新型制造工艺和装备。微型机床包括微切削加工（车削、铣削、磨削）机床、微电加工机床、微激光加工机床和微型压力机等加工设备的需求量正在逐渐增大。

9. 驱动并联化

并联机床（又称虚拟轴机床）是20世纪最具革命性的机床运动结构的突破。并联机床是现代机器人与传统加工技术相结合的产物，其典型结构如图1-42所示，该结构由基座、动平台、多根可伸缩杆件（驱动杆）组成，每根杆件的两端通过球面支承（球铰）分别将动平台与基座相连，并由伺服电动机滚珠丝杠副或直线电动机按数控指令实现伸缩运动，使动平台带动电主轴部件或工作台部件作任意轨迹的运动。并联机床结构简单，但数学运算复杂，整个平台的运动牵涉相当庞大的数学运算，因此并联机床是一种知识密集型机构。由于它没有传统机床所必需的床身、立柱、导轨等制约机床性能提高的结构，并且具有现代机器人的模块化程度高、质量小和速度快等优点，因此在许多领域都得到了成功的应用。其表现如下。

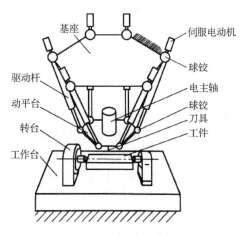

图1-42　并联机床的典型结构

（1）切削力由杆件承担，仅受轴向载荷而没有承受弯扭载荷，因此机床变形小、承载能力强。

（2）无须以增加部件质量提高刚度，因此机床质量小、惯量小，可实现高的运动速度和加速度。

（3）以杆件作为运动部件，通用性好，模块化程度高，可方便地进行各种组合，形成不同的加工设备。

（4）没有导轨，可排除通常的磨损和几何误差等因素对加工精度的影响。

（5）结构对称，易于进行力、热变形的补偿。

由并联、串联结构组成的混联数控机床，不但具有并联机床的优点，而且在使用上更具实用价值，这是一类很有前途的数控机床。图 1-43 所示为大连机床集团开发设计的一台五轴联动数控机床 DCB510，该机床采用串联、并联结构，其中，X、Y、Z 三坐标轴由滑板连杆式三个虚轴并联而成，A 轴、C 轴为实轴；软件采用由清华大学设计的开放式多轴联动数控系统，具有五轴联动功能，可以加工复杂型面，如叶轮、模具等。

10. 生产柔性化

柔性是指机床适应加工对象变换的能力。柔性化技术是制造业适应动态市场需求及产品迅速更新的主要手段，是各国制造业发展的主流趋势，是先进制造领域的基础技术。其重点是以提高系统的可靠性、以实用化为前提，以易于联网和集成为目标，注重加强单元技术的开拓与完善，在提高单元柔性化的同时，朝着单元柔性化和系统柔性化方向发展。例如，出现了数控多轴加工中心、换刀换箱式加工中心、数控三坐标动力单元等具有柔性的高效加工设备；还出现了由多台数控机床组成底层加工设备的柔性制造单元（FMC）、柔性制造系统（FMS）、柔性生产线（Flexible Manufacturing Line，FML）等。

图 1-44 所示为某工厂的柔性制造系统布局，该系统由多台数控加工设备、物料运储系统和计算机控制系统等组成，能适应加工对象变换的自动化机械制造系统。数控机床及其柔性制造系统还能方便地与 CAD、CAM、CAPP、MTS 等连接，向信息集成方向发展。

图 1-43　五轴联动数控机床 DCB510

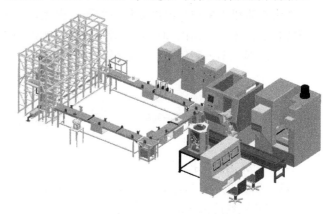

图 1-44　柔性制造系统布局

11. 交互网络化

数控机床的交互网络化将极大地满足柔性生产线、柔性制造系统、制造业企业对信息集成的需求，也是实现新的制造模式，如敏捷制造（Agile Manufacturing，AM）、虚拟企业（Virtual Enterprise，VE）、全球制造（Global Manufacturing，GM）的基础单元。目前先进的数控系统为用户提供了强大的联网能力，除了具有 RS232C、RS422 等通信接口，还带有远程缓冲功能的 DNC 接口，可以实现多台数控机床之间的数据通信和直接对多台数控机床进行控制。有的已配备与工业局域网（LAN）通信的功能以及制造自动化协议（MAP）高性能网络接口，促进系统集成化和信息综合化，使远程在线编程、远程仿真、远程操作、远程监控及远程故障诊断成为可能。

12. 绿色生态化

机床是将毛坯加工成零件的工作母机，它在工作过程中不仅消耗能源，还会产生固体、液体和气体废弃物，对工作环境和自然环境造成直接或间接的污染。因此，绿色制造被提出。绿色制造是指在保证产品的功能、质量、成本的前提下，综合考虑环境影响和资源效率的现代制造模式。绿色制造使产品从设计、制造、包装、运输、使用到报废整个产品生命周期中不产生环境污染或使环境污染最小化；符合环境保护要求，对生态环境无害或危害极小；节约资源和能源，使资源利用率最高，能源消耗率最低。

绿色生态机床应该具备以下特征：

（1）机床主要零部件由再生材料制造。

（2）机床的质量和体积减小 50% 以上。

（3）通过减小移动部件质量、降低空运转功率等措施，使功率消耗降低 30%～40%。

（4）机床工作过程中产生的各种废弃物减少 50%～60%，保证基本没有污染的工作环境。

（5）机床报废后的材料可以实现 100% 回收。

实现机床绿色生态化的主要途径如下：采用新结构和新材料，减小移动部件质量，达到节能目的；采用干切削和微量润滑（MQI）实现减排，并且注意保持排屑路径通畅，热移除迅速，保证不因采用干切削和微量润滑而造成机床热变形，影响加工精度。

思考与练习

1-1 什么是数字控制技术？什么是数控机床？

1-2 数控机床由哪几部分组成？其各组成部分的主要作用是什么？

1-3 简述数控机床的工作原理。

1-4 什么是点位控制、直线控制和轮廓控制？它们的主要特点与区别是什么？

1-5 什么是开环系统、闭环系统、半闭环系统？它们之间有什么区别？

1-6 数控机床的加工特点有哪些？试述数控机床的使用范围。

1-7 数控机床的发展趋势是什么？

第2章 计算机数控系统

教学要求

通过本章学习，让学生了解计算机数控系统的基本知识，掌握计算机数控系统的软硬件结构；了解计算机数控系统的插补原理和刀具补偿原理，认识计算机数控系统的程序处理基本方法。

引 例

如何认识 PLC 与数控机床的关系？

计算机数控系统包括两大部分：一是 NC，二是 PLC。PLC 用于数控机床的外围辅助电气的控制，也称为可编程序机床控制器（Programmable Machine Tool Controller）。

可以从 PLC 在数控机床中的控制功能认识它与数控机床的关系，即

（1）操作面板的控制。操作面板分为系统操作面板和机床操作面板。系统操作面板的控制信号先输入 NC，然后由 NC 输送到 PLC 控制数控机床的运行。机床操作面板的控制信号直接输入 PLC，控制数控机床的运行。

（2）数控机床外部开关输入信号。将数控机床侧的开关信号输入 PLC，进行逻辑运算。这些开关信号包括很多检测元件信号（如行程开关、接近开关、模式选择开关等）。

（3）输出信号的控制。PLC 输出信号经外围控制电路中的继电器、接触器、电磁阀等传输给控制对象。

（4）刀具功能 T 代码的执行。数控系统传输 T 代码给 PLC，经过译码，在数据表内检索，找到 T 代码指定的刀号，并与主轴刀号进行比较，如果不符，就发出换刀指令，换刀完成后，系统发出完成信号。

（5）辅助功能 M 代码的执行。数控系统传输 M 代码给 PLC，经过译码，输出控制信号，控制主轴的正反转和启动/停止等，M 代码完成，系统发出完成信号。

2.1 概　　述

计算机数控系统（Computer Numerical Control）简称 CNC 系统，它是一种位置控制系统。其主要功能是根据输入信息（如加工程序），进行数据处理、插补运算，获得理想的运动轨迹信息，然后把运动轨迹信息传输给执行部件，加工出所需要的零件。CNC 系统的核心是 CNC 控制器，CNC 控制器大都采用微型计算机，提高了性能和可靠性，促使 CNC 系统迅速发展。

2.1.1　CNC 系统的组成

CNC 系统包括硬件系统和软件系统两部分。硬件系统是软件系统运行的物质基础，而软件系统是整个 CNC 系统的灵魂。CNC 系统在软件系统的控制下，有条不紊地进行工作。

CNC 系统的结构框图如图 2-1 所示。CNC 系统的核心是 CNC 控制器，CNC 控制器是由包含数控系统硬件及软件的专用计算机与可编程控制器（PLC）组成的。前者主要处理机床运动的数字控制，后者主要处理开关量的逻辑控制。

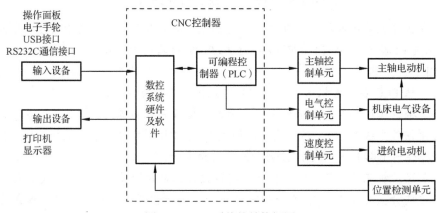

图 2-1　CNC 系统的结构框图

2.1.2　CNC 系统的功能

CNC 系统普遍采用中央处理器，通过软件就可以实现很多功能。数控系统有多种系列，性能各异。数控系统的功能通常包括基本功能和选择功能。基本功能是数控系统必备的功能，选择功能是供用户根据机床特点和用途进行选择的功能。CNC 系统的功能主要反映在准备功能 G 代码和辅助功能 M 代码上。数控机床的类型、用途、档次不同，其 CNC 系统的功能也有很大差别，下面介绍其主要功能。

1）控制功能

CNC 系统能控制的轴数和能同时控制（联动）的轴数是其主要性能之一。控制轴有移动轴和回转轴，有基本轴和附加轴。通过轴的联动可以完成轮廓轨迹的加工。一般数控车床只需两轴控制，两轴联动；一般数控铣床需要三轴控制、三轴联动或两轴半联动；一般加工中心为多轴控制，主要是三轴联动。控制的轴数越多，特别是联动轴数越多，要求 CNC 系统的功能就越强。同时 CNC 系统也就越复杂，编程也越困难。

2）准备功能

准备功能也称为 G 代码，它用于指定机床运动方式，包括基本移动、平面选择、坐标设定、刀具补偿、固定循环等指令。对于点位控制的数控机床，如数控钻床、数控冲床等，需要点位移动控制系统；对于轮廓控制的数控机床，如数控车床、数控铣床、加工中心等，则需要控制系统中的两个或两个以上的进给坐标具有联动功能。

3）插补功能

插补功能用于实现刀具运动轨迹的控制。由于轮廓控制的实时性很强，软件插补计算速度难以满足数控机床对进给速度和分辨率的要求，同时由于 CNC 系统不断扩展的其他方面功能也要求减少插补计算占用 CPU 的时间，因此，CNC 系统的插补功能实际上被分为粗插补和精插补。插补软件每次插补一个轮廓步长的数据，这一过程称为粗插补；伺服系统根据粗插补的结果，将轮廓步长分成单个脉冲输出，这一过程称为精插补。有的数控机床采用硬件来进行精插补。

4）进给功能

根据加工工艺要求，CNC 系统的进给功能用F代码直接指定数控机床加工的进给速度。

（1）切削进给速度。以每分钟进给的毫米数指定刀具的进给速度，如 100mm/min。对于回转轴，以每分钟进给的角度指定刀具的进给速度。

（2）同步进给速度。以主轴每转进给的毫米数指定的进给速度，如 0.02mm/r。只有主轴上装有位置编码器的数控机床才能指定同步进给速度，用于切削螺纹的编程。

（3）进给倍率。操作面板上设有进给倍率开关，进给倍率可以在 0%～200%之间变化，每档间隔 10%。使用倍率开关时，不用修改程序就可以改变进给速度，并且可以在试切零件时随时改变进给速度，或者在发生意外时随时停止进给。

5）主轴功能

主轴功能是指定主轴转速的功能。

（1）转速的编码方式。一般用 S 代码指定，用地址符 S+两位数字或四位数字表示，单位分别为 r/min 和 m/min。

（2）指定恒定线速度。该功能可以保证车床和磨床加工工件端面的质量，以及在加工不同直径的外圆时具有相同的切削速度。

（3）主轴定向准停。该功能使主轴在径向的某一位置准确停止，主要用于具有自动换刀功能的机床。

6）辅助功能

辅助功能用来指定主轴的启动、停止和转向，切削液开关的开启/关闭，刀库的开启和停止等，该功能用于开关量的控制，它用 M 代码表示。现代数控机床一般用可编程控制器

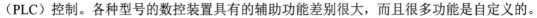

（PLC）控制。各种型号的数控装置具有的辅助功能差别很大，而且很多功能是自定义的。

7）刀具功能

刀具功能用来选择所需的刀具，刀具功能字符以地址符 T 为首，其后面跟二位或四位数字，代表刀具的编号。

8）补偿功能

补偿功能是通过输入 CNC 系统存储器的补偿量，根据编程轨迹重新计算刀具的运动轨迹和坐标尺寸，从而加工出符合要求的零件。补偿功能主要有以下两种：

（1）刀具的尺寸补偿。如刀具长度补偿、刀具半径补偿和刀尖圆弧半径补偿，这些功能可以补偿刀具磨损量，以便换刀时对准正确位置，简化编程。

（2）丝杠的螺距误差补偿、反向间隙补偿和热变形补偿。通过事先检测出丝杠螺距误差和反向间隙，并把它们输入 CNC 系统中，在实际加工中进行补偿，从而提高数控机床的加工精度。

9）字符和图形显示功能

CNC 控制器可以配置数码管显示器（LED）、单色或彩色阴极射线管显示器（CRT）或液晶显示器（LCD），通过软件和硬件接口实现字符和图形的显示。通常可以显示程序、参数、各种补偿量、坐标位置、故障信息、人机对话编程菜单、零件图形及刀具实际运动轨迹的坐标等。

10）自诊断功能

为了防止故障的发生或在发生故障后可以迅速查明故障的类型和部位，以减少停机时间，CNC 系统中设置了各种诊断程序。不同的 CNC 系统设置的诊断程序是不同的，诊断的水平也不同。诊断程序一般可以包含在 CNC 系统程序中，在 CNC 系统运行过程中进行检查和诊断；也可以作为服务性程序，在系统运行前或故障停机后进行诊断，查找故障的部位。有的 CNC 系统还可以进行远程通信诊断。

11）通信功能

为了适应柔性制造系统（FMS）和计算机集成制造系统（CIMS）的需求，CNC 装置通常配有 RS232C 通信接口，有的还配有 DNC 接口。也有的 CNC 可以通过制造自动化协议（MAP）接入工厂的通信网络。

12）人机交互图形编程功能

为了进一步提高数控机床的编程效率，对数控程序，特别是形状较为复杂的零件的数控程序都要通过计算机辅助编程，尤其是利用人机交互图形进行自动编程，以提高编程效率。因此，现代 CNC 系统一般具有人机交互图形编程功能。有这种功能的 CNC 系统可以根据零件图直接编制程序，即编程人员只需输入图样上简单表示的几何尺寸，就能自动地计算出全部交点、切点和圆心坐标，生成加工程序。有的 CNC 系统可根据引导图和显示说明进行对话式编程，并且具有自动工序选择、刀具和切削条件的自动选择等智能功能；有的 CNC 系统还备有用户宏程序功能（如日本的 FANUC 系统）。这些功能用于帮助那些未受过数控编程专门训练的操作人员能够很快地进行程序编制工作。

2.1.3　CNC 系统的一般工作过程

1）输入

输入 CNC 控制器的信息通常有零件加工程序、机床参数和刀具补偿参数。机床参数一般在机床出厂时或在用户安装调试时已经设定好，因此输入 CNC 控制器的信息主要是零件加工程序和刀具补偿参数。

2）译码

译码是以零件程序的一个程序段为单位进行处理，把其中零件的轮廓信息（起始点、终点、直线或圆弧等），F、S、T、M 等代码按一定的语法规则解释（编译）成计算机能够识别的数据形式，并以一定的数据格式存放在指定的内存专用区域。编译过程中还要进行语法检查，发现错误立即报警。

3）刀具补偿

刀具补偿通常包括刀具半径补偿和刀具长度补偿。零件加工程序是以零件轮廓轨迹编程的，与刀具尺寸无关。刀具补偿的作用是把零件轮廓轨迹按系统存储的刀具尺寸数据，自动转换成刀具中心（刀位点）相对于工件的移动轨迹。

刀具补偿包括 B 机能刀具补偿功能和 C 机能刀具补偿功能。在较高档次的 CNC 控制器中，一般应用 C 机能刀具补偿功能。利用 C 机能刀具补偿功能，能够进行程序段之间的自动转接和过切削判断。

4）进给速度处理

数控加工程序给定的刀具相对于工件的移动速度是在各个坐标合成运动方向上的速度，即 F 代码的指令值。处理进给速度时，首先要将各个坐标合成运动方向上的速度分解成各个进给运动坐标方向的分速度，为插补计算各个进给坐标的行程量做准备；其次，处理机床允许的最低速度和最高速度。

5）插补

数控加工程序段中的指令行程信息是有限的。例如，对用于加工直线的程序段，仅给定起始点和终点坐标；对用于加工圆弧的程序段，除了给定其起始点和终点坐标，还给定其圆心坐标或圆弧半径。要进行轨迹加工，CNC 控制器必须从一条已知起始点和终点的曲线上自动进行“数据点密化”工作，这就是插补。插补在每个规定的周期（插补周期）内进行一次，即在每个周期内，按指令进给速度计算出一个微小的直线数据段。通常经过若干插补周期后，插补完一个程序段的加工，也就完成了从程序段起始点到终点的“数据点密化”工作。

6）位置控制

位置控制原理如图 2-2 所示。它的主要功能是在每个采样周期内，将插补计算出的理论位置与测量反馈位置进行比较，用其差值控制进给电动机。位置控制可由软件完成，也可由硬件完成。在位置控制中通常还要完成位置回路的增益调整、各坐标方向的螺距误差补偿和反向间隙补偿等，以提高数控机床的定位精度。

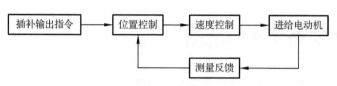

图 2-2　位置控制原理

7）I/O 信号处理

CNC 控制器中的 I/O 信号处理是指 CNC 控制器与机床之间的信息传递和变换，其作用包括两个方面：一方面将机床运动过程中的有关参数输入 CNC 控制器中；另一方面将 CNC 控制器的输出命令（如换刀、主轴变速换挡、添加切削液等命令）转换为执行机构的控制信号，实现对数控机床的控制。

8）显示

CNC 系统的显示装置有 LED、CRT 和 LCD 等显示器。这些显示器一般位于数控机床的控制面板上，显示的内容通常有零件程序、参数、刀具位置、数控机床状态、报警信息等。有的 CNC 控制器中还有刀具加工轨迹的静态和动态模拟加工图形显示。

CNC 系统的一般工作过程如图 2-3 所示。

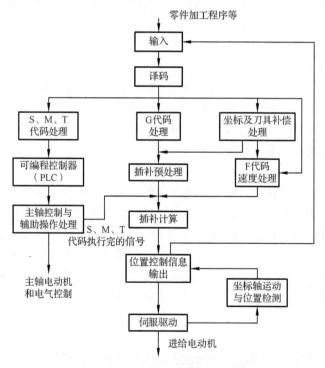

图 2-3　CNC 系统的一般工作过程

2.2　CNC 系统的硬件结构

随着大规模集成电路技术和表面安装技术的发展，CNC 系统的硬件模块及安装方式不断改进。CNC 系统的硬件结构分整体式结构和分体式结构。

整体式结构是指把 CRT 和手动数据（MDI）面板、操作面板以及功能模块板组成的电路板等安装在同一机箱内。这种安装方式的优点是结构紧凑，便于安装，但有时可能造成某些信号的连接线过长。分体式结构是指把 CRT 和 MDI 面板、操作面板等做成单独的部件，而把由功能模块组成的电路板安装在一个机箱内，两者之间用导线或光纤连接。许多数控机床的操作面板也被单独作为一个部件，这是因为所用数控机床的要求不同，操作面板也要相应地改变，被做成分体式结构，有利于更换和安装。

上述操作面板在数控机床上的安装形式有吊挂式、床头式、控制柜式、控制台式等多种。从组成 CNC 系统的电路板的结构特点来看，有两种常见的结构，即大板式结构和模块化结构。大板式结构的特点是，一个系统一般都有一块大板，称为主板。主板上安装主 CPU 和各轴的位置控制电路等。其他相关的子板（完成一定功能的电路板），如 ROM 电路板、零件程序存储器板和 PLC 电路板都直接插在主板上面，组成 CNC 系统的核心部分。由此可见，大板式结构紧凑，体积小，可靠性高，价格低，有很高的性价比，也便于数控机床的一体化设计，大板式结构虽有上述优点，但它的硬件功能不易变动，不利于组织生产。模块化结构就是柔性比较高的总线模块化开放系统结构，其特点是将 CPU、存储器、输入/输出控制装置分别做成插件板（称为硬件模块），甚至将 CPU、存储器、输入/输出控制装置组成独立微型计算机级的硬件模块，相应的软件也是模块结构，固化在硬件模块中。硬/软件模块形成一个特定的功能单元，该单元称为功能模块。功能模块之间有明确定义的接口，接口是固定的，成为工厂标准或工业标准，彼此可以进行信息交换。这种积木式组成的 CNC 系统，设计简单，有良好的适应性和扩展性，试制周期短，调整和维护方便，效率高。

从 CNC 系统使用的 CPU 及结构来分，CNC 系统的硬件结构一般分为单 CPU 结构和多 CPU 结构两大类。初期的 CNC 系统和现在的一些经济型 CNC 系统一般采用单 CPU 结构，而多 CPU 结构可以满足数控机床高进给速度、高加工精度和许多复杂功能的要求，适合于并入柔性制造系统和计算机集成制造系统运行的需要，从而得到了迅速的发展，也反映了当今数控系统的新水平。

2.2.1　单 CPU 结构 CNC 系统

单 CPU 结构 CNC 系统的基本结构包括 CPU、总线、I/O 接口、存储器、串行接口和 CRT/MDI 接口等，还包括 CNC 系统控制单元部件和接口电路，如位置控制单元、PLC 接口、主轴控制单元、速度控制单元、USB 接口和 RS232C 通信接口及其他接口等。一种单 CPU 结构 CNC 系统的框图如图 2-4 所示。

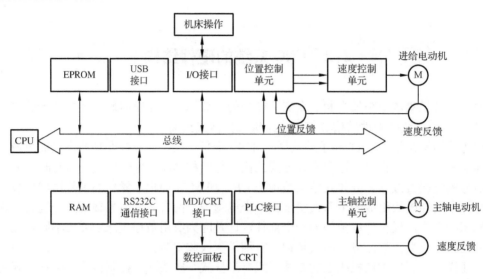

图 2-4　一种单 CPU 结构 CNC 系统的框图

其中，CPU 主要完成控制和运算两个方面的任务。控制任务包括内部控制，对零件加工程序的输入/输出控制，以及对数控机床加工现场状态信息的记忆控制等；运算任务包括一系列的数据处理工作：译码、刀具补偿计算、运动轨迹计算、插补运算和位置控制的给定值与反馈值的比较运算等。在经济型 CNC 系统中，常采用 8 位微处理器芯片，或者采用 8 位、16 位的单片机芯片。中高档的 CNC 系统通常采用 16 位、32 位甚至 64 位的微处理器芯片。

在单 CPU 结构 CNC 系统中通常采用总线。总线是微处理器赖以工作的物理导线，按其功能可以分为三组总线，即数据总线（DB）、地址总线（AD）和控制总线（CB）。

CNC 控制器中的存储器包括只读存储器（ROM）和随机存储器（RAM）。系统程序存放在只读存储器中，由生产厂家固化，即使断电，程序也不会丢失。系统程序只能由 CPU 读出，不能写入。运算的中间结果、需要显示的数据、运行中的状态与标志信息等存放在随机存储器中，它可以随时读出和写入，断电后，这些信息就消失。零件加工程序、机床参数、刀具参数等存放在有后备电池的 CMOS RAM 中，或者存放在磁泡存储器中，这些信息在这种存储器中能随机读出，还可以根据操作需要写入或修改这些信息，断电后，这些信息仍然保留。

CNC 控制器中的位置控制单元主要对机床进给运动的坐标轴位置进行控制，一般采用大规模专用集成电路位置控制芯片或控制模板实现位置控制。

CNC 系统接受指令信息的输入形式有多种，如 USB 接口、计算机通信接口等形式，以及利用数控面板上的键盘手动输入数据，所有这些输入信息都要通过相应的接口实现。CNC 系统的输出形式也有多种，如字符与图形显示的阴极射线管 CRT 输出、位置伺服控制和机床强电控制指令的输出等，这些输出信息同样要通过相应的接口执行。

单 CPU 结构 CNC 系统的特点：CNC 系统的所有功能都是通过一个 CPU 进行集中控制、分时处理实现的；该 CPU 通过总线与存储器、I/O 控制元件等各种接口电路相连，构成 CNC 系统的硬件；结构简单，易于实现；由于只有一个 CPU，因此其功能受字长、数据宽度、寻址能力和运算速度等因素的限制。

2.2.2　多 CPU 结构 CNC 系统

多 CPU 结构 CNC 系统是指 CNC 系统由两个或两个以上的 CPU 控制系统总线或主存储器的系统结构。该结构有紧耦合和松耦合两种形式。紧耦合是指两个或两个以上的 CPU 构成的处理部件之间采用紧耦合（相关性强），有集中的操作系统，共享资源。松耦合是指两个或两个以上的 CPU 构成的功能模块之间采用松耦合（相关性弱或具有相对的独立性），有多重操作系统实现并行处理。

现代 CNC 系统大多采用多 CPU 结构。在这种结构中，每个 CPU 完成 CNC 系统中规定的一部分功能，独立执行程序，它比单 CPU 结构提高了计算机的处理速度。多 CPU 结构 CNC 系统采用模块化设计，将软件和硬件模块形成一定的功能模块，模块之间有明确的符合工业标准的接口，彼此可以进行信息交换。这样，可以形成模块化结构，缩短了设计制造周期，并使其具有良好的适应性和扩展性。在多 CPU 结构 CNC 系统中，每个 CPU 分管各自的任务，形成若干模块，如果其中某个模块出了故障，其他模块仍然照常工作。并且插件模块更换方便，可以使故障对系统的影响减到最小，提高了可靠性；性价比高，适合于多轴控制、高进给速度、高加工精度的数控机床。

1. 多 CPU 结构 CNC 系统的典型结构

1）共享总线结构

在这种结构的 CNC 系统中，只有主模块有权控制系统总线，并且在某一时刻只能有一个主模块占有总线。如果某一时刻，有多个主模块同时请求使用总线，会产生竞争总线问题。

共享总线结构的各模块之间的通信主要依靠公共存储器。公共存储器直接插在系统总线上，有总线使用权的主模块都能访问，可供任意两个主模块交换信息。其结构如图 2-5 所示。

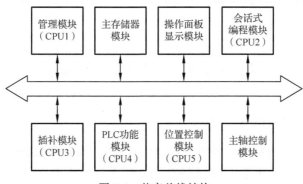

图 2-5　共享总线结构

2）共享存储器结构

在该结构中，采用多端口存储器实现各个CPU之间的互连和通信。每个端口都配有一套数据、地址和控制线，以供端口访问，由多端控制逻辑电路解决访问冲突。其结构如图2-6所示。

当CNC系统功能复杂要求CPU数量增多时，会因争用共享存储器而造成信息传输的阻塞，降低系统的效率。这种结构较难实现扩展功能。

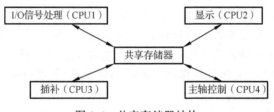

图2-6 共享存储器结构

2. 多CPU结构CNC系统的基本功能模块

（1）管理模块。该模块是管理和组织整个CNC系统工作的模块，主要功能包括初始化、中断管理、总线裁决、系统出错识别和处理、系统硬件与软件诊断等功能。

（2）插补模块。该模块进行零件加工程序的译码、刀具补偿、坐标位移量计算、速度处理等预处理，然后进行插补计算，并给定各坐标轴的位置值。

（3）位置控制模块。对给定的各坐标轴位置值与由位置检测装置测到的实际位置值进行比较并获得差值，进行自动加/减速，返回基准点，对伺服系统滞后量进行监视和漂移补偿，得到速度控制的模拟电压（或速度的数字量），该电压驱动进给电动机。

（4）PLC模块。零件加工程序的开关量（S、M、T代码）和来自数控面板的信号在这个模块中进行逻辑处理，实现机床电气设备的启/停、刀具交换、转台分度、工件数量和运转时间的计数等。

（5）命令与数据输入/输出模块。该模块是指零件加工程序（在下文图中简称程序）、机床参数、各种操作指令的输入/输出与显示所需要的各种接口电路。

（6）存储器模块。该模块是程序和数据的主存储器，或是功能模块数据传送用的共享存储器。

2.3 CNC系统的软件结构

2.3.1 CNC系统的软/硬件功能界面

CNC系统的软件是为完成该系统的各项功能而专门设计和编制的，是数控加工系统的一种专用软件，又称系统软件（系统程序）。CNC系统软件的管理作用类似于计算机的操作系统功能。不同的 CNC 系统，其功能和控制方案也不同，因而各系统软件在结构上和规模上差别较大，各厂家的软件互不兼容。现代数控机床的功能大都采用软件实现，因此，系统软件的设计及功能是 CNC 系统的关键。

CNC 系统是按照事先编制好的控制程序实现各种控制的，而控制程序是根据用户对 CNC 系统所提出的各种要求进行设计的。在设计系统软件之前，必须细致地分析被控对象的特点和对控制功能的要求，决定采用哪一种计算方法。在确定好控制方式、计算方法和控制顺序后，将其处理顺序用框图描述，使所设计的系统有一个明确和清晰的轮廓。

在 CNC 系统中，软件和硬件在逻辑上是等价的，即由硬件完成的工作在原则上也可以由软件完成。但是它们各有特点：硬件处理速度快，造价相对较高，适应性差；软件设计灵活、适应性强，但是处理速度慢。因此，CNC 系统中软/硬件的分配比例是由性价比决定的，这也在很大程度上涉及软/硬件的发展水平。一般说来，软件结构首先要受到硬件的限制，软件结构也有独立性。对于相同的硬件结构，可以配备不同的软件结构。实际上，现代 CNC 系统中软/硬件功能界面并不是固定不变的，而是随着软/硬件的水平和成本，以及 CNC 系统所具有的性能的不同而变化。图 2-7 所示为 3 种典型的 CNC 系统软/硬件功能界面。

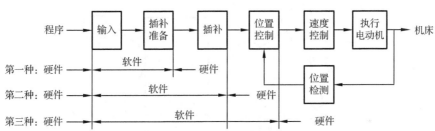

图 2-7　3 种典型的 CNC 系统软/硬件功能界面

2.3.2　CNC 系统的软件结构特点

1. CNC 系统的多任务性

CNC 系统作为一个独立的过程数字控制器应用于工业自动化生产中，其多任务性表现在它的管理软件必须完成系统的管理和控制两大任务。其中，系统的管理包括程序输入、I/O 信号处理、通信、显示、诊断及加工程序的编制管理等，系统的控制包括译码、刀具补偿、速度处理、插补和位置控制等。CNC 系统的任务分解如图 2-8 所示。

在很多情况下，CNC 系统的某些管理和控制工作必须同时进行。例如，为了便于操作人员能及时掌握 CNC 系统的工作状态，管理软件中的显示模块必须与控制模块同时运行；当 CNC 系统处于加工控制状态时，管理软件中的零件加工程序输入模块必须与控制软件同时运行。而控制软件运行时，其中一些功能模块也必须同时进行。例如，为了保证加工过程的连续性，即保证刀具在各程序段不停刀，译码、刀具补偿和速度处理模块必须与插补模块同时运行，而插补又必须与位置控制同时进行。CNC 系统的任务并行处理关系如图 2-9 所示。

事实上，CNC 系统是一个专用的实时多任务计算机系统，其软件必然会融合现代计算机软件技术中的许多先进技术。其中，最突出的是多任务并行处理和多重实时中断技术。

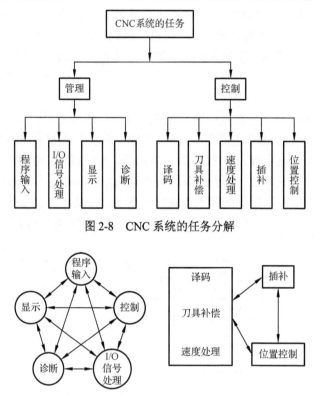

图 2-8　CNC 系统的任务分解

图 2-9　CNC 系统的任务并行处理关系

2．并行处理

并行处理是指计算机在同一时刻或同一时间间隔内，完成两种或两种以上性质相同或不同的工作，其优点是提高了运行速度。并行处理方法分为资源重复法、资源共享法和时间重叠法等。资源重复法是指用多套相同或不同的设备，同时完成多种相同或不同的任务。例如，采用多 CPU 结构 CNC 系统提高运行速度。资源共享法是指根据分时共享的原则，使多个用户按照时间顺序使用同一套设备。时间重叠法是指根据流水线处理技术，使多个处理过程在时间上相互错开，以便轮流使用同一套设备的几个部分。

目前，在 CNC 系统的硬件中，广泛使用资源重复法。如采用多 CPU 的体系结构来提高系统的速度。而在 CNC 系统的软件中，主要采用资源共享法和时间重叠法。

1）资源共享法

在单 CPU 结构 CNC 系统中，要根据分时共享的原则，解决多任务的同时运行。各个任务何时占用 CPU 及各个任务占用 CPU 时间的长短，是首先要解决的两个时间分配的问题。在 CNC 系统中，各任务占用 CPU 的时间用循环轮流和中断优先级相结合的办法分配。图 2-10 所示为 CNC 系统中各任务分时共享 CPU 的时间分配。

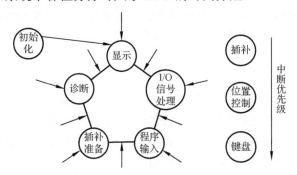

图 2-10　CNC 系统中各任务分时共享 CPU 的时间分配

CNC 系统在完成初始化任务后自动进入时间分配循环中，依次轮流处理各任务。对于 CNC 系统中一些实时性很强的任务，则按中断优先级排队，分别处于不同的中断优先级上并作为环外任务。环外任务可以随时中断，环内每个任务占用 CPU 的时间受到一定限制，对于某些占用 CPU 时间较多的任务，如插补准备（包括译码、刀具补偿和速度处理等），可以在其程序中的某些地方设置断点。当程序运行到断点时，自动让出 CPU，到下一个运行时间程序自动跳到断点继续运行。

2）时间重叠法

当 CNC 系统处于加工状态时，其数据的转换过程由零件加工程序输入、插补准备、插补、位置控制 4 个子过程组成。如果每个子过程的处理时间分别为 Δt_1、Δt_2、Δt_3、Δt_4，那么一个程序段的数据转换时间为 $t=\Delta t_1+\Delta t_2+\Delta t_3+\Delta t_4$。如果按顺序处理每个程序段，那么第一个程序段处理完以后再处理第二个程序段，依此类推。图 2-11（a）所示为按顺序处理时的时间与空间关系。从该图可以看出，前后两个程序段的输出间隔时间为 t。这个时间间隔反映在电动机运行上就是电动机的时停时转，反映在刀具移动上就是刀具的时走时停，这种情况在加工工艺上是不允许的。消除这个间隔时间的方法是时间重叠法。采用时间重叠法后的时间与空间关系如图 2-11（b）所示。

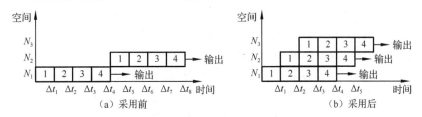

图 2-11　采用时间重叠法前后的时间与空间关系

采用时间重叠法后，可在一个时间间隔内处理两个或更多的子过程。从图 2-11（b）可以看出，从处理时间 Δt_4 开始，每个程序段的输出不再有时间间隔，从而保证刀具移动的连续性。时间重叠法要求 CPU 处理每个子过程的运算时间相等，然而，CNC 系统中每个子过程所需的处理时间都是不同的，解决的方法是，选择最长的子过程处理时间作为流水处理时间间隔。这样，当处理完时间间隔较短的子过程后就进入等待状态。

在单 CPU 结构 CNC 系统中，流水处理的时间重叠只有宏观上的意义，即在一段时间内，CPU 处理多个子过程。从微观上看，每个子过程是分时占用 CPU 的。

3．实时中断处理

CNC 系统程序以零件加工为对象，每个程序段中有很多子程序。它们按照预定的顺序反复执行，各个步骤间的关系十分密切。其中较多子程序的实时性很强，这就决定了中断处理成为整个 CNC 系统不可缺少的重要组成部分。CNC 系统的中断处理主要由其硬件完成，而 CNC 系统的中断类型决定了软件结构。

CNC 系统的中断类型如下。

（1）外部中断。主要有纸带光电阅读机的中断、外部监控的中断（如紧急制动、量仪到位等）键盘和操作面板输入的中断。前两种中断的实时性要求很高，因此把它们放在较高的中断优先级上，而把键盘和操作面板的输入中断放在较低的中断优先级上。在有些 CNC 系统中，可查询中断优先级。

（2）内部定时中断。主要有插补周期定时中断和位置采样定时中断。在有些 CNC 系统中把这两种定时中断合二为一，但是在实际操作中，总是先进行位置控制，然后进行插补运算。

（3）硬件故障中断。主要指各种硬件故障检测装置发出的中断，如存储器出错、定时器出错、插补运算超时等。

（4）程序性中断。主要指程序中出现异常情况时的报警中断，如各种溢出、除零等。

2.3.3 CNC 系统的软件结构模式

在常规的 CNC 系统中，其软件结构模式有中断型软件结构模式和前后台型软件结构模式。

1．中断型软件结构模式

中断型软件结构模式的特点是，除了初始化程序，CNC 系统软件的各种功能模块分别安插在不同级别的中断服务程序中，整个软件就是一个大的中断系统。其管理功能主要通过各级中断服务程序之间的相互通信实现。

一般在中断型软件结构模式中，控制 CRT 显示的模块为低级中断，即 0 级中断。若 CNC 系统中没有其他级别的中断请求，则总是执行 0 级中断。其他程序模块，如译码处理、刀具中心轨迹计算、键盘控制、I/O 信号处理、插补运算、终点判别、伺服系统的位置控制等处理，分别具有不同的中断优先级。

2．前后台型软件结构模式

在前后台型软件结构模式中 CNC 系统软件程序分为前台程序和后台程序。前台程序是指实时中断服务程序，实现插补、伺服、机床运行状态监控等实时功能，这些功能与机床的动作直接相关。后台程序是一个循环运行程序，执行管理功能和程序输入、译码、数据处理等非实时性任务，也称背景程序。在后台程序运行中，实时中断程序不断插入，与后台程序相配合，共同完成零件加工任务。在前后台型软件结构模式下，实时中断程序与后台程序的关系如图 2-12 所示。前后台型软件结构模式一般适合单处理器集中式控制，对 CPU 的性能要求较高。程序启动后先进行初始化，再进入后台程序，同时开放实时中断程序，每隔一定时间，中断发生一次，执行一次中断服务程序。此时，后台程序停止运行，等实时中断程序运行完后，后台程序再开始运行。

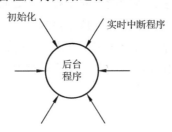

图 2-12 在前后台型软件结构模式下，实时中断程序与后台程序的关系

2.4 可编程控制器

CNC 系统除了对机床各坐标轴的位置进行连续控制（插补运算），还需要对机床主轴的正/反转与启/停、工件的夹紧与松开、刀具交换、工位工作台交换、液压与气动控制、切削液开关的开启/关闭、润滑等辅助工作进行顺序控制。顺序控制由可编程控制器（PLC）完成。

2.4.1 概述

PLC 是一类以微处理器为基础的通用型自动控制装置，它一般以顺序控制为主，以回路调节为辅，能够完成逻辑、顺序、计时、计数和算术运算等功能。它既能控制开关量，也能控制模拟量。随着相关技术的不断发展，PLC 的功能也不断增多，主要表现在以下 6 个方面。

（1）控制规模不断扩大。单台 PLC 可控制成千甚至上万个点，多台 PLC 进行同位链接，可控制数万个点。

（2）指令系统功能增强。能进行逻辑运算、计时、计数、算术运算、PID 运算、数制转换、ASCII 码处理；高档 PLC 还能处理中断、调用子程序等。这些功能的增强使 PLC 能够实现逻辑控制、模拟量控制、数值控制和其他过程监控，在某些方面还可以取代微型计算机控制。

（3）处理速度提高。每个点的平均处理时间从 10μs 左右减小到 1μs 以内。

（4）程序容量增大。从几 KB 增大到几十 KB，甚至上百 KB。

（5）编程语言多样化。大多使用梯形图和语句表，有的还可使用流程图或高级语言。

（6）增加通信与联网功能。多台 PLC 之间能互相通信和交换数据，PLC 还可以与上位计算机通信，接受上位计算机的命令，将执行结果传回上位计算机；通信接口多采用 RS422/RS232C 等标准通信接口，以实现多级集散控制。

目前，为了适应不同的需要，进一步扩大 PLC 在工业自动化领域的应用范围，PLC 正朝以下两个方向发展。一是低档 PLC 向小型、简易、廉价方向发展，以之代替继电器控制；二是中/高档 PLC 向大型、高速、多功能方向发展，以之代替工业控制用微型计算机的部分功能，对大规模的复杂系统进行综合性的自动控制。

在数控机床上采用 PLC 代替继电器控制，能使数控机床结构更紧凑，功能更丰富，响应速度和可靠性大大提高。在数控机床与加工中心等自动化程度高的加工设备和生产制造系统中，PLC 是不可缺少的控制装置。

1. PLC 的基本功能

在数控机床出现以前，顺序控制技术在工业生产中已经得到广泛应用。许多机械设备的工作过程都需要遵循一定的步骤或顺序。这里，顺序控制是指以机械设备的运行状态和时间为依据，使其按预先规定好的动作次序进行工作的一种控制方式。

数控机床所用的顺序控制装置（或系统）主要有两种：一种是传统的继电器逻辑电路，简称 RLC（Relay Logic Circuit），另一种是可编程控制器，简称 PLC。

RLC 是将继电器、接触器、按钮、开关等机电式控制器件用导线连接而成的以实现规定的顺序控制功能的电路。在实际应用中，RLC 存在一些难以克服的缺点。例如，只能解决开关量的简单逻辑运算，以及定时、计数等几种功能的控制，而难以实现复杂的逻辑运算、算术运算、数据处理，以及数控机床所需的许多特殊控制功能；修改控制逻辑时，需要增/减控制元件和重新布线，安装和调整周期长，工作量大；继电器和接触器等器件体积较大，这些器件的工作触点有限。当数控机床受控对象较多或控制动作顺序较复杂时，需要采用大量的器件，而使 RLC 体积庞大、功耗高、可靠性差。由于 RLC 存在上述缺点，因此它只能用于一般的工业设备，以及数控车床、数控钻床、数控镗床等控制逻辑较为简单的数控机床。

与 RLC 相比，PLC 是一种工作原理完全不同的顺序控制装置。PLC 具有如下基本功能。

（1）PLC 是由计算机简化而来的。为适应顺序控制的要求，PLC 省去了计算机的一些数字运算功能，而强化了逻辑运算控制功能。因此，它是一种功能介于继电器控制和计算机控制之间的自动控制装置。

PLC 具有与计算机类似的一些功能器件和单元，如 CPU、用于存储系统控制程序和用户程序的存储器、与外部设备进行数据通信的接口及工作电源等。为与外部机器和控制过程实现信号传送，PLC 还具有输入/输出接口。有了这些功能器件和单元，PLC 就可完成各种指定的控制任务。PLC 系统的基本功能结构如图 2-13 所示。

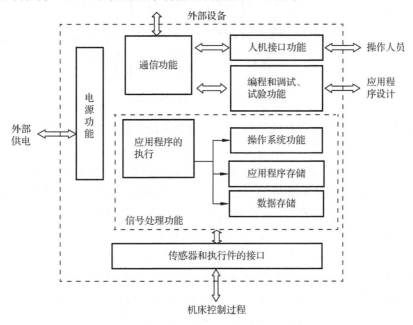

图 2-13　PLC 系统的基本功能结构

（2）具有面向用户的指令和专用于存储用户程序的存储器。用户控制逻辑通过软件实现，适用于控制对象动作复杂、控制逻辑需要灵活变更的场合。

（3）用户程序多采用图形符号和逻辑顺序关系与继电器电路十分近似的梯形图编辑。梯形图形象直观，其表示工作原理易于理解和掌握。

（4）PLC 可与专用编程机、编程器、个人计算机等设备连接，可以很方便地实现程序的显示、编辑、诊断、存储和传送等操作。

（5）PLC 没有继电器那种接触不良、触点熔焊、磨损和线圈烧断等故障，运行中无振动、无噪声，并且具有较强的抗干扰能力，可以在环境较差（如粉尘、高温、潮湿等环境）的条件下稳定、可靠地工作。

（6）PLC 结构紧凑、体积小、容易装入数控机床内部或电气箱内，便于实现数控机床的机电一体化。

2. PLC 的基本结构

PLC 实质上是一种工业控制专用计算机，PLC 系统与微型计算机的结构基本相同，都是由硬件和软件组成的。

1）通用型 PLC 的硬件结构

通用型 PLC 的硬件结构如图 2-14 所示，它主要由 CPU、存储器、I/O 模块、电源和编程器等组成。

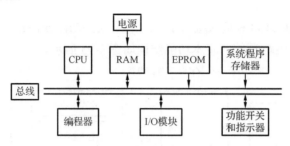

图 2-14 通用型 PLC 的硬件结构

主机内各部分之间均通过总线连接。总线分为电源总线、控制总线、地址总线和数据总线。

（1）CPU。PLC 中的 CPU 系统程序赋予的功能，接收并存储从编程器输入的用户程序和数据；用扫描方式查询现场输入装置的各种信号或数据，并把这些信号或数据保存在输入过程状态寄存器或数据寄存器中；诊断电源及 PLC 内部电路工作状态和编程过程中的语法错误等；在 PLC 进入运行状态后，从存储器逐条读取用户程序，经过命令解释后，按指令规定的任务产生相应的控制信号，以开启或关闭有关的控制电路；分时并分渠道地执行数据的存取、传送、组合、比较和变换等动作，完成用户程序中规定的逻辑运算或算术运算等任务；根据运算结果，更新有关标志位的状态和输出状态寄存器的内容，由输出状态寄存器的位状态或数据寄存器的有关内容实现输出控制、打印、数据通信等功能。

（2）存储器。存储器（简称内存）用来存储数据或程序，它包括随机存取存储器（RAM）和只读存储器（ROM）。此外，PLC 还配有系统程序存储器和用户程序存储器。系统程序存储器用来存储监控程序、模块化应用功能子程序和各种系统参数等，一般使用可擦除可编程只读存储器（EPROM）；用户程序存储器用于存放用户编制的梯形图等程序，一般使用 RAM。若用户程序不经常修改，也可把它写入 EPROM 中；存储器的容量以字节为单位。系统程序存储器的内容不能由用户直接存取，因此一般在产品样本中所列的存储器型号和容量，均指用户程序存储器。

（3）I/O 模块。I/O 模块是 CPU 与现场 I/O 设备或其他外部设备之间的连接部件。PLC 提供了各种操作电平和输出驱动能力的 I/O 模块，供用户选用。要求 I/O 模块具有抗干扰性能，并且与外界绝缘。因此，对大多数 I/O 模块，采用光电隔离回路、消抖动回路、多级滤波等措施。I/O 模块可以制成各种标准模块，根据输入/输出点数增减和组合。I/O 模块还配有各种发光二极管，以指示各种运行状态。

（4）电源。PLC 配有开关式稳压电源，该电源用于 PLC 内部电路的供电。

（5）编程器。编程器用于用户程序的编制、编辑、调试和监视，还可以通过其键盘调用和显示 PLC 的一些内部状态和系统参数。它经过接口与 CPU 联系，完成人机对话。编程器分简易型编程器和智能型编程器。简易型编程器只能在线编程，它通过一个专用接口与 PLC 连接。智能型编程器既可在线编程又可离线编程，还可在远离 PLC 时，以现场控制站的相应接口进行编程。智能型编程器有许多不同的应用程序软件包，功能齐全，适合的编程语言和方法也较多。

2）PLC 的软件系统

PLC 的软件系统是指 PLC 所使用的各种程序的集合，它包括系统程序和用户程序。

（1）系统程序。系统程序包括监控程序、编译程序及诊断程序等。监控程序又称管理程序，主要用于管理全机。编译程序用来把程序语言翻译成机器语言，诊断程序用来诊断机器故障。系统程序由 PLC 生产商提供，并且固化在 EPROM 中，用户不能直接存取该程序，因此不需要用户干预。

（2）用户程序。用户程序是用户根据现场控制的需要，用 PLC 的程序语言编制的应用程序，用于实现各种控制要求。小型 PLC 的用户程序比较简单，不需要分段，而是按顺序编制的。大中型 PLC 的用户程序很长，也比较复杂。为使用户程序简单清晰，可按功能结构或使用目的将用户程序分成各个程序模块。每个程序模块用来解决一个确定的功能，能使很长的程序变得简单，还使程序的调试和修改变得容易。

3. PLC 的工作过程

用户程序通过编程器顺序输入用户存储器，CPU 对用户程序循环进行扫描并按顺序执行。其工作过程包括输入采样、程序执行、输出刷新 3 个阶段，如图 2-15 所示。

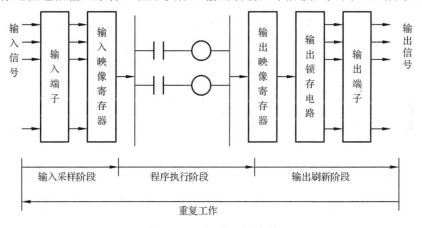

图 2-15　PLC 的工作过程

1）输入采样阶段

在输入采样阶段，PLC 以扫描方式将所有输入端的输入信号状态（ON/OFF 状态）读入输入映像寄存器中，这一过程称为输入信号的采样。采样后，PLC 转入程序执行阶段，在程序执行过程，即使输入状态变化，已经输入映像寄存器的内容也不会改变。输入状态的变化只能在下一个工作周期的输入采样阶段才被重新读入。

2）程序执行阶段

在程序执行阶段，PLC 对程序按顺序扫描。若程序用梯形图表示，则总是按先上后下、先左后右的顺序扫描。每扫描到一条指令时，所需要的输入状态和其他元素的状态分别从输入映像寄存器和输出映像寄存器中读入，然后进行相应的逻辑或算术运算，运算结果存入专用寄存器。若执行程序输出指令时，则将相应的运算结果存入输出映像寄存器。

3）输出刷新阶段

在所有指令执行完后，输出映像寄存器中的状态就是欲输出的状态。在输出刷新阶段PLC将其转存到输出锁存电路，由输出端子输出信号，驱动用户输出设备，这就是PLC的实际输出。PLC重复地执行上述三个阶段任务，每重复一次就是一个工作周期（或称扫描周期）。工作周期的长短与程序的长短有关。

由于输入/输出模块滤波器的时间常数、输出继电器的机械滞后及执行程序时按工作周期进行等原因，会使输入/输出响应出现滞后现象。对一般工业控制设备来说，这种滞后现象是允许的，但对某些信号，要求PLC做出快速响应。因此，对有些PLC，采用快速响应的输入/输出模块，也可以将顺序程序分为快速响应的高级程序和一般响应速度的低级程序。例如，FANUC-BESK PLC规定，对高级程序每8ms扫描一次，而把低级程序自动分段。当开始执行程序时，按以下顺序执行：高级程序→低级程序的分段1→高级程序→低级程序的分段2。这样，每执行完低级程序的一个分段，都要重新扫描一次高级程序，以保证高级程序中信号响应的快速性。

4. PLC的规模

在实际运用中，当需要对PLC的规模做出评价时，较为普遍的做法是根据输入/输出点数的多少，或者以程序存储器容量的大小作为评价的标准，将PLC分为小型PLC、中型PLC和大型PLC（或小规模、中规模和大规模）三类，见表2-1。

表2-1 PLC的规模分类

PLC的规模	评价指标 输入/输出点数（二者总点数）	程序存储容量/KB
小型PLC	小于128点	1KB以下
中型PLC	128～512点	1～4KB
大型PLC	512点以上	4KB以上

程序存储器容量的大小决定存储用户程序的步数或语句条数的多少。输入/输出点数与程序存储器容量之间有内在的联系。当输入/输出点数增加时，顺序程序处理的信息量增大，程序加长，因而需要加大程序存储器的容量。

一般来说，数控车床、数控铣床、加工中心等单机数控设备所需输入/输出点数多在128点以下，少数复杂设备所需输入/输出点数在128点以上。而大型数控机床需要采用中型PLC或大型PLC。

2.4.2 PLC在数控机床上的应用

数控机床的控制部分可以分为数字控制部分和顺序控制部分，数字控制部分控制刀具轨迹（插补过程），而顺序控制部分控制辅助机械动作（如主轴的启动/停止、切削液开关的开启/闭合、换刀动作等）。

1. 数控机床用 PLC

数控机床用 PLC 可分为两类：一类是专为实现数控机床顺序控制而设计制造的内装型（Built-in Type）PLC，另一类是输入/输出接口技术规范、输入/输出点数、程序存储器容量、运算和控制功能均能满足数控机床控制要求的独立型（Stand-alone Type）PLC。

1）内装型 PLC

内装型 PLC（也称内含型 PLC、集成式 PLC）从属于 CNC 控制器，PLC 与数控系统之间的信号传送在 CNC 控制器内部就可实现。PLC 与机床之间则通过 CNC 控制器输入/输出接口电路实现信号传送。采用内装型 PLC 的 CNC 系统框图如图 2-16 所示。

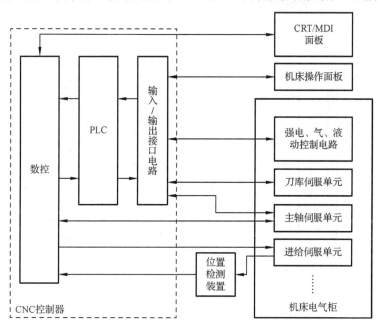

图 2-16　采用内装型 PLC 的 CNC 系统框图

内装型 PLC 有如下特点：

（1）内装型 PLC 实际上是 CNC 控制器自带的 PLC 功能，一般把它作为一种基本的或可选择的功能提供给用户。

（2）内装型 PLC 的性能指标（如输入/输出点数、程序最大步数、每步执行时间、程序扫描周期、功能指令数目等）是根据所从属的 CNC 系统的规格、性能、适用机床的类型等确定的。其硬件和软件部分是被作为 CNC 系统的基本功能或附加功能，与 CNC 系统其他功能一起统一设计制造的。因此，CNC 系统硬件和软件的整体结构十分紧凑，并且 PLC 所具有的功能针对性强，性能指标也较合理和实用，尤其适用于单机数控设备的应用场合。

（3）在 CNC 系统的具体结构上，内装型 PLC 可与 CNC 控制器共用 CPU，也可以单独使用一个 CPU；硬件控制电路可与 CNC 控制器的其他电路制作在同一块印制电路板上，也可以单独制成一块附加板。当 CNC 控制器需要附加 PLC 功能时，将此附加板插到 CNC 控制器上。内装型 PLC 一般不单独配置输入/输出接口电路，而是使用 CNC 系统自身的输入/输出接口电路；PLC 控制电路及部分输入/输出接口电路（一般为输入电路）所用电源由 CNC 控制器提供，无须另备电源。

（4）采用内装型 PLC 的 CNC 系统可以具有某些高级的控制功能，如梯形图编辑和传送功能，在 CNC 控制器内部直接处理数控窗口的大量信息等。

2）独立型 PLC

独立型 PLC 又称通用型 PLC。独立型 PLC 是独立于 CNC 控制器且具有完备的硬件和软件功能，能够独立完成规定的控制任务的 PLC。采用独立型 PLC 的 CNC 系统框图如图 2-17 所示。

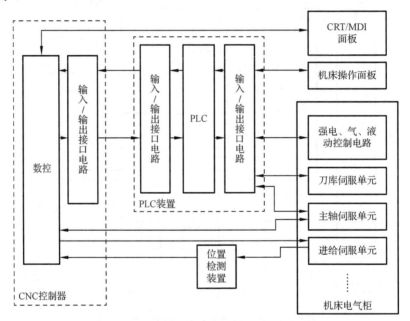

图 2-17　采用独立型 PLC 的 CNC 系统框图

独立型 PLC 有如下特点：

（1）独立型 PLC 具有如下基本的功能结构：CPU 及其控制电路、系统程序存储器、用户程序存储器、输入/输出接口电路、与编程器等外部设备通信的接口和电源等。

（2）独立型 PLC 一般采用积木式模块化结构或笼式插板式结构，各功能电路大多被做成独立的模块或印制电路插板，具有安装方便、功能易于扩展和变更等优点。例如，可采用通信模块与外部输入/输出设备、编程设备、上位机、下位机等进行数据交换；采用 D/A 模块，可以对外部伺服装置直接进行控制；采用计数模块，可以对待加工工件数量、刀具使用次数、回转体回转分度数等进行检测和控制；采用定位模块，可以直接对刀库、工作台、直线运动轴等机械运动部件或装置进行控制。

（3）独立型 PLC 的输入/输出点数可以通过输入/输出模块或电路插板的增减灵活配置。有的独立型 PLC 还可通过多个远程终端连接器，构成有大量输入/输出点数的网络，以实现大范围的集中控制。

专用的独立型 PLC 具有强大的数据处理、通信和诊断功能，主要用作单元控制器，是现代自动化生产制造系统重要的控制装置。独立型 PLC 也用于单机控制。

2. 典型数控机床用 PLC 的指令系统

PLC 是专为工业自动控制而开发的装置，通常，PLC 采用面向控制过程，面向问题的"自然语言"编程。不同厂家的 PLC 产品采用的编程语言不同，这些编程语言有梯形图、语句表、流程图等。为了增强 PLC 的各种运算功能，有的 PLC 还配有 BASIC 语言。

日本的 FANUC 公司、立石公司、三菱公司、富士公司等所生产的 PLC 产品，都采用梯形图编程。在用编程器向 PLC 输入程序时，一般情况下，对简易编程器都采用编码表输入；对大型编程器，用梯形图直接输入。在众多的 PLC 产品中，生产厂家不同，其指令系统的表示方法和语句表中的助记符也不尽相同，但原理是完全相同的。在本书中，我们以 FANUC-PMC-L 为例，对适用于数控机床控制的 PLC 指令进行介绍。在 FANUC 系列的 PLC 中，当其规格型号不同时，只是功能指令的数目有所不同。

在 FANUC-PMC-L 中有两种指令：基本指令和功能指令。当设计顺序程序时，使用最多的是基本指令，基本指令共 12 条。功能指令是便于机床特殊运行控制的编程，功能指令有 35 条。

在基本指令和功能指令执行中，用一个堆栈指针寄存器暂存逻辑运算的中间结果，堆栈指针寄存器有 9 个标志位，其操作顺序如图 2-18 所示，即按先进后出、后进先出的原则操作。当前逻辑运算结果写入时，堆栈各状态全部左移一位；读取逻辑运算结果时堆栈各状态全部右移一位，最后写入的信号首先被读取。

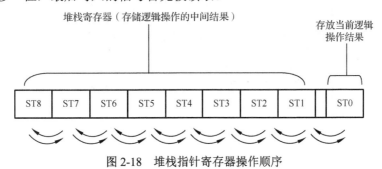

图 2-18　堆栈指针寄存器操作顺序

1）基本指令

基本指令共 12 条，基本指令及其处理内容见表 2-2。

基本指令格式如下：

| 基本指令 | 地址号 位数 |

表2-2　基本指令及其处理内容

NO	基本指令	处理内容
1	RD	读指令信号的状态并写入ST0。在一个阶梯开始的节点是常开节点时使用
2	RD.NOT	读取信号的"非"状态并写入ST0。在一个阶梯开始的节点是常开节点时使用
3	WRT	输出运算结果（ST0的状态）到指定地址
4	WRT.NOT	输出运算结果（ST0的状态）的"非"状态到指定地址
5	AND	对ST0的状态与指定地址的信号状态进行逻辑"与"运算后，把运算结果存于ST0
6	AND.NOT	对ST0的状态与指定地址的"非"状态进行逻辑"与"运算后，把运算结果存于ST0
7	OR	对指定地址的状态与ST0进行逻辑"或"运算后，把运算结果存于ST0
8	OR.NOT	对指定地址的"非"状态进行逻辑"或"运算后，把运算结果存于ST0
9	RD.STK	堆栈指针左移一位，把指定地址的状态存于ST0
10	RD.NOT.STK	堆栈指针左移一位，对指定地址的状态进行逻辑"非"运算，把运算结果存于ST0中
11	AND.STK	对ST0和ST1的状态进行逻辑"与"运算，把运算结果存于ST0，堆栈指针右移一位
12	OR.STK	对ST0和ST1的状态进行逻辑"或"运算，把运算结果存于ST0，堆栈指针右移一位

下面举一个综合运用基本指令的例子，说明梯形图与指令代码的应用，该例子把12条基本指令都用到了。图2-19是梯形图例子，表2-3是图2-19所示梯形图的程序代码。

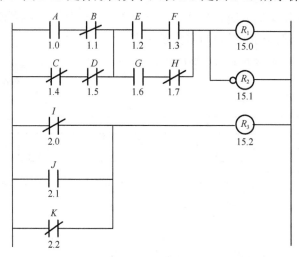

图2-19　梯形图例子

表 2-3 图 2-19 所示梯形图的程序代码

序号	基本指令	地址号位数	备注	逻辑运算结果状态		
				ST2	ST1	ST0
1	RD	1.0	A			A
2	AND.NOT	1.1	B			$A \cdot \bar{B}$
3	RD.NOT.STK	1.4	C		$\bar{B}$	$\bar{C}$
4	AND.NOT	1.5	D		$A \cdot \bar{B}$	$\bar{C} \cdot \bar{D}$
5	OR.STK					$A \cdot \bar{B} + \bar{C} \cdot \bar{D}$
6	RD.STK	1.2	E		$A \cdot \bar{B} + \bar{C} \cdot \bar{D}$	E
7	AND	1.3	F		$A \cdot \bar{B} + \bar{C} \cdot \bar{D}$	$E \cdot F$
8	RD.STK	1.6	G	$A \cdot \bar{B} + \bar{C} \cdot \bar{D}$	$E \cdot F$	G
9	AND.NOT	1.7	H	$A \cdot \bar{B} + \bar{C} \cdot \bar{D}$	$E \cdot F$	$G \cdot \bar{H}$
10	OR.STK				$A \cdot \bar{B} + \bar{C} \cdot \bar{D}$	$E \cdot F + G \cdot \bar{H}$
11	AND.STK					$(A \cdot \bar{B} + \bar{C} \cdot \bar{D})$ $(E \cdot F + G \cdot \bar{H})$
12	WRT	15.0	R_1			$(A \cdot \bar{B} + \bar{C} \cdot \bar{D})$ $(E \cdot F + G \cdot \bar{H})$
13	WRT.NOT	15.1	R_2			$(A \cdot \bar{B} + \bar{C} \cdot \bar{D})$ $(E \cdot F + G \cdot \bar{H})$
14	RD.NOT	2.0	I			$\bar{I}$
15	OR	2.1	J			$\bar{I} + J$
16	OR.NOT	2.2	K			$\bar{I} + J + \bar{K}$
17	WRT	15.2	R_3			$\bar{I} + J + \bar{K}$

2）功能指令

数控机床用 PLC 的指令必须满足数控机床信息处理和动作控制的特殊要求，如，由数控系统输出的 M、S、T 二进制码信号的译码（DEC）、机械运动状态或液压系统动作状态的延时（TMR）确认、加工零件的计数（CTR）、刀库/分度工作台沿最短路径旋转和从目前位置至目标位置步数的计算（ROT）、换刀时的数据检索（DSCH）等。对译码、定时、计数、最短路径选择，以及比较、检索、转移、代码转换、四则运算、信息显示等控制功能的实现，仅用基本指令编程不容易实现。因此，要增加一些具有专门控制功能的指令，这些专门指令就是功能指令。功能指令都是一些子程序，应用功能指令就是调用相应的子程序。

表 2-4 列出了 35 种功能指令及其处理内容。

表2-4 35种功能指令及其处理内容

序号	功能指令			处 理 内 容
	格式1（梯形图）	格式2（程序显示）	格式3（程序输入）	
1	END1	SUB1	S1	1级（高级）程序结束
2	END2	SUB2	S2	2级程序结束
3	END3	SUB48	S48	3级程序结束
4	TMR	TMR	T	定时器处理
5	TMRB	SUB24	S24	固定定时器处理
6	DEC	DEC	D	译码
7	CTR	SUB5	S5	计数处理
8	ROT	SUB6	S6	旋转控制
9	COD	SUB7	S7	代码转换
10	MOVE	SUB8	S8	数据在进行逻辑"与"运算后传输
11	COM	SUB9	S9	公共线控制
12	COME	SUB29	S29	公共线控制结束
13	JMP	SUB10	S10	跳转
14	JMPE	SUB30	S30	跳转结束
15	PARI	SUB11	S11	奇偶检查
16	DCNV	SUB14	S14	数据转换（二进制数—BCD码）
17	COMP	SUB15	S15	比较
18	COIN	SUB16	S16	符合检查
19	DSCH	SUB17	S17	数据检索
20	XMOV	SUB18	S18	变址数据传输
21	ADD	SUB19	S19	加法运算
22	SUB	SUB20	S20	减法运算
23	MUL	SUB21	S21	乘法运算
24	DIV	SUB22	S22	除法运算
25	NUME	SUB23	S23	定义常数
26	PACTL	SUB25	S25	位置Mate-A
27	CODE	SUB27	S27	二进制码转换
28	DCNVE	SUB31	S31	扩散数据转换
29	COMPB	SUB32	S32	二进制数比较
30	ADDB	SUB36	S36	二进制数加法运算
31	SUBB	SUB37	S37	二进制数减法运算
32	MULB	SUB38	S38	二进制数乘法运算
33	DIVB	SUB39	S39	二进制数除法运算
34	NUMEB	SUB48	S40	定义二进制常数
35	DISP	SUB49	S49	在CTR上显示信息

对功能指令，不能使用继电器的符号，必须使用图 2-20 所示的功能指令格式。这种格式包括控制条件、功能指令、参数和输出等。

表 2-5 为图 2-20 所示功能指令的代码和逻辑运算结果的状态。

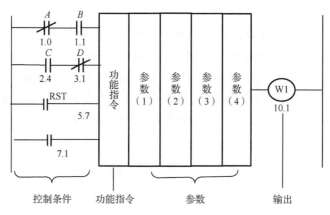

图 2-20　功能指令格式

表 2-5　图 2-20 所示功能指令的代码和逻辑运算结果的状态

序号	指令	地址号位数	备注	逻辑运算结果的状态			
				ST3	ST2	ST1	ST0
1	RD.NOT	1.0	A				$\bar{A}$
2	AND	1.1	B				$\bar{A} \cdot B$
3	RD.STK	2.4	C			$\bar{A} \cdot B$	C
4	AND.NOT	3.1	D			$\bar{A} \cdot B$	$C \cdot \bar{D}$
5	RD.STK	5.7	RST		$\bar{A} \cdot B$	$C \cdot \bar{D}$	RST
6	RD.STK	7.1	ACT	$\bar{A} \cdot B$	$C \cdot \bar{D}$	RST	ACT
7	SUB	○○	指令	$\bar{A} \cdot B$	$C \cdot \bar{D}$	RST	ACT
8	（PRM）	○○○○	参数 1	$\bar{A} \cdot B$	$C \cdot \bar{D}$	RST	ACT
9	（PRM）	○○○○	参数 2	$\bar{A} \cdot B$	$C \cdot \bar{D}$	RST	ACT
10	（PRM）	○○○○	参数 3	$\bar{A} \cdot B$	$C \cdot \bar{D}$	RST	ACT
11	（PRM）	○○○○	参数 4	$\bar{A} \cdot B$	$C \cdot \bar{D}$	RST	ACT
12	WRT	10.1	W1 输出	$\bar{A} \cdot B$	$C \cdot \bar{D}$	RST	ACT

功能指令格式中的各部分内容说明如下：

（1）控制条件。控制条件的数量和意义随功能指令的不同而不同。控制条件存入堆栈指针寄存器中时，其顺序是固定不变的。

（2）指令。功能指令的 3 种格式参考表 2-4，格式 1 用于梯形图，格式 2 用程序显示，格式 3 是用编程器输入程序时的简化指令。关于 TMR 和 DEC 指令，在编程器上有其专用指令键，其他功能指令则用 SUB 键和其后的数字键输入。

（3）参数。功能指令可以处理各种数据，也就是说，数据或存有数据的地址可作为功能指令的参数，参数的数量和含义随指令的不同而不同。

（4）输出。功能指令的执行情况可用一位"1"和"0"表示时，把它输出到 W1 继电器，W1 继电器的地址可随意确定。但有些功能指令不用 W1，如 MOVE、COM、JMP 等功能指令。

（5）需要处理的数据。由功能指令管理的数据通常是 BCD 码或二进制数。例如，4 位数的 BCD 码按一定顺序存放在两个连续地址的存储单元中，分低两位和高两位存放。假设 BCD 码 1234 被存放在地址 200 和地址 201 中，地址 200 中存放低两位（34），地址 201 中存放高两位（12）。在功能指令中只用参数指定低字节的地址 200。二进制数可以由 1 字节、2 字节、4 字节数据组成，低字节存于最小地址，在功能指令中也是用参数指定最小地址。

2.5　插　补

2.5.1　插补的定义

在数控加工中，已知刀具运动轨迹的起始点坐标、终点坐标和曲线方程，如何使切削加工运动沿着给定轨迹移动呢？数控系统根据这些已知信息实时地计算出运动轨迹各个中间点的坐标，通常把这个过程称为插补。

插补运算是指数控系统对输入的基本数据（如直线的终点坐标、圆弧的起始点、圆心、终点坐标、进给速度）进行计算，将工件轮廓的形状描述出来，边计算边根据计算结果向各坐标轴发出进给指令。因此，插补实质上是根据有限的信息完成"数据点的密化"工作。插补运算可以采用数控系统硬件或数控系统软件完成。

插补运算速度是影响刀具进给速度的重要因素。为减少插补运算时间，在插补运算过程中，应该尽量避免使用三角函数、乘法、除法及开方等复杂运算。因此，插补运算一般都采用迭代算法。插补运算速度直接影响数控系统的运行速度，插补运算精度又直接影响数控系统的运行精度。插补运算速度和插补运算精度是相互制约、互相矛盾的，因此只能折中选择。

加工各种形状的零件轮廓时，必须控制刀具相对于工件以给定的速度沿指定的路径运动，即控制各个坐标轴按照某一规律协调运动，这一功能称为插补功能。

2.5.2　对插补器的基本要求

插补器的形式很多，不管形式如何，它都可通过硬件逻辑电路或软件程序完成插补运算。因此，它可分为硬件插补器和软件插补器。软件插补器利用 CNC 系统的微处理器执行相应的插补程序实现插补运算，这类插补器结构简单、灵活易变、可靠性好。随着微处理器的位数和频率的提高，大部分 CNC 系统采用软件插补器。但由于硬件插补器的插补运算速度快，因此对要求高的 CNC 系统，采用粗、精二级插补的方法实现，以满足实时性要求。软件程序每次插补一个小线段称为粗插补；根据粗插补结果，将小线段分成单个脉冲输出，称为精插补。精插补往往采用硬件插补器。

硬件插补器特点：插补运算速度快，但缺乏柔性，调整和修改都困难。

软件插补器特点：插补运算速度慢，但柔性高，调整和修改都很方便。

2.5.3　插补方法的分类

从实现的功能来分，插补方法分为直线插补、二次（圆、抛物线等）曲线插补及高次曲线插补等。根据插补原理和运算方法的不同，插补方法分为基准脉冲插补和数据采样插补两大类。

1）基准脉冲插补方法

基准脉冲插补又称行程标量插补或脉冲增量插补。它是指通过向各个运动轴分配驱动脉冲控制数控机床的坐标轴相互协调运动，从而加工出一定轮廓形状的算法。

特点：

（1）每次插补运算后，在一个坐标轴方向（X、Y 或 Z 轴），最多产生一个单位脉冲形式的步进电动机控制信号，使该坐标轴最多产生一个单位的行程增量。

每个单位脉冲所对应的坐标轴位移量称为脉冲当量，一般用 δ 或 BLU 来表示。

（2）脉冲当量是脉冲分配的基本单位，它决定了数控系统的加工精度。

普通数控机床：$\delta=0.01$mm；

精密数控机床：$\delta=0.005$mm、0.0025mm 或 0.001mm。

（3）算法比较简单，通常只需要几次加法操作和移位操作就可以完成插补运算，因此容易用硬件插补器实现。

（4）插补误差$<\delta$；输出脉冲频率的上限取决于插补程序所用的时间。因此该算法适用于中等精度（$\delta=0.01$mm）和中等速度（$1\sim4$m/min）的数控系统。

基准脉冲插补方法又细分为下列几种：

① 逐点比较法。

② 数字积分法。

③ 数字脉冲乘法器插补方法。

④ 矢量判别法。

⑤ 比较积分法。

⑥ 最小偏差法。

⑦ 目标点跟踪法。

⑧ 单步追踪法。

⑨ 直接函数法。

2）数据采样插补方法

数据采样插补又称时间标量插补或数字增量插补。其工作原理如下：根据数控加工程序所要求的进给速度，按照插补周期的大小，先将零件轮廓曲线分割为一系列首尾相接的微小直线段，然后输出这些微小直线段所对应的位置增量数据，控制伺服系统实现坐标轴进给。

采用数据采样插补算法时，每调用一次插补程序，数控系统就计算出本插补周期内各个坐标轴的位置增量及目标位置。伺服位置控制软件把插补运算得到的各个坐标轴位置与采样获得的各个坐标轴的实际位置进行比较，求得位置误差。然后根据当前位置误差，计算出各个坐标轴的进给速度并把它们输送到驱动装置中，从而驱动移动部件向减小位置误差的方向运动。

特点：

（1）每次插补运算的结果不再是某坐标轴方向上的一个脉冲，而是与各个坐标轴位置增量相对应的几个数字量。此类算法适用于以直流伺服电动机或交流伺服电动机作为驱动元件的闭环或半闭环数控系统。

（2）数据采样插补程序的运行时间已不再是限制加工速度的主要因素，加工速度的上限取决于插补运算精度要求及伺服系统的动态响应特性。

数据采样插补方法很多，下面几种插补方法是常用的。

① 直线函数法。

② 扩展的数字积分法。

③ 二阶递归扩展的数字积分插补法。

④ 双数字积分插补法。

⑤ 角度逼近圆弧插补法。

2.5.4 主要的插补方法

1. 逐点比较法

逐点比较法也称逐点逼近法，即每进给一步都要和给定轨迹上的坐标值进行一次比较，根据该点在给定轨迹的上方或下方，或在给定轨迹的里面或外面，决定下一步的进给方向，使之逼近给定轨迹。逐点比较法以折线方式逼近直线、圆弧或各类曲线，它与给定的直线轨迹或圆弧轨迹之间的最大误差不超过一个脉冲当量。因此，只要将脉冲当量取得足够小，就可达到加工精度的要求。

逐点比较法的优点：

① 可以实现直线插补和圆弧插补。

② 每次插补运算后，只有一个坐标轴方向有进给运动。

③ 插补误差不超过一个脉冲当量。

④ 算法简单直观，输出脉冲均匀。

缺点：不容易实现两个坐标轴以上的联动插补；在两个坐标轴联动的数控机床中应用比较普遍。

逐点比较法的每一步都要经过以下 4 个工作节拍。

① 偏差判别。根据偏差的符号，判别当前刀具相对于零件轮廓的位置偏差。

② 坐标轴进给方向判别。根据偏差判别的结果，控制相应的坐标轴进给一步，使刀

具向零件轮廓靠拢。

③ 偏差计算。刀具进给一步后，针对新的刀具位置，计算新的偏差。

④ 终点判别。刀具进给一步后，需要判别刀具是否已经到达零件轮廓的终点。如果已经到达终点，就停止插补过程；如果未到达终点，就返回第①节拍，重复上述节拍。逐点比较法工作流程图如图 2-21 所示。

1）基于逐点比较法的直线插补

（1）偏差判别。

动点与直线位置关系如图 2-22 所示，第一象限直线 OE 的起始点 O 为坐标系原点。用户编程时，给出该直线的终点坐标 $E(X_e, Y_e)$，则该直线方程为

$$\frac{Y}{X} = \frac{Y_e}{X_e}$$

上式整理后得

$$X_e Y - X Y_e = 0$$

直线 OE 为给定轨迹，$P(X, Y)$ 为动点坐标，动点与直线的位置关系有三种情况：动点在直线上方、在直线上、在直线下方。

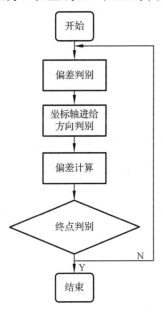

图 2-21　逐点比较法工作流程图

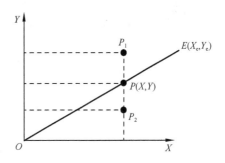

图 2-22　动点与直线位置关系

若动点在直线上方，如图 2-22 中的 P_1 点，则　$X_e Y - X Y_e > 0$

若动点在直线上，如图 2-22 中的 P 点，则　　$X_e Y - X Y_e = 0$

若动点在直线下方，如图 2-22 中的 P_2 点，则　$X_e Y - X Y_e < 0$

因此，可以构造偏差函数如下：

$$F = X_e Y - X Y_e$$

上式被称为直线插补偏差判别式或偏差判别函数，F 的值称为偏差。

（2）坐标轴进给方向判别对于第一象限直线 OE，其偏差符号与坐标轴进给方向的关系分如下 3 种：

当 $F=0$ 时，表示动点在直线 OE 上，如 P 点。此时，可向 $+X$ 轴方向进给，也可向 $+Y$ 轴方向进给。

当 $F>0$ 时，表示动点在直线 OE 上方，如 P_1 点。此时，应向 $+X$ 轴方向进给。

当 $F<0$ 时，表示动点在直线 OE 下方，如 P_2 点。此时，应向 $+Y$ 轴方向进给。

当规定动点在直线上时，可归入 $F>0$ 的情况一同考虑。

（3）偏差计算。直线插补从起始点开始，当沿两个坐标轴方向进给的步数分别等于 X_e 和 Y_e 时，停止插补。

下面采用递推公式简化偏差计算公式，设动点 $P_i(X_i,\ Y_i)$ 对应的 F_i 值为

$$F_i = X_eY_i - X_iY_e$$

若 $F_i \geqslant 0$，表明 $P_i(X_i,\ Y_i)$ 点在直线 OE 上方或在该直线上。此时，应向 $+X$ 轴方向进给一步。假设坐标值的单位为脉冲当量，每进给一步后新加工点坐标为（X_{i+1}，Y_{i+1}），并且 $X_{i+1}=X_i+1$，$Y_{i+1}=Y_i$，新加工点偏差为

$$\begin{aligned} F_{i+1} &= X_eY_{i+1} - X_{i+1}Y_e \\ &= X_eY_i - (X_i+1)Y_e \\ &= X_eY_i - X_iY_e - Y_e \\ &= F_i - Y_e \end{aligned}$$

即

$$F_{i+1} = F_i - Y_e \qquad\qquad (2\text{-}1)$$

若 $F_i < 0$，表明 $P_i(X_i,\ Y_i)$ 点在直线 OE 的下方。此时，应向 $+Y$ 轴方向进给一步，新加工点坐标为（X_{i+1}，Y_{i+1}），并且 $X_{i+1}=X_i$，$Y_{i+1}=Y_i+1$。可知新加工点的偏差为

$$\begin{aligned} F_{i+1} &= X_eY_{i+1} - X_{i+1}Y_e \\ &= X_e(Y_i+1) - X_iY_e \\ &= X_eY_i - X_iY_e + X_e \\ &= F_i + X_e \end{aligned}$$

即

$$F_{i+1} = F_i + X_e \qquad\qquad (2\text{-}2)$$

第一象限直线插补时的坐标轴进给方向判别与偏差计算见表 2-6。

表 2-6　第一象限直线插补时的坐标轴进给方向判别与偏差计算

偏差判别	坐标轴进给方向判别	偏差计算
$F_i \geqslant 0$	$+X$	$F_{i+1} = F_i - Y_e$
$F_i < 0$	$+Y$	$F_{i+1} = F_i + X_e$

（4）终点判别。开始加工时，将刀具移到起始点，刀具正好处于直线上，偏差为零，即 $F=0$。根据这一点偏差可求出新加工点偏差，随着加工的进行，每个新加工点的偏差都可由前一点偏差和终点坐标相加或相减得到。

在插补运算、进给的同时，还要进行终点判别。常用终点判别方法如下：设置一个长度计数器，从直线的起始点到终点，刀具沿 X 轴进给的步数为 X_e，沿 Y 轴进给的步数为 Y_e，计数器中存入的 X 和 Y 两轴的进给步数总和 $\Sigma=|X_e|+|Y_e|$。当 X 或 Y 轴进给时，计数长度减一。当计数长度减到零时，即 $\Sigma=0$ 时，说明到达终点，停止插补，图 2-23 所示为直线插补流程图。

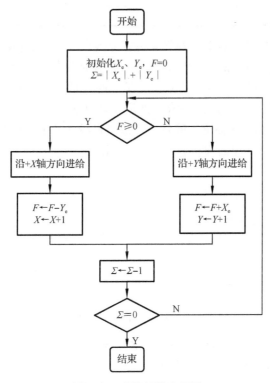

图 2-23　直线插补流程图

【例 2-1】现欲加工第一象限直线 OE，其起始点为坐标系原点，终点坐标为 $E(4,3)$，试用逐点比较法对该段直线进行插补，并画出插补轨迹。

解：插补完这段直线，刀具沿 X、Y 轴进给的总步数为

$$\Sigma=|X_e|+|Y_e|=4+3=7$$

基于逐点比较法的第一象限直线插补运算过程见表 2-7，基于逐点比较法的第一象限直线插补轨迹如图 2-24 所示。

表 2-7　基于逐点比较法的第一象限直线插补运算过程

序号	偏差判别	坐标轴进给方向判别	新加工点坐标	偏差计算	终点判别
0			$(0,0)$	$F_0 = 0$	$\Sigma = 7$
1	$F_0 = 0$	$+X$	$(1,0)$	$F_1 = F_0 - Y_e = 0 - 3 = -3$	$\Sigma = 7 - 1 = 6$
2	$F_1 < 0$	$+Y$	$(1,1)$	$F_2 = F_1 + X_e = -3 + 4 = 1$	$\Sigma = 6 - 1 = 5$
3	$F_2 > 0$	$+X$	$(2,1)$	$F_3 = F_2 - Y_e = 1 - 3 = -2$	$\Sigma = 5 - 1 = 4$
4	$F_3 < 0$	$+Y$	$(2,2)$	$F_4 = F_3 + X_e = -2 + 4 = 2$	$\Sigma = 4 - 1 = 3$
5	$F_4 > 0$	$+X$	$(3,2)$	$F_5 = F_4 - Y_e = 2 - 3 = -1$	$\Sigma = 3 - 1 = 2$
6	$F_5 < 0$	$+Y$	$(3,3)$	$F_6 = F_5 + X_e = -1 + 4 = 3$	$\Sigma = 2 - 1 = 1$
7	$F_6 > 0$	$+X$	$(4,3)$	$F_7 = F_6 - Y_e = 3 - 3 = 0$	$\Sigma = 1 - 1 = 0$

　　下面介绍不同象限的直线插补。假设有第三象限直线 OE'（见图 2-25），其起始点坐标在原点 O，终点坐标为 $E'(-X_e, -Y_e)$。在第一象限有一条和它对称于原点的直线，其终点坐标为 $E(X_e, Y_e)$，按第一象限直线进行插补时，从 O 点开始把沿 X 轴正向（$+X$）的进给改为沿 X 轴负向（$-X$）的进给，把沿 Y 轴正向（$+Y$）的进给改为沿 Y 轴负向（$-Y$）的进给。这时，实际插补出的就是第三象限直线，其偏差计算公式与第一象限直线的偏差计算公式相同，只是坐标轴的进给方向不同。

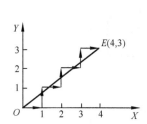

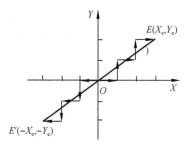

图 2-24　基于逐点比较法的第一象限直线插补轨迹　　图 2-25　基于逐点比较法的第三象限直线插补轨迹

　　【例 2-2】　现欲加工第三象限直线 OE，其起始点为坐标系原点，终点坐标为 $E(-4, -3)$，试用逐点比较法对该段直线进行插补。

　　解：插补完这段直线，刀具沿 X、Y 轴进给的总步数为

$$\Sigma = |X_e| + |Y_e| = 4 + 3 = 7$$

基于逐点比较法的第三象限直线插补运算过程见表 2-8。

表 2-8　基于逐点比较法的第三象限直线插补运算过程

序号	偏差判别	坐标轴进给方向判别	新加工点坐标	偏差计算	终点判别
0			$(0,0)$	$F_0 = 0$	$\Sigma = 7$
1	$F_0 = 0$	$-X$	$(-1,0)$	$F_1 = F_0 - |Y_e| = 0 - 3 = -3$	$\Sigma = 6$
2	$F_1 < 0$	$-Y$	$(-1,-1)$	$F_2 = F_1 + |X_e| = -3 + 4 = 1$	$\Sigma = 5$
3	$F_2 > 0$	$-X$	$(-2,-1)$	$F_3 = F_2 - |Y_e| = 1 - 3 = -2$	$\Sigma = 4$

续表

序号	偏差判别	坐标轴进给方向判别	新加工点坐标	偏差计算	终点判别
4	$F_3 < 0$	$-Y$	$(-2,-2)$	$F_4 = F_3 + |X_e| = -2 + 4 = 2$	$\Sigma = 3$
5	$F_4 > 0$	$-X$	$(-3,-2)$	$F_5 = F_4 - |Y_e| = 2 - 3 = -1$	$\Sigma = 2$
6	$F_5 < 0$	$-Y$	$(-3,-3)$	$F_6 = F_5 + |X_e| = -1 + 4 = 3$	$\Sigma = 1$
7	$F_6 > 0$	$-X$	$(-4,-3)$	$F_7 = F_6 - |Y_e| = 3 - 3 = 0$	$\Sigma = 0$

四个象限直线的偏差判别和坐标轴进给方向判别如图 2-26 所示,用 L_1、L_2、L_3、L_4 分别表示第一、二、三、四象限的直线。为适用于四个象限直线插补,插补运算时使用 X、Y 轴进给量的绝对值,通过偏差判别可将其转换到第一象限。这样,对动点与直线的位置关系,就可按第一象限判别方式进行判别。

在图 2-26 中,靠近 Y 轴区域的偏差大于或等于零,靠近 X 轴区域的偏差小于或等于零。当 $F \geq 0$ 时,进给方向都沿 X 轴,不管是 $+X$ 轴方向还是 $-X$ 轴方向,X 轴进给量的绝对值增大;当 $F < 0$ 时,进给方向都沿 Y 轴,不论 $+Y$ 轴方向还是 $-Y$ 轴方向,Y 轴进给量的绝对值增大。

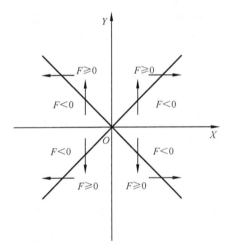

图 2-26 四个象限直线的偏差判别和坐标轴进给方向判别

表 2-9 为四个象限直线插补时的坐标轴进给方向判别与偏差计算。

表 2-9 四个象限直线插补时的坐标轴进给方向判别与偏差计算

直线	偏差判别	偏差计算	坐标轴进给方向判别
L_1, L_4	$F \geq 0$	$F \leftarrow F - |Y_e|$	$+X$
L_2, L_3	$F \geq 0$		$-X$
L_1, L_2	$F < 0$	$F \leftarrow F + |X_e|$	$+Y$
L_3, L_4	$F < 0$		$-Y$

2）基于逐点比较法的圆弧插补

（1）偏差判别。在圆弧加工过程中，可用动点到圆弧圆心的距离描述刀具位置与被加工圆弧之间的关系。设圆弧圆心在坐标系原点，已知圆弧起始点为 A（X_a，Y_a），终点为 B（X_b，Y_b），圆弧半径为 R。动点可能出现在圆弧上、圆弧外侧或圆弧内侧。

当动点 P（X，Y）位于圆弧上时：

$$X^2 + Y^2 - R^2 = 0$$

当动点 P（X，Y）位于圆弧外侧时，OP 长度大于圆弧半径 R，即

$$X^2 + Y^2 - R^2 > 0$$

当动点 P（X，Y）位于圆弧内侧时，OP 长度小于圆弧半径 R，即

$$X^2 + Y^2 - R^2 < 0$$

圆弧的偏差为

$$F = X^2 + Y^2 - R^2 \tag{2-3}$$

当动点位于圆弧上时，一般将其和 $F > 0$ 时的情况一起考虑。

（2）坐标轴进给方向判别。第一象限顺时针/逆时针圆弧如图 2-27 所示。在图 2-27（a）中，$\overset{\frown}{AB}$ 为第一象限顺时针圆弧。若 $F \geq 0$ 时，则动点在圆弧上或在圆弧外侧，沿 $-Y$ 轴方向进给，计算出此时新加工点的偏差；若 $F < 0$，表明动点在圆弧内侧，沿 $+X$ 轴方向进给，计算出此时新加工点的偏差。如此计算，直至终点。

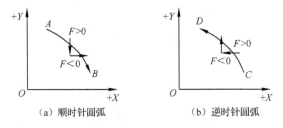

图 2-27　第一象限顺时针/逆时针圆弧

（3）偏差计算。由于偏差计算公式中有平方值计算，因此采用递推公式简化偏差计算公式。当 $F_i \geq 0$，动点 $P_i(X_i, Y_i)$ 向 $-Y$ 轴方向进给，新加工点坐标为 (X_{i+1}, Y_{i+1})。

$$X_{i+1} = X_i$$
$$Y_{i+1} = Y_i - 1$$

则新加工点的偏差为

$$F_{i+1} = X_{i+1}^2 + Y_{i+1}^2 - R^2 = X_i^2 + (Y_i - 1)^2 - R^2$$

即

$$F_{i+1} = F_i - 2Y_i + 1$$

当 $F_i < 0$ 时，动点 $P_i(X_i, Y_i)$ 沿 $+X$ 轴方向进给一步，新加工点坐标为 (X_{i+1}, Y_{i+1})。

$$X_{i+1} = X_i + 1$$
$$Y_{i+1} = Y_i$$

新加工点的偏差为

$$F_{i+1} = X_{i+1}^2 + Y_{i+1}^2 - R^2 = (X_i + 1)^2 + Y_i^2 - R^2$$

即

$$F_{i+1} = F_i + 2X_i + 1$$

在图 2-27（b）中，第一象限逆时针圆弧 $\overset{\frown}{CD}$ 的运动趋势是，X 轴进给量的绝对值减小，Y 轴进给量的绝对值增大。当 $F \geqslant 0$ 时，动点在圆弧上或在圆弧外侧，沿 $-X$ 轴方向进给，计算出此时新加工点的偏差；当 $F < 0$ 时，表明动点在圆弧内侧，沿 $+Y$ 轴方向进给，计算出此时新加工点的偏差。如此计算，直至终点。

当 $F_i \geqslant 0$ 时，动点 $P_i(X_i,\ Y_i)$ 沿 $-X$ 轴方向进给，新加工点坐标为 (X_{i+1}, Y_{i+1})。

$$X_{i+1} = X_i - 1$$
$$Y_{i+1} = Y_i$$

则新加工点的偏差为

$$F_{i+1} = X_{i+1}^2 + Y_{i+1}^2 - R^2 = (X_i - 1)^2 + Y_i^2 - R^2$$

即

$$F_{i+1} = F_i - 2X_i + 1$$

当 $F_i < 0$ 时，动点 $P_i(X_i,\ Y_i)$ 沿 $+Y$ 轴方向进给一步，新加工点坐标为 (X_{i+1}, Y_{i+1})，

$$X_{i+1} = X_i$$
$$Y_{i+1} = Y_i + 1$$

新加工点的偏差为

$$F_{i+1} = X_{i+1}^2 + Y_{i+1}^2 - R^2 = X_i^2 + (Y_i + 1)^2 - R^2$$

即

$$F_{i+1} = F_i + 2Y_i + 1$$

进给一步后新加工点的偏差计算公式除了与前一个加工点的偏差有关，还与动点坐标有关。动点坐标随插补的进行而变化，因此在圆弧插补的同时，还必须修正新加工点坐标。第一象限圆弧插补时的坐标轴进给方向判别与偏差计算见表 2-10。

表 2-10　第一象限圆弧插补时的坐标轴进给方向判别与偏差计算

圆弧类别	偏差判别	坐标轴进给方向判别	坐标计算	偏差计算
顺时针圆弧	$F_i \geqslant 0$	$-Y$	$X_{i+1} = X_i,\ Y_{i+1} = Y_i - 1$,	$F_{i+1} = F_i - 2Y_i + 1$
	$F_i < 0$	$+X$	$X_{i+1} = X_i + 1,\ Y_{i+1} = Y_i$	$F_{i+1} = F_i + 2X_i + 1$
逆时针圆弧	$F_i \geqslant 0$	$-X$	$X_{i+1} = X_i - 1,\ Y_{i+1} = Y_i$,	$F_{i+1} = F_i - 2X_i + 1$
	$F_i < 0$	$+Y$	$X_{i+1} = X_i,\ Y_{i+1} = Y_i + 1$	$F_{i+1} = F_i + 2Y_i + 1$

（4）终点判别。圆弧插补终点判别方法如下：把沿 X、Y 轴进给的步数总和存入一个计数器，$\Sigma = |X_b - X_a| + |Y_b - Y_a|$，每进给一步，把 Σ 减去 1；当 $\Sigma = 0$ 时，发出停止进给信号。第一象限顺时针圆弧插补流程图如图 2-28 所示。

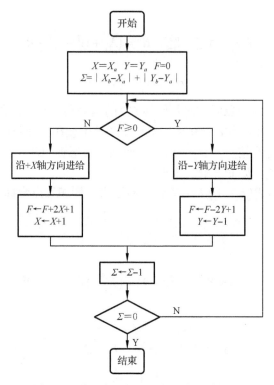

图 2-28　第一象限顺时针圆弧插补流程图

【例 2-3】　现欲加工第一象限顺时针圆弧 $\overarc{AB}$，其起始点为 A（0，4），终点为 B（4，0），试用逐点比较法进行插补。

解：插补完这段圆弧，刀具沿 X、Y 轴进给的总步数为

$$\Sigma = |X_b - X_a| + |Y_b - Y_a| = |4 - 0| + |0 - 4| = 8$$

第一象限顺时针圆弧插补运算过程见表 2-11，第一象限顺时针圆弧插补轨迹，如图 2-29 所示。

表 2-11　第一象限顺时针圆弧插补运算过程

序号	偏差判别	坐标轴进给方向判别	坐标计算	偏差计算	终点判别
0			$X_0 = 0, Y_0 = 4$	$F_0 = 0$	$\Sigma = 8$
1	$F_0 = 0$	$-Y$	$X_1 = 0, Y_1 = 3$	$F_1 = F_0 - 2Y_0 + 1 = -7$	$\Sigma = 7$
2	$F_1 < 0$	$+X$	$X_2 = 1, Y_2 = 3$	$F_2 = F_1 + 2X_1 + 1 = -6$	$\Sigma = 6$
3	$F_2 < 0$	$+X$	$X_3 = 2, Y_3 = 3$	$F_3 = F_2 + 2X_2 + 1 = -3$	$\Sigma = 5$
4	$F_3 < 0$	$+X$	$X_4 = 3, Y_4 = 3$	$F_4 = F_3 + 2X_3 + 1 = 2$	$\Sigma = 4$
5	$F_4 > 0$	$-Y$	$X_5 = 3, Y_5 = 2$	$F_5 = F_4 - 2Y_4 + 1 = -3$	$\Sigma = 3$

续表

序号	偏差判别	坐标轴进给方向判别	坐标计算	偏差计算	终点判别
6	$F_5 < 0$	$+X$	$X_6 = 4, Y_6 = 2$	$F_6 = F_5 + 2X_5 + 1 = 4$	$\Sigma = 2$
7	$F_6 > 0$	$-Y$	$X_7 = 4, Y_7 = 1$	$F_7 = F_6 - 2Y_6 + 1 = 1$	$\Sigma = 1$
8	$F_7 > 0$	$-Y$	$X_7 = 4, Y_7 = 0$	$F_8 = F_7 - 2Y_7 + 1 = 0$	$\Sigma = 0$

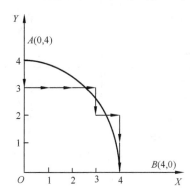

图 2-29 第一象限顺时针圆弧插补轨迹

在已知新加工点坐标的情况下，可用偏差判别式 $F = X^2 + Y^2 - R^2$ 计算其偏差。

【例 2-4】 现欲加工第一象限逆时针圆弧，其起始点为 A（3，0），终点为 B（0，3），试用逐点比较法进行插补。

解：插补完这段圆弧，刀具沿 X、Y 轴进给的总步数为

$$\Sigma = \left| X_b - X_a \right| + \left| Y_b - Y_a \right| = \left| 0 - 3 \right| + \left| 3 - 0 \right| = 6$$

第一象限逆时针圆弧插补运算过程见表 2-12。

表 2-12 第一象限逆时针圆弧插补运算过程

序号	偏差判别	坐标轴进给方向判别	坐标计算	偏差计算	终点判别
0			$X_0 = 3, Y_0 = 0$	$F_0 = 0$	$\Sigma = 6$
1	$F_0 = 0$	$-X$	$X_1 = 2, Y_1 = 0$	$F_1 = X_1^2 + Y_1^2 - R^2 = -5$	$\Sigma = 6 - 1 = 5$
2	$F_1 = -5 < 0$	$+Y$	$X_2 = 2, Y_2 = 1$	$F_2 = X_2^2 + Y_2^2 - R^2 = -4$	$\Sigma = 5 - 1 = 4$
3	$F_2 = -4 < 0$	$+Y$	$X_3 = 2, Y_3 = 2$	$F_3 = X_3^2 + Y_3^2 - R^2 = -1$	$\Sigma = 4 - 1 = 3$
4	$F_3 = -1 < 0$	$+Y$	$X_4 = 2, Y_4 = 3$	$F_4 = X_4^2 + Y_4^2 - R^2 = +4$	$\Sigma = 3 - 1 = 2$
5	$F_4 = +4 > 0$	$-X$	$X_5 = 1, Y_5 = 3$	$F_5 = X_5^2 + Y_5^2 - R^2 = +1$	$\Sigma = 2 - 1 = 1$
6	$F_5 = +1 > 0$	$-X$	$X_6 = 0, Y_6 = 3$	$F_6 = X_6^2 + Y_6^2 - R^2 = 0$	$\Sigma = 1 - 1 = 0$

下面介绍不同象限的圆弧插补。如果插补运算都用坐标的绝对值，就对坐标轴进给方向另做处理，使四个象限插补运算公式统一。当对第一象限顺时针圆弧插补时，若将 X 轴正向进给改为 X 轴负向进给，则插补出的是第二象限逆时针圆弧，若将 X 轴沿负向进给、Y 轴沿正向进给，则插补出的是第三象限顺时针圆弧。

用 SR1、SR2、SR3、SR4 分别表示第一、二、三、四象限的顺时针圆弧，用 NR1、NR2、NR3、NR4 分别表示第一、二、三、四象限的逆时针圆弧，则四个象限圆弧插补时

的坐标轴进给方向如图 2-30 所示。在四个象限进行圆弧插补时的坐标轴进给方向判别与偏差计算见表 2-13。

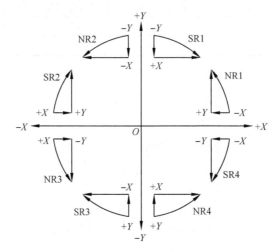

图 2-30　在四个象限进行圆弧插补时的坐标轴进给方向

表 2-13　在四个象限进行圆弧插补时的坐标轴进给方向判别与偏差计算

圆弧类型	偏差	偏差计算	坐标轴进给方向判别
SR2，NR3	$F \geqslant 0$	$F \leftarrow F + 2X + 1$	+X
SR1，NR4	$F < 0$	$X \leftarrow X + 1$	
NR1，SR4	$F \geqslant 0$	$F \leftarrow F - 2X + 1$	$-X$
NR2，SR3	$F < 0$	$X \leftarrow X - 1$	
NR4，SR3	$F \geqslant 0$	$F \leftarrow F + 2Y + 1$	+Y
NR1，SR2	$F < 0$	$X \leftarrow Y + 1$	
SR1，NR2	$F \geqslant 0$	$F \leftarrow F - 2Y + 1$	$-Y$
NR3，SR4	$F < 0$	$X \leftarrow Y - 1$	

【例 2-5】　现欲加工第二象限的顺时针圆弧 $\overset{\frown}{AB}$，其起始点坐标为 $A(-5,0)$，终点坐标为 $B(0,5)$，试用逐点比较法进行插补运算。

解：插补完这段圆弧，刀具沿 X、Y 轴进给的总步数为

$$\sum = \left| X_b - X_a \right| + \left| Y_b - Y_a \right| = \left| 0 - (-5) \right| + \left| 5 - 0 \right| = 10$$

第二象限顺时针圆弧插补运算过程见表 2-14。

表 2-14　第二象限顺时针圆弧插补运算过程

序号	偏差计算	坐标轴进给方向判别	坐标计算	偏差计算	终点判别
0	—	—	$X_0 = -5, Y_0 = 0$	$F_0 = 0$	$\sum = 10$
1	$F_0 = 0$	+X	$X_1 = -4, Y_1 = 0$	$F_1 = -9$	$\sum = 9$
2	$F_1 = -9$	+Y	$X_2 = -4, Y_2 = 1$	$F_2 = -8$	$\sum = 8$

续表

序号	偏差计算	坐标轴进给方向判别	坐标计算	偏差计算	终点判别
3	$F_2 = -8$	$+Y$	$X_3 = -4, Y_3 = 2$	$F_3 = -5$	$\Sigma = 7$
4	$F_3 = -5$	$+Y$	$X_4 = -4, Y_4 = 3$	$F_4 = 0$	$\Sigma = 6$
5	$F_4 = 0$	$+X$	$X_5 = -3, Y_5 = 3$	$F_5 = -7$	$\Sigma = 5$
6	$F_5 = -7$	$+Y$	$X_6 = -3, Y_6 = 4$	$F_6 = 0$	$\Sigma = 4$
7	$F_6 = 0$	$+X$	$X_7 = -2, Y_7 = 4$	$F_7 = -5$	$\Sigma = 3$
8	$F_7 = -5$	$+Y$	$X_8 = -2, Y_8 = 5$	$F_8 = 4$	$\Sigma = 2$
9	$F_8 = 4$	$+X$	$X_9 = -1, Y_9 = 5$	$F_9 = 1$	$\Sigma = 1$
10	$F_9 = 1$	$+X$	$X_{10} = 0, Y_9 = 5$	$F_{10} = 0$	$\Sigma = 0$

2. 数字积分法

1）数字积分法的工作原理

数字积分法是在数字积分器的基础上建立起来的一种插补算法。数字积分法的优点是易于实现多坐标联动、可以较容易地实现二次曲线和高次曲线的插补、运算速度快等。

如图 2-31 所示，求函数 $Y = f(t)$ 在区间（$t_0 - t_n$）的积分，就是求此函数曲线与横坐标 t 在区间（t_0, t_n）所围成的面积。如果将该区间划分为间隔为 t 的很多小区间，当 t 足够小时，此面积可近似地视为此函数曲线下许多小矩形面积之和。

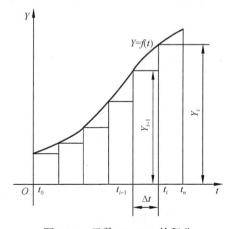

图 2-31 函数 $Y = f(t)$ 的积分

$$S = \int_{t_0}^{t_n} Y\mathrm{d}t = \sum_{i=0}^{n-1} Y_i \Delta t$$

式中，Y_i 为 $t = t_i$ 时 $f(t)$ 的值。这个公式说明，积分运算可以转化为函数值的累加运算。在数学运算时，选取 Δt 为基本单位"1"，则上式可简化为

$$S = \sum_{i=0}^{n-1} Y_i$$

数字积分器通常由寄存器、累加器和与门等组成。其工作过程如下：每隔 Δt 时间发出

一个脉冲，与门接通一次，将寄存器中的函数值输送到累加器里累加一次。令累加器的容量为一个单位面积，当累加和超过累加器的容量时，便产生溢出脉冲。这样，累加过程中产生的溢出脉冲总数就等于所求的总面积，也就是所求积分值。数字积分器结构框图如图2-32所示。

2）基于数字积分法的直线插补

若要加工第一象限直线 OE（见图2-33），设其起始点为坐标系原点 O，终点坐标为 E（X_e，Y_e）。刀具以匀速 V 由起始点移向终点，其在 X、Y 坐标轴上的速度分量分别为 V_X 和 V_Y。

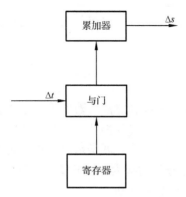

图2-32　数字积分器结构框图

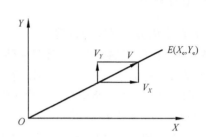

图2-33　基于数字积分法的直线插补轨迹

则

$$\frac{V}{OE} = \frac{V_X}{X_e} = \frac{V_Y}{Y_e} = k \quad （k \text{ 为常数}）$$

刀具在各坐标轴上的位移量为

$$X = \int V_X \mathrm{d}t = \int kX_e \mathrm{d}t$$

$$Y = \int V_Y \mathrm{d}t = \int kY_e \mathrm{d}t$$

采用数字积分法，求上式由起始点 O 到终点 E 区间的定积分。此积分值等于由起始点 O 到终点 E 的坐标增量，因为积分是从原点开始的，所以坐标增量即终点坐标。

$$\int_{t_0}^{t_n} kX_e \mathrm{d}t = X_e - X_0$$

$$\int_{t_0}^{t_n} kY_e \mathrm{d}t = Y_e - Y_0$$

式中，t_0 对应直线 OE 的起始点的时间，t_n 对应其终点的时间。

用累加代替积分，则刀具在 X、Y 轴方向进给的微小增量分别为

$$\Delta X = V_X \Delta t = kX_e \Delta t$$

$$\Delta Y = V_Y \Delta t = kY_e \Delta t$$

动点从原点移向终点的过程，可以看作各坐标轴每经过一个单位时间间隔 Δt，分别以增量 kX_e 及 kY_e 同时累加的结果。

$$X = \sum_{i=1}^{n} \Delta X_i = \sum_{i=1}^{n} kX_e \Delta t_i$$

$$Y = \sum_{i=1}^{n} \Delta Y_i = \sum_{i=1}^{n} kY_e \Delta t_i$$

选取 $\Delta t_i = 1$（一个单位时间间隔），则

$$X = kX_e \sum_{i=1}^{n} \Delta t_i = knX_e$$

$$Y = kY_e \sum_{i=1}^{n} \Delta t_i = knY_e$$

若经过 n 次累加后，X 和 Y 都到达终点 E（X_e，Y_e），则下式成立：

$$X = knX_e = X_e$$

$$Y = knY_e = Y_e$$

可见，累加次数与比例系数之间有如下关系：

$$kn = 1$$

两者互相制约，不能独立选择。n 是累加次数，只能对其取整数，对 k 取小数。即先将直线终点坐标（X_e，Y_e）缩小到（kX_e，kY_e），然后再经 n 次累加到达终点。另外，还要保证沿坐标轴的每次进给脉冲不超过一个，保证插补精度，应使下式成立：

$$\Delta X = kX_e < 1$$

$$\Delta Y = kX_e < 1$$

如果存放 X_e 和 Y_e 的寄存器的位数是 N，对应最大允许数字量为 $2^N - 1$（各位均为 1），那么 X_e 和 Y_e 的最大寄存数值为

$$k(2^N - 1) < 1$$

$$k < \frac{1}{2^N - 1}$$

为使上式成立，选取 $k = \dfrac{1}{2^N}$，把它代入上式得

$$\frac{2^N - 1}{2^N} < 1$$

累加次数：

$$n = \frac{1}{k} = 2^N$$

上式表明，若寄存器位数是 N，则整个直线插补过程要进行 2^N 次累加才能到达终点。

基于数字积分法的平面直线的插补框图如图 2-34 所示，它由两个数字积分器组成，每个坐标轴的数字积分器由累加器和被积函数寄存器组成。被积函数寄存器存放终点坐标值，每经过一个单位时间间隔 Δt，将被积函数值输送到各自的累加器中累加。当累加结果超出累加器容量时，就产生一个溢出脉冲，而余数仍寄存在累加器中（因此也称余数寄存器）。若寄存器位数为 N，经过 2^N 次累加后，每个坐标轴的溢出脉冲总数就等于该坐标轴的被积函数值，从而控制刀具到达终点。

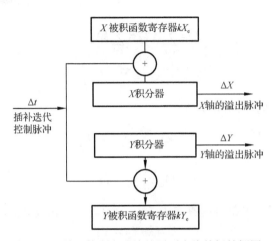

图 2-34 基于数字积分法的平面直线的插补框图

基于数字积分法的直线插补的终点判别比较简单。由以上的分析可知，插补一个直线段时只需完成 $n=2^N$ 次累加运算，即可到达终点。因此，可以将累加次数 n 是否等于 2^N 作为终点判别的依据，设置一个位数为 N 位的终点计数寄存器 J_E，把它用来记录累加次数。当计数寄存器记满 2^N 个数时，停止插补运算。

【例 2-6】 设第一象限有一条直线 OE，其起始点坐标 $O(0，0)$，终点坐标为 $E（4，3）$，累加器（J_{R_X}、J_{R_Y}）和被积函数寄存器（J_{V_X}、J_{V_Y}）的位数为 3 位，其最大可寄存数值为 7（$J_E \geq 8$ 时溢出）。若用二进制数计算，则起始点坐标为 $O（000，000）$，终点坐标为 $E（100，011）$，$J_E \geq 1000$ 时溢出。试采用数字积分法对该直线进行插补。

解： 由于采用 3 位寄存器，因此累加次数为 $2^3=8$，寄存器中分别存放终点坐标值 $X_e=4$ 和 $Y_e=3$。基于数字积分法的直线插补运算过程见表 2-15，基于数字积分法的直线插补轨迹如图 2-35 所示。

表 2-15 基于数字积分法的第一象限直线插补运算过程

累加次数	X 积分器		Y 积分器		溢出脉冲		终点计数器
n	J_{V_X}	J_{R_X}	J_{V_Y}	J_{R_Y}	X 轴的溢出脉冲	Y 轴的溢出脉冲	J_E
0	4 100	0	3 011	0			0
1		0+4=4 000+100=100		0+3=3 000+011=011			1
2		4+4=8+0 100+100=<u>1</u>000		3+3=6 011+011=110	1 （+ΔX）		2
3		0+4=4 000+100=100		6+3=8+1 110+011=<u>1</u>001		1 （+ΔY）	3

续表

累加次数	X 积分器		Y 积分器	溢出脉冲		终点计数器
4	4+4=8+0 100+100=1000		1+3=4 001+011=100	1 (+ΔX)		4
5	0+4=4 000+100=100		4+3=7 100+011=111			5
6	4+4=8+0 100+100=1000		7+3=8+2 111+011=1010	1 (+ΔX)	1 (+ΔY)	6
7	0+4=4 000+100=100		2+3=5 010+011=101			7
8	4+4=8+0 100+100=1000		5+3=8+0 101+011=1000	1 (+ΔX)	1 (+ΔY)	8

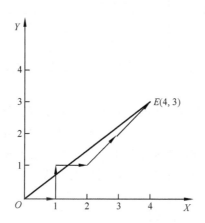

图 2-35　基于数字积分法的直线插补轨迹

　　以上仅讨论了采用数字积分法插补第一象限直线的原理和计算公式。插补其他象限的直线时，一般将其他象限直线的终点坐标取绝对值。这样，它们的插补运算过程、插补流程图与插补第一象限直线时一样，而各坐标轴进给方向总是直线的终点坐标绝对值增加的方向。基于数字积分法插补各象限直线时各坐标轴的进给方向见表 2-16。

表 2-16　基于数字积分法插补各象限直线时各坐标轴的进给方向

坐标轴进给方向　　　象限	第一象限	第二象限	第三象限	第四象限
X 坐标轴进给方向	+	−	−	+
Y 坐标轴进给方向	+	+	−	−

　　【例 2-7】　加工第三象限的直线 OA，其起始点坐标为 O(0,0)，终点坐标为 A(−6,−7)，累加器和寄存器的位数为 3 位，试进行数字积分法插补运算。

解： 由于采用 3 位寄存器，因此累加次数为 $2^3=8$，寄存器中分别存放终点坐标绝对值 $X_e=6$ 和 $Y_e=7$，基于数字积分法的直线插补运算过程见表 2-17。

表 2-17　基于数字积分法的直线插补运算过程

累加次数	X 积分器		Y 积分器		溢出脉冲		终点计数器
n	J_{V_x}	J_{R_x}	J_{V_y}	J_{R_y}	X 轴的溢出脉冲	Y 轴的溢出脉冲	J_E
0	6	0	7	0			0
1		0+6=6		0+7=7			1
2		6+6=8+4		7+7=8+6	1 $(-\Delta X)$	1 $(-\Delta Y)$	2
3		4+6=8+2		6+7=8+5	1 $(-\Delta X)$	1 $(-\Delta Y)$	3
4		2+6=8+0		5+7=8+4	1 $(-\Delta X)$	1 $(-\Delta Y)$	4
5		0+6=6		4+7=8+3		1 $(-\Delta Y)$	5
6		6+6=8+4		3+7=8+2	1 $(-\Delta X)$	1 $(-\Delta Y)$	6
7		4+6=8+2		2+7=8+1	1 $(-\Delta X)$	1 $(-\Delta Y)$	7
8		2+6=8+0		1+7=8+0	1 $(-\Delta X)$	1 $(-\Delta Y)$	8

3）基于数字积分法的圆弧插补

以第一象限逆时针圆弧为例。如图 2-36 所示，该圆弧的圆心在坐标系原点 O，起始点坐标为 $A(X_0，Y_0)$，终点坐标为 $E(X_e，Y_e)$。圆弧插补时，要求刀具沿圆弧切线作等速运动，设圆弧上某一点 $P(X，Y)$ 的速度为 V，则该速度在 X 和 Y 两个坐标轴方向的分速度为 V_X 和 V_Y，根据图 2-36 中的几何关系，可得出关系式：

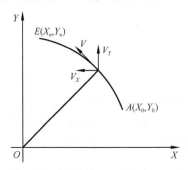

图 2-36　基于数字积分法的第一象限逆时针圆弧插补

$$\frac{V}{R}=\frac{V_X}{Y}=\frac{V_Y}{X}=k$$

对于时间增量而言，其在 X 和 Y 轴上的位移增量分别为

$$\Delta X=V_X\Delta t=-kY\Delta t$$
$$\Delta Y=V_Y\Delta t=kX\Delta t$$

由于第一象限逆时针圆弧对应的 X 坐标值逐渐减小，因此上式中的 V_X，V_Y 均取绝对值计算。

与基于数字积分法的直线插补原理类似，也可用两个积分器实现圆弧插补。基于数字积分法的第一象限逆时针圆弧插补框图如图 2-37 所示。

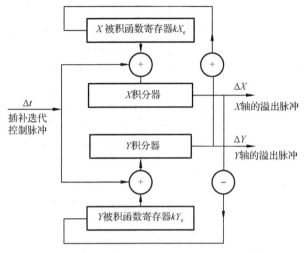

图 2-37　基于数字积分法的第一象限逆时针圆弧插补框图

基于数字积分法的圆弧插补与直线插补的主要区别如下：

（1）圆弧插补中坐标值 X、Y 被存入被积函数寄存器 J_{V_X} 和 J_{V_Y} 的对应关系与直线插补中的相反，即 X_0 被存入 J_{V_Y} 中，而 Y_0 被存入 J_{V_X} 中。

（2）圆弧插补中 X 坐标值累加溢出脉冲时，Y 被积函数寄存器 J_{V_Y} 的坐标值减 1，而 Y 坐标值累加溢出脉冲时，X 被积函数寄存器 J_{V_X} 的坐标值加 1。直线插补中，这一过程对应的被积函数寄存器存入的坐标值正好相反。

（3）圆弧插补中被积函数是变量，初值分别是圆弧的起始点坐标 X_0 和 Y_0。随着加工点的位置移动，需要对初值加 1 或减 1 进行修正。直线插补中被积函数是常数（终点坐标）。

（4）圆弧插补终点判别需采用两个终点计数器分别判断，因为两个坐标轴不一定同时到达终点。而直线插补中，如果寄存器位数为 N，无论直线长短都需迭代 2^N 次才到达终点。

【例 2-8】　现有第一象限逆时针圆弧 $\overset{\frown}{AB}$，其起始点坐标为 A（5，0），终点坐标为 E（0，5）。设寄存器位数为 3，试用数控积分法插补此圆弧。

解： $J_{V_X} = 0$，$J_{V_Y} = 8$，寄存器容量为 $2^3 = 8$。基于数字积分法的第一象限逆圆弧插补运算过程见表 2-18，插补轨迹，如图 2-38 所示。

表 2-18　基于数字积分法的第一象限逆圆弧插补运算过程

累加次数	X 积分器				Y 积分器			
n	J_{V_X}	J_{R_X}	ΔX	J_{E_X}	J_{V_Y}	J_{R_Y}	ΔY	J_{E_Y}
0	0	0	0	5	5	0	0	5
1	0	0	0	5	5	5	0	5

续表

累加次数	X积分器				Y积分器			
2		0	0	5		8+2	1(+ΔY)	4
3	1	1	0	5		7	0	4
4		2	0	5		8+4	1(+ΔY)	3
5	2	4	0	5		8+1	1(+ΔY)	2
6	3	7	0	5		6	0	2
7		8+2	1(−ΔX)	4		8+3	1(+ΔY)	1
8	4	6	0	4	4	7	0	1
9		8+2	1(−ΔX)	3		8+3	1(+ΔY)	0
10	5	7	0	3	3	停		
11		8+4	1(−ΔX)	2				
12		8+1	1(−ΔX)	1	2			
13		6	0	1	1			
14		8+3	1(−ΔX)	0				
15	5	停			0			

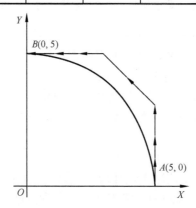

图 2-38　基于数字积分法的第一象限逆圆弧插补轨迹

【例 2-9】　现欲加工第一象限顺时针圆弧 $\overset{\frown}{AB}$ ，其起始点坐标为 $A(0，6)$ ，终点坐标为 B（6，0），累加器和寄存器的位数为 3 位，试用数字积分法进行插补运算。

解： $J_{V_X}=6$ ， $J_{V_Y}=0$ ，寄存器容量为 $2^3=8$ 。基于数字积分法的第一象限圆弧插补运算过程见表 2-19。

表 2-19　基于数字积分法的第一象限圆弧插补运算过程

累加次数	X积分器				Y积分器			
n	J_{V_X}	J_{R_X}	ΔX	J_{E_X}	J_{V_Y}	J_{R_Y}	ΔY	J_{E_Y}
0	6	0	0	6	0	0	0	6
1	6	6	0	6	0	0	0	6

续表

累加次数	X积分器				Y积分器			
2		8+4	1（+ΔX）	5		0	0	6
3		8+2	1（+ΔX）	4	1	1	0	6
4		8+0	1（+ΔX）	3	2	3	0	6
5		6	0	3	3	6	0	6
6		8+4	1（+ΔX）	2		8+1	1(−ΔY)	5
7	5	8+1	1（+ΔX）	1	4	5	0	5
8		6	0	1	5	8+2	1(−ΔY)	4
9	4	8+2	1（+ΔX）	0		7	0	4
10		停			6	8+5	1(−ΔY)	3
11	3					8+3	1(−ΔY)	2
12	2					8+1	1(−ΔY)	1
13	1					7	0	1
14	1					8+5	1(−ΔY)	0
15	0				6	停		

　　基于数字积分法的不同象限顺时针/逆时针圆弧的插补运算过程与插补框图和第一象限逆时针圆弧基本一致。不同点在于，控制各坐标轴的 ΔX 和 ΔY 的进给脉冲分配方向不同，以及修改 J_{V_X} 和 J_{V_Y} 内容时，是加 1 还是减 1，要由 Y 和 X 坐标值的增减而定。基于数字积分法进行圆弧插补时不同象限的脉冲分配方向及坐标修正见表 2-20。

表 2-20　基于数字积分法进行圆弧插补时不同象限的脉冲分配方向及坐标修正

圆弧类型 脉冲分配方向及坐标修正	SR1	SR2	SR3	SR4	NR1	NR2	NR3	NR4
J_{V_X}	−1	+1	−1	+1	+1	−1	+1	−1
J_{V_Y}	+1	−1	+1	−1	−1	+1	−1	+1
ΔX	+	+	−	−	−	−	+	+
ΔY	−	+	+	−	−	−	−	+

　　【例 2-10】　现欲加工第二象限顺时针圆弧 $\overset{\frown}{AB}$，其起始点坐标为 A(−6，0)，终点坐标为 B（0，6），累加器和寄存器的位数为 3 位，试用数字积分法进行插补运算。

　　解：$J_{V_X}=0$，$J_{V_Y}=6$，寄存器容量为 $2^3=8$。基于数字积分法的第二象限顺时针圆弧插补运算过程见表 2-21。

表 2-21　基于数字积分法的第二象限顺时针圆弧插补运算过程

累加次数	X积分器				Y积分器			
n	J_{V_X}	J_{R_X}	ΔX	J_{E_X}	J_{V_Y}	J_{R_Y}	ΔY	J_{E_Y}
0	0	0	0	6	6	0	0	6
1		0	0	6	6	0	0	6

续表

累加次数	X积分器				Y积分器			
2		0	0	6		8+4	1(+ΔY)	5
3	1	1	0	6		8+2	1(+ΔY)	4
4	2	3	0	6		8+0	1(+ΔY)	3
5	3	6	0	6		6	0	3
6		8+1	1(+ΔX)	5		8+4	1(+ΔY)	2
7	4	5	0	5	5	8+1	1(+ΔY)	1
8	5	8+2	1(+ΔX)	4		6	0	1
9		7	0	4	4	8+2	1(+ΔY)	0
10	6	8+5	1(+ΔX)	3		停		
11		8+3	1(+ΔX)	2	3			
12		8+1	1(+ΔX)	1	2			
13		7	0	1	1			
14		8+5	1(+ΔX)	0	1			
15	6	停			0			

3. 数据采样插补方法

数据采样插补方法是指用一系列首尾相连的微小直线段逼近零件轮廓曲线，该方法多用于进给速度要求较高的闭环和半闭环系统。在 CNC 系统中，数据采样插补方法通常采用时间分割插补算法。它是把加工一段直线或圆弧的整段时间细分为许多相等的时间间隔，这一时间间隔称为单位时间间隔，也称插补周期。

数据采样插补一般分两步，第一步是粗插补，它是指在给定起始点和终点的曲线之间插入若干点，把给定曲线分成若干微小直线段，以此方式逼近给定曲线，在每个插补周期中计算一次；第二步是精插补，它是指在粗插补出的每条微小直线段上进行"数据点的密化"，这一步相当于对直线的脉冲增量插补。粗插补是在每个插补周期内计算出坐标位置增量值，而精插补则是在每个采样周期内采样实际位置增量值及插补输出的指令位置增量值，然后求得跟随误差。在实际应用中，粗插补通常由软件实现，而精插补既可以用软件也可以用硬件实现。

数据采样是指从时间上连续的信号中取出不连续的信号。时间上连续的信号通过一个采样开关 K（这个开关 K 每隔一定的周期 T_c 闭合一次）后，在采样开关的输出端形成一连串的脉冲信号。这种把时间上连续的信号转换成时间上离散的脉冲信号的过程称为采样过程，周期 T_c 称为采样周期。

计算机定时对坐标的实际位置进行采样并把采样数据与指令位置进行比较，得出位置误差把它用于控制电动机，使实际位置跟随指令位置。对于给定的某个数控系统，插补周期 T 和采样周期 T_c 是固定的，通常 $T \geq T_c$，一般要求 T 是 T_c 的整数倍。

1）基于数据采样插补方法的直线插补

下面基于数据采样插补方法，对 XOY 平面上的直线 OA 进行插补，该直线的起始点为坐标系原点 O，终点为 A（X_a，Y_a）。基于数据采样插补方法的直线插补原理如图 2-39 所示。设刀具移动速度为 V，插补周期为 T，则每个插补周期的进给步长为

$$\Delta L = TV$$

进给步长 ΔL 在 X 轴和 Y 轴的位移增量分别为 ΔX 和 ΔY，则

$$\Delta X = \frac{\Delta L}{L} X_a = kX_a$$

$$\Delta Y = \frac{\Delta L}{L} Y_a = kY_a$$

式中，k 为系数，$L = \sqrt{X_a^2 + Y_a^2}$。

第 i 个动点坐标为

$$X_i = X_{i-1} + \Delta X = X_{i-1} + kX_a$$

$$Y_i = Y_{i-1} + \Delta Y = Y_{i-1} + kY_a$$

2）基于数据采样插补方法的圆弧插补

基于数据采样插补方法的圆弧插补是指在满足精度要求的前提下，用弦或割线进给代替弧进给，即用直线逼近圆弧。由于圆弧是二次曲线，因此其插补点的计算比直线插补复杂得多。

（1）基于内接弦线法的圆弧插补。设一个顺时针圆弧的前一个插补点为 A（X_{i-1}，Y_{i-1}），后一个插补点为 B（X_i，Y_i）。从插补点 A 点到达插补点 B，X 轴的坐标增量为 ΔX，Y 轴的坐标增量为 ΔY。内接弦线法实质上是求一次插补周期内 X 轴和 Y 轴的进给量 ΔX 与 ΔY。基于内接弦线法的圆弧插补原理如图 2-40 所示。

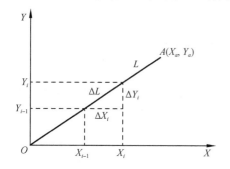

图 2-39 基于数据采样插补方法的直线插补原理

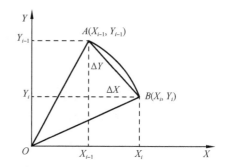

图 2-40 基于内接弦线法的圆弧插补原理

$$X_i = X_{i-1} + \Delta X$$

$$Y_i = Y_{i-1} + \Delta Y$$

（2）基于扩展的数字积分法的圆弧插补。基于扩展数字积分法的圆弧插补原理如图 2-41 所示，用该方法加工半径为 R 的圆弧 $\overset{\frown}{AD}$。设刀具处在 A_{i-1}（X_{i-1}，Y_{i-1}）位置，线段 $A_{i-1}A_i$

是在用数字积分法进行圆弧插补后沿切线方向的轮廓进给步长。显然，在一个插补周期 T 内，该圆弧插补后的刀具进给步长 $A_{i-1}A_i = \Delta L$。

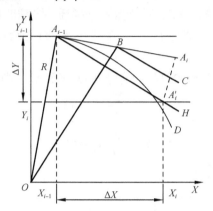

图 2-41 基于扩展的数字积分法的圆弧插补原理

刀具进给一个步长后，A_i 点偏离圆弧要求的轨迹较远，径向误差较大。若通过线段 $A_{i-1}A_i$ 的中点 B，作一条以 OB 为半径的圆弧切线 BC；通过 A_{i-1} 点作直线 $A_{i-1}H$，使其平行于 BC，然后在 $A_{i-1}H$ 上截取直线段 $A_{i-1}A_i'$，使 $A_{i-1}A_i' = A_{i-1}A_i = \Delta L$，则可以证明 A_i' 点必定在圆弧 $\overset{\frown}{AD}$ 外侧。基于扩展的数字积分法的圆弧插补是指用线段 $A_{i-1}A_i'$ 代替 $A_{i-1}A_i$ 线段进给，在一个采样周期内计算的插补结果应是刀具从 A_{i-1} 点沿弦线进给到 A_i' 点。这样方式的进给使径向误差大大减小了。这种用割线进给代替切线进给的方法称为扩展的数字积分法的圆弧插补法。

采用基于扩展的数字积分法的圆弧插补时，计算机数控装置只需进行加/减法及有限次数的乘法运算，因而计算较方便，速度较高。当插补周期 T、进给速度和加工圆弧的半径 R 相同时，基于扩展的数字积分法的圆弧插补的精度更高。

2.6 刀具半径补偿

刀具补偿是数控技术中较常用的处理问题的方法。在轨迹控制中刀具的补偿可以分为刀具半径补偿、刀具长度补偿和刀具位置补偿。下面仅介绍刀具半径补偿。

2.6.1 刀具半径补偿的基本概念

在数控加工过程中，编程人员在编程时是按零件轮廓进行编程的。由于刀具总有一定的半径（如铣刀半径、钼丝的半径），因此刀具中心运动的轨迹并不等于待加工零件的实际轮廓，而是偏移零件轮廓一个刀具半径值。在加工外轮廓时，使刀具中心偏移零件外轮廓表面一个刀具半径值；在加工内轮廓时，使刀具中心偏移零件内轮廓表面一个刀具半径值。习惯上把这种偏移称为刀具半径补偿。

现代 CNC 系统都具备较完善的刀具半径补偿功能。编程人员只须按零件轮廓编制程序，实际的刀具半径补偿是在 CNC 系统内部由计算机自动完成的。根据 ISO 标准，当刀具中心轨迹在程序轨迹（零件轮廓）前进方向的左侧时，称为左刀具补偿（简称左刀补），用 G41 代码；反之，称为右刀补，使用 G42 代码；不需要进行刀具半径补偿，使用 G40 代码。

2.6.2　刀具半径补偿的基本原理

在实际加工过程中，刀具半径补偿过程一般可分为三步：

（1）建立刀具补偿状态。刀具从原点接近工件，刀具中心轨迹由 G41 代码或 G42 代码确定，并且在原来的程序轨迹基础上伸长或缩短一个刀具半径值，即刀具中心从与程序轨迹重合过渡到与程序轨迹偏离一个刀具半径，如图 2-42 所示。

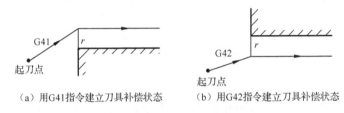

（a）用G41指令建立刀具补偿状态　　（b）用G42指令建立刀具补偿状态

图 2-42　建立刀具补偿状态

（2）进行刀具补偿。一旦建立刀具补偿状态就必须一直维持该状态，除非撤销刀具补偿。在刀具补偿进行期间，刀具中心轨迹始终偏离程序轨迹一个刀具半径值。

（3）撤销刀具补偿。刀具撤离工件，回到原点。和建立刀具补偿状态时一样，刀具中心轨迹也比程序轨迹伸长或缩短一个刀具半径值，即刀具中心轨迹从与程序轨迹相距一个刀具半径值过渡到与程序轨迹重合。刀具补偿的撤销使用 G40 代码。

2.6.3　B 功能刀具半径补偿

刀具半径补偿的计算是指根据零件尺寸和刀具半径计算出刀具中心的运动轨迹。一般的 CNC 系统仅能实现直线和圆弧的轮廓控制。对由直线组成的零件轮廓，刀具半径补偿后的刀具中心运动轨迹是与原直线平行的直线，只须计算出刀具中心轨迹的起始点和终点坐标，就可进行刀具半径补偿的计算。对由圆弧组成的零件轮廓，刀具半径补偿后的刀具中心运动轨迹是一条与原来的圆弧同心的圆弧，只须计算出刀具补偿后圆弧的起始点和终点坐标，以及刀具补偿后的圆弧半径值，就可进行刀具半径补偿的计算。

2.6.4　C 功能刀具半径补偿

1. C 功能刀具半径补偿的基本概念

对于一般的刀具半径补偿（也称 B 功能刀具半径补偿）的计算，只能计算出直线或圆弧终点的刀具中心值，而对于两个程序段之间在刀具补偿后可能出现的一些特殊情况没有给予考虑。实际上，当编程人员按零件轮廓编制程序时，各程序段之间是连续过渡的，没有间断点，也没有重合段。但是，在进行刀具半径补偿后，在两个程序段之间的刀具中心轨迹可能会出现交叉点和间断点，如图2-43所示。其中，粗线为程序轮廓。当加工外轮廓时，会出现间断点$A' \sim B'$；当加工内轮廓时，会出现交叉点C'。

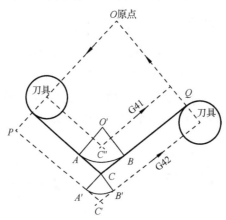

图2-43　B功能刀具半径补偿后两个程序段之间的刀具中心轨迹出现的交叉点和间断点

对于只有B功能刀具半径补偿的CNC系统，编程人员必须事先估计出在进行刀具半径补偿后可能出现的间断点和交叉点，并进行人为干预。如果遇到间断点时，可以在两个间断点之间增加一个半径为刀具半径的过渡圆弧$\overset{\frown}{AB}$；遇到交叉点时，事先在两个程序段之间增加一个过渡圆弧$\overset{\frown}{AB}$，圆弧的半径必须大于所使用刀具的半径。显然，这种仅有B功能刀具半径补偿功能的CNC系统对编程人员来说是很不方便的。

随着相关技术的发展，CNC系统的工作方式、运算速度及存储容量都有了很大的改进和增加，由CNC系统根据程序轨迹，采用直线或圆弧过渡，直接求出刀具中心轨迹交点的刀具半径补偿方法已经能够实现了。这种方法被称为C功能刀具半径补偿（简称C刀具补偿）。

2. C功能刀具半径补偿的基本设计思想

B功能刀具半径补偿方法在确定刀具中心轨迹时，采用"读一段、算一段、走一段"的控制方法。这样，无法预计到刀具半径所造成的下一段加工轨迹对本段加工轨迹的影响。于是，对给定的加工轨迹来说，当加工内轮廓时，为了避免刀具干涉，合理选择刀具的半径及在相邻加工轨迹转接处选用恰当的过渡圆弧等问题，就不得不依靠编程人员处理。为了解决下一段加工轨迹对本段加工轨迹的影响，在计算完本段加工轨迹后，提前将下一段程序读入，然后根据加工轨迹转接的具体情况，对本段加工轨迹进行恰当的修正，得到正确的本段加工轨迹。

图2-44（a）所示是普通数控系统的工作流程，程序轨迹作为输入数据输送到工作寄

存器 AS 后，由运算器进行刀具补偿计算；计算结果被输送到输出寄存器 OS 中，直接作为伺服系统的控制信号。图 2-44（b）所示是改进后的 NC 系统的工作流程。与图 2-44（a）相比，增加了缓冲寄存器 BS，节省了数据读入时间。一般在 AS 中存放正在加工的程序段信息，在 BS 中存放下一段所要加工的信息。图 2-44（c）所示是采用 C 功能刀具半径补偿方法的 CNC 系统工作流程，在 CNC 控制器内部设置了一个刀具补偿缓冲区 CS。零件加工程序的输入参数在 BS、CS 和 AS 中的存放格式是完全一样的。

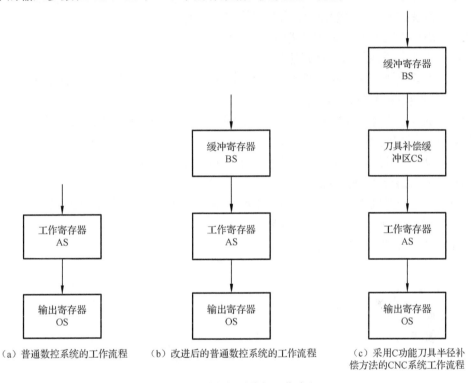

（a）普通数控系统的工作流程　　（b）改进后的普通数控系统的工作流程　　（c）采用C功能刀具半径补偿方法的CNC系统工作流程

图 2-44　3 种数控系统的工作流程

　　实际上，BS、CS 和 AS 各自包括一个计算区域。程序轨迹的计算及刀具补偿修正计算都是在这些计算区域中进行的。当系统启动后，第一段程序被读入 BS，在 BS 中计算出的第一段程序轨迹被输送到 CS 中暂存后，第二段程序被读入 BS，计算出第二段程序轨迹。对第一段和第二段程序轨迹的连接方式进行判别。根据判别结果，对 CS 中的第一段程序轨迹进行相应的修正。修正结束后，按顺序把修正后的第一段程序轨迹从 CS 中输送到 AS 中，第二段程序轨迹由 BS 输送到 CS 中。由 CPU 将 AS 中的内容输送到 OS 中进行插补运算，运算结果被输送到伺服装置并予以执行。当修正后的第一段程序轨迹被执行后，利用插补间隙，CPU 又发出命令将第三段程序轨迹读入 BS 中。根据 BS、CS 中的第三段、第二段程序轨迹的连接方式，对 CS 中的第二段程序轨迹进行修正。可见，在刀具补偿状态时，CNC 控制器内部总是同时存有三个程序段的信息。

思考与练习

2-1　CNC系统的主要特点是什么？它的主要控制任务是哪些？

2-2　CNC控制器的主要功能有哪些？

2-3　常规的CNC系统软件结构有哪几种结构模式？

2-4　简述内装型PLC和独立型PLC特点。

2-5　什么是插补？插补有哪几类算法？

2-6　用逐点比较法插补直线OA，该直线起始点为O（0，0），终点为E（6，4）试写出插补计算过程并绘制插补轨迹。

2-7　试推导出逐点比较法插补第一象限逆时针圆弧的偏差函数递推公式，并写出插补圆弧的过程，圆弧起始点坐标为（7，0），终点坐标为（0，7），试绘制插补轨迹。

2-8　设有一条直线OA，其起始点坐标为O（0，0），终点坐标为A（3，5），试用数字积分法插补该直线，写出插补过程。

2-9　设有一段圆弧AB，其起始点坐标为A（0，5），终点坐标为B（3，4），试用数字积分法插补该圆弧，并写出插补过程。

2-10　什么是刀具半径补偿？

第 3 章　数控机床的伺服系统

教学要求

通过本章学习，了解数控伺服系统的组成、性能参数、分类、发展方向；掌握直流进给轴速度控制原理和直流主轴速度控制原理，掌握交流进给轴速度控制原理和交流主轴速度控制原理；掌握位置控制原理。了解伺服系统中电流控制原理，了解现代交流数字伺服系统的基本组成和特征；了解开环控制系统。了解直线电动机传动，了解并掌握机床数控技术中常用的位置检测装置的基本原理及应用。

3.1　概　　述

伺服系统是数控机床的重要组成部分，它的高性能在很大程度上决定了数控机床的高效率、高精度。为此，数控机床对伺服系统的伺服电动机、检测装置、位置控制、速度控制等方面都有很高的要求。

3.1.1　伺服系统的相关概念

（1）伺服驱动的定义及作用。按日本 JIS 标准的规定，伺服驱动是一种以物体的位置、方向、状态等作为控制量，追求目标值的任意变化的控制结构，即能自动跟随目标位置等物理量的控制装置（Servo Drive，SV）。

数控机床伺服驱动的作用主要有两个：使坐标轴按数控装置给定的速度运行和使坐标轴按数控装置给定的位置定位。

（2）伺服系统是根据输入量的变化而进行相应的动作，以获得精确的位置、速度或力的自动控制系统，又称位置随动系统。

数控机床的伺服系统是数控装置与机床本体之间的联系环节，即接收来自数控装置输出的进给脉冲指令，经过一定的信号变换及功率放大后，驱动数控机床的执行元件，使数控机床的移动部件实现相应位置移动的控制系统。

伺服系统的性能直接关系到数控机床执行元件的静态和动态特性、工作精度、负载能力、响应速度和稳定程度等。因此，至今伺服系统仍被看作一个独立部分，与数控系统和机床本体并列为数控机床的三大组成部分。

伺服系统是一种反馈控制系统，以脉冲指令为输入量给定值，与反馈信号进行比较，得到偏差信号。利用偏差信号对系统进行自动调节，以消除偏差，使输出量紧密跟踪输入量给定值。可见，伺服系统的运动来源于偏差信号，因此该系统必须具有负反馈回路，始终处于过渡过程。

一般伺服系统的结构组成如图 3-1 所示，由比较元件、调节元件、执行元件、被控对象和测量/反馈元件组成。输入的脉冲指令信号与反馈信号通过比较元件进行比较，得到使控制系统动作的偏差信号；偏差信号经调节元件转换、放大后，控制执行元件按要求产生动作；执行元件将输入的能量转换成机械能，驱动被控对象工作；测量/反馈元件用于实时检测被控对象的输出量并将其反馈到比较元件中。

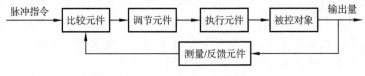

图 3-1　一般伺服系统的结构组成

3.1.2　数控机床对伺服系统的要求

"伺服（servo）"表示"侍候服务"的意思，它是指按照数控系统的指令，使机床各坐标轴严格按照数控指令运动，加工出合格的零件。也就是说，伺服系统的任务是把数控信息转化为机床进给运动，它是一种执行机构。

数控机床集中了传统的自动机床、精密机床和万能机床三者的优点，将高效率、高精度和高柔性集于一体。而数控机床技术水平的提高首先依赖于进给和主轴驱动特性的改进及其功能的扩大，为此，数控机床对伺服系统的位置控制、速度控制、伺服电动机、机械传动等方面都提出很高的要求。

由于各种数控机床所完成的功能不完全相同，因此它们对伺服系统的要求也不尽相同。总体上可概括为以下 6 个方面的要求。

1. 可逆运行

可逆运行是指执行机构能灵活地正向或反向运行。在加工过程中，数控机床根据加工轨迹的要求，随时都可能实现正向或反向运动。同时，要求在方向变化时不应该有反向间隙和能量的损失。从能量角度看，应该实现能量的可逆转换：在运行时，伺服电动机从电网吸收能量，将电能转变为机械能；在制动时，应把伺服电动机的机械惯性能转变为电能输出到电网，以实现快速制动。

2. 调速范围宽

调速范围是指生产机械要求伺服电动机能提供的最大转速和最小转速之比。在数控机床中，所用刀具、加工材料及零件加工的要求不同，为保证在各种情况下都能得到最佳切削速度，就要求伺服电动机具有足够宽的调速范围。

对一般数控机床而言，进给速度范围在 0～24m/min 时都可满足加工要求。还可以提出以下更细致的技术要求：

（1）当进给速度为 1～24000mm/min 时，要求伺服电动机进给速度均匀、稳定、无爬行，并且速降小。

（2）当进给速度为 1mm/min 以下时，伺服电动机具有一定的瞬时速度，但平均速度很低。

（3）当机床停止运动时，要求伺服电动机处于锁定状态。

3. 具有速度稳定性

稳定性是指当作用在系统上的扰动信号消失后，系统能够恢复到原来的稳定状态下运行，或者系统在输入的脉冲指令信号作用下，能够达到新的稳定状态的能力。稳定性取决于系统的结构及组件的参数（如惯性、刚度、阻尼、增益等），与外界作用信号（包括指令信号和扰动信号）的性质或形式无关。对伺服系统要求有较强的抗干扰能力，保证进给速度均匀、平稳。伺服系统的稳定性直接影响数控加工的精度和表面粗糙度。

4. 快速响应并无超调

快速响应反映系统跟踪精度，是伺服系统动态品质的重要指标。机床伺服系统实际上就是一种高精度的位置随动系统。为了保证轮廓切削形状精度和低的表面粗糙度，对伺服系统除了要求有较高的定位精度，还要求有良好的快速响应特性。这就对伺服系统的动态性能提出两方面的要求：一方面，在伺服系统处于频繁地启动、制动、加速、减速等动态过程中，要求加/减速度足够大，以缩短过渡过程时间；一般电动机的速度由零增加到最大值，或从最大值减小到零，时间应控制在200ms以下，甚至少于几十毫秒，并且速度变化时不应有超调。另一方面，当负载突变时，过渡过程时间要短，并且无振荡，即要求跟踪脉冲指令信号的响应速度快，跟随误差小。这样，才能得到光滑的加工表面。

5. 高精度

若要数控机床加工出高精度、高质量的工件，则其伺服系统就应有高的精度。数控机床不可能像传统机床那样用手动操作调整和补偿各种误差，因此要求它有很高的定位精度、重复定位精度及进给跟踪精度，这也是伺服系统静态特性与动态特性指标是否优良的具体表现。一般要求伺服系统的定位精度能达到1μm，甚至达到0.005～0.01μm。

6. 低速大转矩

大多数数控机床的加工特点是在低速时进行切削，要求在低速时进给驱动机构有大的转矩输出。主轴坐标的伺服控制在低速时为恒转矩控制，高速时为恒功率控制；进给坐标轴的伺服控制为恒转矩控制。

3.1.3 伺服系统的分类

作为数控机床的重要组成部分，伺服系统的主要功能是，接受来自数控装置的指令控制电动机，驱动机床的各个运动部件，从而准确地控制它们的速度和位置，加工出零件所需的外形和尺寸。伺服系统的分类如下。

1. 按控制方式分类

按控制方式伺服系统分为开环伺服系统、闭环伺服系统和半闭环伺服系统三类。

1）开环伺服系统

图 3-2 为开环伺服系统结构原理示意，该系统常采用步进电动机作为将脉冲指令变换为角位移的传动机构，无检测元件，也无反馈回路，仅靠驱动装置本身定位。因此，这类伺服系统结构、控制方式比较简单，维修方便，成本较低。由于精度难以保证、切削力矩小等原因，这类伺服系统多用于精度要求不高的中、低档型数控机床及传统机床的数控化改造。

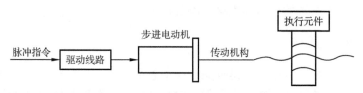

图 3-2　开环伺服系统结构原理示意

2）半闭环伺服系统

在数控机床半闭环伺服系统中，一般将检测元件安装在系统中间部件上，如电动机轴上，以获取反馈信号，用于精确控制电动机的角位移。然后通过滚珠丝杠副等传动部件，将角位移转换成工作台的直线位移。半闭环伺服系统结构原理示意如图 3-3 所示。该系统抛开了传统系统刚性和摩擦阻尼等非线性因素，因此容易调试，稳定性较好。该系统采用高分辨率的检测元件，能获得较满意的精度和速度；检测元件安装在系统中间部件上，能减少数控机床在制造安装时的难度。目前，数控机床多使用半闭环伺服系统控制。

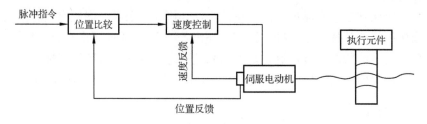

图 3-3　半闭环伺服系统结构原理示意

3）全闭环伺服系统

数控机床的全闭环伺服系统是误差控制随动系统，图 3-4 所示为全闭环伺服系统结构原理示意。该系统常由位置控制环、速度控制环和电流控制环组成，检测元件反馈的数控机床坐标轴的实际位置信号和输入的脉冲指令信号在比较后，产生电压信号，形成位置控制环的速度指令；速度控制环接收位置控制环的速度指令和伺服电动机的速度反馈脉冲指令在比较后产生电流信号；电流控制环将电流信号和从伺服电动机的电流检测单元发出的反馈信号进行处理，驱动大功率元件，产生伺服电动机的工作电流，带动执行元件工作。

该系统中检测元件安装在系统中间部件和工作台上，能减少进给系统的全部误差，精度较高，缺点是系统的各个环节都包括在反馈回路中。因此，其结构复杂，对其进行调试和维护时存在一定难度，成本较高。该系统一般只应用在大型精密数控机床上。

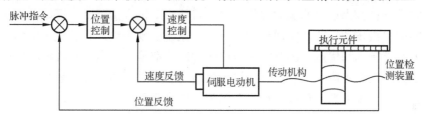

图 3-4　全闭环伺服系统结构原理示意

2. 按用途和功能分类

按用途和功能伺服系统分为进给系统和主轴驱动系统两类。进给系统包括速度控制环和位置控制环，该系统用于数控机床的工作台或刀架坐标轴的控制，即控制数控机床各坐标轴的切削进给运动，并提供切削过程所需的转矩。主轴驱动系统只是一个速度控制系统，控制数控机床主轴的旋转运动，为数控机床主轴提供驱动功率和所需的切削力，从而保证任意转速的调节。

3. 按伺服电动机类型分类

按伺服电动机类型伺服系统分为直流伺服系统、交流伺服系统、直线电动机伺服系统三类。

1）直流伺服系统

直流伺服系统常用的伺服电动机有小惯量直流伺服电动机和永磁直流伺服电动机（也称大惯量宽调速直流伺服电动机）。小惯量直流伺服电动机可以最大限度地减小电枢的转动惯量，快速性较好，在早期的数控机床上应用较多。

永磁直流伺服电动机具有转子惯量大、过载能力强、低速运行平稳的特点。在 20 世纪 80 年代以后，永磁直流伺服电动机得到了极其广泛的应用，其缺点是电刷容易磨损，需要定期更换和清理，换向时容易产生电火花，限制了转速的提高。这类电动机的一般额定转速为 3000～1500 r/min，而且结构复杂，价格较贵。

2）交流伺服系统

20 世纪 80 年代以后，由于交流电动机调速技术的突破，因此交流伺服系统被应用于电气传动调速控制的各个领域。交流伺服系统使用交流异步伺服电动机（一般用主轴驱动电动机）和永磁同步伺服电动机。交流伺服电动机的转子惯量比直流电动机小，动态响应好；容易维修，制造简单，适合在较恶劣环境中使用，并且易于向较大的输出功率、更高的电压和转速方向发展，克服了直流伺服电动机的缺点。因此，目前交流伺服电动机的应用广泛。

3）直线电动机伺服系统

直线电动机可以认为是旋转电动机在结构上的一种变形，可以把它看作一台旋转电动机沿其径向剖开，然后拉平演变而成，它利用电磁作用原理，将电能直接转换成直线运动机械能，它是一种较为理想的驱动装置。采用直线电动机直接驱动，可以取消从电动机到工作台之间的机械传动环节，实现数控机床进给系统的零传动，具有旋转电动机驱动方式无法达到的性能指标和优点，因此它有很广阔的应用前景。但是，直线电动机在数控机床中的应用还处于初级阶段，其功能有待进一步研究和改进。随着相关配套技术和直线电动机制造工艺的进一步成熟，直线电动机在数控机床会得到广泛应用。

4．按驱动装置类型分类

按驱动装置类型伺服系统分为电液伺服系统和电气伺服系统两类。

1）电液伺服系统

电液伺服系统的执行元件为液压元件，控制系统由电子元件组成。常用的执行元件有电液脉冲电动机，在低速下可以得到很高的输出力矩，并且刚性好、时间常数小、响应快、速度平稳。

2）电气伺服系统

电气伺服系统全部采用电子元件和电动机，操作和维护方便、可靠性高。电气伺服系统采用的驱动装置有步进电动机、直流伺服电动机和交流伺服电动机。

5．按反馈比较控制方式分类

按反馈比较控制方式伺服系统分为相位伺服系统和幅值伺服系统两类。

1）相位伺服系统

相位伺服系统是指采用相位比较方法实现位置闭环控制及半闭环控制的伺服系统，是数控机床常用的一种位置控制系统。在相位伺服系统中，位置检测装置采用相位工作方式，脉冲指令信号与反馈信号是用相位表示的，是某个载波的相位。通过脉冲指令信号与反馈信号的相位比较，获得实际位置与指令位置的偏差，实现闭环控制。相位伺服系统框图如图3-5所示。

相位伺服系统适用于感应式检测装置，精度较高。由于载波频率高、响应快、性能强，因此它特别适用于连续控制的伺服系统。

2）幅值伺服系统

幅值伺服系统是指采用位置检测信号的幅值大小反映机械位移的数值，以此信号作为反馈信号，把它转换成数字信号后与脉冲指令信号相比较，从而得到位置偏差，即实际位置与指令位置的偏差，构成闭环控制系统。幅值伺服系统结构框图如图3-6所示。

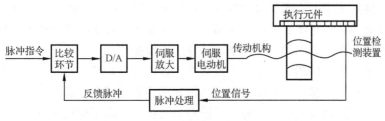

图3-5 相位伺服系统框图

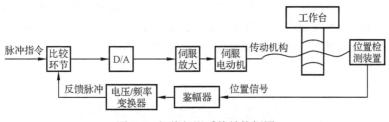

图3-6 幅值伺服系统结构框图

3.2 主轴驱动系统

3.2.1 基本要求

随着数控技术的不断发展，现代数控机床对主轴驱动系统提出了越来越高的要求，具体如下。

（1）数控机床的主轴调速范围较宽，以保证加工时选用合理的切削用量，从而获得最佳的生产效率、加工精度和表面质量。特别是具有多道工序和可以自动换刀的数控机床和加工中心，对主轴的调速范围要求更高，因为它们要适应各种刀具、工序和各种材料的要求。

（2）数控机床主轴的变速是依指令自动进行的，要求能在较宽的转速范围内进行无级变速，并且减少中间传递环节，简化主轴箱。目前主轴驱动系统的调速范围已经达到1∶100，这对中小型数控机床已经够用了。如果大型数控机床主轴的调速范围要超过1∶100，就需通过齿轮换挡的方法提高调速范围。

（3）要求主轴在整个调速范围内均能提供切削所需功率，并且尽可能提供主轴电动机的最大功率，即恒功率范围要宽。由于主轴电动机与驱动装置的限制，因此主轴在低速段输出恒转矩。为满足数控机床在低速下的强力切削需要，常采用分段无级变速，即在主轴低速段采用机械减速装置，以提高主轴输出转矩。

（4）要求主轴在正/反向转动时均可进行自动加/减速控制，即要求主轴具有四象限驱动能力，并且加/减速时间短。

（5）为满足加工中心自动换刀及某些加工工艺的需要，要求主轴具有高精度的准停控制。

（6）对车削加工中心，还要求主轴具有旋转进给轴（C轴）的控制功能。

主轴变速分为有级变速、无级变速和分段无级变速，其中，有级变速仅用于经济型数控机床，大多数数控机床均采用无级变速或分段无级变速。

为满足上述要求，早期的数控机床经常采用直流伺服系统。但是直流电动机受机械换向的影响，使用和维护都比较麻烦，并且其恒功率调速范围小。20世纪80年代以后，随着微电子技术、交流调速理论和电力电子技术的发展，交流驱动技术进入实用阶段。现在绝大多数数控机床均采用笼型感应交流电动机，并且配置矢量变换控制的主轴驱动系统。这是因为一方面笼型感应交流电动机没有机械换向带来的麻烦和在高速、大功率方面受到的限制，另一方面交流伺服系统的性能已达到直流驱动的水平，而且交流电动机体积小、质量小，采用全封闭罩壳，对灰尘和油污有较好的防护作用。

3.2.2　工作原理

数控机床的主轴驱动系统不必像进给系统那样，需要较高的动态性能和调速范围。笼型感应交流电动机结构简单、价格便宜、运行可靠，配置矢量变换控制的主轴驱动系统后，就完全可以满足数控机床主轴的要求。因此，对主轴电动机，大多采用笼型感应交流电动机。

矢量变换控制是1971年德国的Felix Blaschke等人提出的，它是对交流电动机调速控制的较理想方法。其基本思路是，通过复杂的坐标变换，把交流电动机等效成直流电动机并进行控制。采用这种方法处理后，交流电动机与直流电动机的数学模型极为相似，因而交流电动机可得到同样优良的调速性能。

典型的主轴驱动系统工作特性曲线如图3-7所示。由该曲线可知，在基速 n_0 以下，保持励磁电流 I_f 不变，通过改变电枢电压实现调速，从而获得恒转矩特性，并且输出的最大转矩 M_{max} 取决于电枢电流的最大值。在基速 n_0 以上，采用弱磁升速方法实现调速，即通过减小励磁电流 I_f，获得恒功率特性。

如图3-8所示为日本安川（YASKAWA）Varispeed-626MT主轴驱动系统电路工作原理，这

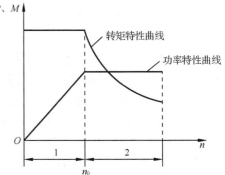

图3-7　典型的主轴驱动系统工作特性曲线

是一个典型的交流—直流—交流变频电路。数控装置可以通过模拟电压指定、12位二进制代码指定、2位BCD码指定和3位BCD码指定4种方式对其转速进行控制。内部微处理器根据与电动机相连的光电式脉冲编码器和电枢电流等输入信息，通过相应的一系列运算后，输出合适的基极控制信号，控制整流器和逆变器中的功率器件开关，在电动机内部形成相应的旋转磁场，驱动主轴旋转，从而获得所要求的转速和转矩。

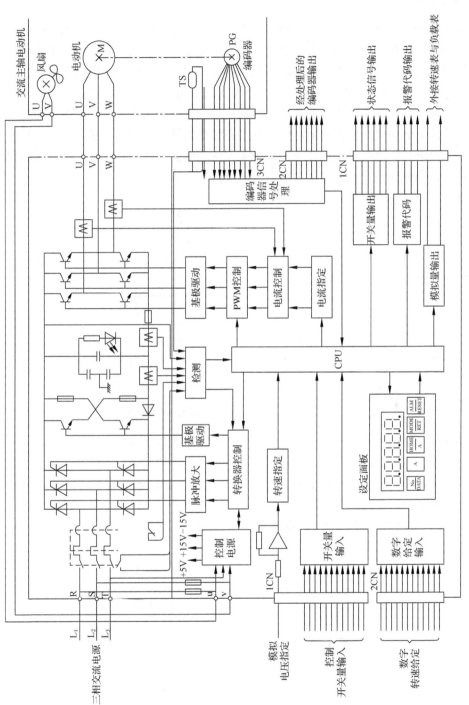

图 3-8　日本安川 Varispeed-626MT 主轴驱动系统电路工作原理

3.2.3 主轴分段无级变速

采用无级变速主轴机构后，主轴箱虽然得到大大简化，但是其低速段的输出转矩常常无法满足数控机床强力切削的要求。如果单纯追求无级变速，那么势必增大主轴电动机的功率，从而使主轴电动机与驱动装置的体积、质量及成本大大增加。因此，数控机床可以采用1～4挡齿轮变速与无级变速相结合（分段无级变速）的方式解决这个矛盾。

图 3-9 所示为是否采用齿轮变速的主轴输出特性比较。由该图可以看出，齿轮变速的采用虽然增大了低速段的输出转矩，但降低了主轴最大转速。因此，通常采用齿轮的自动换挡达到同时满足低速段的输出转矩和主轴最大转速的要求。一般来说，数控系统提供 4 挡变速功能，而数控机床通常使用两挡即可满足要求。

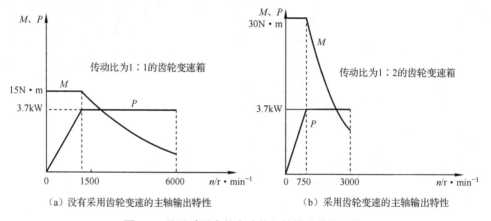

（a）没有采用齿轮变速的主轴输出特性　　　　　（b）采用齿轮变速的主轴输出特性

图 3-9　是否采用齿轮变速的主轴输出特性比较

数控系统具有使用 M41～M44 指令进行齿轮自动换挡的功能。首先需要在数控系统参数区设置 M41～M44 指令对应的主轴最大转速。然后数控系统根据当前 S 指令值，判断主轴转速所处的挡位，自动输出对应的 M41～M44 指令给可编程控制器（PLC），使齿轮更换到对应的齿轮挡，数控系统输出对应的模拟电压。例如，M41 指令对应的主轴最大转速为 1000r/min，M42 指令对应的主轴最大转速为 3500r/min。主轴分段无级变速结构示意如图 3-10 所示。

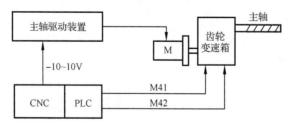

图 3-10　主轴分段无级变速结构示意

在图 3-10 中，当 S 指令值在 0～1000r/min 范围时，M41 指令对应的齿轮应啮合；当 S 指令值在 1001～3500r/min 范围时，M42 指令对应的齿轮应啮合。不同机床主轴变挡所用的方式不同，变挡控制可由可编程控制器完成。目前，常采用液压拨叉或电磁离合器方式带动不同齿轮的啮合。显然，该图中 M42 指令对应的主轴齿轮传动比为 1：1，M41 指令对应的主轴齿轮传动比为 1：3.5。此时主轴输出的最大转矩为主轴电动机最大输出转矩的 3.5 倍。

对于换挡过程中出现的齿轮顶齿问题，采用由数控系统控制主轴电动机低速摆动或振动的方法实现齿轮的顺序啮合。而换挡时，可在数控系统参数区设置主轴电动机低速摆动或振动的速度。在主轴分段无级变速过程中，主轴自动变速时序示意如图 3-11 所示。

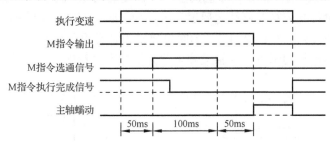

图 3-11　主轴自动变速时序示意

（1）当接收到附有速度变化的 S 指令时，数控系统输出相应的 M 指令（M41、M42、M43、M44）。该指令是采用 BCD 码形式还是采用二进制形式输出，可在数控系统的参数区进行选择，然后把信号输送至可编程控制器。

（2）M 指令输出 50ms 后，数控装置发出 M 指令选通信号，指示可编程控制器读取并执行 M 指令，并且选通信号将持续 100ms。之所以在 50ms 后读取，是为了让 M 指令稳定，保证所读取的数据是正确。

（3）可编程控制器接收到 M 指令选通信号后，立即使 M 指令执行完成信号变为无效，提示数控系统 M 指令正在执行。

（4）可编程控制器开始对 M 指令进行译码，然后执行相应的换挡控制逻辑。

（5）M 指令输出 200ms 后，数控系统根据所设置的参数输出一定的主轴蠕动量，从而使主轴慢速摆动或振动，以解决齿轮顶齿问题。

（6）可编程控制器完成换挡后，恢复 M 指令执行完成信号有效，并提示换挡工作已经完成。

（7）数控系统根据所设置的每挡主轴最大转速，自动输出对应的模拟电压，使最终获得的主轴转速为给定的 S 指令值。

另外，有些主轴驱动系统，如日本安川（YASKAWA）Varispeed-626MT，具有电动机绕组选择功能，在不需要齿轮的情况下，也可以提高低速段的输出转矩。从本质上说，提高低速段的输出转矩，就是增大主轴驱动系统的恒功率区。主轴驱动系统的恒功率区与恒转矩区之比是重要的性能指标。日本安川主轴电动机内部有两组绕组，即低速绕组与高速绕组，通过对这些绕组的自动选择（使用接触器切换），可方便地使恒功率区与恒转矩区之比达到 1：12，低速段的输出转矩可提高两倍以上。

在现代数控机床中，常采用"主轴电动机—变挡齿轮传递—主轴"的结构。当然，变挡齿轮箱比传统机床主轴箱简单得多。液压拨叉和电磁离合器是两种常用的变挡方法。

3.2.4 主轴准停

主轴准停又称主轴定位。当主轴停止时，控制其停于某个固定位置，这是自动换刀所必需的功能。在自动换刀的镗铣加工中心，切削时的主轴转矩通常是通过刀杆的端面键传递的，这就要求主轴具有准确定位于圆周上特定角度的功能。图 3-12 所示为主轴准停换刀示意。在加工好阶梯孔或精镗好孔之后退刀时，为了防止刀具与小阶梯孔碰撞或拉毛已精加工的孔表面，必须先让刀再退刀。让刀时也要求刀具必须具有准停功能。图 3-13 所示为背镗孔时的主轴准停换刀示意。主轴准停可分为机械准停和电气准停。

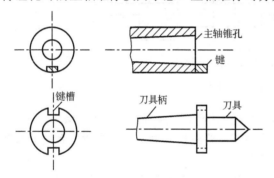

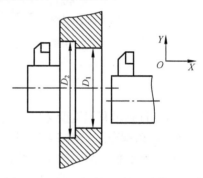

图 3-12　主轴准停换刀示意　　　　图 3-13　背镗孔时的主轴准停换刀示意

1. 机械准停

图 3-14 所示为典型的带有 V 形槽的定位盘准停结构示意。带有 V 形槽的定位盘与主

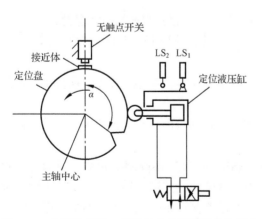

图 3-14　典型的带有 V 形槽的定位盘准停机构示意

轴端面保持一定的距离，以确定定位点。使 M19 指令进行准停控制，使主轴减速至某一可以设定的低速。当无触点开关的有效信号被检测到后，主轴电动机立即停转并断开主轴传动链。此时，主轴电动机与主轴传动链因惯性继续空转，同时定位液压缸的定位销伸出并压向定位盘。当定位盘的 V 形槽与定位销正对时，定位液压缸产生压力，使定位销插入 V 形槽中，LS_2 准停到位信号变为有效，表明准停动作完成。在图 3-14 中，LS_1 为准停释放信号。采用这种准停方式，必须有一定的逻辑互锁，即当 LS_2 有效时，才能

进行后面诸如换刀等动作；当 LS₁ 有效时，才能启动主轴电动机正常运转。上述机械准停功能通常可由数控系统所配置的可编程控制器完成。

2. 电气准停

目前，国内外中高档数控机床均采用电气准停的控制方法。与机械准停相比，电气准停可以简化机械结构、缩短准停时间、增加可靠性、提高性价比。电气准停通常有以下 3 种方式：

1）通过磁传感器实现主轴准停

磁传感器主轴准停由主轴驱动系统完成。当执行 M19 指令时数控系统发出主轴准停的信号 ORT，主轴运动到定位位置时停止；主轴驱动系统完成准停后，向数控系统发出指令执行完成信号 ORE，然后数控系统进行后面的动作。磁传感器控制主轴准停的工作原理如图 3-15 所示。

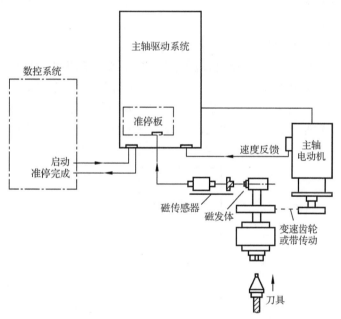

图 3-15　磁传感器控制主轴准停的工作原理

由于采用了磁传感器，故应避免把产生磁场的元件（如电磁线圈、电磁阀等）与磁发体和磁传感器安装在一起。另外，主轴上的磁发体和固定不动的磁传感器的安装精度要求较高。如图 3-16 所示为磁传感器和磁发体在主轴上的安装方式示意。

通过磁传感器实现主轴准停的时序如图 3-17 所示，相应的步骤叙述如下：

如果运动中的主轴接收到数控系统发出的准停信号 ORT，主轴立即加速或减至某一准停速度（可在主轴驱动系统中设定）。当主轴转速达到准停速度且到达准停位置时（磁发体与磁传感器对准），主轴立即减速至某一爬行速度（可在主轴驱动系统中设定）。当主动驱动系统接收到磁传感器信号出现时，主轴驱动系统立即进入以磁传感器为反馈元件的位置闭环控制，把目标位置作为准停位置。准停完成后，主轴驱动系统输出准停指令执行完成的信号 ORE 到数控系统，从而进行自动换刀（ATC）或其他动作。

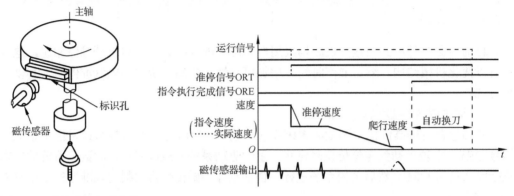

图 3-16　磁传感器和磁发体
在主轴上的安装方式示意

图 3-17　通过磁传感器实现主轴准停的时序

2）通过编码器实现主轴准停

图 3-18 所示为编码器控制主轴准停的工作原理。通过编码器实现主轴准停时，既可以使用主轴电动机内部安装的编码器信号（来自主轴驱动系统），也可以在主轴上直接安装另一个编码器获取信号。使用主轴电动机内部安装的编码器信号时，要注意传动链对主轴准停精度的影响。主轴驱动系统内部可自动转换，使主轴处于速度控制或位置控制状态。准停角度可由外部开关量（十二位）设定，这一点与通过磁传感器实现主轴准停方式不同，

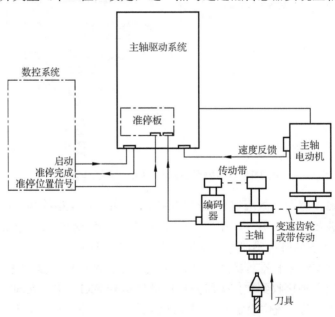

图 3-18　编码器控制主轴准停的工作原理

磁传感器下的准停角度无法随意设定。若要调整准停位置，则只能调整磁发体与磁传感器的相对安装位置。通过编码器实现主轴准停的系统时序如图 3-19 所示。其实现步骤与磁传感器主轴准停过程相类似。

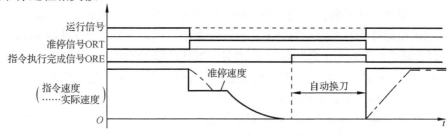

图 3-19 通过编码器实现主轴准停的系统时序

无论采用何种主轴准停方式（特别是对通过磁传感器实现主轴准停的方式），当需要在主轴上安装电子元件时，应注意动平衡问题。因为数控机床精度很高，转速也很高，所以对动平衡要求严格。一般情况下，对于中等速度以下的主轴来说，微小的不平衡量还是可以允许的，但对于高速主轴来说，微小的不平衡量也会导致主轴振动，影响系统精度。为了适应主轴高速化的需要，国外已经开发出整环式磁传感器，把它作为主轴准停装置。由于其中的磁发体是整环，故其动平衡性能良好。

3）通过数控系统实现主轴准停

这种主轴准停是由数控系统完成的，采用这种方式时需要注意以下问题：

（1）数控系统必须具有主轴位置闭环控制功能。通常，为避免冲击，主轴驱动系统都具有软启动功能，但这对主轴位置闭环控制将产生不良影响。此时，若位置增益过低，则准停精度和刚度（克服外界扰动的能力）不能满足要求；若位置增益过高，则会产生严重的定位振荡现象。因此，必须使主轴进入伺服状态，此时其特性与进给系统相近，才可进行位置控制。

（2）当数控系统使用电动机轴端编码器信号进行主轴准停时，主轴传动链精度可能对准停精度产生影响。

数控系统控制主轴准停的工作原理与进给位置控制的工作原理非常相似，前者如图 3-20 所示。

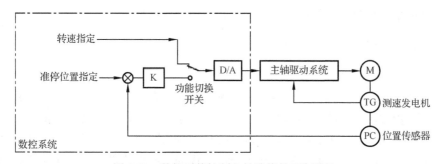

图 3-20 数控系统控制主轴准停的工作原理

通过数控系统控制主轴准停时，可在数控系统内部设置所需的准停角度。这种方式的准停步骤如下：

数控系统执行 M19 或 M19 S** 指令时，首先将 M19 指令输送至可编程控制器。然后，可编程控制器通过译码器输出控制信号使主轴驱动系统进入伺服状态。同时，数控系统控制主轴电动机降速并寻找零位脉冲 C，进入位置闭环控制状态。若只执行 M19 指令而无 S 指令，则主轴定位于相对于零位脉冲 C 的某一默认位置（可由数控系统设定）；若执行 M19 S** 指令，则主轴定位于指定位置，也就是相对于零位脉冲 S** 的角度位置。

例如：M03 S1000 指令表示主轴以 1000r/min 正转

M19 指令表示主轴准停于默认位置

M19 S100 指令表示主轴准停转至 100° 处

S1000 指令表示主轴再次以 1000r/min 正转

M19 S200 指令表示主轴准停至 200° 处

3.3 步进电动机

步进电动机是一种将脉冲信号转换为相应角位移或直线位移的转换装置，它一般是开环伺服系统的最后执行元件。因为步进电动机输入的进给脉冲是不连续变化的数字量，而输出的角位移或直线位移是连续变化的模拟量，所以它也被称为数模转换装置。

步进电动机受驱动电路控制，将进给脉冲序列转换为只有一定方向、大小和速度的机械角位移，并且通过齿轮和丝杠带动工作台移动。进给脉冲的频率代表驱动速度，脉冲的数量代表位移量，运动方向是由步进电动机的各相通电顺序决定的。步进电动机转子的角位移与输入的脉冲数量成正比，其速度与单位时间内输入的脉冲数量成正比。在步进电动机允许的负载能力下，这种线性关系不会因负载变化等因素而变化，因此可以在较宽的范围内，通过对脉冲的频率和数量的控制，实现对机械运动速度和位置的控制。保持电动机各相通电，就能使电动机自锁，但由于该系统没有反馈检测环节，其精度主要由步进电动机决定，因此速度也受到步进电动机性能的限制。

3.3.1 步进电动机组成、工作原理、工作方式、特点和类型

1. 步进电动机的结构、工作原理及工作方式

1）步进电动机的结构

各类步进电动机都有转子和定子，但因类型不同，其结构也不完全一样，图 3-21 所示为三相反应式步进电动机的结构示意。步进电动机由定子、转子和绕组组成。其中，定子上有 6 个磁极，分成 A、B、C 三相，每个磁极上绕有励磁绕组，按串联（或并联）方式连接，使电流产生的磁场方向一致。转子是由带齿的铁心做成的，当定子绕组按顺序轮流通电时，A、B、C 三对磁极就依次产生磁场，并且每次对转子的某一对齿产生电磁转矩，

使转子一步步地转动。当转子的某一对齿的中心线与定子磁极中心线对齐时，磁阻最小，转矩为零。此时，按一定方向切换定子绕组各相电流，使转子按一定方向一步步地转动。

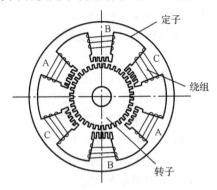

图 3-21　三相反应式步进电动机结构示意

2）步进电动机的工作原理

图 3-22 所示为典型的反应式步进电动机工作原理示意。

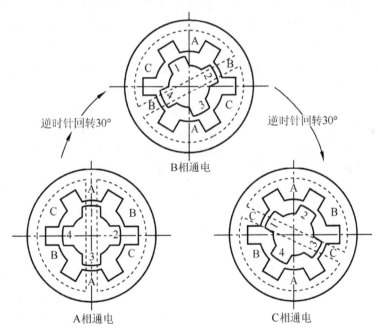

图 3-22　典型的反应式步进电动机工作原理示意

在图 3-22 中，步进电动机的定子上每两个相对的磁极组成一相，转子上有 4 个齿。如果先将脉冲输入 A 相励磁绕组，定子的 A 相磁极就产生磁场，并对转子产生磁场力，使转子的 1、3 两个齿与定子的 A 相磁极对齐。然后将脉冲输入 B 相励磁绕组，B 相磁极便产生磁通，这时转子的 2、4 两个齿与 B 相磁极靠得最近，于是转子就沿着逆时针方向转过 30°，使转子的 2、4 两个齿与定子的 B 相磁极对齐。如果按照 A→B→C→A→B→…的顺序通电，转子就沿着逆时针方向一步步地转动，每步转过 30°，显然，单位时间内输入的脉冲数量越多，脉冲频率越高，电动机转速越高；如果按照 A→C→B→A→C→…的顺序通电，步进电动机将沿着顺时针方向一步步地转动。因此，只要控制输入脉冲的数量、频率和通电绕组的相序，即可获得所需的转角、转速及旋转方向。

3）步进电动机的工作方式

从一相通电换接到另一相通电称为一拍，每拍转子转动一个步距角。例如，上述步进电动机的三相励磁绕组依次单独通电运行、换接三次完成一个通电循环，称为三相单三拍通电方式，转子转动的步距角是 30°。这里，"单"是指每次只有一相绕组通电，"三拍"是指经过三次换接完成一个通电循环，即 A、B、C 三拍。每次只有一相绕组通电，在换接瞬间将失去自锁转矩，容易失步。当只有一相绕组通电时，易在平衡位置附近产生振荡，稳定性较差。因此，实际应用中很少采用单拍工作方式，而采用三相双三拍通电方式，即通电顺序为 AB→BC→CA→AB→…（逆时针方向）或 AC→CB→BA→AC→…（顺时针方向），换接三次完成一个通电循环。相比三相单三拍通电方式，在这种通电方式下，每次有两相绕组同时通电，转子受到的感应力矩大，静态误差小，定位精度高。另外，通电状态转换时始终有一相控制绕组通电，使电动机工作稳定，不易失步。

采用三相六拍通电方式时，通电顺序为 A→AB→B→BC→C→CA→A→AB→B→…（逆时针方向）或 A→AC→C→CB→B→BA→A→AC→C→…（顺时针为向），换接六次完成一个通电循环，相比三相单三拍通电方式，通电状态次数增加了一倍，这种方式下的步距角减小了 1/2，即 1.5°。

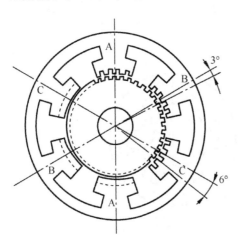

图 3-23 转子和定子上的小齿

步进电动机的步距角越小，其所能达到的位置精度越高。通常要求的步距角是 3°、1.5° 或 0.75°。为此，需要在转子磁极上制作小齿，在定子磁极上也制作多个小齿，如图 3-23 所示。定子磁极上的小齿和转子磁极上的小齿大小相同，这两种小齿的齿宽和齿距也分别相等。当一相定子磁极的小齿与转子的小齿对齐时，其他两相磁极的小齿都与转子的小齿错过一个角度。按照相序，后一相比前一相错开的角度大。例如，转子上有 40 个小齿，相邻两个小齿的齿距是（360°/40）＝9°。若在定子的每个磁极上制作 5 个小齿，当转子的小齿和 A 相磁极的小齿对齐时，则 B 相磁极的小齿沿逆时针方向超前转子的小齿 1/3 齿距角。按照此结构，当励磁绕组按照 A→C→B→A→C→…的顺序以三相方式通电时，转子沿逆时针方向旋转，步距角为 3°；如果按照 A→AB→B→BC→C→CA→A→AB→B→…的顺序以三相六拍方式通电时，步距角将减小为 1.5°。此外，也可以从电路方面采用细分技术改变步距角。

一般情况下，m 相步进电动机可采用单相、双相或单双相轮流通电方式工作，对应的

通电方式分别称为 m 相单 m 拍通电、m 相双 m 拍通电和 m 相单 $2m$ 拍通电。循环拍数越多，步距角越小，定位精度越高。电动机的相数越多，工作方式也越多。

2．步进电动机的特点

步进电动机的特点如下：

（1）步进电动机受脉冲控制，其定子绕组的通电状态每改变一次，转子便转过一个步距角，转子的角位移和转速严格与输入脉冲的数量和频率成正比，通电状态变化频率越高，转子转速越高。

（2）改变步进电动机定子绕组的通电顺序，可以改变转子旋转方向。

（3）步进电动机有一定步矩精度，没有累积误差。

（4）当停止输入脉冲时，只要控制绕组的电流不变，步进电动机可保持在固定的位置，不需要机械制动装置。

（5）步进电动机的转速受脉冲频率的限制，调速范围小。

3．步进电动机的类型

步进电动机的分类方式很多。

（1）按力矩产生的原理分类，有反应式步进电动机、励磁式步进电动机和混合式步进电动机。

反应式步进电动机的转子无绕组，由被励磁的定子绕组产生反应力矩实现步进运行。励磁式步进电动机的定子和转子均有励磁绕组，由电磁力矩实现步进运行。带永磁转子的步进电动机称为混合式步进电动机（或感应式同步电动机），因为它是在永磁和励磁原理共同作用下运转的。这种电动机因效率高以及其他优点在数控系统中得到广泛应用。

图 3-24 所示为反应式步进电动机结构示意。其定子上有 6 个均布的磁极，在直径方向上相对的两个磁极上的线圈串联，构成一相控制绕组。磁极与磁极之间的夹角为 60°，每个定子磁极上均布 5 个小齿，齿槽宽都相等，齿间夹角为 9°。转子上无绕组，只有均布的 40 个小齿，齿槽宽都相等，齿间夹角也是 9°。三相（U、V、W）定子磁极和转子上相应的小齿依次错开 1/3 齿距。这样，若按三相六拍通电方式给定子通电，则可控制步进电动机以 1.5° 的步距角正向或反向旋转。

反应式步进电动机的另一种结构：多个定子按轴向排列，定子铁心和转子铁心都做成 5 段，每段一相，依次错开排列，每相是独立的。这种步进电动机称为五相反应式步进电动机。

（2）按输出力矩大小分类，有伺服式步进电动机和功率式步进电动机。伺服式步进电动机只能驱动较小负载，一般与液压转矩放大器配用，才能驱动工作台等较大负载。功率式步进电动机可以直接驱动较大负载，它按各相绕组分布方式又分为径向式步进电动机和轴向式步进电动机。径向式步进电动机的各相沿圆周依次排列，轴向式步进电动机的各相沿轴向依次排列。

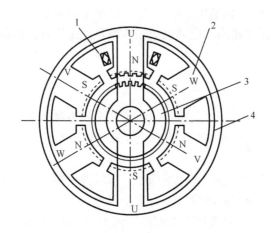

1—绕组　2—定子铁心　3—转子铁心　4—相磁通

图 3-24　反应式步进电动机结构示意

（3）按步进电动机输出运动轨迹形式分类，有旋转式步进电动机和直线式步进电动机；按励磁相数分类，有三相步进电动机、四相步进电动机、五相步进电动机、六相步进电动机。

3.3.2　步进电动机的主要性能指标及其选择原则

1. 步进电动机的主要性能指标

1）步距角与步距误差

步距角是指步进电动机每改变一次通电状态转子转过的角度。它反映步进电动机的分辨能力，是决定步进系统脉冲当量的重要参数。步距角与步进电动机的相数、通电方式及转子齿数的关系如下：

$$a = \frac{360°}{mzk} \tag{3-1}$$

式中，a 为步进电动机的步距角；m 为电动机的相数；z 为转子齿数；k 为系数，相邻两次通电相数相同时，$k=1$；相邻两次通电相数不同时，$k=2$。

步距误差是指步进电动机运行时，转子每一步实际转过的角度与理论步距角之差。这种误差主要由步进电动机的齿距误差引起，会产生定子和转子之间气隙不均匀、各相电磁转矩不均匀现象。转子连续转若干步时，上述步距误差的累积值称为步距的累积误差。步进电动机转过一转后，将重复上一转的稳定位置，即步进电动机的步距累积误差将以一转为周期重复出现，不能累加。

2）单相通电时的静态矩角特性

当步进电动机保持通电状态不变时称为静态，如果此时在电动机轴上外加一个负载转矩，转子会偏离平衡位置向负载转矩方向转过一个角度，称为失调角。此时步进电动机所受的电磁转矩称为静态转矩，这时静态转矩等于负载转矩。静态转矩与失调角之间的关系叫矩角特性，如图 3-25 所示，近似为正弦曲线．该矩角特性上的静态转矩最大值称为最大静转矩，在静态稳定区内，当外加负载转矩除去时，转于在电磁转矩作用下，仍能回到稳定平衡点位置。

3）空载启动频率

步进电动机在空载情况下，不失步启动所能允许的最高频率称为空载启动频率，又称启动频率或突跳频率。步进电动机在启动时，既要克服负载力矩，又要克服惯性力矩，施加给步进电动机的脉冲频率如大于启动频率，就不能正常工作，所以启动频率不能太高。步进电动机在带负载（惯性负载）情况下的启动频率比空载要低。而且，随着负载加大（在允许范围内），启动频率会进一步降低。

4）连续运行频率

步进电动机启动后，其运行速度能根据输入的脉冲频率连续上升而不丢步时的最高工作频率，称为连续运行频率。其值远大于启动频率，而且随着步进电动机所驱动的负载的性质、大小而变化，与驱动电源也有很大的关系。

5）运行矩频特性

运行矩频特性是指步进电动机连续稳定运行时的输出转矩 M 与连续运行频率 f 之间的关系。图 3-26 所示曲线称为步进电动机的矩频特性曲线，由该图可知，当步进电动机正常运行时，它的输出转矩随输入脉冲频率的增加而逐渐下降。

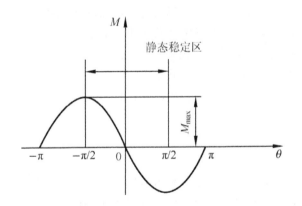

图 3-25　单相通电时的矩角特性

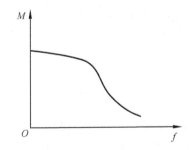

图 3-26　步进电动机的运行矩频特性曲线

6）加/减速特性

步进电动机的加/减速特性是指步进电动机由静止到连续运行和由连续运行到静止的加/减速过程中，定子绕组通电状态的变化次数与时间的关系。图 3-27 所示为步进电动机的加/减速特性曲线。当要求步进电动机的启动频率逐渐增大到连续运行频率时，转速必须逐渐上升；反之，转速必须逐渐下降。转速上升和下降过程所用时间不能太小，否则，步进电动机容易发生失步现象。

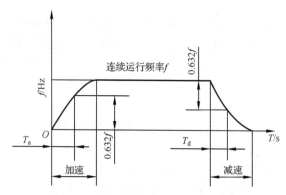

图 3-27　步进电动机的加/减速特性曲线

2. 步进电动机的选择原则

合理选择步进电动机很重要，一般希望步进电动机的输出转矩大，启动频率和连续运行频率高，步距误差小，性价比高，但是增大输出转矩和快速运行相互矛盾。需要根据以下原则进行选择：

（1）结合系统精度和速度的要求。脉冲当量越小，系统的精度越高，但运行速度越低，选择时应先结合系统精度和速度的要求确定脉冲当量，再根据脉冲当量选择步进电动机的步距角和传动机构的传动比。

（2）兼顾启动矩频特性曲线和运行矩频特性曲线。启动矩频特性曲线反映启动频率与负载转矩之间的关系，运行矩频特性曲线反映输出转矩与连续运行频率之间的关系。

已知负载转矩时，可以根据启动矩频特性曲线查得启动频率。在实际运行中，只要启动频率小于或等于查到的启动频率，步进电动机就能直接带负载启动。

已知连续运行频率时，可以根据运行矩频特性曲线查得输出转矩，使步进电动机驱动的负载转矩小于查到的输出转矩即可。

3.3.3　步进电动机的控制电路

步进电动机的控制电路功能：将具有一定频率、一定数量和方向的进给脉冲信号转换为控制步进电动机定子绕组通/断电的电平信号，即将逻辑电平信号转换为步进电动机定子绕组所需的、具有一定功率的电流脉冲信号，实现由弱电到强电的转换和放大。为了实现该功能，一个较完善的步进电动机控制电路应包括各个组成电路。步进电动机的控制电路框图如图 3-28 所示。

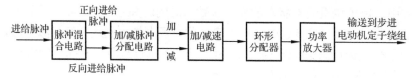

图 3-28　步进电动机的控制电路框图

由图 3-28 可知，步进电动机的控制电路包括脉冲混合电路、加/减脉冲分配电路、加/减速电路、环形分配器和功率放大器五部分。

1. 脉冲混合电路

无论是来自数控系统的插补信号，还是各种类型的误差补偿信号、手动进给信号及手动回原点信号等，其目的都是使工作台正向进给或反向进给。必须将这些信号混合为使工作台正向进给的信号或使工作台反向进给的信号，由脉冲混合电路实现此功能。

2. 加/减脉冲分配电路

当数控机床在进给脉冲的控制下沿正向进给时，由于存在各种补偿脉冲，因此可能会出现个别的反向进给脉冲。个别反向进给脉冲的出现，意味着执行元件即步进电动机在沿一个方向旋转时，还会向相反的方向旋转几个步距角。一般采用以下方法处理反向进给脉冲，即从正向进给脉冲中抵消相同数量的反向补偿脉冲，这就是加/减脉冲分配电路的功能。

3. 加/减速电路

加/减速电路又称自动升降速电路。根据步进电动机的加/减速特性，输入步进电动机定子绕组的电平信号的频率变化曲线要平滑，而且应有一定的时间常数。但是，由于来自加/减脉冲分配电路的进给脉冲频率是跃变的，因此，为了保证步进电动机能够正常、可靠地运行，必须首先对此跃变频率进行缓冲，使之变成符合步进电动机加/减速特性的脉冲频率，然后把它输入步进电动机的定子绕组，加/减速电路就是为此而设置的。

4. 环形分配器

环形分配器的作用是把来自加/减速电路的一系列进给脉冲转换为控制步进电动机定子绕组通/断电的电平信号，这些电平信号状态的改变次数及顺序与进给脉冲的数量及方向相对应。例如，对于三相单三拍步进电动机，若"1"表示通电，"0"表示断电，A、B、C 分别表示其三相定子绕组，则经环形分配器分配后，对应每个进给脉冲，A、B、C 相应按（100）→（010）→（001）→（100）…的顺序改变一次。

环形分配器有硬件环形分配器和软件环形分配器两种形式。硬件环形分配器是由触发器和门电路构成的硬件逻辑电路，现在市场上已经有集成度高、抗干扰性强的 PMOS 和 CMOS 环形分配器芯片供选用；也可以用计算机软件实现脉冲序列分配，这种环形分配器就是软件环形分配器。

5. 功率放大器

功率放大器又称功率驱动器或功率放大电路。来自环形分配器的脉冲电流只有几毫安，而步进电动机的定子绕组电流为几安培，因此，需要使用功率放大器将来自环形分配器的脉冲电流放大到足以驱动步进电动机旋转。

3.4 直流伺服电动机

3.4.1 直流伺服电动机的工作原理、类型、特点及工作特性

为了满足数控机床伺服系统的要求，直流伺服电动机必须具有较高的转矩/惯量比，由此产生了小惯量直流伺服电动机和宽调速直流伺服电动机。这两类电动机的定子磁极都是永磁体，大多采用新型的稀土永磁材料制作永磁体。这类永磁体具有较大的矫顽力和较高的磁能积，因此直流伺服电动机的抗去磁能力大大提高，体积也大大缩小。

1．直流伺服电动机的工作原理

直流伺服电动机的工作原理与一般直流电动机基本相同，都是建立在电磁力和电磁感应的基础上的，其工作原理如图 3-29 所示。为了分析简便，可把复杂的直流电动机结构简化为如图 3-29（a）所示的结构，其电路原理示意如图 3-29（b）所示。

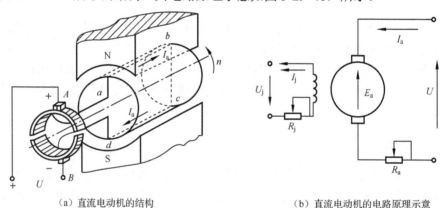

| （a）直流电动机的结构 | （b）直流电动机的电路原理示意 |

图 3-29 直流伺服电动机的工作原理

直流电动机具有一对磁极 N 和 S，其电枢绕组只是一个线圈。该线圈两端分别连接在两个换向片上，这两个换向片上分别压着电刷 A 和电刷 B。将直流电源连接在两个电刷之间而使电流通入电枢上的线圈。由于电刷 A 通过换向片总是与 N 磁极下的有效边（切割磁力线的导体部分）相连，电刷 B 通过换向片总是与 S 磁极下的有效边相连，因此电流方向应该是这样的：N 磁极下有效边中的电流总是一个方向，即图 3-29（a）中的 $a \rightarrow b$ 方向，而 S 磁极下有效边中的电流总是另一个方向，即在图 3-29（b）中的 $c \rightarrow d$。这样，才能使两个有效边上受到的电磁力的方向保持一致，电枢因此转动。有效边的受力方向可用左手定则判断。当线圈的有效边从 N（S）磁极下转到 S（N）磁极下时，其中电流的方向必须同时改变，以使电磁力的方向不变，这种情况也必须通过换向器才能实现。

2. 直流伺服电动机的类型及特点

直流伺服电动机按定子磁场的产生方式可分为永磁式直流伺服电动机和他励式直流伺服电动机，两者性能相近。永磁式直流伺服电动机的磁极由永磁材料制成，充磁后即可产生恒定磁场。他励式直流伺服电动机的磁极由冲压得到的硅钢片叠加而成，其外加线圈，依靠外加励磁电流产生磁场。由于永磁式直流伺服电动机不需要外加励磁电源，因此它在伺服系统中应用广泛。

直流伺服电动机按电枢的结构与形状可分为平滑电枢型直流伺服电动机、空心电枢型直流伺服电动机和有槽电枢型直流伺服电动机等。平滑电枢型直流伺服电动机的电枢无槽，其绕组用环氧树脂粘在电枢铁心上，因而转子形状细长，转动惯量小；空心电枢型直流伺服电动机的电枢无铁心，并且常做成杯形，其转子的转动惯量最小。有槽电枢型直流伺服电动机的电枢与普通直流电动机的电枢相同，因而转子的转动惯量较大。

直流伺服电动机按转子转动惯量的大小可分为大惯量直流伺服电动机、中惯量直流伺服电动机和小惯量直流伺服电动机。大惯量直流伺服电动机，又称直流力矩伺服电动机或宽调速直流伺服电动机，它的负载能力强，易于与机械系统匹配。

小惯量直流伺服电动机是通过减小电枢的转动惯量提高转矩/惯量比的，其转矩/惯量比要比普通直流电动机大 40～50 倍。小惯量直流伺服电动机的转子与一般直流电动机的区别在于，一是转子长而直径小，从而得到较小的惯量；二是转子是光滑无槽的铁心，用绝缘胶黏剂直接把线圈粘在铁心表面上。小惯量直流伺服电动机的机械时间常数小（可以小于 10 ms），响应速度快，低速下的运行平稳而均匀，能频繁启动与制动；但是，由于其过载能力低，并且自身惯量比机床相应运动部件的惯量小，因此必须配置减速机构，使之与丝杠相连接，才能和运动部件的惯量相匹配，这样就增加了传动链误差。小惯量直流伺服电动机在早期的数控机床上得到广泛应用，目前在数控钻床、数控冲床等点位控制的场合应用较多。

大惯量直流伺服电动机的结构如图 3-30 所示，它是通过提高输出力矩提高转矩/惯量比的。具体措施如下：一是增加定子磁极对数并采用高性能的磁性材料，如稀土钴等材料，以产生强磁场，该磁性材料性能稳定且不易退磁；二是在同样的转子外径和电枢电流的情况下，增加转子上的槽数和槽的截面积。因此，这类电动机的机械时间常数和电气时间常数都有所减小，响应速度提高。目前，数控机床广泛采用这类电动机构成闭环进给系统。

在结构上，这类电动机采用了内装式低频纹波的测速发电机（见图 3-30）。测速发电机的输出电压作为速度控制环的反馈信号，使直流伺服电动机在较宽的范围内平稳运转。除了测速发电机，还可以在直流伺服电动机内部安装位置检测装置，如光电编码器或旋转变压器等。当直流伺服电动机用于垂直轴的驱动时，其内部可安装电磁制动器，以克服滚珠丝杠副垂直安装时的非自锁现象。

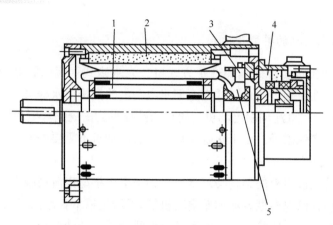

1—转子　2—定子　3—电刷　4—测速发电机　5—换向器

图 3-30　大惯量直流伺服电动机结构简图

大惯量直流伺服电动机的机械特性曲线如图 3-31 所示。

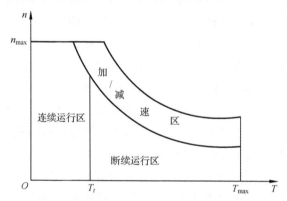

图 3-31　大惯量直流伺服电动机的机械特性曲线

在图 3-31 中，T_t 为连续运行转矩，T_{max} 为最大转矩。在连续运行区，大惯量直流伺服电动机在连续运行电流下，可长期运行，连续运行电流值受发热极限的限制。在断续运行区，大惯量直流伺服电动机处于接通—断开的断续运行状态，换向器与电刷工作于无火花的换向区，可承受低速段大转矩的工作状态。在加/减速区，大惯量直流伺服电动机处于加/减速工作状态，如启动、制动。启动时，电枢瞬时电流很大，所引起的电枢反应会使磁极退磁和换向时产生火花。因此，这类电动机的电枢电流受去磁极限和瞬时换向极限的限制。

大惯量直流伺服电动机能提供大转矩的意义体现在以下 5 个方面：

（1）能承受的峰值电流和过载能力高。瞬时转矩可达到额定转矩的 10 倍，可满足数控机床对其加/减速的要求。

（2）低速段的输出转矩大。这类电动机能与丝杠直接相连，省去了齿轮等传动机构，提高了进给传动精度。

（3）具有大的转矩/惯量比，快速性好。由于这类电动机的自身惯量大，外部负载惯量相对小，因此伺服系统的调速与负载几乎无关，从而大大提高抗机械干扰的能力。

（4）调速范围宽。与高性能伺服驱动单元组成速度控制系统时，调速比超过1∶10 000。

（5）转子热容量大。这类电动机的过载性能好，一般能过载运行几十分钟。

3．直流伺服电动机的工作特性

1）直流伺服电动机的静态特性。

直流伺服电动机的静态特性是指它在稳态情况下运行时的转子转速、电磁力矩和电枢电压三者之间的关系。直流伺服电动机的电枢电压等效电路如图3-32所示。

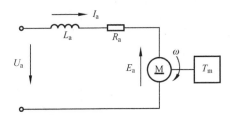

图3-32　直流伺服电动机的电枢电压等效电路

在图3-32中，根据电动机学的基本知识，可知

$$E_a = U_a - I_a R_a \qquad E_a = C_e \Phi \omega \qquad T_m = C_m \Phi I_a$$

式中，E_a 为电枢反电动势；U_a 为电枢电压；I_a 为电枢电流；R_a 为电枢电阻；C_e 为转矩常数（仅与电动机结构有关）；Φ 为定子磁场中每个磁极气隙磁通量；ω 为转子在定子磁场中切割磁力线的角速度；T_m 为电枢电流切割磁力线所产生的电磁转矩；C_m 为电磁转矩常数。

根据上式，可得到直流伺服电动机运行特性的一般表达式

$$\omega = U_a / (C_e \Phi) - [R_a / (C_e C_m \Phi^2)] T_m \tag{3-2}$$

在采用电枢电压控制时，磁通量 Φ 是一常量。如果使电枢电压 U_a 保持恒定，那么式（3-2）可写成

$$\omega = \omega_0 - K T_m$$

式中，$\omega_0 = U_a / (C_e \Phi)$，$K = \left[R_a / (C_e C_m \Phi^2) \right]$

上式被称为直流伺服电动机的静态特性方程。

根据静态特性方程，可得出直流伺服电动机的两种特殊运行状态。

当 $T_m = 0$，即空载时，

$$\omega = \omega_0 = U_a / (C_e \Phi)$$

式中，ω_0 为理想空载角速度。可见，其值与电枢电压成正比。

当 $\omega = 0$ 时，即直流伺服电动机启动或堵转时，

$$T_m = T_d = (C_m \Phi / R_a) U_a$$

式中，T_d 称为启动转矩或堵转转矩，其值也与电枢电压成正比。

在静态特性方程中，如果把角速度 ω 看作电磁转矩 T_m 的函数，就可得到直流伺服电动机的机械特性表达式，即

$$\omega = \omega_0 - \left[R_a / (C_e C_m \Phi^2) \right] T_m$$

如果把角速度 ω 看作电枢电压的函数，即 $\omega = f(U_a)$，就可得到直流伺服电动机的调节特性表达式，即

$$\omega = U_a / (C_e \Phi) - K T_m$$

根据式 $\omega = \omega_0 - \left[R_a / (C_e C_m \Phi^2) \right] T_m$ 和 $\omega = U_a / (C_e \Phi) - K T_m$，给定不同的 U_a 和 T_m 值，可分别得到直流伺服电动机的机械特性曲线和调节特性曲线，如图 3-33 所示。

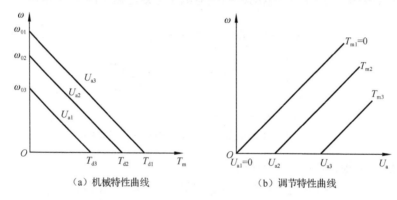

（a）机械特性曲线　　　　　　（b）调节特性曲线

图 3-33　直流伺服电动机的机械特性曲线和调节特性曲线

由图 3-33（a）可知，直流伺服电动机的机械特性是一组斜率相同的直线。每条机械特性直线和一种电枢电压相对应，这些直线与 ω 轴的交点是该电枢电压下的理想空载角速度，与 T_m 轴的交点则是该电枢电压下的启动转矩。

由图 3-33（b）可知，直流伺服电动机的调节特性也是一组斜率相同的直线。每条调节特性直线和一种电磁转矩相对应，这些直线与 U_a 轴的交点是直流伺服电动机启动时的电枢电压。

此外，从图 3-33 中还可以看出，每条调节特性直线的斜率为正，这说明在一定负载下，该类电动机转速随电枢电压的增加而增加；而每条机械特性直线的斜率为负，这说明在电枢电压不变时，该类电动机转速随负载转矩的增加而降低。

上述对直流伺服电动机静态特性的分析是在理想条件下进行的，实际上，该类电动机的功放电路、其内部的摩擦及负载的变动等因素都对直流伺服电动机的静态特性有着不容忽视的影响。

2）直流伺服电动机的动态特性。

直流伺服电动机的动态特性是指在给该类电动机电枢施加阶跃电压时的转子转速随时间的变化规律，其本质是由对输入信号响应的过渡过程的描述。直流伺服电动机产生过渡过程的原因在于其中存在机械惯性和电磁惯性两种惯性。机械惯性是由直流伺服电动机

和负载的转动惯量引起的，是造成机械过渡过程的原因；电磁惯量是由电枢回路中的电感引起的，是造成电磁过渡过程的原因。一般而言，电磁过渡过程比机械过渡过程要短得多。在直流伺服电动机动态特性分析中，可忽略电磁过渡过程，而把直流伺服电动机简化为一个机械惯性环节。

3.4.2　直流伺服电动机的速度控制方法

1. 调速原理及方法

直流伺服电动机的电枢线圈通电后在磁场中因受力而转动，同时，电枢转动后，因导体切割磁力线而产生反电动势 E_a，其方向总是与外加电压的方向相反（由右手定则判断）。直流伺服电动机电枢线圈中的电流与磁通量 Φ 相互作用，产生电磁力和电磁转矩。其中电磁转矩为

$$T_m = C_m \Phi I_a \tag{3-3}$$

式中，T_m 为电磁转矩，$N \cdot m$；Φ 为一对磁极的磁通量，Wb；I_a 为电枢电流，A；C_m 为电磁转矩常数。

电枢转动后产生的反电动势为

$$E_a = K_e \Phi n \tag{3-4}$$

式中，E_a 为反电动势，V；n 为电枢的转速，r/min；K_e 为反电动势常数。

作用在电枢上的电压 U 应等于反电动势与电枢压降之和，故电压平衡方程为

$$U = E_a + I_a R_a \tag{3-5}$$

式中，R_a 为电枢电阻，Ω。

由式（3-4）和式（3-5）可知，直流伺服电动机转速为

$$n = \frac{U - I_a R_a}{K_e \Phi} \tag{3-6}$$

由式（3-6）可知，调节直流伺服电动机的转速有 3 种方法：

（1）改变电枢电压 U。即当电枢电阻 R_a、磁通量 Φ 都不变时，通过附加的调压设备调节电枢电压 U。一般都将电枢的额定电压向下调低，使直流伺服电动机的转速 n 由额定转速向下调低，调速范围很宽，作为进给驱动的直流伺服电动机常采用这种方法进行调速。

（2）改变磁通量 Φ。调节励磁回路的电阻 R_j，使励磁回路电流 I_j 减小，磁通量 Φ 也减小，使直流伺服电动机的转速由额定转速向上调高。这种方法下的励磁回路的电感较大，会导致调速的快速性变差，但速度调节容易控制。因此，该方法常用于数控机床主传动的直流伺服电动机的调速。

（3）在电枢回路中串联调节电阻 R_t，此时转速的计算公式变为

$$n = \frac{U - I_a(R_a + R_t)}{K_e \Phi} \tag{3-7}$$

这种方法会使电阻上的损耗增大，并且转速只能调低，故不经济。

2. 晶闸管调速系统的基本原理

1）晶闸管调速系统的组成

图 3-34 为晶闸管直流调速系统组成。该系统由内环-电流控制环、外环-速度控制环和晶闸管整流放大器等组成。电流控制环的作用：由电流调节器对直流伺服电动机电枢回路的滞后进行补偿，使动态电流按所需的规律（通常是一阶过渡规律）变化。I_R 为电流控制环指令值（给定），来自速度调节器的输出量 I_f（电流的反馈值），由电流传感器从晶闸管整流的主回路（电枢回路）中获取。经过比较器比较，其输出量 E_I 作为电流调节器的输入量（电流偏差）。速度控制环是指用速度调节器对直流伺服电动机的速度误差进行调节，以实现所要求的动态特性，通常采用比例-积分调节器作为速度调节器。

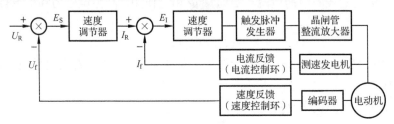

图 3-34 晶闸管直流调速系统组成

在图 3-34 中，U_R 为来自数控系统经数/模（D/A）变换后的参考（指令）值，即速度指令电压，该值一般为 0～10V（直流），其正负极性对应直流伺服电动机的转动方向。U_f 为速度反馈电压，目前速度的测量多用两种元件：一种是测速发电机，它可直接装在直流伺服电动机轴上；另一种是光电脉冲编码器，也可直接装在直流伺服电动机轴上，该编码器发出的脉冲经频率/电压变换，转换为输出电压，此输出电压反映直流伺服电动机的转速。U_R 与 U_f 的误差 E_S 为速度调节器的输入量，该调节器的输出量就是电流控制环的输入指令值。速度调节器和电流调节器都包含由线性运算放大器和阻容元件组成的校正网络。触发脉冲发生器产生晶闸管需要的移相触发脉冲，其触发角对应晶闸管整流器的不同直流电压，从而得到不同的速度。晶闸管整流放大器为功率放大器，直接驱动直流伺服电动机旋转。

晶闸管速度单元分为控制回路和主回路两部分。控制回路产生触发脉冲，该脉冲的相位即触发角，作为晶闸管整流放大器进行整流的控制信号。主回路为功率级的晶闸管整流放大器，该回路将电网交流电变为直流电，相当于将控制回路信号的功率放大，得到较高电压并放大电流，以驱动直流伺服电动机。这样就将程序段中的 F 指令值一步步地变成直流伺服电动机的电压，完成调速任务。

2）主回路工作原理

晶闸管整流放大器由多个大功率晶闸管组成，整流电路可以是单相半控桥式整流电路、单相全控桥式整流电路、一相半波式整流电路、三相半控桥式整流电路、三相全控桥式整流电路等。虽然单相半控桥式整流电路及单相全控桥式整流电路简单，但因其输出波形差、容量有限而较少采用。在数控机床中，多采用三相全控桥式反并联整流电路，如

图 3-35 所示。把二相半控桥式晶闸管分两组,每组按三相全控桥连接,然后把两组反并联,分别实现正转和反转。每组晶闸管都有两种工作状态:整流和逆变。一组处于整流工作时,另一组处于待逆变状态。在直流伺服电动机降速时,逆变组工作。

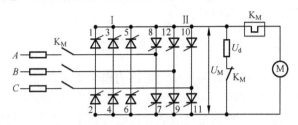

图 3-35 三相全控桥式反并联整流电路

在这种电路的每组(正转组或反转组)中,需要共阴极组中的一个晶闸管和共阳极组中的一个晶闸管同时导通才能构成通电回路。为此,必须同时控制。共阴极组的晶闸管是在电源电压正半周内导通的,排列顺序是 1、3、5;共阳极组的晶闸管是在电源电压负半周内导通的,排列顺序是 2、4、6。共阳极组或共阴极组晶闸管的触发脉冲之间的相位差是 120°,在每相内两个晶闸管的触发脉冲之间的相位差是 180°,排列顺序为 1→2→3→4→5→6,相邻触发脉冲之间的相位差是 60°。通过改变晶闸管的触发角,就可改变输出电压,达到调节直流伺服电动机速度的目的。

为保证合闸后两个串联的晶闸管能同时导通,或在电流截止后还能导通,必须对共阳极组和共阴极组中应导通的晶闸管同时发出脉冲,每个晶闸管在触发导通 60° 后,再对它补发一个脉冲,这种控制方法为双脉冲控制;也可用一个宽脉冲代替两个连续的窄脉冲,脉冲宽度应保证相应的导通角大于 60°,但要小于 120°,一般为 80°~100°,这种控制方法称为宽脉冲控制。

3)控制回路分析

虽然改变触发角能达到调速目的,但是调速范围很小,机械特性较差。为了扩大调速范围,采用带有测速反馈的闭环方案。闭环调速范围为

$$R_L = (1 + K_S)R_h \tag{3-8}$$

式中, R_L 为闭环调速范围; R_h 为开环调速范围; K_S 为开环放大倍数:

为了提高调速特性,速度调节器又增加了一个电流反馈环节。控制回路主要包括比较放大器、速度调节器、电流调节器等,其工作过程如下:

① 速度指令电压 U_R 和速度反馈电压 U_f 分别经过阻容滤波后,在比较放大器中进行比较放大,得到误差信号 E_S。 E_S 为速度调节器的输入量。

② 经常采用比例-积分调节器(PI 调节器)作为速度调节器,采用 PI 调节器的目的是为了获得满意的静态和动态特性。

③电流调节器可以由比例(P)调节器或 PI 调节器组成。其中, I_R 为电流给定值, I_f 为电流反馈值; E_I 为比较后的误差,经过电流调节器调节后,该误差输出为电压。采用电流调节器的目的是为了减小系统在大电流下的开环放大倍数,加快电流控制环的响应速度,

缩短直流伺服电动机的启动过程，同时减小低速轻载时的电流断续对系统稳定性的影响。

④ 触发脉冲发生器可使电路产生晶闸管需要的移相触发脉冲，晶闸管的移相触发电路有多种，如电阻-电容桥式移相触发电路，磁性触发器、单结晶体管触发电路和由带锯齿波正交移相控制的晶体管触发电路等。

3. 晶体管脉宽（脉冲宽度）调速系统的基本原理

大功率晶体管工艺上的成熟和高反压大电流的模块型功率晶体管的商品化，使晶体管脉宽调速系统得到了广泛的应用。与晶闸管相比，晶体管控制简单，开关特性好；克服了晶闸管调速系统的波形脉动，特别是克服低速轻载时调速特性差的问题。

1）晶体管脉宽调速系统的组成及特点

图3-36为脉宽调速系统组成，该系统由控制回路和主回路构成。控制回路包括速度调节器、电流调节器、固定频率振荡器、脉宽调制器和基极驱动电路等；主回路包括晶体管开关式功率放大器和大功率整流器等。控制回路的速度调节器和电流调节器与晶闸管调速系统的两种调节器一样，采用双环控制。不同的是脉宽调制器和功率放大器都是晶体管脉宽调速系统的核心。所谓脉宽调制，就是使开关式功率放大器中的晶体管工作在开关状态下，开关频率保持恒定。采用调整开关周期内晶体管导通时间的方法改变其输出量，从而使直流伺服电动机电枢两端获得宽度随时间变化的给定频率的脉冲电压，脉宽的连续变化使电枢电压的平均值也连续变化，因而使直流伺服电动机的转速得到连续调整。

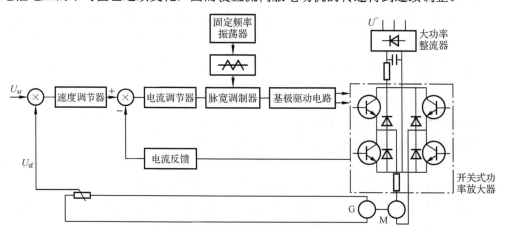

图3-36　晶体管脉宽调速系统组成

2）脉宽调制器

脉宽调制器的作用是将插补器输出的速度指令转换来的直流电压量变成具有一定脉冲宽度的脉冲电压，该脉冲电压随直流电压的变化而变化。在晶体管脉宽调速系统中，直流电压量为电流调节器的输出量，它经过脉宽调制器变为周期固定、脉宽可变的脉冲信号。由于脉冲周期不变，因此脉冲宽度的改变将使平均脉冲电压改变。脉冲宽度调制器的种类很多，但从构成来看都由两部分组成：一是调制信号发生器，二是比较放大器。调制信号发生器一般是三角波发生器或锯齿波发生器。

脉宽调制器的工作原理如图3-37所示，这种调制器使用三角波信号和电压信号进行调制，将电压信号转换为脉冲宽度，它由三角波发生器和比较放大器组成。三角波信号 U_d 和速度控制电压信号 U_{st} 一起被输入比较放大器的同向输入端进行比较，完成速度控制电压到脉冲宽度的转换，脉冲宽度与代表速度的电压成正比。脉宽调制器的作用是使电流调节器输出的直流电压电平（按给定指令变化）与固定频率振荡器产生的固定频率三角波叠加，然后利用线性组件产生宽度可变的矩形脉冲，经基极驱动回路放大后，输入开关式功率放大器中的晶体管的基极，控制其开关周期及导通的持续时间。

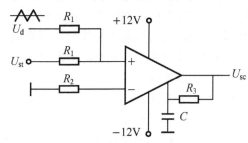

图 3-37　脉宽调制器的工作原理

3）开关式功率放大器

开关式功率放大器（或称脉冲功率放大器）是脉宽调制速度单元的主回路。根据输出电压的极性，它分为双极性开关工作方式和单极性开关工作方式；根据不同的开关工作方式，它的电路又可分为可逆开关放大电路和不可逆开关放大电路；根据大功率晶体管使用数量的多少和布局，它又可分为 T 形结构和 H 形结构。

主回路的开关式功率放大器采用脉宽调制式的功率放大器，晶体管工作在开关状态。根据开关式功率放大器输出的电压波形，可分为单极性输出、双极性输出和有限单极性输出三种工作方式。各种不同的开关工作方式又可组成可逆式功率放大电路和不可逆式功率放大电路。

与晶闸管调速系统相比，晶体管脉宽调速系统具有频带宽、电流脉动小、电源的功率因数大、动态特性好等特点。

3.5　交流伺服电动机

直流伺服电动机具有控制方式简单可靠、输出转矩大、调速性能好、运行平稳可靠等特点。在 20 世纪 80 年代以前，数控机床中的伺服系统以直流伺服电动机为主。但直流伺服电动机也有诸多缺点，如结构复杂、制造困难、制造成本高、电刷和换向器易磨损、换向时易产生火花、最大转速受到限制等。而交流伺服电动机没有上述缺点，因为它的结构简单坚固、容易维护、转子的转动惯量可以设计得很小，所以能经受高速运行。随着交流调速技术的飞速发展，交流伺服电动机的可变速驱动系统已数字化，实现了大范围平滑调速，打破了"直流传动调速，交流传动不调速"的传统分工格局。在当代的数控机床上，交流伺服电动机得到了广泛的应用。

3.5.1 交流伺服电动机的分类及特点

交流伺服电动机通常分为交流同步伺服电动机和交流异步伺服电动机两大类。交流同步伺服电动机的转速是由供电频率所决定的，即在电源电压和频率不变时，它的转速是稳定不变的。由变频电源供电给交流同步伺服电动机时，能方便地获得与频率成正比的可变速度，可以得到良好的机械特性及较宽的调速范围。在进给系统中，越来越多地采用交流同步伺服电动机。交流同步伺服电动机有励磁式交流同步伺服电动机、永磁式交流同步伺服电动机、磁阻式交流同步伺服电动机和磁滞式交流同步伺服电动机。前两种电动机的输出功率范围较宽，后两种电动机的输出功率较小。这4种交流同步伺服电动机的结构均类似，都由定子和转子这两个主要部分组成，但它们的转子差别较大，励磁式交流同步伺服电动机的转子结构较复杂，其他三种交流同步伺服电动机的转子结构十分简单。磁阻式交流同步伺服电动机和磁滞式交流同步伺服电动机效率低，功率因数小。永磁式交流同步伺服电动机具有结构简单、运行可靠、效率高等特点，数控机床的进给系统中多采用永磁式交流同步伺服电动机。

交流异步伺服电动机也称交流感应伺服电动机，它的结构简单，质量小，价格便宜；它的缺点是转速受负载变化的影响较大，一般不用于进给系统。

3.5.2 交流伺服电动机的结构及工作原理

1. 三相永磁式交流伺服电动机的结构

用于数控机床进给驱动的交流伺服电动机大多为三相永磁式交流同步电动机。三相永磁式交流同步伺服电动机的横截面和结构分别如图 3-38 和图 3-39 所示，它主要由定子、转子和检测元件等组成。电枢在定子上，定子具有齿槽，内有三相交流绕组。其定子形状与普通交流感应电动机的定子相同，但采取了很多改进措施，如非整数节距的绕组、奇数的齿槽等，这种结构的优点是气隙磁密度较高，磁极数较多。这类电动机外形是多边形且无外壳，转子由多块永久磁铁和冲压硅钢片组成，磁场波形为正弦波。这类电动机还使用带极靴的星形转子，采用矩形磁铁或整体星形磁铁，转子磁性材料的性能直接影响交流伺服电动机的性能和外形尺寸。现在一般采用第三代稀土永磁合金——钕铁硼合金作为转子磁铁，它是一种最有前途的稀土永磁合金。检测元件（脉冲编码器或旋转变压器）安装在交流伺服电动机上，它的作用是检测出转子磁场相对于定子绕组的位置。

2. 三相永磁式交流同步伺服电动机的工作原理

图 3-40 所示为三相永磁式交流同步伺服电动机的工作原理，其工作过程如下：当定子的三相绕组接通交流电后，就产生一个旋转磁场，这个旋转磁场以同步转速 n_s 旋转。根据

磁极同性相斥、异性相吸的原理，定子旋转磁场的磁极与转子的磁极相互吸引，带动转子一起旋转。因此，转子也以同步转速 n_s 旋转。当转子轴被施加外负载转矩时，转子磁极不是由转子的三相绕组产生，而是由永久磁铁产生。

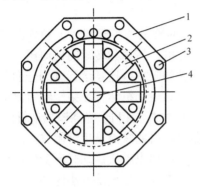

1—定子 2—永久磁铁 3—轴向通气孔 4—转轴

图 3-38　三相永磁式交流同步电动机的横截面

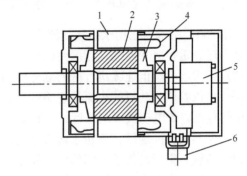

1—定子 2—转子 3—转子永久磁铁
4—定子绕组 5—检测元件 6—接线盒

图 3-39　三相永磁式交流同步伺服电动机的结构

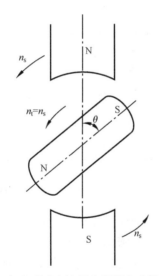

图 3-40　三相永磁式交流同步伺服电动机的工作原理

当转子轴被施加外负载转矩时，转子磁极的轴线与定子磁极的轴线相位差为 θ，若外负载转矩增大，则相位差 θ 也随之增大。只要外负载转矩不超过极限，转子就与定子旋转磁场一起同步旋转。此时，转子转速等于同步转速，即

$$n_t = n_s = 60 f / p \tag{3-9}$$

式中，f 为交流电源频率，Hz；p 为定子和转子的磁极对数；n_t 为转子转速，r/min；n_s 为同步转速，r/min。

由式（3-9）可知，三相永磁式交流同步伺服电动机的转速由交流电源频率 f 和磁极对数 p 决定。

当外负载转矩超过极限后，转子不再按同步转速旋转，甚至可能不转，这就是同步电动机的失步现象，此外负载转矩的极限称为最大同步转矩。

3. 三相永磁式交流同步电动机的性能

图 3-41 所示为三相永磁式交流同步伺服电动机的机械（转矩-转速）特性曲线。该曲线分为连续运行区和断续运行区两部分。在连续运行区，转速和转矩的任何组合都可使该电动机连续运行。但连续运行区的划分受到一定条件的限制，连续运行区划分的条件有两个：一是供给该电动机的电流呈理想的正弦波；二是该电动机运行在某一特定温度下。在断续运行区，该电动机可间断运行，断续运行区比较大时，有利于提高该电动机的加/减速能力，尤其是在高速区。三相永磁式交流同步伺服电动机的缺点是启动困难，原因是转子本身的惯量、定子与转子之间的转速差过大，使转子在该电动机启动时所受的电磁转矩的平均值为零，导致电动机难以启动。解决的办法是，在设计时设法减小这类电动机的转动惯量，或者在速度控制单元中采取先低速后高速的控制方法。

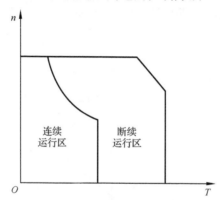

图 3-41　三相永磁式交流同步伺服电动机的机械特性曲线

和交流异步伺服电动机相比，交流同步伺服电动机的转子有磁极，在很低的频率下也能运行。因此，在相同的条件下，交流同步伺服电动机的调速范围比交流异步伺服电动机宽。同时，交流同步伺服电动机比交流异步伺服电动机对转矩扰动具有更强的承受力，响应速度更快。

4. 交流主轴电动机

交流主轴电动机是基于感应式伺服电动机的结构而专门设计的。通常为了增加其输出功率和缩小电动机体积，采用定子铁心在空气中直接冷却的方法，因而没有机壳，并且在定子铁心上设有通气孔。因此，这类电动机外形多呈多边形而不是常见的圆形。在这类电动机轴尾部安装检测用的编码器。交流主轴电动机与普通感应式伺服电动机的工作原理相同。在该电动机定子的三相绕组通以三相交流电时，就会产生旋转磁场。这个旋转磁场切割转子中的导体，导体的感应电流与定子磁场相互作用产生电磁转矩，从而推动转子转动，

其转速计算公式为

$$n_t = n_s(1-s) = 60f / p(1-s) \qquad (3\text{-}10)$$

式中，n_s 为同步转速（r/min）；f 为交流电源频率（Hz）；s 为转速差率，$s = (n_s - n_t) / n_s$；p 为极对数。

同感应式伺服电动机一样，交流主轴电动机需要转速差才能产生电磁转矩。因此，这类电动机的转速低于同步转速，转速差随外负载转矩的增大而增大。

3.5.3　交流伺服电动机的主要特性参数

（1）额定功率。交流伺服电动机长时间连续运行所能输出的最大功率为额定功率，其值为额定转矩与额定转速的乘积。

（2）额定转矩。交流伺服电动机在额定转速以下长时间连续运行所能输出的最大转矩为额定转矩。

（3）额定转速。额定转速由额定功率和额定转矩决定。

（4）瞬时最大转矩。交流伺服电动机所能输出的瞬时最大转矩。

（5）最大转速。

（6）转子惯量。交流伺服电动机转子上总的转动惯量为转子惯量。

3.5.4　交流同步伺服电动机的调速方法

由式（3-10）和式（3-9）可知，要改变交流同步伺服电动机的转速可采用两种方法：一是改变磁极对数 p，这种方法调动小、调频范围比较宽，调节线性度好；二是采用交流-直流-交流变频器进行调速。这种变频器根据中间直流电路上的储能元件是大电容还是大电感，可分为电压型变频器和电流型变频器。

SPWM 变频器是目前应用最广、最基本的一种交流-直流-交流电压型变频器，也称正弦脉宽调制变频器。它具有输入功率因数大和输出波形好等优点，不仅适用于永磁式交流同步伺服电动机，也适用于感应式交流异步伺服电动机。

3.6　直线电动机传动

在常规的机床进给系统中，仍采用"旋转电动机+滚珠丝杠副"的传动体系。随着超高速加工技术的发展，滚珠丝杠副已不能满足高速度和高加速度的要求，直线电动机开始展示出其强大的优势。

直线电动机是指可以直接产生直线运动的电动机，可作为进给系统，其结构如图 3-42 所示。虽然在旋转电动机出现不久就出现了直线电动机雏形，但是，由于受制造技术水平和应用能力的限制，因此它一直未能在制造业领域作为驱动机构使用。大功率电子元件、新型交流变频调速技术、微型计算机数控技术和现代控制理论的发展，才为直线电动机在高速数控机床中的应用提供了条件。

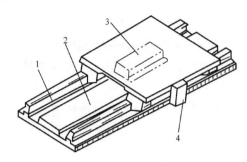

1—导轨 2—次级 3—初级 4—检测系统

图 3-42　直线电动机结构

3.6.1　直线电动机的工作原理

与旋转电动机相比，直线电动机的工作原理并没有本质的区别，可以将其视为旋转电动机沿圆周方向拉开展平的产物，如图 3-43 所示。对应于旋转电动机的定子部分，称为直线电动机的初级；对应于旋转电动机的转子部分，称为直线电动机的次级。当多相交变电流通入多相对称绕组时，就会在直线电动机初级和次级之间的气隙产生一个行波磁场，从而使初级和次级相对移动。当然，二者之间也存在一个垂直力，这个力可以是吸引力，也可以是推斥力。直线电动机可以分为直流直线电动机、步进直线电动机和交流直线电动机3 大类。在数控机床上主要使用交流直线电动机。

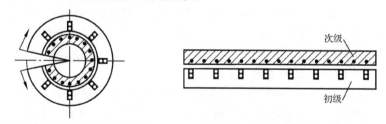

（a）假设旋转电动机（沿圆周方向拉开）　　　（b）旋转电动机展平后就相当于直线电动机

图 3-43　旋转电动机与直线电动机的区别

3.6.2　直线电动机的结构形式

直线电动机的结构形式有如图 3-44 所示的短次级结构和短初级结构。为了减少发热量和降低成本，高速数控机床用的直线电动机一般采用短初级结构。

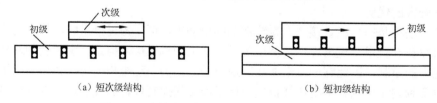

（a）短次级结构　　　　　　　　　　　　　（b）短初级结构

图 3-44　直线电动机的短次级结构和短初级结构

3.6.3　直线电动机驱动系统的特点

直线电动机驱动系统有以下特点：

（1）直线电动机、电磁力直接作用于运动体（工作台）上，而不用机械连接。因此，没有机械滞后或齿节周期误差，精度完全取决于反馈系统的检测精度。

（2）直线电动机上装配全数字伺服系统，可以达到极好的伺服性能。由于该电动机和工作台之间无机械连接件，因此工作台对位置指令响应迅速（电气时间常数约为 1 ms），使跟随误差减至最小从而达到较高的精度。而且，在任何速度下都能实现非常平稳的进给运动。

（3）直线电动机驱动系统在动力传动中，因没有低效率的中间传动部件而能达到高效率，可获得很好的动态刚度。动态刚度是指在脉冲负荷作用下，伺服系统保持其位置的能力。

（4）直线电动机驱动系统因无机械零件相互接触而无机械磨损，也就不需要定期维护，也不像滚珠丝杠那样有行程限制。使用多段拼接技术，可以满足超长行程数控机床的要求。

（5）直线电动机的部件（初级）已和数控机床的工作台合二为一，因此，与滚珠丝杠进给单元不同，直线电动机进给单元只能采用全闭环控制系统，该系统框图如图 3-45 所示。

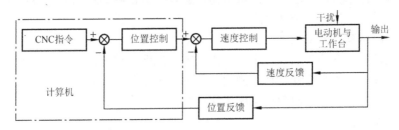

图 3-45　直线电动机进给单元的全闭环控制系统框图

直线电动机驱动系统具有很多的优点，对于促进数控机床的高速化有十分重要的意义和应用价值。由于目前尚处于初级应用阶段，生产批量不大，因此成本很高。但可以预见，作为一种崭新的传动方式，直线电动机必然在机床工业中得到越来越广泛的应用，并显现巨大的生命力。

3.7　位置检测装置

3.7.1　概述

1. 位置检测装置的作用及要求

数控机床的驱动系统通常包括两种：进给系统和主轴驱动系统。进给系统用于实现数控机床各坐标轴的切削进给运动，主轴驱动系统用于控制数控机床主轴的旋转运动。

位置控制系统分为开环位置控制系统和闭环位置控制系统两种。开环位置控制系统没有反馈，不需要位置检测装置，而闭环位置控制系统存在反馈通道，需要位置检测装置。位置控制的作用是精确地控制数控机床运动部件的坐标位置，快速、准确地执行数控机床的运动指令。

闭环位置控制系统又称位置伺服系统，它是基于反馈控制原理工作的。为了进行反馈，就需要有位置检测装置。位置检测装置的功能是对被控变量进行检测与信号变换，并把它们与指令信号进行比较，达到反馈控制的目的。

对于构成位置闭环控制系统的数控机床，其运动精度主要由位置检测装置的精度决定。在设计数控机床尤其是高精度或大中型数控机床时，必须选用位置检测装置。

不同类型、不同档次的数控机床对位置检测装置的精度和适应的速度要求是不同的。对于大型的数控机床，以满足速度为主；对于中小型数控机床和高精度数控机床，以满足精度要求为主。

位置检测装置的精度通常用分辨率和系统精度表示。这里的分辨率是指检测元件所能正确检测的最小数量单位，它是由传感器本身的品质决定的。系统精度是指在测量范围内，传感器输出的速度或位移的数值与实际的速度或位移的数值之间的最大误差值。分辨率不仅取决于检测元件本身，也取决于测量电路。选择位置检测装置的分辨率或系统精度时，一般要求其比加工精度高一个数量级。

对位置检测装置的要求如下：

（1）受温度和湿度的影响小，工作可靠，能长期保持精度，抗干扰能力强。

（2）在数控机床执行部件移动范围内，能满足精度和速度要求。

（3）使用维护方便，适应数控机床工作环境。

（4）价格低廉。

2. 位置检测装置的分类

数控机床常使用的位置检测装置按变换方式分类，可以分为数字式位置检测装置和模拟式位置检测装置两大类。数字式位置检测装置将被测量以数字形式表示，测量信号一般为电脉冲；模拟式位置检测装置将被测量以连续变化的物理量表示（如电压相位/电压幅值变化）。按运动方式分类，位置检测装置可以分为直线型位置检测装置和回转型位置检测装置两大类。直线型位置检测装置测量直线位移，回转型位置检测装置测量角位移。按绝对测量与增量测量分类，位置检测装置可分为增量型位置检测装置和绝对值型位置检测装置。增量型位置检测装置只测量位移增量，并用数字脉冲的个数表示单位位移的数量；绝对值型位置检测装置测量被测部件在某一绝对坐标系中的绝对坐标位置。数控机床常用的位置检测装置见表3-1。

对数控机床的直线位移采用直线型检测元件测量，称为直接测量。其测量精度主要取决于检测元件的精度，不受数控机床传动精度的影响。

对数控机床的直线位移采用回转型检测元件测量，称为间接测量。其测量精度取决于检测元件和数控机床传动链两者的精度。为了提高定位精度，常常需要对数控机床的传动误差进行补偿。

表 3-1 数控机床常用的位置检测装置

测量方式　运动方式	增量型	绝对值型
回转型	脉冲编码器 旋转变压器 圆感应同步器 圆光栅、圆磁栅	绝对值型脉冲编码器 多速旋转变压器 三速圆感应同步器
直线型	直线感应同步器 记数光栅 磁尺 激光干涉仪	三速感应同步器 绝对值型磁尺

在数控机床上，除了位置检测位置，还有速度检测位置，其目的是精确控制转速。常用的转速检测装置有测速发电机、回转式脉冲编码器，以及通过速度-电压转换电路产生速度检测信号。

3.7.2　常用的位置检测装置

1. 光栅

在高精度数控机床和数显装置中，常使用光栅作为位置检测装置。它将机械位移或模拟量转变为数字脉冲并反馈给 CNC 或数显装置，从而实现闭环控制。

计量光栅可分为圆光栅和长光栅两种。圆光栅用于测量转角位移，长光栅用于检测直线位移。根据光线在光栅中是反射还是透射的，光栅又可分为透射光栅和反射光栅。

随着激光技术的发展，光栅制作的精度得到了很大的提高。光栅精度可以达到微米级甚至亚微米级，再通过细分电路可以做到 $0.1\mu m$ 甚至更高的分辨率。

1）光栅的结构及特点

光栅由标尺光栅和光栅读数头两部分组成。标尺光栅一般固定在数控机床的活动部件上（如工作台上），光栅读数头安装在数控机床的固定部件上。指示光栅安装在光栅读数头中。当光栅读数头相对于标尺光栅运动时，指示光栅便在标尺光栅上相对移动。要严格保证标尺光栅和指示光栅的平行度以及两者之间的间隙（0.05～0.1mm）。

光栅尺是指标尺光栅和指示光栅，它们是用真空镀膜的方法光刻了均匀密集线纹的透明玻璃片或长条形金属镜面。光栅尺的线纹相互平行，线纹之间的距离（栅距）相等。对于圆光栅，这些线纹是等栅距角的向心条纹，栅距和栅距角是光栅的重要参数。长光栅的线纹密度一般为 25～50 条/mm（金属反射光栅）、100～250 条/mm（玻璃反射光栅）；圆光栅的线纹为一周内有 10800 条（直径为 270mm）线纹。

光栅读数头又称光电转换器，它把光栅莫尔条纹变成电信号。图 3-46 所示为垂直入射光栅读数头结构示意。光栅读数头由光源、透镜、指示光栅、光电元件和驱动电路组成。图 3-46 中的标尺光栅不属于光栅读数头，光栅读数头安装在数控机床执行部件的固定零件上，标尺光栅安装在移动零件上。标尺光栅与指示光栅的尺面平行，两者之间保持 0.05～0.1mm 的间隙。

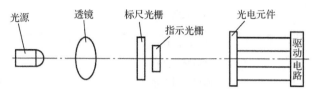

图 3-46　垂直入射光栅读数头结构示意

根据制造方法和光学原理的不同，光栅尺可分为透射光栅和反射光栅。

（1）透射光栅。

透射光栅是通过在经磨制的光学玻璃表面或在玻璃表面感光材料的涂层上刻出光栅线纹而制作的，其特点如下：

① 光源垂直入射，光电元件直接感受光照。因此，信号幅值比较大，信噪比好，光电转换器的结构简单。

② 线纹密度大，如 200 线/mm。光栅线纹已经细分到 0.005mm，从而减轻了电子电路的负担。

③ 玻璃易碎，其热膨胀系数与数控机床金属部件不一致，影响测量精度。

（2）反射光栅。反射光栅用不锈钢带经照相腐蚀或直接刻线制成，其特点如下：

① 与数控机床金属部件热膨胀系数一致，增加光栅尺长度方便；安装所需面积小，调整方便，适用于大位移量的测量。

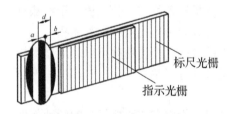

图 3-47　栅距结构

② 线纹密度低。光栅线纹是光栅的光学结构，相邻两条线纹的间隔称为栅距。栅距结构如图 3-47 所示，其中，不透光条纹宽度（缝隙宽度）为 a，透光宽度（刻线宽度）为 b，通常 $a=b$，栅距 $d＝a+b$。

2）光栅的工作原理

指示光栅与标尺光栅的栅距相同且平行放置。将指示光栅在其平面内转过一个很小的角度 θ，就会使两条光栅的刻线相交。当光源照射时，在线纹相交钝角的平分线方向，出现明暗交替、间距相等的条纹，称为莫尔条纹，如图 3-48（a）所示。

光的干涉效应使在刻线交点形成的透光隙缝互不遮挡，因此形成亮带。在两个交点的中间，透光隙缝完全被不透光的部分遮盖，透光最差，形成暗带。相邻亮带或暗带之间的间距称为莫尔条纹的节距，如图 3-48（b）所示。节距 W、栅距 d 和指示光栅的倾斜角 θ 之间的关系式为

$$W \approx d / \theta$$

莫尔条纹有以下特点：

（1）放大作用。当 $d=0.01$mm，$\theta=0.002$rad$=0.11°$时，$W=5$mm，即其节距是栅距的 500 倍，将光栅线纹放大成清晰可见的莫尔条纹，便于测量。

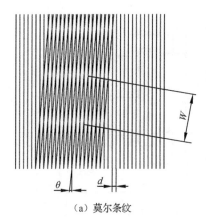

（a）莫尔条纹

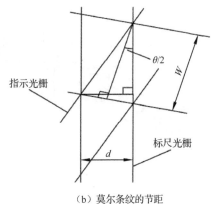

（b）莫尔条纹的节距

图 3-48　莫尔条纹及其节距

（2）误差均化作用。莫尔条纹是由成百千根刻线共同形成的，这样，栅距的误差得到均化。

（3）利用莫尔条纹测量位移量。标尺光栅相对指示光栅移动一个栅距，对应的莫尔条纹移动一个节距，利用这个特点就可测量位移量。在光源对面的光栅尺背后固定安装光电元件，莫尔条纹移动一个节距，莫尔条纹就按明—暗—明变化一周。光电元件接受的光强度按强—弱—强变化一周，并且输出一个近似按正弦规律变化的信号，该信号变化一周。根据该信号的变化次数，就可测量位移量（移动了多少个栅距）。标尺光栅相对指示光栅的方向改变，对应的莫尔条纹的移动方向随之改变，根据莫尔条纹的移动方向可确定位移的方向。在刻线平行方向相距 1/4 节距处安装两个光电元件，这两个光电元件输出信号的相位差为 $\pi/2$。根据这两个信号的相位的超前和滞后，可判定位移方向。

常用直线型光栅的规格见表 3-2。

表 3-2　常用直线型光栅的规格

直线型光栅	光栅长度/mm	线纹密度/（线/mm）	精度/μm
玻璃透射光栅	1000	100	10
	1100	100	10
	1100	100	3～5
	500	100	5
	500	100	2～3
金属反射光栅	1220	40	7
	1000	50	7.5
	300	250	1.5

3）光栅位移-数字变换电路

光栅测量系统的组成如图 3-49 所示。光栅移动时产生的莫尔条纹信号由光电元件接收，然后经过光栅位移-数字变换电路形成正走时的正向脉冲或反走时的反向脉冲，由可逆计数器接收。光栅位移-数字变换电路也称光栅测量电路或 4 倍频电路。

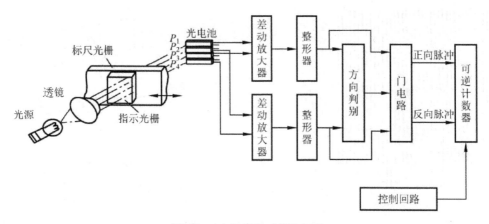

图 3-49　光栅测量系统的组成

在莫尔条纹的宽度内，放置四个光电元件，每隔 1/4 光栅栅距产生一个脉冲，一个脉冲代表移动了 1/4 栅距的位移，分辨率可提高 4 倍。

标尺光栅移动，莫尔条纹由亮带到暗带、暗带到亮带交替，光强度分布规律近似余弦曲线，光电元件把光强度变换为同频率电压信号，经光栅位移-数字变换电路放大、整形、微分后输出脉冲。每产生一个脉冲，代表移动了一个栅距，对脉冲计数可得出工作台的移动距离。

光栅位移-数字变换电路如图 3-50 所示。

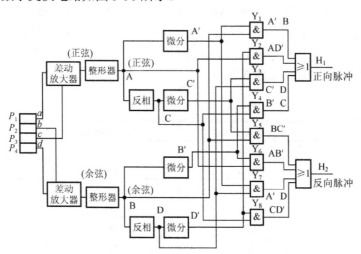

图 3-50　光栅位移-数字变换电路

图 3-50 中 a、b、c、d 是四块光电池产生的信号，它们的相位彼此相差 90°。a、c 信号是相位差为 180° 的两个信号，输入一个差动放大器，得到正弦信号，并且将信号幅值放大到足够大。同理，b、d 信号输入另一个差动放大器，得到余弦信号。正弦、余弦信号经整形器整形变成方波信号，然后再反相，把方波信号经微分变成窄脉冲，即在正走或反走

时每个方波的上升沿产生窄脉冲，由与门电路把 0°、90°、180°、270° 这 4 个位置上产生的窄脉冲组合起来，根据不同的移动方向形成正向或反向脉冲，用可逆计数器进行计数，以此测量光栅的实际位移。

在光栅位移-数字变换电路中，除了上面介绍的 4 倍频电路，还有 10 倍频、20 倍频电路等。

2. 脉冲编码器

脉冲编码器也称脉冲发生器，它是一种角位移检测装置，它把机械角位移转换为脉冲信号进行检测。它还可通过检测脉冲的频率检测转速，作为速度检测装置。按其工作原理分类，有光电式脉冲编码器、接触式脉冲编码器和电磁式脉冲编码器。光电式脉冲编码器以其精度和可靠性在数控机床上得到了普遍应用。按编码的方式，光电式脉冲编码器又可分为增量型光电式脉冲编码器和绝对值型光电式脉冲编码器。通常说的脉冲编码器是指增量型光电式脉冲编码器，而绝对值型光电式脉冲编码器用在有特殊要求的场合。

增量型光电式脉冲编码器结构简单，成本低，使用方便；缺点是可能因噪声或其他外界干扰而产生计数误差，还可能因停电或停机而不能找到停电或停机发生前执行部件的正确位置。绝对值型光电式脉冲编码器是绝对角度位置检测装置，其输出信号是某种制式的数码信号，每个角度位置对应一个不同的数码，表示位移后到达的绝对位置。出发点位置和终点位置的数码经运算后才能求得位移量的大小。绝对值型光电式脉冲编码器具有停电记忆，只要通电就能显示执行部件所在的绝对位置。因此，停机后，可根据停机时存储或记录的绝对位置，通过绝对位移指令，直接回到原停机位置继续加工。

下面分别介绍增量型光电式脉冲编码器与绝对值型光电式脉冲编码器的工作原理与应用场合。

1）增量型光电式脉冲编码器

（1）增量型光电式脉冲编码器的分类与结构。增量型光电式脉冲编码器是一种增量检测装置，它的型号由每转输出的脉冲数量区别。数控机床上常用的编码器有两种：一种是以十进制为单位的，如 2000P/r、2500P/r、3000P/r 等；另一种是以二进制为单位的，如 1024P/r、2048P/r、4096P/r 等。目前，在高速、高精度数字伺服系统中，应用高分辨率的脉冲编码器的脉冲数量较高，如 18000P/r、20000P/r、25000P/r、30000P/r 等。现在已使用每转 10 万以上脉冲数量的脉冲编码器。增量型光电式脉冲编码器的结构示意如图 3-51 所示。

在一个圆盘的四周刻上相等间距的线纹，这些线纹分为透明和不透明部分，这种圆盘即圆光栅。圆光栅与工作轴一起旋转。与圆光栅相对平行地放置一个固定的扇形薄片，该薄片即指示光栅，其上刻有相差 1/4 节距的两个狭缝（在同一圆周上，称为辩向狭缝）。此外，还有一个零位狭缝（每转一周输出一个脉冲信号）。增量型光电式脉冲编码器与伺服电动机相连，它的法兰盘固定在伺服电动机的端面上，罩上防护罩，构成一个完整的角度检测装置或速度检测装置。

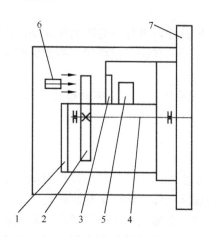

1—电路板 2—圆光栅 3—指示光栅 4—轴 5—光电元件 6—光源 7—法兰

图 3-51　增量型光电式脉冲编码器的结构示意

（2）增量型光电式脉冲编码器的工作原理。当圆光栅旋转时，光线透过两个光栅的线纹部分，形成明暗相间的条纹。光电元件接收这些明暗相间的光信号，并且把它们转化为交替变化的电信号。该信号为两组近似于正弦的电流信号 A 和 B，其波形如图 3-52 所示。A 信号和 B 信号的相位差为 90°，经过放大和整形后变成方波。除了上述的两个信号，还有一个 Z 脉冲信号，该脉冲信号也是通过上述处理过程得到的，增量型光电式脉冲编码器每转一周，该信号只产生一个脉冲。

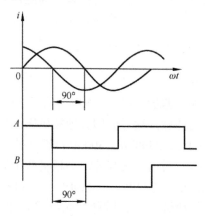

图 3-52　增量型光电式脉冲编码器的输出信号波形

增量型光电式脉冲编码器的输出信号经过适当处理后，可作为角位移测量脉冲，或经过频率/电压变换作为速度反馈信号，对速度进行调节。

（3）增量型光电式脉冲编码器的应用

增量型光电式脉冲编码器在数控机床上作为角位移或速度检测装置，将位置检测信号反馈给数控系统。

增量型光电式脉冲编码器将位置检测信号反馈给数控系统时，通过专用电路形成方向控制信号 DIR 和计数脉冲 P。其专用电路如图 3-53 所示。

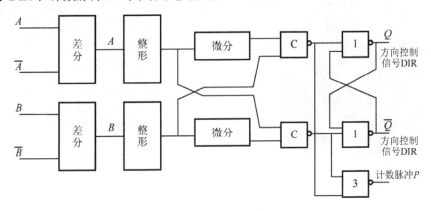

图 3-53 专用电路

2）绝对值型光电式脉冲编码器

绝对值型光电式脉冲编码器是一种直接编码和直接测量的位置检测装置。它能指示绝对位置，没有累积误差，在电源切断后，位置信息不丢失。常用的编码器和编码尺统称码盘。

按编码器使用的计数制分类，有二进制编码器、二进制循环码（格雷码）编码器、二-十进制编码器。按结构分类，有接触式编码器、光电式编码器和电磁式编码器等。最常用的是光电式二进制循环码编码器。

图 3-54 为绝对值型光电式码盘结构示意。其中，图 3-54（a）为二进制码盘，图 3-54（b）为格雷码盘。这些码盘上有很多个同心圆（称为码道），它代表某种计数制的一位，每个同心圆由透光和不透光的部分组成，透光的码道为"1"，不透光的码道为"0"，内码道为数码高位。所用数码可以是二进制，也可以是格雷码。在圆盘的同一半径方向上的每个码道处安装一个光电元件，当光源透过码盘时，每个扇形区段内的光信号通过光电元件转换成数码脉冲信号。

二进制码盘的缺点：相邻两个二进制数可能有多个数位不同，当数码切换时有多个数位要进行切换，增加了误读概率。

格雷码盘的相邻两个二进制数只有一个数位不同，只须切换一位数，提高了读数的可靠性。

3. 旋转变压器

1）旋转变压器的结构和工作原理

旋转变压器（又称同步分解器）是利用电磁感应原理的一种模拟式测角器件，它是一种旋转式小型交流电动机，在结构上和两相绕线式异步电动机相似，由定子和转子组成，分为有刷旋转变压器和无刷旋转变压器两种。

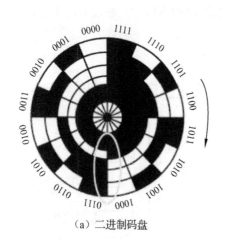

（a）二进制码盘

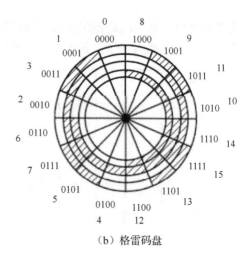

（b）格雷码盘

图 3-54　绝对值型光电式码盘结构示意

旋转变压器的特点是坚固、耐热、耐冲击、抗干扰、成本低，是数控系统中较为常用的位置传感器。

在有刷旋转变压器中，定子和转子上的绕组均为两相交流绕组。两相交流绕组的轴线相互垂直，转子绕组的端点通过电刷和滑环引出。

无刷旋转变压器没有电刷和滑环，由分解器和变压器两部分组成。图 3-55 所示是一种无刷旋转变压器的结构，左边为分解器，右边为变压器。其分解器结构与有刷旋转变压器基本相同。该变压器的原边绕组绕在与分解器转子固定在一起的轴线上，与转子一起转动；它的副边绕组在与转子同心的定子轴线上。分解器定子绕组连接外加的励磁电压，励磁频率通常为 400Hz、500Hz、1000Hz、5000Hz。它的转子绕组输出信号连接到变压器的原边绕组，从变压器的副边绕组引出最后的输出信号。无刷旋转变压器结构简单，动作灵敏，对环境无特殊要求，维护方便，可靠性高，抗干扰能力强，使用寿命长，输出信号的幅值大，是数控机床常用的位置检测元件之一。

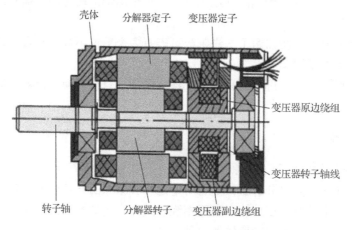

图 3-55　无刷旋转变压器的结构

旋转变压器是根据互感原理工作的，它的结构保证了定子与转子之间的气隙内的磁通量分布呈正（余）弦规律。

当定子绕组被施加一定频率的交变励磁电压时，通过互感在转子绕组中产生感应电动势，其输出电压的大小取决于定子和转子两个绕组轴线在空间的相对夹角。两者平行时，感应电动势最大；两者垂直时，感应电动势为零；当两者呈一定角度时，其互感产生的感应电动势随转子偏转的角度呈正（余）弦规律变化。旋转变压器的工作原理如图 3-56 所示，转子绕组的感应电动势为

$$E_2 = KU_1\cos\alpha = KU_m\sin\omega t\cos\alpha$$

式中，E_2 为转子绕组的感应电动势；U_1 为定子绕组的励磁电压；U_m 为电压的幅值；α 为两个绕组轴线之间的夹角；K 为变压比（绕组匝数比）。

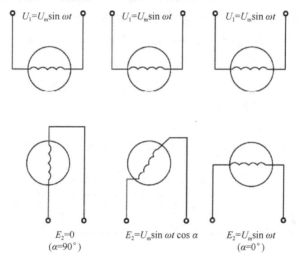

图 3-56 旋转变压器的工作原理

2）旋转变压器的应用

旋转变压器作为位置检测装置，有两种工作方式：鉴相方式和鉴幅方式。

（1）鉴相方式。在鉴相工作方式下，旋转变压器定子的两相正交绕组分别被施加幅值相等、频率相同而相位相差 90° 的正余弦交变电压，即励磁电压，如图 3-57 所示。这两相励磁电压在转子绕组中产生感应电动势。

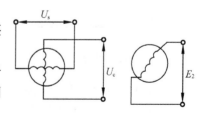

图 3-57 旋转变压器定子的两相正交绕组被施加的励磁电压

定子正弦绕组上的励磁电压：$U_s = U_m\sin\omega t$

定子余弦绕组上的励磁电压：$U_c = U_m\cos\omega t$

根据线性叠加原理，在转子绕组中产生的感应电动势为

$$E_2 = KU_s\cos\alpha - KU_c\sin\alpha$$
$$= KU_m\sin(\omega t - \alpha)$$

式中，α 为定子正弦绕组的轴线与转子绕组的轴线之间的夹角；ω 为励磁角频率。

旋转变压器转子绕组中产生的感应电动势 E_2 与定子绕组中产生的励磁电压频率相同，但相位不同，其相位为 α。测量出转子绕组输出电压的相位 α，即可得到转子相对于定子的空间转角位置。在实际应用中，把定子正弦绕组的励磁电压相位作为基准相位，与转子绕组的输出电压相位作比较，确定转子空间转角的位置。

（2）鉴幅方式。在鉴幅方式下，定子两相正交绕组被施加频率相同、相位相同、幅值不同且能由指令角位移 $\theta_电$（$\theta_电$ 相当于鉴相方式下的相位差 α）的正余弦交变电压，定子正弦绕组的感应电压幅值按正弦规律变化，定子余弦绕组的感应电压幅值按余弦规律变化，即

$$U_s = U_m \sin\theta_电\sin\omega t ; \quad U_c = U_m \cos\theta_电\sin\omega t$$

转子绕组中的感应电压（含电磁感应和静电感应）为

$$U_a = KU_m\sin\theta_电\sin\omega t\cos\theta_机 - KU_m\cos\theta_电\sin\omega t\sin\theta_机$$
$$= KU_m\sin(\theta_电 - \theta_机)\sin\omega t$$

在鉴幅方式下，由转角变化引起的变化表现为感应电压幅值的变化。因此，可以通过鉴别感应电压的幅值变化检测角位移的变化。

3）旋转变压器的主要参数

单极旋转变压器和多极旋转变压器的主要技术参数分别见表3-3及表3-4。

表3-3　单极旋转变压器的主要技术参数

参数	输入电压	频率	最大转速	质量	摩擦转矩	转子转动惯量
数值	3.5V	3kHz	8000r/min	800g	6×10^{-5}N·m	9.807×10^{-8}kg·cm^2

表3-4　多极旋转变压器的主要技术参数

参数	磁极对数	输入电压	励磁频率	变化系数	质量	转子转动惯量
数值	3、4、5 对	5V	5kHz	0.6	300g	1.6×10^{-5}kg·cm^2

4. 感应同步器

1）感应同步器的结构和工作原理

（1）感应同步器的结构。感应同步器是从旋转变压器发展而来的直线型感应器，相当于一个展开的多级旋转变压器。它利用滑尺上的励磁绕组和定尺上的感应绕组之间相对位置的变化而产生电磁耦合变化，输出相应的位置电信号实现位移检测。

感应同步器是一种电磁感应式高精度位移检测装置，分为旋转型感应同步器和直线型感应同步器两种，前者用于角度测量，后者用于长度测量，两者的工作原理相同。

直线型感应同步器由作相对平行移动的定尺和滑尺组成，其结构如图3-58所示。定尺和滑尺之间有均匀的气隙，钢质基尺上粘贴铜箔，经照相腐蚀成绕组，绕组节距为2mm。定尺是一个连续绕组，滑尺有两个绕组，即正弦绕组和余弦绕组，在空间位置上相差 1/4

个节距。定尺表面涂上防止切削液附着的涂层，滑尺表面还粘贴一层铝箔，接地以防静电感应。定尺安装在固定部件上，滑尺安装在移动部件上，两者表面相互保持平行，间隙为0.2～0.3mm。定尺一般长250mm，通过多根尺的拼接，增加检测长度。

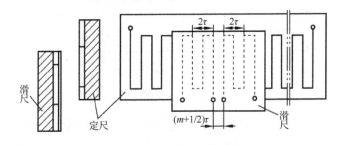

图 3-58　直线型感应同步器的结构

（2）感应同步器的工作原理。直线型感应同步器的定尺绕组和滑尺绕组的结构示意如图 3-59 所示。

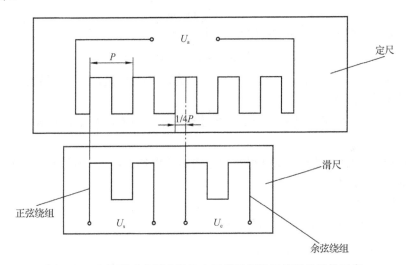

图 3-59　直线型感应同步器的定尺绕组和滑尺绕组的结构示意

当滑尺绕组通以励磁电压（如正弦绕组通以励磁电压 $U_s = U_m \sin\omega t$ ），在定尺绕组中就产生按正弦规律变化的感应电压，并且感应电压的幅值随滑尺相对于定尺的位置变化而变化，如图 3-60 所示。

当正弦绕组与定尺绕组对齐重叠时，两个绕组完全耦合，此时感应电压的幅值最大。滑尺相对定尺移动，此时感应电压的幅值减小，在错开 1/4 节距时，感应电压为零；滑尺继续移动，感应电压的幅值减小为负值，移动到 1/2 节距时，感应电压的幅值达到负的最大值。滑尺继续移动，感应电压的幅值增大，移动到 3/4 节距时，感应电压为零；再移动，感应电压的幅值继续升高，移动到一个节距时，感应电压的幅值又增大到正的最大值。可见，滑尺相对定尺移动一个节距，感应电压的幅值按余弦规律变化一周。

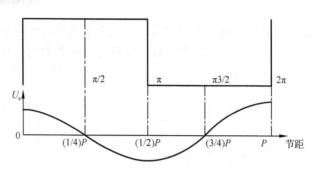

图 3-60　定尺绕组中的感应电压的变化

设滑尺绕组的节距为 P，它对应的感应电压以余弦规律变化了 2π，当滑尺移动距离为 x 时，则对应的感应电压以余弦规律变化，相位差为 θ。由下列比例关系：

$$\theta / 2\pi = x / P$$

可得

$$\theta = 2\pi x / P$$

令 U_s 表示滑尺上一相绕组的励磁电压：

$$U_s = U_m \sin \omega t$$

式中，U_m 为 U_s 的幅值。则定尺绕组的感应电压为

$$U_a = K U_s \cos \theta = K U_m \cos \theta \sin \omega t$$

式中，K 为耦合系数；θ 可求得。上式说明感应电压幅值的变化量正比于位移的变化量（增量）。

2）感应同步器的应用

感应同步器作为位置检测装置安装在数控机床上，它有两种工作方式：鉴相方式和鉴幅方式。

（1）鉴相方式。给滑尺的正弦绕组和余弦绕组通以幅值相等、频率相同、相位差为 $\pi / 2$ 的励磁电压，具体如下。

正弦绕组上的励磁电压：$U_s = U_m \sin \omega t$

余弦绕组上的励磁电压：$U_c = U_m \cos \omega t$

分别在定尺绕组上产生感应电压：

$$U_{sa} = K U_m \cos \theta \sin \omega t \; ; \quad U_{ca} = K U_m \sin \theta \cos \omega t$$

励磁电压信号将在空间产生一个以 ω 为频率移动的行波。磁场切割定尺导体，并在其中产生感应电动势，该电动势随着定尺与滑尺的相对位置不同而产生超前和滞后的相位差 θ。按照叠加原理可以直接求出感应电压：

$$U_a = K U_m \sin(\omega t - \theta)$$

式中，$\theta = 2\pi x / P$　。

这是一个按正弦规律变化的电压，其相位差为 θ，即相位变化对应于滑尺相对定尺位移量的变化。因此，只要求出感应电压的相位差 θ，就可检测出滑尺相对定尺的位移量 x，并且相位差的正负（超前或滞后）反映了相对运动的方向。上述方式通过鉴别感应电压的相位检测位移，因此称为鉴相方式。

（2）鉴幅方式。在正弦绕组和余弦绕组上施加频率和相位相同、幅值不同，并且有指

令角位移 $\theta_{电}$（$\theta_{电}$ 相当于鉴相方式下的相位差 θ）的励磁电压，正弦绕组的感应电压幅值按正弦规律变化，余弦绕组感应电压幅值按余弦规律变化：

$$U_s = U_m \sin\theta_{电} \sin\omega t \ ; \quad U_c = U_m \cos\theta_{电} \sin\omega t$$

在定尺绕组上的感应电压为

$$U_a = KU_m \sin\theta_{电} \sin\omega t \cos\theta_{机} - KU_m \cos\theta_{电} \sin\omega t \sin\theta_{机}$$
$$= KU_m \sin(\theta_{电} - \theta_{机}) \sin\omega t$$

在鉴幅方式下，位移的变化引起的变化表现为感应电压幅值的变化。因此，可以通过鉴别感应电压的幅值变化检测位移的变化。

令 $\Delta\theta = \theta_{电} - \theta_{机}$，且 $\Delta\theta = \pi\Delta x / \tau$，当 $\Delta\theta$ 值很小时，则

$$U_a = KU_m \Delta\theta \sin\omega t = KU_m(\pi\Delta x / \tau)\sin\omega t$$

由上式可知，感应电压幅值的变化量正比于位移的变化量（增量）。

在实际应用中，不断修改励磁电压信号的 $\theta_{电}$，使之牢牢跟踪 $\theta_{机}$ 的变化，从而保证 $\Delta\theta$ 值很小。感应电压实际上是一个微量的误差电压。通过测定感应电压的幅值测定 $\Delta\theta$，就可求得 Δx 的大小。

3）感应同步器的优点

（1）测量精度高。因为感应同步器直接对数控机床工作台的位移进行测量，不经过任何中间机械传动装置，所以测量结果只受本身精度限制。又因为定尺上的感应电压信号是多周期的平均效应值，所以可以达到较高的测量精度。

（2）工作可靠，抗干扰能力强。在感应同步器绕组感应电压的每个周期内，任何时间都可以给出仅与绝对位置相对应的纯电压信号，不受干扰信号的影响。此外，感应同步器平面绕组的阻抗很低，使它受外界电场的影响很小。

（3）维修简单，使用寿命长。定尺和滑尺之间无接触摩擦，在数控机床上安装简单，并不受灰尘和油污的影响，但是在使用时需加防护罩，防止切屑进入定尺和滑尺之间，划伤导体。

（4）测量距离长。感应同步器的定尺可以用拼接的方法增大测量尺寸。工作台的移动速度基本不影响测量结果，因此适合大中型数控机床使用。

（5）工艺成熟、成本低，便于批量生产。与旋转变压器相比，感应同步器的输出信号比较弱，需要放大倍数很高的前置放大器。

思考与练习

3-1　简述数控机床伺服系统的基本要求和工作原理。

3-2　简述数控机床伺服系统的分类及其主要特点。

3-3　数控机床对主轴驱动系统的要求有哪些？

3-4　请以某公司生产的主轴驱动系统为例，分析其主要工作原理。

3-5　主轴分段无级变速的作用是什么？具体如何实现？

3-6 主轴准停的作用是什么？如何用机械方式实现？

3-7 请画出磁传感器主轴准停控制的结构示意图及其相应的实现过程。

3-8 说明步进电动机的工作原理。

3-9 步进驱动环形分配的目的是什么？有哪些实现形式？

3-10 一台五相十拍运行的步进电动机，转子齿数 $z = 48$，测得的脉冲频率为 600Hz，求：

（1）通电顺序。

（2）步距角和转速。

3-11 若有一台三相反应式步进电动机，其步距角为 $3°/1.5°$。试问：

（1）该电动机转子的齿数为多少？

（2）写出三相六拍运行方式的通电顺序。

（3）当测得的脉冲频率为 1200Hz 时，其转速为多少？

3-12 高低电压切换、恒流斩波和细分驱动电路对提高步进电动机的运行性能有什么作用？

3-13 直流主轴驱动的速度控制原理是什么？

3-14 说明直流进给电动机、主轴伺服电动机的工作原理及特性曲线。

3-15 直流进给运动的晶闸管（可控硅）速度控制原理是什么？

3-16 直流进给运动的"脉宽调制（PWM）"速度控制原理是什么？

3-17 直流主轴驱动的速度控制原理是什么？

3-18 交流驱动的速度控制方法有哪些？

3-19 说明交流进给运动的"SPWM"速度控制原理。

3-20 交流速度控制有哪些方法？优缺点是什么？

3-21 简述进给电动机、主轴交流伺服电动机的矢量控制原理。

3-22 交流伺服电动机（三相永磁式交流同步伺服电动机）有哪些变频控制方式？

3-23 简述直线电动机的工作原理。

3-24 简述直线电动机的结构形式。

3-25 简述直线电动机的特点。

3-26 伺服系统中常用的位置检测装置有几种？各有什么特点？

3-27 透射光栅的检测原理是什么？如何提高它的分辨率？

3-28 透射光栅中的莫尔条纹有什么特点？为什么实际测量时需要利用莫尔条纹？

3-29 脉冲编码器有几种？脉冲编码器能用作速度传感器吗？

3-30 绝对值型脉冲编码器与增量型脉冲编码器的应用场合有什么不同？

3-31 接触式码盘的码道数为 8 个，它都有哪些编码数？

3-32 感应同步器由哪几部分组成？它的检测原理是什么？

3-33 旋转变压器由哪几个部分组成？它的检测原理是什么？

3-34 旋转变压器有哪些工作方式？试述各种工作方式的不同。

3-35 旋转变压器是如何进行角位移测量的？

第4章 数控加工工艺基础

在普通机床上加工零件时，一般是通过常规加工工艺规程或工序卡规范每道工序的操作，需要操作人员参照常规加工工艺规程或工序卡片上规定的加工步骤加工零件。这种情况下，操作人员的技术水平对产品的加工质量有较大的影响。数控加工是根据数控加工程序自动完成的，因此数控加工程序的质量会直接影响数控加工产品的质量和效益。数控加工程序必须包含零件加工的全部工艺过程、工艺参数、位移数据及相关的辅助动作。因此，在编制数控加工程序之前，需要对所加工零件的工艺性进行分析，拟定加工方案，选择合适的刀具，确定切削用量；设计和规划加工过程中的对刀点、换刀点、走刀路线及必要的辅助动作等。

4.1 数控加工工艺概述

4.1.1 数控加工工艺的特点

数控加工工艺与普通机床加工工艺在工艺设计过程和设计原则上是基本相似的，但数控加工工艺也有不同于常规加工工艺的特点，主要表现在以下几个方面。

1. 工序内容具体

在普通机床上加工零件时，工序卡的内容相对简单。很多内容，如走刀路线的安排、刀具的选择等，均可由操作人员自行决定。而在数控机床上加工零件时，由于这类机床是由数控加工程序控制运行的，因此，工序卡中应包括详细的工步内容和工艺参数等信息。在编制数控加工程序时，每个动作、每个参数都应体现在其中，甚至包括刀具与夹具、工件的干涉；刀具与工件的冷却和排屑等问题，以便控制数控机床顺利地自动完成加工。

2. 工序内容复杂

由于数控机床的运行成本和对操作人员的要求较高，因此在安排工序时，一般应优先考虑复杂零件的加工。对这些复杂零件，使用普通机床加工困难，而使用数控加工能明显提高生产效率和产品质量，如整体叶轮、叶片、模具型腔的加工等。零件结构复杂，加工精度要求高，数值计算量大，因此这类零件的工艺也复杂。

3. 数控加工工艺的设计过程严密

数控机床虽然自动化程度较高，但是自适应能力较差。它不能根据加工过程中出现的问题，灵活适时地进行自动调节，而且数控加工的影响因素较多且比较复杂。因此，需要对数控加工的全过程深思熟虑，数控加工工艺的设计过程必须周密、严谨，没有错误。

4. 数控加工工艺具有较好的继承性

凡是经过调试、校验和试切削过程验证且在数控加工实践中证明是好的数控加工工艺，都可以作为模板，供后续加工类似零件调用。这样不仅节约时间，而且可以保证质量。模板的调用也是一个不断修改完善的过程，可以达到逐步标准化、系列化的效果。因此，数控加工工艺具有好的继承性。

4.1.2 数控加工工艺的内容

虽然数控加工工艺内容较多，但是有些内容与普通机床加工工艺非常相似。根据实际应用的需要，数控加工工艺主要包括以下内容：

（1）分析零件图样，确定数控加工的内容。

（2）结合零件加工表面的特点和数控设备的功能，对零件的工艺性进行分析，明确加工内容、精度及技术要求。

（3）确定零件的加工方案，制定数控加工工艺路线。

（4）设计数控加工工序，如工步的划分、工件的定位与夹紧、刀具的选择及切削用量的确定等。

（5）图形的数学处理及加工路线的确定，如基点、节点计算，对刀点、换刀点的选择，以及加工路线的确定等。

（6）编制数控加工工艺文件，包括工艺过程卡、工序卡、刀具卡、加工路线图等。

数控加工工艺分析（设计）是对零件进行数控加工前的工艺准备工作，它必须在程序编制前按步骤、分阶段完成。因为只有确定工艺方案以后，编程才有依据。在工艺方面考虑不周是造成数控加工差错的主要原因之一，工艺设计不好，往往要成倍增加工作量，有时甚至要推倒重来。因此，一定要注意先把工艺设计好，然后再考虑编程问题。一个合格的编程员首先应该是一个很好的工艺员，只有对数控机床的性能、特点和应用、切削规范及标准工具系统等非常熟悉，才能正确、合理地编制零件的加工程序。

4.2　数控加工内容的确定

4.2.1　适用数控加工的内容

数控机床有一系列的优点，但价格昂贵，加上消耗量大、维护费用高，从而导致加工成本增加。从技术和经济角度出发，对于某个零件来说，并非全部加工工艺过程都适合在数控机床上进行，有时只须对其中一部分内容采用数控加工。这就需要对零件图样进行仔细的工艺分析，选择那些最适合、最需要进行数控加工的内容和工序。

在选择数控加工内容时，一般可按下列顺序选择：

（1）使用普通机床无法加工的内容应作为优先选择内容。

（2）使用普通机床难加工、质量也难以保证的内容应作为重点选择内容。

（3）对普通机床生产效率低、人手工操作劳动强度大的内容，可以在数控机床尚有加工能力的基础上，酌情选择。

另外，在选择数控加工内容时，应结合本企业设备的实际情况，立足于解决难题、攻克关键问题，以提高生产效率和产品质量为目的，做到合理选择，充分发挥数控加工的优势。

4.2.2　不适用数控加工的内容

相比之下，下列一些加工内容则不宜选择数控加工：

（1）对需要用较长时间占机调整的加工内容，则不宜选择数控加工。例如，以毛坯的粗基准定位加工第一个精基准，需用特定的工艺装备协调加工的内容。

（2）加工余量不稳定，在数控机床上又无法自动调整零件坐标位置的加工内容。

（3）加工部位分散，需要多次安装、设置原点的内容。此时，采用数控加工很不方便，效果不明显，可以安排普通机床进行补充加工。

（4）按某些特定的制造依据而需要加工的型面轮廓。在这里，特定的制造依据是指，以特定的样板、样件、模块等为制造依据的型面轮廓，这些轮廓不宜采用数控加工，主要原因是数据采集困难，增加了程序编制的难度。

此外，在选择和决定加工内容时，还要考虑生产批量、生产周期、工序间周转情况等因素。总之，要尽量做到合理使用数控机床，达到产品质量、生产效率及综合经济效益等指标都明显提高的目的，即所谓的"多、快、好、省"的目的。此外，还要防止把数控机床降格为普通机床来使用。

4.3　数控加工零件的工艺性分析

零件的工艺性是指所设计的零件在能够满足使用要求的前提下制造的可行性和经济性。零件的工艺性分析涉及面很广，如零件的材料、形状、尺寸、精度、表面粗糙度，以及毛坯形状、热处理要求等。归纳起来，主要包括产品的零件图样分析与结构工艺性分析。

4.3.1 数控加工零件的图样分析

1. 尺寸标注方法分析

在数控编程中，所有点、线、面的尺寸和位置都是以编程原点为基准的。因此，零件图样上尽量以同一基准标注尺寸，或者直接给出坐标尺寸，如图4-1（a）所示。这种标注方法既便于编程，也便于尺寸之间的相互协调。有时零件设计人员在尺寸标注中较多地考虑装配等使用特性，而不得不采用如图4-1（b）所示的局部分散标注尺寸的方法，这样，就会给工序安排与数控加工带来诸多不便。由于数控机床精度比较高，不会因产生较大的积累误差而破坏使用特性，因此可将局部分散标注尺寸方法改为以同一基准标注尺寸或直接给出坐标尺寸。

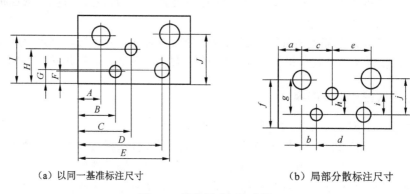

（a）以同一基准标注尺寸　　　　　　　　　（b）局部分散标注尺寸

图4-1　零件尺寸标注方法

2. 零件轮廓的几何元素分析

构成零件轮廓的几何元素（点、线、面）的条件（如相切、相交、垂直和平行等）是数控编程的重要依据。手工编程或自动编程时，要对构成零件轮廓的所有几何元素进行定义，要求确定零件图样所表达的零件各个几何元素形状、位置，即要求形位尺寸标注清楚、齐全，这样才能准确地编制零件轮廓的数控加工程序。由于设计等多方面的原因，因此可能在零件图样上出现以下问题：构成零件加工轮廓的几何元素不充分、尺寸模糊不清或存在加工缺陷，增加编程工作的难度，有的甚至无法编程。图4-2所示为手柄零件轮廓图样，其中，R8mm的球面和R60mm的弧面相切，要确定切点。在这种情况下，必须通过计算求出切点的位置（图中的ϕ14.77mm和4.923mm），否则不能编程。同理，R60mm的弧面与R40mm的弧面相切，也必须通过计算求出切点的位置（图中的ϕ21.2mm和44.8mm）。R40mm的弧面与ϕ24mm的柱面相交，也必须通过计算求出交点的位置（图中的ϕ24mm和73.436mm）。只有这样，手工编程才能顺利进行。

分析轮廓几何元素是以在 AutoCAD 上准确绘制轮廓为充分条件。

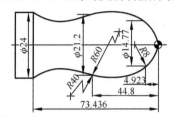

图 4-2　轮廓几何元素分析（单位：mm）

3. 零件的技术要求分析

零件的技术要求主要是指尺寸精度、形状精度、位置精度、表面粗糙度及热处理要求等。在确定加工方法、装夹方式、刀具及切削用量之前，必须对零件的技术要求进行分析。

技术要求分析的主要内容包括以下 4 个方面：

（1）分析各项技术要求是否齐全合理。在保证零件使用性能的前提下，这些要求应经济合理。过高的精度和表面粗糙度要求会使工艺过程复杂、加工困难、成本提高。

（2）分析机床的加工精度能否达到加工要求。

（3）找出有位置精度要求的表面，这些表面应安排在一次安装中完成加工。

（4）对表面粗糙度要求较高的表面，应用恒线速度进行切削加工。

4. 零件材料分析

零件材料分析为选择刀具材料和切削用量提供依据。在满足零件功能的前提下，应选用廉价、切削性能好的材料。而且，材料的选择应根据国内情况，不要轻易选用贵重或紧缺的材料。

4.3.2　数控加工零件的结构工艺性分析

良好的结构工艺性可以使零件加工容易，节省工时和材料，而较差的零件结构工艺性会使加工困难，浪费工时和材料，有时甚至无法加工。因此，零件各加工部位的结构工艺性应符合数控加工的特点。

1. 统一几何类型和尺寸

对零件的内腔和外形，最好采用统一的几何类型和尺寸，尤其对加工面转接圆弧半径，要求轴上直径差不多大的各轴肩处的退刀槽宽度统一尺寸。这样可以减少刀具规格要求和换刀次数，使编程方便，提高生产效率。图 4-3（a）所示的加工零件上的槽宽不同，需要采用 3 把不同宽度的切槽刀，如无特别的要求，显然是不合理的。若改为图 4-3（b）所示的结构，即槽宽相同，则用一把切槽刀即可，这样既减少了刀具的数量，少占刀位，又减少了换刀次数和换刀时间，显然更合理。另外，零件的形状尽可能对称，便于利用数控机床的镜向加工功能编程，以节省编程时间。

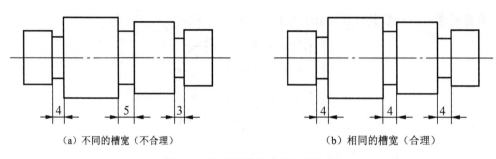

（a）不同的槽宽（不合理）　　　　　（b）相同的槽宽（合理）

图 4-3　轴上的槽宽合理与不合理

2. 内槽圆弧半径不应过小

内槽圆弧半径的大小决定着刀具直径的大小，因此内槽圆弧半径不应过小。内槽结构工艺性好与不好如图 4-4 所示，零件结构工艺性的好或不好与被加工轮廓的高低、转接圆弧半径的大小等有关。与图 4-4（a）所示结构相比，图 4-4（b）中的过渡圆弧半径较大，可采用直径较大的铣刀加工；加工平面时，进给次数也相应减少，表面加工质量较高，因此其加工工艺性较好。通常，当 $R<0.2H$（H 为被加工零件轮廓面的最大高度）时，可判断零件该部位的工艺性不好。

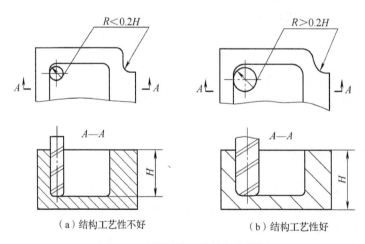

（a）结构工艺性不好　　　　　　　　（b）结构工艺性好

图 4-4　内槽结构工艺性好与不好

3. 槽底圆弧半径不应过大

铣削零件槽底平面时，槽底圆弧半径不应过大。零件槽底圆弧半径大小对加工工艺的影响如图 4-5 所示，其中，r 为槽底圆弧半径，D 为铣刀直径，d 为铣刀与铣削平面接触的最大直径。由公式 $d=D-2r$ 可知，圆弧半径 r 越大，d 就越小，即铣刀端刃铣削面积越小，铣刀端刃铣削平面的能力就越差，效率也越低，加工工艺性就越差。当 r 大到一定程度时，甚至必须用球头铣刀加工，这种情况应该尽量避免。

4．应采用统一的定位基准

定位基准统一原则在机械加工中应用较为广泛，例如，阶梯轴的加工大多采用顶尖孔作为统一的定位基准；又如，齿轮的加工一般以内孔和一个端面作为统一定位基准加工齿坯齿形；再如，箱体零件的加工大多以一组平面或一面两孔作为统一定位基准加工孔系和端面。

在数控加工中，若没有统一的定位基准，则会因工件重新安装而产生定位误差，进而使加工后的两个面上的轮廓位置及尺寸不协调。为保证二次装夹加工后其相对位置的准确性，应采用统一的定位基准。设计时，零件上最好有合适的孔作为定位基准孔。如果零件上没有定位基准孔，也可以专门设置工艺孔作为定位基准。例如，在毛坯上增加工艺凸耳（见图 4-6），或在后继工序要铣去的余量上设置定位基准孔。在图 4-6 中，该毛坯缺少定位用的基准孔，用其他方法很难保证其定位精度。如果在图示位置增加两个定位用工艺凸耳，在凸耳上制出定位基准孔就可以解决这一问题了。对于增加的工艺凸台或凸耳，可以在它们完成定位安装后通过补加工去除它们。如果实在无法制作出定位基准孔，那也要用经过精加工的面作为统一的定位基准。

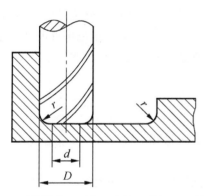

图 4-5　零件槽底圆弧半径大小对加工工艺的影响

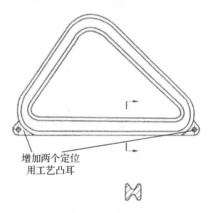

增加两个定位
用工艺凸耳

图 4-6　在毛坯上增加工艺凸耳

4.4　数控加工工艺路线的设计

数控加工工艺路线的设计，与普通机床加工工艺路线的设计过程相似。首先也需要找出零件所有的加工表面并逐一确定各表面的加工方法，其中的每一步相当于一个工步。然后将所有工步内容按一定原则排列成先后顺序，确定哪些相邻工步可以划分为一个工序，即进行工序的划分。最后将所需的其他工序如常规加工工序、热处理工序等插入，把它们衔接到数控加工工序序列之中，就可得到要求的加工工艺路线。数控加工的工艺路线与普通机床加工工艺路线的区别主要在于，它仅是几道数控加工工艺过程的概括，而不是指从毛坯到成品的整个工艺过程。由于数控加工工序一般均穿插于零件加工的整个工艺过程中，因此在加工工艺路线设计过程中，一定要兼顾常规工序的安排，使之与整个工艺过程协调。数控加工工艺流程如图 4-7 所示。

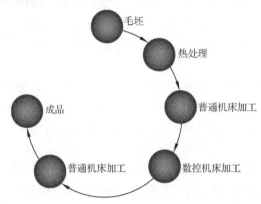

图 4-7　数控加工工艺流程

4.4.1　加工方法与加工方案的确定

虽然机械零件的结构形状是多种多样的，但是它们都是由平面、外圆柱面、内圆柱面或曲面、成形面等基本表面组成的。每种表面都有多种加工方法，应根据零件的加工精度、表面粗糙度、材料性能、结构形状、尺寸及生产类型等因素，选用相应的加工方法和加工方案。

1. 外圆柱面加工方法的选择

外圆柱面的主要加工方法是车削和磨削。当表面质量要求较高时，还要经光整加工。外圆柱面的加工方案如图 4-8 所示。

（1）最终工序为车削的加工方案，适用于除淬火钢以外的各种金属。

（2）最终工序为磨削的加工方案，适用于淬火钢、未淬火钢和铸铁，不适用于有色金属。因为有色金属韧性大，磨削时切屑易堵塞砂轮。

（3）最终工序为精细车削或金刚车削的加工方案，适用于要求较高的有色金属的精加工。

（4）最终工序为光整加工，如研磨削、超精磨削及超精加工等，为提高生产效率和加工质量，一般在光整加工前进行精磨削。

（5）对表面质量要求高而尺寸精度要求不高的外圆，可采用滚压或抛光。

2. 内圆柱面加工方法的选择

内圆柱面（孔）加工方法有钻孔、扩孔、铰孔、镗孔、拉孔、磨孔和光整加工。图 4-9 所示为常用的孔加工方案，应根据孔的加工要求、尺寸、具体生产条件、批量的大小及毛坯上有无预制孔等情况合理选用加工方法。

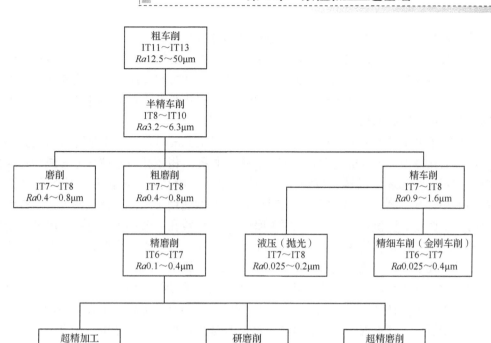

图 4-8　外圆柱面的加工方案

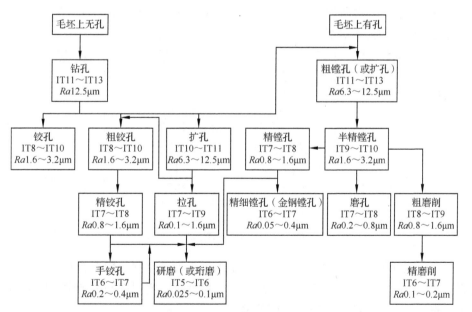

图 4-9　常用的孔加工方案

（1）对于加工精度为 IT9 级的孔，当孔径小于 10mm 时，可采用钻孔→铰孔方案；当孔径小于 30mm 时，可采用钻孔→扩孔方案；当孔径大于 30mm 时，可采用钻孔→镗孔方案。以上方案适用于工件材料为除淬火钢以外的各种金属。

（2）对于加工精度为IT8级的孔，当孔径小于20mm时，可采用钻孔→铰孔方案；当孔径大于20mm时，可采用钻孔→扩孔→铰孔方案，此方案适用于加工除淬火钢以外的各种金属，但孔径应在20～80mm之间。此外，也可采用最终工序为精镗孔或拉孔的方案。对淬火钢，可采用磨削加工。

（3）对于加工精度为IT7级的孔，当孔径小于12mm时，可采用钻孔→粗铰孔→精铰孔方案；当孔径为12～60mm时，可采用钻孔→扩孔→粗铰孔→精铰孔方案或钻孔→扩孔→拉孔方案。若毛坯上已铸出或锻出孔，则可采用粗镗孔→半精镗孔→精镗孔方案或粗镗孔→半精镗孔→磨孔方案。最终工序为铰孔的方案适用于未淬火钢或铸铁，从有色金属铰出的孔表面粗糙度值较大，因此常用精细镗孔替代铰孔；最终工序为拉孔的方案适用于大批量生产，工件材料为未淬火钢、铸铁和有色金属；最终工序为磨孔的方案适用于加工除硬度低、韧性大的有色金属以外的淬火钢、未淬火钢及铸铁。

（4）对于加工精度为IT6级的孔，最终工序采用手铰孔、精细镗孔、研磨或珩磨等均能达到要求，视具体情况选择加工方法。对韧性较大的有色金属，不宜采用珩磨，可采用研磨或精细镗孔。研磨对大直径孔和小直径孔均适用，而珩磨只适用于大直径孔的加工。

3．平面加工方法的选择

平面的主要加工方法有铣削、刨削、车削、磨削和拉削等，对精度要求高的平面，还需要研磨或刮削加工。常用的平面加工方案如图4-10所示，其中，尺寸公差等级是指平行平面之间距离尺寸的公差等级。

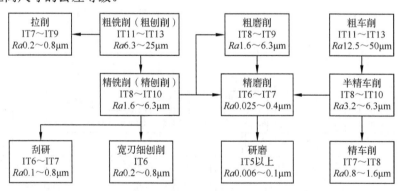

图4-10　常用的平面加工方案

（1）最终工序为刮研的加工方案，多用于单件小批量生产中配合表面要求高且非淬硬平面的加工。当批量较大时，可用宽刃细刨削代替刮研，宽刃细刨削特别适用于加工像导轨面那样的狭长平面，能显著提高生产效率。

（2）磨削适用于直线度及表面质量要求较高的淬硬工件、薄片工件、未淬硬钢件上面积较大平面的精加工，但不宜加工塑性较大的有色金属。

（3）车削主要用于回转零件端面的加工，以保证端面与回转轴线的垂直度要求。

（4）拉削适用于大批量生产中的加工质量要求较高且面积较小的平面加工。

（5）最终工序为研磨的方案适用于精度高、表面质量要求高的小型零件的精密平面加工，如量规等精密量具的表面。

4. 平面轮廓和曲面轮廓加工方法的选择

1）平面轮廓加工方法的选择

平面轮廓常用的加工方法有铣削、线切割及磨削等。对图 4-11（a）所示的内平面轮廓，当其曲率半径较小时，可采用线切割加工方法。若选择铣削加工方法，则会产生较大的加工误差。因为铣刀直径受最小曲率半径的限制，其直径太小而造成刚性不足，对图 4-11（b）所示的外平面轮廓，可采用铣削加工方法，常采用粗铣削→精铣削方案，也可采用线切割加工方法。对精度及表面质量要求较高的轮廓表面，在铣削加工之后，再对其进行磨削加工。铣削加工适用于除淬火钢以外的各种金属，线切割加工适用于各种金属，磨削加工适用于除有色金属以外的各种金属。

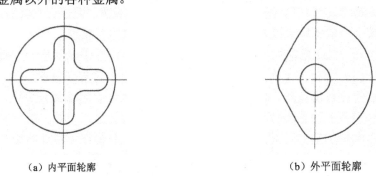

（a）内平面轮廓 　　　　　　　　　　　（b）外平面轮廓

图 4-11 平面轮廓类零件

2）曲面轮廓加工方法的选择

立体曲面的加工方法主要是铣削，多用球头铣刀，以行切法加工，如图 4-12 所示。根据曲面形状、刀具形状及精度要求，通常采用两轴半联动或三轴半联动。对精度和表面质量要求高的曲面，当用三轴半联动的行切法加工不能满足要求时，可改用模具铣刀，选择四坐标或五坐标联动加工。

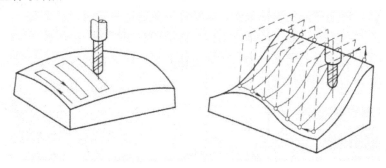

图 4-12 立体曲面的行切法加工

表面加工方法的选择，除了考虑加工质量、零件的结构形状和尺寸、零件的材料和硬度及生产类型，还要考虑加工的经济性。

各种表面加工方法所能达到的精度和表面粗糙度都有一个相当大的范围。当精度达到一定程度后，要继续提高精度，成本会急剧上升。例如，车削外圆时，若要求把其精度从公差等级 IT7 级提高到 IT6 级，则需要价格较高的金刚石车刀，才能达到很小的背吃刀量和进给量。这些增加了刀具费用，延长了加工时间，大大地增加了加工成本。对同一表面采用的加工方法不同，加工成本也不一样。例如，对公差等级为 IT7 级、表面粗糙度为 $Ra0.4\mu m$ 的外圆表面，采用精车削就不如采用磨削经济。

任何一种加工方法获得的精度只在一定范围内才是经济的，这种一定范围内的加工精度即该加工方法的经济精度。它是指在正常加工条件下（采用符合质量标准的设备、工艺装备和标准等级的工人，不延长加工时间）所能达到的加工精度，相应的表面粗糙度称为经济表面粗糙度。在选择加工方法时，应根据工件的精度要求选择与经济精度相适应的加工方法。对于常用加工方法的经济精度及经济表面粗糙度，可通过查阅有关工艺手册获得。

4.4.2 工序的划分

工序划分的原则有工序集中原则和工序分散原则两种。对零件采用工序集中原则还是采用工序分散原则，要根据实际需要和生产条件确定，要力求合理。

在数控机床上加工零件，一般按工序集中原则划分工序。一般有以下 4 种划分方式。

1．按零件装夹定位方式划分

以一次安装、加工作为一道工序。这种方法适用于加工内容不多的零件，并且加工完后零件就能达到待检状态。这类零件的加工工序一般是先进行内型腔加工，后进行外形加工。

对图 4-13 所示的片状凸轮零件，按定位方式可分为三道工序：第一道工序是以 B 面定位加工 A 面；第二道工序是以 A 面定位加工 B 面、$\phi22H7$ 的内孔和 $\phi4H7$ 的工艺孔；第三道工序是以 B 面和 $\phi22H7$ 的内孔及 $\phi4H7$ 的工艺孔定位（一面两孔定位方式），加工凸轮外表面轮廓。

2．按粗、精加工划分

以粗加工中完成的那部分工艺过程为一道工序，以精加工中完成的那部分工艺过程为另一道工序。对毛坯余量较大、加工精度要求较高的零件，可按粗、精加工分开的原则划分工序，即先粗加工再精加工。在划分工序时，要考虑工件加工精度要求、刚度和变形等因素。这种划分方法

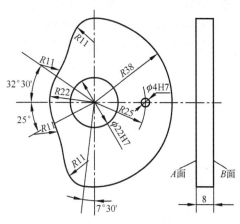

图 4-13 片状凸轮零件（单位：mm）

适用于加工后变形较大、需要把粗、精加工过程分开的零件，如毛坯为铸件、焊接件或锻件的零件。一般来说，在一次安装中，不允许将零件的某一表面粗精不分地加工至精度要求后再加工零件的其他表面。

对图 4-14 所示的轴类零件，可分为两道工序进行车削加工。第一道工序是粗车削加工，切除零件的大部分余量；第二道工序是半精车削或精车削加工，以保证加工精度和表面粗糙度的要求。

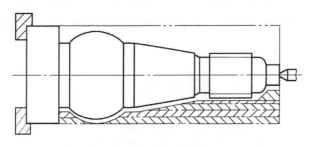

图 4-14　轴类零件

3．按所用刀具划分

以同一把刀具完成的那一部分工艺过程为一道工序。这种方法适用于工件的待加工表面较多、数控机床连续工作时间过长（例如，一道工序在一个工作班内不能结束）、加工程序的编制和检查难度较大等情况。采用刀具集中的原则划分工序是指，在一次装夹中，尽可能用同一把刀具加工出其所能加工的所有部位，然后再换另一把刀具加工其他部位。

对图 4-15 所示的套类零件进行加工时，可根据所用的刀具，划分出 3 道工序。第一道工序采用钻头钻孔，以去除加工余量；第二道工序采用外圆车刀粗削，以备精加工外轮廓；第三道工序采用内孔车刀粗削，以备精车削内孔。

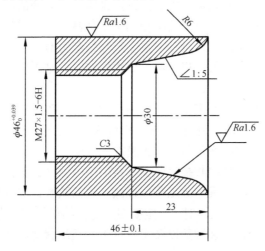

图 4-15　套类零件（单位：mm）

4. 按加工部位划分

以完成相同型面的那一部分工艺过程为一道工序。对加工内容很多的零件，可按其结构特点将加工部位分成几个部分，如内腔、外形、曲面或平面等，并将每一部分的加工作为一道工序。

对图4-16所示的型腔模具进行加工时，可根据零件结构特点分为平面、沟槽、孔和曲面的加工等多道工序。加工时，通常按照从简单到复杂的原则，先加工平面、沟槽、孔，再加工内腔、外形，最后加工曲面；先加工精度要求较低的部位，再加工精度要求较高的部位。

图4-16　型腔模具

4.4.3　工步的划分

在一个工序内往往需要采用不同的刀具和切削用量，对不同的表面进行加工。为了便于分析和描述较复杂的工序，一个工序又细分为多个工步。工步的划分主要从加工精度和生产效率两个方面考虑。下面以加工中心为例，说明工步划分的原则。

（1）先粗后精的原则。对同一表面按粗加工、半精加工、精加工顺序依次完成，或者对全部加工表面按先粗后精加工，以减小热变形和切削力对工件的形状、位置精度、尺寸精度和表面粗糙度的影响。若加工尺寸精度要求较高时，则采用前者；若加工表面位置精度要求较高时，则采用后者。

（2）先面后孔的原则。对既要铣面又要镗孔的工件，可先铣面后镗孔。按此方法划分工步，可以提高孔的加工精度。因为铣削时切削力较大，工件易发生变形。先铣面后镗孔，使其有一段时间恢复，可减小变形对孔加工精度的影响。

（3）刀具集中的原则。某些数控机床工作台的回转时间比换刀时间短，可按刀具集中原则划分工步，即按所用的刀具划分工步，以减少换刀次数，提高生产效率。

综上所述，在划分工序与工步时，一定要根据零件的结构与工艺性、数控机床的功能、零件数控加工内容的多少、安装次数以及本单位生产组织状况等实际情况，综合考虑，灵活掌握。

4.4.4　加工顺序的安排

在选定加工方法、划分工序后，加工工艺路线设计的主要内容就变成合理安排这些加工方法和加工工序的顺序。加工顺序安排是否合理，将直接影响零件的加工质量、生产效率和加工成本。因此，在设计加工工艺路线时，要合理安排好加工顺序，并解决好工序之间的衔接问题。

加工顺序的安排应遵循下列 5 项基本原则：

（1）基面先行。用作精基准的表面应优先加工出来，因为定位基准的表面越精确，装夹误差就越小。例如，加工轴类零件时，总是先加工中心孔，再以中心孔为精基准加工外圆柱表面和端面；加工箱体类零件时，总是先加工用于定位的平面和两个定位孔，再以这个平面和两个定位孔为精基准加工其他孔和其他平面。

（2）先粗后精。先粗后精是指按照粗加工－半精加工－精加工的顺序进行加工，逐步提高加工精度。粗加工可在较短的时间内将工件表面上的大部分余量切除，一方面可提高金属切除率，另一方面可满足精加工的余量均匀性要求。若粗加工后所留余量不能满足精加工要求，则应安排半精加工。

（3）先内后外。内表面加工散热条件较差，为防止热变形对加工精度的影响，应先加工内表面。对有内孔和外圆柱表面的零件，通常先加工内孔，后加工外圆柱表面。同样，加工内外轮廓时，先进行内轮廓（型腔）加工，后进行外形加工。

（4）先主后次。对零件的主要表面、装配基面应先加工，从而能及早发现毛坯中主要表面可能出现的缺陷。对次要表面可穿插进行加工，把它放在主要表面加工到一定程度后、最终精加工之前的这一工序进行加工。

（5）先面后孔。对需要加工平面和孔的零件，应先加工平面，后加工孔。这样安排加工顺序，一方面可用加工过的平面定位，稳定可靠；另一方面在加工过的平面上加工孔比较容易，并且能提高孔的加工精度，特别是钻孔时，孔的轴线不易偏斜。

在安排加工顺序时，除了遵循以上基本原则，还应着重考虑以下 6 个方面的情况：

（1）相同定位与夹紧工序和相同刀具的加工工序最好接连进行。相同的定位与夹紧工序一起进行，可以减少重复定位的次数；相同刀具的加工工序一起进行，可以节省换刀时间。

（2）先加工大表面，后加工其他表面；加工大表面时，因内应力和热变形对工件影响较大，一般需要先加工大表面。

（3）对同一次装夹中进行的多道工序，应先安排对工件刚性破坏较小的工序。

（4）对加工中容易损伤的表面（如螺纹等），应把它放在工艺加工路线的后面。

（5）上道工序的加工不能影响下道工序的定位与夹紧。

（6）中间穿插普通工序时，一定要注意工序之间的衔接问题。

综上所述，加工顺序的安排应根据零件的结构和毛坯状况，结合定位与夹紧的需要，重点保证工件的刚度不被破坏，尽量减小变形量，保证加工精度。

4.4.5　数控加工工序与普通工序的衔接

　　普通工序是指常规加工工序、热处理工序和检验等工序（参考图 4-7）。一个工序前后一般都穿插其他普通工序。如果工序衔接不好就容易产生矛盾，因此要解决好数控加工工序与普通工序之间的衔接问题。最好的办法是建立工序之间的相互状态要求。例如，要不要为后道工序预留加工余量并且留多少、定位平面与定位孔的精度要求及形位公差要求对校正工序的技术要求、对毛坯的热处理状态要求等，都需要前后兼顾，统筹衔接。这样做的目的是要达到相互能满足加工需要，并且质量目标及技术要求明确，交接验收有依据。

　　除了必要的基准面加工、校正和热处理等工序，还要尽量减少数控加工工序与常规加工工序衔接的次数。

4.5　数控加工工序的设计

　　当数控加工工艺路线确定之后，各道工序的加工内容已基本确定，然后就可以着手对数控加工工序的设计。数控加工工序设计的主要任务是拟定本工序的具体加工内容，走刀路线的确定，零件的定位与安装，数控加工刀具与工具系统，对刀点、刀位点与换刀点的确定，切削用量的确定等，为编制加工程序做好充分准备。

4.5.1　走刀路线的确定

1．走刀路线的概念与原则

　　走刀路线又称刀具路径，包括进刀路线和退刀路线，具体指在整个加工工序中刀具中心（严格说是刀位点）相对于工件的运动轨迹和方向，它不但包括了工步的内容，而且也反映出工步的顺序。

　　走刀路线是编写程序的重要依据之一，因此，在确定走刀路线前，最好画一张工序简图，将已经拟定出的走刀路线画上去（包括进、退刀路线）。工序简图一般是在数控加工工序卡上绘制的，或者绘制专门的数控加工走刀路线图，这样可为数控编程与加工带来不少方便。工步的划分与安排一般可根据走刀路线进行。

　　在确定走刀路线时，主要遵循以下原则：

　　（1）应能保证零件具有良好的加工精度和表面质量。

　　（2）应尽量缩短走刀路线，减少空刀时间，以提高生产效率。

　　（3）应使数值计算简单，程序段数量少。

　　（4）确定轴向移动尺寸时，应考虑刀具的引入距离和超越距离。

　　（5）对多次重复的走刀路线，应编写子程序，简化编程。

2. 数控车削走刀路线

1）进刀路线的选择

（1）选择最短进刀路线。选择最短的进刀路线，可以直接缩短加工时间，还可提高生产效率，降低刀具磨损量。因此，在安排粗加工或半精加工进刀路线时，应综合考虑被加工工件的刚性和加工工艺性等要求，选定最短的进刀路线。

图 4-17 所示为 3 种不同粗车削进刀路线，其中，图 4-17（a）所示为利用复合循环指令沿零件轮廓加工的进刀路线，图 4-17（b）所示为按三角形轨迹加工的进刀路线，图 4-17（c）所示为按矩形轨迹加工的进刀路线。通过分析和判断可知，按矩形轨迹加工的进刀路线最短。因此，在同等条件下，以这种进刀路线切削时，所需时间最短（不含空行程），刀具的磨损量也最小。

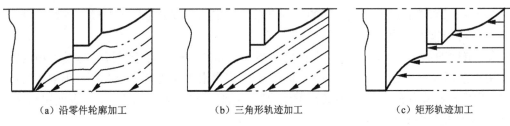

（a）沿零件轮廓加工　　　　　　（b）三角形轨迹加工　　　　　　（c）矩形轨迹加工

图 4-17　3 种不同粗车削进刀路线

（2）选择大余量毛坯的车削进刀路线。图 4-18 所示为车削大余量毛坯的两种进刀路线，其中，图 4-18（a）所示由小到大车削进刀路线在同样的背吃刀量 a_p 条件下，所留余量过大；而按图 4-18（b）所示由大到小车削进刀路线，则可保证每次车削所留余量基本相等，因此，选择该进刀路线车削大余量毛坯较为合理。

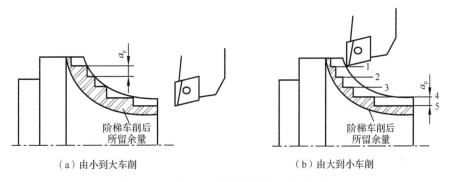

（a）由小到大车削　　　　　　　　　　　（b）由大到小车削

图 4-18　车削大余量毛坯的两种进刀路线

（3）选择车削螺纹时的进刀路线和刀具沿轴向的进给距离。车削螺纹时，刀具沿轴向的进给速度应与工件旋转速度保持严格的比例关系。考虑到刀具从停止状态加速到指定的进给速度或从指定的进给速度降至零时，驱动系统有一个过渡过程，因此，对刀具沿轴向的进给距离，除了保证螺纹的有效长度，还应增加刀具切入距离 δ_1 和刀具切出距离 δ_2（见

图 4-19），从而保证在车削螺纹的有效长度内，刀具的进给速度是均匀的。一般对 δ_1 取 1～2 倍螺距，对 δ_2 取 0.5 倍螺距以上。

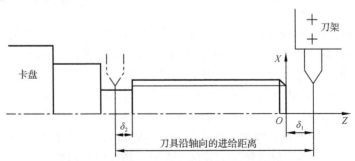

图 4-19　车削螺纹时刀具沿轴向的进给距离

（4）选择切槽的进刀路线。槽的类型有单槽、多槽，或者宽槽、窄槽、深槽、异形槽等，多槽可能包含宽槽、深槽和异形槽。

① 窄槽的加工。对深度不太大且精度要求不高的窄槽，可选用尺寸与槽宽相同的刀具，用直接切入一次成形的方法加工。即用 G01 代码沿 X 轴方向直进车削，车削到所需尺寸后，用暂停指令代码 G04 使刀具在槽底停留，以修整槽底表面，减小槽底表面粗糙度值。加工窄槽的进刀路线如图 4-20 所示。

② 深槽的加工。对宽度不大但深度较大的深槽，在其加工过程中，为避免排屑不顺和出现扎刀或断刀的现象，要采用分次进刀。加工深槽的进刀路线如图 4-21 所示，刀具在切入工件一定深度后，应回退一段距离，以便断屑和退屑。

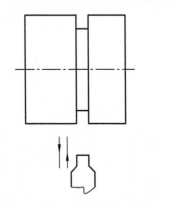

图 4-20　加工窄槽的进刀路线

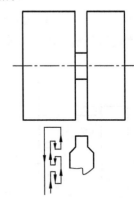

图 4-21　加工深槽的进刀路线

③ 宽槽的加工。对槽宽大于一个刀宽的宽槽，如果精度要求较高，那么加工时分粗加工和精加工。粗加工时采用排刀方式，在槽底和槽侧留精加工余量；精加工时刀具沿槽的一侧车削至槽底，再沿槽底车削至槽的另一侧。加工宽槽的进刀路线如图 4-22 所示。

（5）循环切除余量（见图 4-23）。数控车削中应根据毛坯类型和形状确定切除余量的方法，以达到减少走刀次数、提高生产效率的目的。

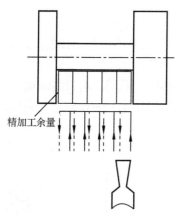

（a）粗加工宽槽的进刀路线

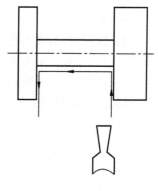

（b）精加工宽槽进刀路线

图 4-22　加工宽槽的进刀路线

对图 4-23（a）所示的轴类零件，走刀路线是轴向走刀、径向进刀，这样可以减少走刀次数。内外径车削复合循环指令代码 G71 就代表这种走刀方式。

对图 4-23（b）所示的盘类零件，走刀路线是径向走刀、轴向进刀。端面车削复合循环指令代码 G72 就代表这种走刀方式。

对图 4-23（c）所示的铸锻件，其毛坯形状与待加工零件形状相似，留有较均匀的加工余量。循环切除余量时，刀具沿工件轮廓线运动，逐渐逼近图样要求的尺寸。这种方法实质上是轮廓仿形车削方式。闭环车削复合循环指令代码 G73 就代表这种走刀方式。

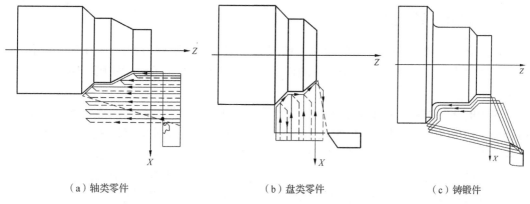

（a）轴类零件　　　　　　　　（b）盘类零件　　　　　　　　（c）铸锻件

图 4-23　循环切除余量

2）退刀路线的确定

在数控机床加工过程中，为了提高生产效率，刀具从起始点或换刀点运动到接近工件部位，以及加工完成后退回起始点或换刀点，是以快速运动方式完成的。因此，要合理安排退刀路线。

（1）退刀路线的原则。

① 确保运动过程刀具的安全性，即在退刀过程中刀具不能与工件发生碰撞。

② 考虑退刀路线最短，缩短空行程，提高生产效率。

（2）数控车床常用的退刀路线。根据加工零件部件的不同，退刀路线也不同。数控车床常用的3种退刀路线包括斜向退刀路线、径/轴向退刀路线、轴/径向退刀路线，如图4-24所示。

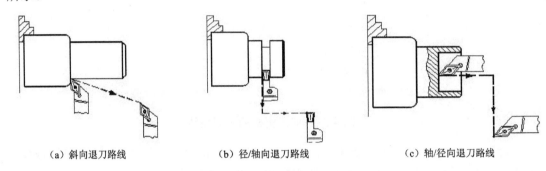

（a）斜向退刀路线　　　　（b）径/轴向退刀路线　　　　（c）轴/径向退刀路线

图4-24　数控车床常用的3种退刀路线

图4-24（a）所示的斜向退刀路线最短，适用于加工外圆柱表面的偏刀退刀。图4-24（b）所示的径/轴向退刀路线，是指刀具先沿径向垂直退刀，到达指定位置时再沿轴向退刀，适合作为加工槽时的退刀路线。图4-24（c）所示的轴/径向退刀路线的顺序与径/轴向退刀路线的顺序刚好相反，适合作为镗孔时的退刀路线。

3. 数控铣削走刀路线

首次介绍周铣和端铣。周铣为周边铣削的简称，是指用铣刀的周边刃进行铣削，如图4-25（a）所示。端铣为端面铣削的简称，是指用铣刀端面齿刃进行铣削，如图4-25（b）所示。

单一的周铣和端铣主要用于加工平面类零件，在实际数控铣削中，常采用周铣和端铣组合加工曲面和型腔，如图4-25（c）所示。与周铣相比，端铣更容易使加工表面获得较小的表面粗糙度和较高的生产效率。另外，在端铣时，主轴刚性好，可以采用硬质合金可转位刀片的面铣刀，因此切削用量大，生产效率高。在平面铣削中，端铣基本上代替了周铣。但周铣可以用于加工成形表面和组合表面，而端铣只能加工平面。

其次介绍顺铣和逆铣。在铣削加工中，铣刀的旋转方向一般是不变的，但工件的进给方向是变化的，于是就出现了铣削加工中常见的两种现象：顺铣和逆铣，如图4-26所示。顺铣或逆铣是影响加工表面粗糙度的重要因素之一。

顺铣是指铣刀和工件接触部位的旋转方向与工件进给方向相同的铣削方式，如图4-26（a）所示。顺铣时，每齿切削厚度从最大逐渐减小到零。逆铣是指铣刀和工件接触部位的旋转方向与工件进给方向相反的铣削方式，如图4-26（b）所示。逆铣时，每齿切削厚度从零逐渐增大到最大而后切出。

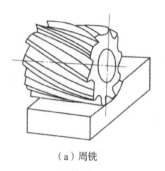

（a）周铣

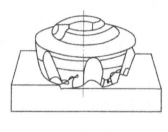

（b）端铣

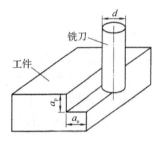

（c）周铣和端铣组合

图 4-25　周铣和端铣及其组合

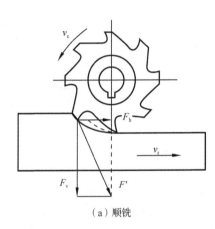

（a）顺铣

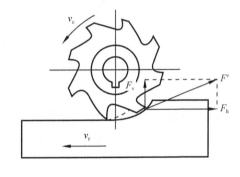

（b）逆铣

图 4-26　顺铣和逆铣

在顺铣时，铣刀的刀刃的切削厚度由最大到零，不存在滑行现象，因此刀具磨损量较小，工件表面冷硬程度较轻。垂直分力 F_v 的方向向下，对工件有一个压紧作用，有利于工件的装夹；水平分力 F_h 的方向与工件进给方向相同，不利于消除工作台丝杠和螺母的间隙，铣削时振动大。但其表面粗糙度低，适合精加工。

在逆铣时，铣刀的刀刃不能立刻切入工件，而是在工件已加工表面滑行一段距离。因此刀具磨损加剧，工件表面产生冷硬现象。垂直分力 F_v 对工件有一个上抬作用，不利于工件的装夹；水平分力 F_h 的方向与工件进给方向不同，有利于消除工作台的滚珠丝杠和螺母的间隙，铣削过程平稳，振动小。但逆铣的表面粗糙度较高，适合粗加工。

铣削方式的选择应视零件图样的加工要求，综合考虑工件材料的性质、特点，以及机床、刀具等条件。通常，数控机床传动机构采用滚珠丝杠副，其进给传动间隙很小。因此顺铣的工艺性优于逆铣。

一般来说，铣削加工铝镁合金、铁合金或耐热合金时，为了降低表面粗糙度和提高刀具耐用度，应尽量采用顺铣。铣削加工黑色金属锻件或铸件时，在其表皮硬且加工余量较大的情况下，可采用逆铣，使刀齿从已加工表面切入，不易崩刃；数控机床传动机构的间隙不会引起振动和爬行。

1）加工平面零件轮廓的走刀路线

铣削平面零件外轮廓时，一般采用立铣刀的侧刃铣削。当刀具切入工件时，应避免其沿零件外轮廓的法向切入，而应沿铣削起始点的延伸线或外轮廓的切线切入，以免在切入处产生接刀痕。沿铣削起始点的延伸线或外轮廓的切线逐渐切入工件，可保证零件曲线的平滑过渡，如图 4-27（a）和图 4-27（b）所示。同样，在切出工件时，也应避免在铣削终点直接抬刀，要沿着铣削终点的延伸线或外轮廓的切线逐渐切出工件。

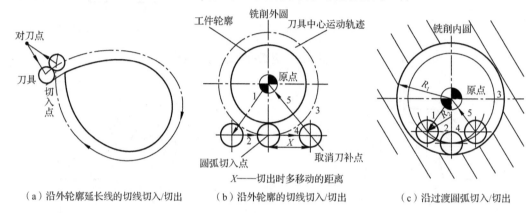

（a）沿外轮廓延长线的切线切入/切出　　（b）沿外轮廓的切线切入/切出　　（c）沿过渡圆弧切入/切出

图 4-27　铣削平面零件轮廓时的走刀路线

铣削封闭的内轮廓表面时，刀具同样不能沿内轮廓的法向切入/切出。此时刀具可以沿过渡圆弧切入/切出工件，如图 4-27（c）所示。其中，R_1 为零件圆弧轮廓半径，R_2 为过渡圆弧半径。

在外轮廓加工中，由于刀具的运动范围比较大，因此一般采用立铣刀加工；在内轮廓加工中，如果没有预留（或加工出）孔时，一般用键槽铣刀进行加工。由于键槽铣刀一般为两刃刀具，比立铣刀的切削刃少，因此在主轴转速相同的情况下，其进给速度应比立铣刀的进给速度小。

2）加工型腔的走刀路线

加工型腔时，通常采用立铣刀铣削，图 4-28 所示为加工型腔的 3 种走刀路线，走刀路线不一致，加工效果也不同。图 4-28（a）和图 4-28（b）所示分别为行切法走刀路线与环切法走刀路线，行切法走刀路线比环切法走刀路线短，但行切法走刀路线在每次进给的起始点与终点之间残留面积，而达不到所要求的表面粗糙度；用环切法走刀路线获得的表面粗糙度小于行切法走刀路线获得的表面粗糙度，但环切法走刀路线需要逐次向外扩展轮廓线，刀位点的计算较为复杂。综合二者的优点，可采用如 4-28（c）所示的刀具路线，即先用行切法去除中间部分余量，后用环切法切一刀，这样既能使刀具路线较短，又能获得较好的表面粗糙度。在以上 3 种走刀路线中，行切法走刀路线的加工效果最差，先行切后环切走刀路线的加工效果最佳。

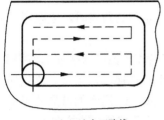
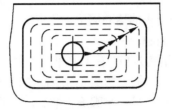
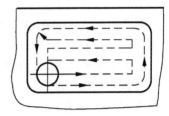

（a）行切法走刀路线　　　　（b）环切法走刀路线　　　　（c）先行切后环切走刀路线

图 4-28　加工型腔时的 3 种走刀路线

3）铣削曲面的走刀路线

铣削曲面时，常用球头刀。图 4-29 所示为铣削边界敞开的直纹曲面时常用的两种走刀路线。当采用图 4-29（a）所示走刀路线时，每次直线进给，刀位点的计算简单，程序较短，而且加工过程符合直纹曲面的形成规律，可以准确保证母线的直线度。图 4-29（b）所示走刀路线，符合这类零件数据情况，便于加工后检验，叶形的准确度高，但程序较长。因此，在实际生产中最好将以上两种走刀路线结合起来使用。另外，由于曲面边界是敞开的，没有其他表面限制，因此曲面边界可以外延。为保证加工后的表面质量，球头刀应从曲面边界外部进刀和退刀。当曲面边界不敞开或干涉曲面时，对走刀路线要另行处理。

总之，确定走刀路线的总原则是，在保证零件加工精度和表面粗糙度的前提下，尽量缩短走刀路线，以提高生产效率。

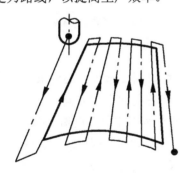
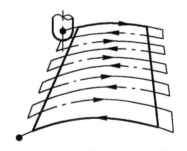

（a）铣削平行直纹曲面的走刀路线　　　　　　（b）铣削垂直直纹曲面的走刀路线

图 4-29　铣削边界敞开的直纹曲面时常用的两种走刀路线

4. 加工孔时的走刀路线

加工孔时，一般先将刀具在 XY 平面内快速定位，使之运动到孔中心线的位置上，然后沿 Z 轴方向进行加工。因此，加工孔时的走刀路线包括 XY 平面内进给路线和确定 Z 轴方向的刀具路线。

1）确定 XY 平面内的进给路线

加工孔时，刀具在 XY 平面内的运动属于点位运动。在确定刀具路线时，主要考虑刀具路线最短和定位准确这两个问题。

（1）定位要迅速。定位要迅速是指，在刀具不与工件、夹具和数控机床碰撞的前提下，使空行程时间尽可能少。例如，在加工如图 4-30 所示的多孔时，按照一般习惯，总是先加工均布在同一圆周上的孔，再加工另一个圆周上的孔，即图 4-30（a）所示的圆周式走刀路线。但对点位控制的数控机床来说，这种走刀路线并不是最短的走刀路线。若按图 4-30（b）所示的交替式走刀路线加工，可使各孔间距的总和最小，使走刀路线最短，减少刀具空行程时间，从而节省定位时间。与圆周式走刀路线相比，交替式走刀路线的定位时间节省近一半，因此定位迅速。

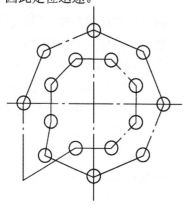 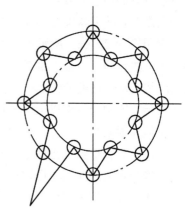

（a）圆周式走刀路线　　　　　　　　　　　　　　（b）交替式走刀路线

图 4-30　加工多孔时最短走刀路线的选择

（2）定位要准确。在加工孔的过程中，除了空行程时间尽量少，还要求孔与孔之间有较高的位置精度。因此，设计镗孔走刀路线时，要使各孔的定位方向一致，即采用单向趋近定位点的方法，以免传动系统的误差或测量系统误差对定位精度造成影响。要根据图 4-31（a）所示零件图加工 4 个孔，若按图 4-31（b）所示的刀具路线，则可能由于孔 4 与孔 1、孔 2、孔 3 的定位方向相反原因，Y 轴方向的反向间隙会使定位误差增加，从而影响孔 4 与其他孔的位置精度；若按图 4-31（c）所示的刀具路线，加工完孔 3 后往上移动一段距离至点 P，然后折回来在孔 4 进行定位加工，则可保证 4 个孔的定位方向一致，避免引入反向间隙，提高了孔 4 的定位精度。

有时定位迅速和定位准确两者难以同时满足，在这种情况下通常采取处理的方法是，若按最短刀具路线进给能保证定位精度，则选取最短刀具路线；反之，应选取能保证定位准确的刀具路线。

2）确定 Z 轴向的刀具路线

（1）返回路线的选择。Z 轴方向的刀具路线分为快速移动进给路线和工作进给路线，即快进路线和工进路线。刀具先从初始平面快速运动到距工件待加工表面一定距离的参考平面（也称 R 平面），然后按工进路线进行加工。图 4-32（a）所示为加工单孔时的刀具路线，其中从初始平面到 R 平面为快进路线，从 R 平面到孔底平面为工进路线，从孔底平面到初始平面或 R 平面为返回路线。加工多孔时，为减少刀具的空行程时间，当加工完中间的孔后，刀具不必退回初始平面，只要退回到 R 平面上即可，这种情况下的刀具路线如图 4-32（b）所示。只有孔与孔之间存在障碍需要跳跃或全部孔都被加工完时，才使刀具返回初始平面。

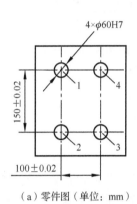

（a）零件图（单位：mm）

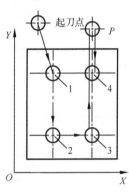

（b）可保证数控机床精度的刀具路线

（c）可消除间隙的刀具路线

图 4-31　准确定位刀具路线

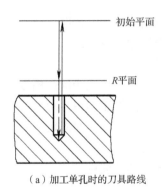

（a）加工单孔时的刀具路线

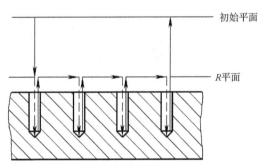

（b）加工多孔时的刀具路线

图 4-32　Z 轴方向的刀具路线

（2）导入量与超越量的确定。在加工孔的工进路线中，工作进给距离是指从 R 平面到孔底平面之间的距离，工作进给距离 Z_F 包括加工孔的深度 H、刀具导入量 Z_a、刀具的钻尖长度 T_t（其值一般取 0.3D，D 为刀具直径）和刀具超越量 Z_o（用于加工通孔）。加工不通孔和通孔时的工作进给距离如图 4-33 所示。加工孔时的刀具导入量 Z_a 的具体值由工件表面的尺寸变化量确定，一般情况下其值取 2～10mm。当孔上表面为已加工表面时，刀具导入量取较小值，其值为 2～5mm。镗通孔时，刀具超越量为 1～3mm；铰通孔时，刀具超越量为 3～5mm；钻通孔时，刀具超越量为 1～3mm。

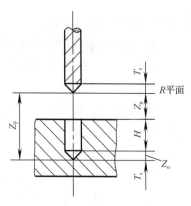
（a）加工不通孔时的工作进给距离

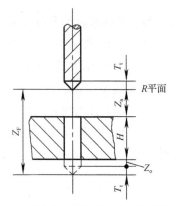
（b）加工通孔时的工作进给距离

图 4-33　加工不通孔和通孔时的工作进给距离

4.5.2　零件的定位与安装

1.　定位与安装的基本原则

在数控机床上加工零件时，定位与安装的基本原则与普通机床相同，也要合理选择定位基准和夹紧方案。为了提高数控机床的加工效率，在确定定位基准与夹紧方案时应遵循以下原则：

（1）力求设计、工艺与编程计算的基准统一。

（2）尽量减少装夹次数，尽可能在一次装夹后，加工出全部待加工表面。

（3）避免采用占机人工调试加工方案，以充分发挥数控机床的效能。

（4）夹紧力的作用点应落在工件刚性较好又不影响加工的部位。

夹具在数控加工中具有重要的作用。数控机床夹具必须适应数控机床的高精度、高效率、多方向同时加工、程序控制及单件小批量生产的特点。数控加工的特点对夹具提出了两个基本要求：第一，要保证夹具的坐标方向与数控机床的坐标方向相对固定；第二，要能协调零件与机床坐标系的尺寸关系。此外，还要考虑以下几点：

（1）单件小批量生产时，应尽量采用组合夹具、可调式夹具及通用夹具，以缩短生产准备时间，节省生产费用。

（2）在大批量生产时，才考虑采用专用夹具，但其结构力求简单。

（3）便于自动化加工。夹具上的各个零部件不应妨碍数控机床对零件各表面的加工，即夹具要开敞，其定位、夹紧机构元件不能影响加工中的走刀路线，以免产生碰撞。

（4）装卸零件方便。数控机床的生产效率高，但装夹工件的辅助时间对其生产效率影响较大，因此要求零件在夹具上的装卸要快速、方便、可靠，以缩短辅助时间。有条件时，对批量较大的零件应采用气动夹具或液压夹具、多工位夹具等，实现夹具的高效自动化。

2. 常用的数控夹具

1）通用夹具

通用夹具是指已经标准化、无须调整或稍加调整就可以用来装夹不同工件的夹具，如三爪自定心卡盘、四爪单动卡盘、平口虎钳和万能分度头等。这类夹具主要用于单件小批量生产。

图 4-34 所示为数控车床的通用夹具。其中，三爪自定心卡盘能同步沿径向移动，实现对工件的夹紧或松开；装夹时不需要找正，能自动定心；装夹速度较快，但夹紧力较小，适用于装夹中小型圆柱形工件、正三边形工件或正六边形工件。四爪单动卡盘的四个卡爪沿圆周均布，每个卡爪能够单独沿径向移动；装夹工件时，可以分别调节各个卡爪与工件的相对位置；四爪单动卡盘的夹紧力大，但夹持工件时需要找正，适用于在单件、小批量生产中装夹非圆形工件或大型工件。在大批量生产时，为便于自动控制，常使用液压卡盘或气动卡盘，实现回转工件的自动装夹。

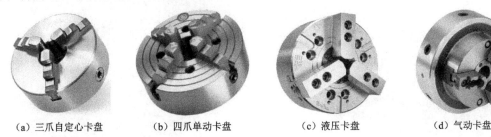

（a）三爪自定心卡盘　　　（b）四爪单动卡盘　　　（c）液压卡盘　　　（d）气动卡盘

图 4-34　数控车床的通用夹具

对较长（长径比为 4～10）或工序较多的轴类工件进行加工时，为保证工件同轴度要求，常使用如图 4-35 所示的两种装夹方法。

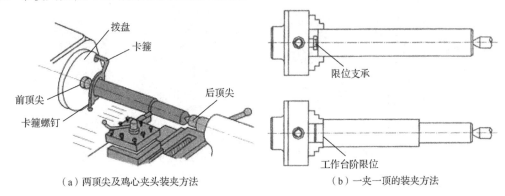

（a）两顶尖及鸡心夹头装夹方法　　　　　　（b）一夹一顶的装夹方法

图 4-35　较长轴类工件的两种装夹方法

采用两顶尖及鸡心夹头装夹方法时，以两端中心孔定位，容易保证定位精度，但是，由于顶尖细小，装夹不够牢靠，因此不宜用大的切削用量进行加工。采用一夹一顶的装夹方法时，工件安装刚性好，轴向定位准确，能承受较大的轴向切削力，比较安全；该方法适用于车削质量较大的工件,操作时一般在卡盘内安装一个限位支承或利用工件台阶限位,防止工件因受切削力的作用而产生轴向位移。

图 4-36 所示为数控铣床或加工中心的通用夹具。其中,通用平口钳有固定侧与活动侧,固定侧与底面作为定位面,活动侧用于夹紧,使用通用平口钳装夹的最大优点是方便、快捷,但夹持范围不大,夹持工件时需要找正,适用于装夹形状规则的小型工件。根据工件加工情况也常用螺栓螺母、压板和垫铁夹紧工件,这种装夹方式比较灵活,适用于单件或不规则的零件。万能分度头能使工件周期地绕自身轴线回转一定角度,完成等分或不等分的圆周分度工作,如加工方头、六角头、齿轮、花键等。数控回转工作台除了具有分度和转位的功能,还能实现数控圆周进给运动,还可以与其他轴作插补运动。很多分度工作台与数控回转工作台从外形上看没有多大的差别,但是在内部结构和功能上,则有较大的差别。

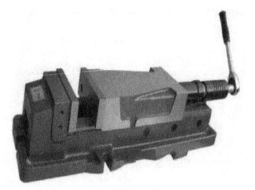

（a）通用平口钳

（b）螺栓螺母、压板和垫铁

（c）万能分度头

（d）数控回转工作台

图 4-36　数控铣床或加工中心的通用夹具

2）专用夹具

专用夹具指为某一工件的某一道工序专门设计制造的夹具。图 4-37 所示为连杆加工铣槽专用夹具。这类夹具的特点是针对性强、结构紧凑、操作简便、生产效率高,主要用于固定产品的大批大量生产;缺点是设计制造周期长,产品更新换代后,零件尺寸和形状一发生变化,专用夹具就报废。

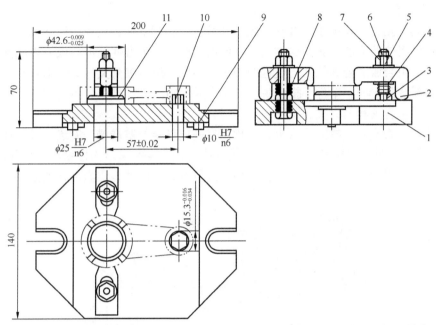

1—夹具体 2—压板 3，7—螺母 4，5—垫圈 6—螺栓 8—弹簧 9—定位键 10—菱形销 11—圆柱销

图 4-37　连杆加工铣槽专用夹具（单位：mm）

3）可调夹具

可调夹具包括通用可调夹具和成组夹具，后者也称专用可调夹具。图 4-38 所示为可调三爪卡盘和成组车孔夹具，它们都是通过调整或更换少量元件就能加工一定范围内的工件，兼有通用夹具和专用夹具的优点。这类夹具只要更换或调整个别定位、夹紧或导向元件，即可用于多种零件的加工，从而使多种零件的单件小批量生产变为一组零件在同一夹具上的大批量生产。产品更新换代后，只要属于同一类型的零件，仍能在此夹具上加工。由于可调夹具具有较强的适应性和良好的继承性，因此，使用可调夹具可大大减少专用夹具的数量，缩短生产准备周期，降低成本。

（a）可调三爪卡盘　　　　　　　　　　（b）成组车孔夹具

图 4-38　可调三爪卡盘和成组车孔夹具

4）组合夹具

组合夹具是指按一定的工艺要求，由一套结构已经标准化、尺寸已经格式化的通用元件和组合元件组装而成的夹具。这类夹具在使用完毕后，可方便地拆散成元件或部件，待需要时，重新组合成适合其他加工过程的夹具。因此，组合夹具又称柔性组合夹具。组合夹具适用于新产品研制、单件小批量生产和生产周期短的零件产品。组合夹具分为槽系组合夹具和孔系组合夹具两大类。

（1）槽系组合夹具。槽系组合夹具是指依靠基础件定位基准槽、键连接各组件而组合成的夹具，所有组件可以拆卸、反复组装、重复使用。图4-39所示为槽系组合夹具的组件。该夹具组件按其用途可分为基础件、支撑件、定位件、导向件、压紧件、紧固件、合件和其他件8大类。

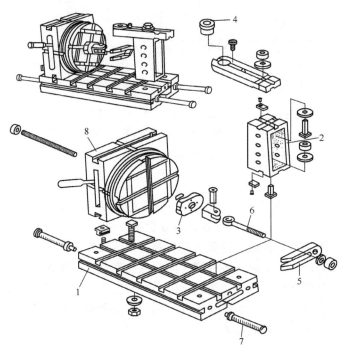

1—长方形基础件 2—方形支撑件 3—菱形定位盘 4—快换钻套 5—叉形、压板 6—螺栓 7—手柄杆 8—分度合件

图4-39 槽系组合夹具的组件

（2）孔系组合夹具。根据零件的加工要求，用孔系组合夹具的组件即可快速地组装出机床夹具。图4-40所示为孔系组合夹具的组件，该系列组件结构简单，以孔定位，用螺栓连接，定位精度高，刚性好，组装方便。孔系组合夹具的应用实例如图4-41所示。

使用组合夹具不仅可以节省夹具的材料费、设计费、制造费，方便库存保管，而且其组合时间短，能够缩短生产周期，可反复拆装，不受零件尺寸改动限制，可以随时更换夹具定位易磨损件。但对于定型产品的大批量生产时，组合夹具的生产效率不如专用夹具的生产效率高。

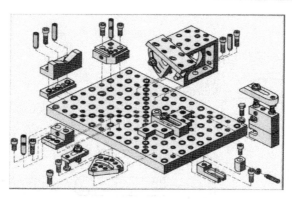

图 4-40　孔系组合夹具的组件

图 4-41　孔系组合夹具的应用实例

4.5.3　数控加工刀具与工具系统

刀具与工具的选择是数控加工工艺中重要的内容之一，它不仅影响数控机床的生产效率，而且直接影响加工质量。与传统的加工方法相比，数控加工对刀具和工具的要求更高：不仅要求精度高、刚度好、耐用度高，而且要求尺寸稳定、安装调整方便等。

1. 数控加工刀具材料

数控加工刀具材料主要包括高速钢、硬质合金、陶瓷、立方氮化硼、聚晶金刚石等，常用的刀具材料是高速钢和硬质合金。不同刀具材料的硬度和韧性对比如图 4-42 所示。

1）高速钢

高速钢又称锋钢或白钢，它是含有钨（W）、钼（Mo）、铬（Cr）、钒（V）、钴（Co）等元素的合金钢，分为钨、钼两大系列，是传统的刀具材料。其常温硬度为 HRC62～65，热硬性可提高到 500～600℃；淬火后变形小，易刃磨，可锻制和切削。它不仅可用来制造钻头、铣刀，还可用来制造齿轮刀具、成形铣刀等复杂刀具。但是，这类刀具允许的切削速度较低（50m/min），因此大多用于数控机床的低速加工。普通高速钢以 W18Cr4V 为代表。

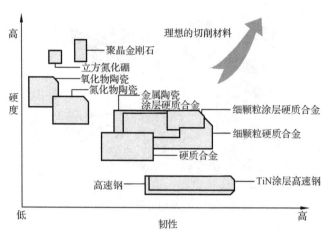

图 4-42　不同刀具材料的硬度和韧性对比

2）硬质合金

硬质合金是由硬度和熔点都很高的碳化物（WC、TiC、TaC、NbC 等），用钴（Co）、钼（Mo）、镍（Ni）做黏结剂制成的粉末冶金产品。其常温硬度可达 HRC74～82，能耐 800～1000℃的高温；生产成本较低，可在中速（150m/min）、大进给量切削中发挥优良的切削性能。因此，硬质合金成为最广泛使用的刀具材料。但其冲击韧度与抗弯强度远比高速钢低，因此很少做成整体式刀具。在实际使用中，一般将硬质合金刀具用焊接或机械装夹的方式固定在刀体上。常用的硬质合金有钨钴（YG）合金、钨钛（YT）合金和钨钛钽（铌）（YW）合金三大类。

涂层硬质合金刀具（见图 4-43）是在韧性较好的硬质合金刀具上涂覆一层或多层耐磨性好的 TiN、TiCN、TiAlN 和 Al$_2$O$_3$ 等而制成的，涂层的厚度为 2～18μm。涂层通常起到两方面的作用：一方面，它具有比刀具基体和工件材料低得多的热传导系数，减弱了刀具基体的热作用；另一方面，它能够有效地改善切削过程的摩擦和黏附作用，降低切削热的生成。TiN 具有低摩擦特性，可减少涂层组织的损耗；TiCN 可降低刀具后面的磨损量；TiAlN 涂层硬度较高；Al$_2$O$_3$ 涂层具有优良的隔热效果。涂层硬质合金刀具与硬质合金刀具相比，在强度、硬度和耐磨性方面都有了很大的提高。对于硬度为 HRC45～55 的工件的切削，低成本的涂层硬质合金可实现高速切削。

3）陶瓷

陶瓷是近几十年来发展速度快、应用日益广泛的刀具材料之一。陶瓷刀具（见图 4-44）具有高硬度（HRA91～95）、高强度（抗弯强度为 750～100MPa）、耐磨性好、化学稳定性好、良好的抗黏结性能、摩擦系数低且价格低廉等优点。不仅如此，陶瓷刀具还具有很高的高温硬度，1200℃时的硬度达到 HRA80。使用正常时，陶瓷刀具耐用度极高，切削速度比硬质合金刀具提高 2～5 倍，特别适用于对高硬度材料的加工、精加工及高速加工，还可加工硬度达 HRC60 的淬硬钢和硬化铸铁等。常用的陶瓷材料有氧化铝基陶瓷、氮化硅基陶瓷和金属陶瓷等。

图 4-43 涂层硬质合金刀具　　　　　　　　图 4-44　陶瓷刀具

4）立方氮化硼（CBN）

CBN 是人工合成的高硬度材料，其硬度可达 HV7300～9000，其硬度和耐磨性仅次于金刚石，有极好的高温硬度。与陶瓷刀具相比，其耐热性和化学稳定性稍差，但抗冲击强度和抗破碎性能较好。它适用于淬硬钢（HRC50 以上）、珠光体灰铸铁、冷硬铸铁和高温合金等的切削加工。与硬质合金刀具相比，其切削速度可提高一个数量级。CBN 含量高的PCBN（聚晶立方氮化硼）刀具（见图 4-45）具有硬度高、耐磨性好、抗压强度高及耐冲击韧度好等优点，其缺点是热稳定性差和化学惰性低，适用于耐热合金、铸铁和铁系烧结金属的切削加工。

5）聚晶金刚石（PCD）

PCD 作为最硬的刀具材料（见图 4-46），硬度可达 HV10000，具有最好的耐磨性。它能够以高切削速度（1000m/min）和高精度加工有色金属材料和非金属材料，但它对冲击敏感，容易碎裂，而且对黑色金属铁的亲和力强，易引起化学反应。一般情况下只能把这类刀具用于加工非铁零件，如有色金属及其合金、玻璃纤维、工程陶瓷和硬质合金等极硬的材料。

图 4-45　PCBN 刀具　　　　　　　　　图 4-46　PCD 刀具

2. 数控加工刀具

1）车削加工刀具

数控车床主要用于回转表面的加工，因此，其使用的刀具根据加工用途可分为外圆车刀、内孔车刀、螺纹车刀、切槽刀等不同类型，图4-47所示为常用车削刀具的种类、形状与用途。无论是外圆车刀、内孔车刀、切槽刀还是螺纹车刀均有整体式、焊接式和机夹式之分。目前数控车床上广泛使用机夹式可转位刀具，其结构如图4-48所示。它由刀杆、刀片、刀垫及夹紧元件组成。若刀片是多边的且都有切削刃，则当某切削刃磨损钝化后，只需松开夹紧元件，将刀片转一个位置便可继续使用。其最大优点是车刀几何角度完全由刀片保证，切削性能稳定。这类刀具的刀杆和刀片已标准化，加工质量好。图4-49所示为车削加工常用的机夹式可转位刀具。

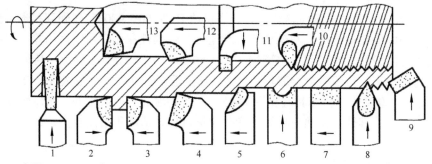

1—切断刀 2—90°左偏刀 3—90°右偏刀 4—弯头车刀 5—直头车刀 6—成形车刀 7—宽刃精车刀
8—外螺纹车刀 9—端面车刀 10—内螺纹车刀 11—内槽车刀 12—通孔车刀 13—不通孔车刀

图4-47 常用车削刀具的种类、形状与用途

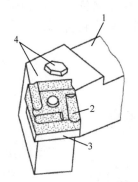

1—刀杆 2—刀片 3—刀垫 4—夹紧元件

图4-48 机夹式可转位刀具结构

刀片是机夹式可转位刀具的一个最重要组成元件。按照国家标准《切削刀具用可转位刀片型号表示规则》（GB/T 2076—2007），切削刀具用可转位刀片的形状和表达特性如图4-50所示。

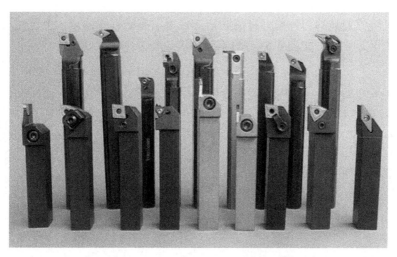

图 4-49　车削加工常用的机夹式可转位刀具

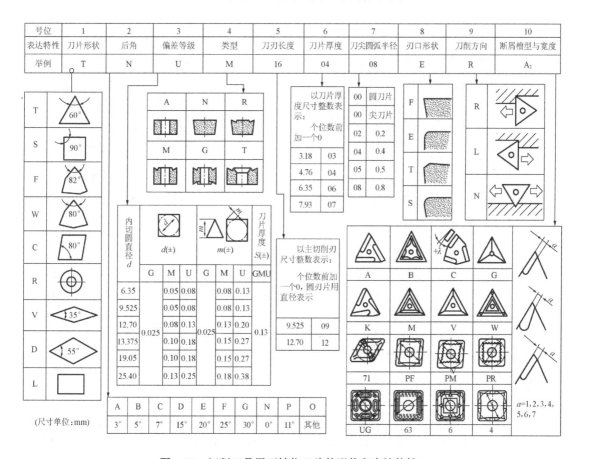

图 4-50　切削刀具用可转位刀片的形状和表达特性

机夹式可转位刀具的刀片与刀杆的固定方式通常有螺钉式压紧、上压式压紧、杠杆式压紧和综合式压紧 4 种，如图 4-51～图 4-54 所示。

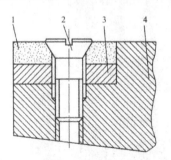

1—刀片　2—螺钉　3—刀垫　4—刀体

图 4-51　螺钉式压紧

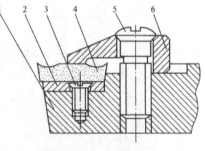

1—刀体　2—刀垫　3—螺钉　4—刀片
5—压紧螺钉　6—压板

图 4-52　上压式压紧

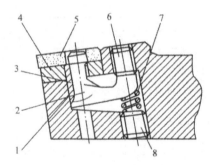

1—刀体　2—杠杆　3—弹簧套　4—刀垫
5—刀片　6—压紧螺钉　7—调整弹簧　8—调节螺钉

图 4-53　杠杆式压紧

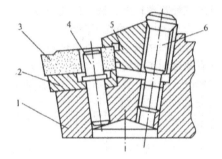

1—刀体　2—刀垫　3—刀片　4—圆柱销
5—压块　6—压紧螺钉

图 4-54　综合式压紧

2）铣削加工刀具

铣刀主要用于加工平面、台阶、沟槽、成形表面和切断工件。选择铣刀时，要使刀具的尺寸与被加工工件的表面尺寸和形状相适应。在加工平面零件轮廓时，常采用圆柱形立铣刀；在铣平面时，应选硬质合金可转位面铣刀；在加工凸台或凹槽时，选用高速钢立铣刀；在加工毛坯表面或粗加工孔时，可选用镶涂层硬质合金的玉米铣刀。加工一些立体型面和变斜角轮廓时，常采用球头铣刀、环形铣刀和锥形铣刀等。常用的铣刀如图 4-55 所示。

3）孔加工刀具

在数控铣床和加工中心上可以完成钻孔、扩孔、铰孔、攻螺纹、锪沉头孔、镗孔等加工，如图 4-56 所示。常用的孔加工刀具有中心孔钻、麻花钻、铰刀、镗刀（分单刃和双刃）和丝锥，如图 4-57 所示。

（a）圆柱形立铣刀

（b）球头铣刀

（c）硬质合金可转位面铣刀

（d）镶涂层硬质合金的玉米铣刀

（e）环形铣刀

（f）锥形铣刀

图 4-55　常用的铣刀

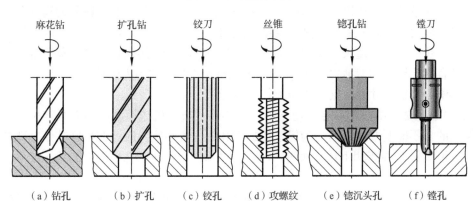

（a）钻孔　　　（b）扩孔　　　（c）铰孔　　　（d）攻螺纹　　　（e）锪沉头孔　　　（f）镗孔

图 4-56　数控铣床和加工中心的孔加工

（a）中心孔钻

（b）麻花钻

（c）铰刀

图 4-57　常用的孔加工刀具

175

(d) 单刃镗刀　　　　　　　(e) 双刃镗刀　　　　　　　(f) 丝锥

图 4-57　常用的孔加工刀具（续）

下面介绍钻孔刀具、扩孔刀具、铰孔刀具和镗孔刀具。

（1）钻孔刀具。钻孔一般作为扩孔、铰孔前的粗加工和用于加工螺纹底孔等。钻孔刀具主要是麻花钻、中心孔钻、硬质合金可转位浅孔钻等。

① 麻花钻。麻花钻的钻孔精度一般在 IT12 左右，表面粗糙度为 $Ra12.5\mu m$。按刀具材料分类，麻花钻分为高速钢钻头和硬质合金钻头；按柄部分类，麻花钻分为直柄和莫氏锥柄，直柄一般用于小直径钻头，莫氏锥柄一般用于大直径钻头；按长度分，麻花钻分为基本型和短、长、加长、超长等类型钻头。直径为 8～80mm 的麻花钻多为莫氏锥柄，可直接装在带有莫氏锥孔的刀柄内；直径为 0.1～20mm 的麻花钻多为圆柱形，可装在钻夹头刀柄上。对中等直径尺寸麻花钻可选用上述两种形式。

② 中心孔钻。中心孔钻专门用于加工中心孔。数控机床钻孔中的刀具定位是由数控程序控制的，不需要钻模导向。为保证待加工孔的位置精度，应该在用麻花钻钻孔前，用中心孔钻"划窝"，或者用刚性较好的短钻头"划窝"，以便钻孔中的刀具找正，确保麻花钻的定位。

③ 硬质合金可转位浅孔钻。硬质合金可转位浅孔钻如图 4-58 所示，它用于钻削直径为 20～60mm、孔的长径比小于 3～4 的中等直径浅孔。该钻头的切削效率和加工质量均好于麻花钻，适用于箱体类零件的孔加工及插铣加工，也可以用作扩孔刀具使用。硬质合金可转位浅孔钻的刀体头部装有一组硬质合金刀片（刀片可以是正多边形、菱形或四边形），尺寸较大的硬质合金可转位浅孔钻的刀体上有内冷却通道及排屑槽。为了提高刀具的使用寿命，可以在刀片上涂镀碳化钛涂层。相比普通麻花钻，使用这种钻头钻箱体类零件的孔，效率可提高 4～6 倍。

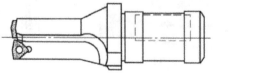

图 4-58　硬质合金可转位浅孔钻

（2）扩孔刀具。扩孔是对已钻出、铸（锻）出或冲出的孔进一步加工。扩孔时一般采用扩孔钻（立铣刀也可以扩孔）。扩孔钻的分类和结构如图 4-59 所示，按扩孔钻的刀柄部分结构，扩孔钻分为整体式直柄扩孔钻（直径小的扩孔钻）、整体式锥柄扩孔钻（中等直径的扩孔钻）和套式扩孔钻（直径较大的扩孔钻）三种。扩孔钻的切削刃较多，一般为 3～4 个切削刃，切削导向性好；扩孔加工余量小，一般为 2～4mm；主切削刃短，容屑槽较麻花钻的容屑槽小，刀体刚度好；没有横刃，切削时轴向力小。因此，扩孔加工质量和生产效率均优于钻孔。扩孔对于预制孔的形状误差和轴线的歪斜有修正能力，它的加工精度可达 IT10，表面粗糙度为 $Ra6.3～3.2\mu m$。扩孔钻可以用于孔的终加工，也可作为铰孔或磨孔的预加工。

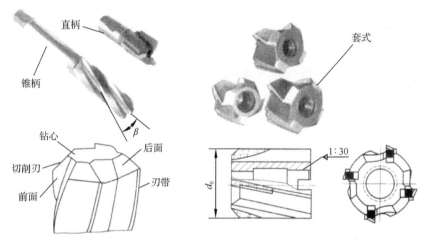

（a）整体式直柄扩孔钻和整体式锥柄扩孔钻　　　　　（b）套式扩孔钻

图 4-59　扩孔钻的分类和结构

（3）铰孔刀具。数控机床上使用的铰刀大多是通用标准铰刀。铰刀一般由高速钢和硬质合金制造，铰刀的精度等级分为 H7、H8、H9 三级，其公差由铰刀专用公差确定，分别适用于铰削 H7、H8、H9 公差等级的孔。铰刀又可分为 A 型和 B 型两种类型，A 型为直槽铰刀，B 型为螺旋槽铰刀，如图 4-57（c）所示。螺旋槽铰刀切削平稳，适用于加工断续表面。

此外，数控铣床、加工中心上铰孔所用刀具还有机夹式硬质合金单刃铰刀和浮动铰刀等。加工精度为 IT8～IT9 级、表面粗糙度为 $Ra0.8～1.6\mu m$ 的孔时，多选用通用标准铰刀；加工精度为 IT5～IT7 级、表面粗糙度为 $Ra0.7\mu m$ 的孔时，可采用机夹式硬质合金单刃铰刀，这种铰刀的结构如图 4-60 所示。

铰削精度为 IT6～IT7 级、表面粗糙度为 $Ra0.8～1.6\mu m$ 的大直径通孔时，可选用专为加工中心设计的浮动铰刀，如图 4-61 所示。

（4）镗孔刀具。镗孔是指使用镗刀对已钻出的孔或毛坯孔进一步加工。镗孔的通用性较强，可以粗加工或精加工不同尺寸的孔。例如，镗通孔、不通孔、阶梯孔，镗同轴孔系、平行孔系等。粗镗孔的精度为 IT11～IT13，表面粗糙度为 $Ra6.3～12.5\mu m$；半精镗孔的精度为 IT9～IT10，表面粗糙度为 $Ra1.6～3.2\mu m$；精镗孔的精度可达 IT6，表面粗糙度为 $Ra0.1～0.4\mu m$。镗孔具有修正形状误差和位置误差的能力。

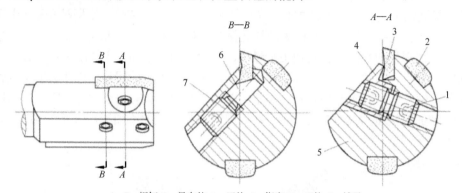

1，7—螺钉 2—导向块 3—刀片 4—楔套 5—刀体 6—销子

图 4-60　机夹式硬质合金单刃铰刀的结构

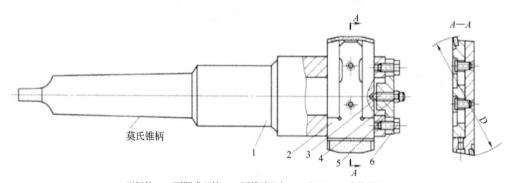

1—刀杆体 2—可调式刀体 3—圆锥端螺钉 4—螺母 5—定位滑块 6—螺钉

图 4-61　加工中心上使用的浮动铰刀

① 单刃镗刀。单刃镗刀的结构与车刀类似，但刀具的大小受到孔径的尺寸限制。镗削通孔、阶梯孔和不通孔时，可选用图 4-62 所示的单刃镗刀。单刃镗刀的刀头用螺钉装夹在镗杆上，其中，调节螺钉 1 用于调整尺寸，紧固螺钉 2 起锁紧作用。单刃镗刀刚性差，切削时易引起振动，因此，对镗刀的主偏角 κ_r 选得较大，以减小径向力。镗铸铁孔或精镗孔时，一般 $\kappa_r=90°$；粗镗钢件孔时，$\kappa_r=60°～75°$，以延长刀具寿命。所镗孔径的大小依靠调整刀具的悬伸长度保证，调整刀具较麻烦，这类刀具仅用于单件小批量生产。但单刃镗刀的结构简单，适应性较广，粗加工和精加工都适用。

② 双刃镗刀。双刃镗刀有一对对称的切削刃同时参与切削，如图 4-57（e）所示。双刃镗刀的优点是可以消除背向力对镗杆的影响，增加了系统刚度，能够采用较大的切削用量，生产效率高；工件的孔径尺寸精度由镗刀保证，调刀方便。

③ 微调镗刀。为提高镗刀的调整精度，在数控机床上常使用微调镗刀，其结构如图 4-63 所示。这种镗刀的径向尺寸可在一定范围内调整，转动调整螺母可以调整镗削直径。该螺母上有刻度盘，其读数精度可达 0.01mm。调整尺寸时，先松开拉紧螺钉 6，然后转动

带刻度盘的调整螺母3，待刀头调至所需尺寸，再拧紧拉紧螺钉6。这种镗刀的结构比较简单、调节方便，而且精度高、刚性好。

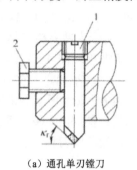

（a）通孔单刃镗刀

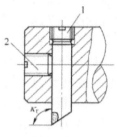

（b）阶梯孔单刃镗刀

1—调节螺钉 2—紧固螺钉

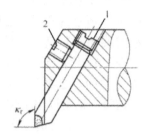

（c）不通孔单刃镗刀

图4-62 单刃镗刀

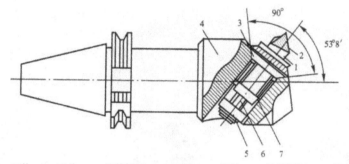

1—刀体 2—刀片 3—调整螺母 4—刀杆 5—螺母 6—拉紧螺钉 7—导向键

图4-63 微调镗刀结构

3. 数控机床的工具系统

加工中心要适应多种形式零件的不同部位的加工，因此其刀具装夹部分的结构、形式、尺寸也是多种多样的。通用性较强的几种装夹工具（如装夹不同刀具的刀柄和夹头等）被系列化、标准化就成为数控机床的工具系统。该工具系统是一个联系数控机床的主轴与刀具之间的辅助系统，具有结构简单、紧凑、装卸灵活、使用方便、更换迅速等特点。关于工具系统的代号，可查阅有关手册。图4-64所示为刀具与刀柄的连接。

加工中心的主轴锥孔通常分为两大类，即锥度为7:24的通用工具系统和锥度为1:10的HSK工具系统。

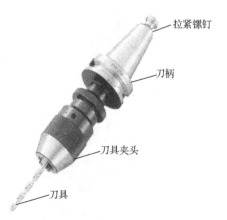

拉紧镙钉

刀柄

刀具夹头

刀具

图4-64 刀具与刀柄的连接

锥度为 7:24 的通用刀柄通常有五种标准，即 NT 型（德国 DIN 标准）、JT 型（ISO 标准、德国 DIN 标准、中国 GB 标准）、IV 或 IT 型（ISO 标准）、BT 型（日本 MAS 标准）及 CAT 型（美国 ANSI 标准）。目前，国内使用最多的刀柄是 JT 型和 BT 型两种刀柄。图 4-65（a）～图 4-65（f）所示为常用的 BT 型刀柄（锥度为 7:24）。图 4-65（a）所示为钻夹头刀柄，这类刀柄主要用于装夹直柄钻头，也用于装夹直柄铣刀、铰刀、丝锥等；图 4-65（b）所示为弹簧夹头刀柄，这类刀柄主要用于装夹直柄钻头、铣刀、铰刀、丝锥等；图 4-65（c）为强力型刀柄，这类刀柄主要用于装夹直柄铣刀、铰刀等；图 4-65（d）所示为侧固式刀柄，这类刀柄主要用于装夹钻刀、铣刀、粗镗刀等削平刀柄刀具；图 4-65（e）所示为平面铣刀柄，这类刀柄主要用于装夹平面铣刀等；图 4-65（f）所示为莫氏刀柄，这类刀柄适合装夹带有莫氏锥度的钻头、铰刀、铣刀和非标准刀具等。

  HSK 工具系统是一种新型的高速短锥型刀柄，其接口采用锥面和端面同时定位的方式，刀柄为中空，锥体长度较短，锥度为 1:10，有利于实现刀柄轻型化和换刀高速化，并且每种刀柄只能安装一种柄径的刀具。其夹紧刀具的夹头有液压式夹头和热缩式夹头。液压式夹头夹持力大，适用于高速重切削，液压式刀柄如图 4-65（g）所示。热缩式夹头利用感应或热风加热使刀杆孔膨胀，从而进行刀具交换，然后采用风冷使刀具冷却到室温，利用刀杆孔与刀具外径的过盈配合夹紧。这种结构使刀具在高转速下仍能保持可靠的夹紧性能，特别适用于更高转速的高速切削加工，热缩式刀柄如图 4-65（h）所示。

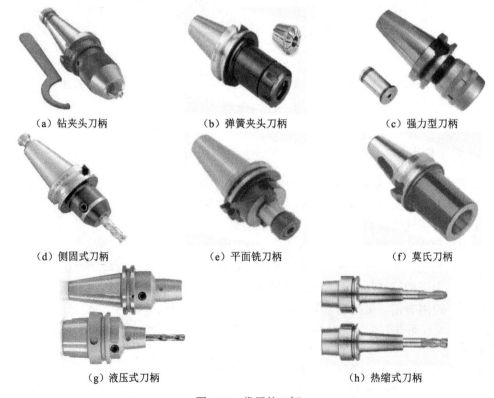

（a）钻夹头刀柄 （b）弹簧夹头刀柄 （c）强力型刀柄

（d）侧固式刀柄 （e）平面铣刀柄 （f）莫氏刀柄

（g）液压式刀柄   （h）热缩式刀柄

图 4-65 常用的刀柄

4.5.4　对刀点、刀位点与换刀点的确定

1. 对刀点与刀位点的确定

对刀点是指通过对刀确定刀具与工件相对位置的基准点。也就是说，当工件安装到工作台上以后，可通过该点对刀，以此确定工件和刀具的相对位置，或者说，以此确定机床坐标系与工件坐标系的相对关系。

在数控机床上加工零件，对刀点就是刀具相对于工件运动的起始点，对刀点也称程序起始点或起刀点。对刀点的设置没有严格的规定，可以设在被加工零件的上面，并且尽可能设在零件的设计基准或工艺基准上。例如，对以孔定位的零件，应将孔的中心作为对刀点，以提高零件的加工精度。对刀点也可以设在零件之外，例如，设在夹具上或数控机床上，但必须与零件的定位基准有一定的尺寸联系。

对刀点的选择原则如下：

（1）所选的对刀点应使程序编制简单。

（2）对刀点应选在容易找正、便于确定零件加工原点的位置。

（3）对刀点应选在加工过程中检验方便、可靠的位置。

（4）对刀点的选择应有利于提高加工精度。

对刀点往往与工件坐标系原点（也称编程原点）重合，如果二者不重合，那么在设置数控机床零点偏置时，应考虑二者的差值。关于对刀误差，可以通过试切加工结果进行调整。

在使用对刀点确定工件坐标系原点时，需要进行对刀。对刀是指使刀位点与对刀点重合的操作。所谓刀位点是指在编制零件加工程序时用于表示刀具位置的特征点，它是刀具的定位基准点。常用刀具的刀位点如图 4-66 所示，不同类型刀具的刀位点不同。对车刀、镗刀来说，若刀尖无圆角，其刀尖点为刀位点；若考虑刀尖圆角，则刀尖圆弧中心为刀位点。对于钻头来说，钻头尖点为刀位点。对立铣刀、端（面）铣刀来说，刀具底面的中心点为刀位点。对球头铣刀来说，球头端点为刀位点，也可以把球头中心设为刀位点。切断刀有左右两个刀位点。

对刀原理如图 4-67 所示，工件安装后工件坐标系与机床坐标系就有了确定的尺寸关系。在对刀前，数控系统并"不认识"工件坐标系。此时，工件坐标系和机床坐标系之间没有联系，就好像有一堵墙挡在了二者之间。通过对刀操作确定工件坐标系与机床坐标系之间的空间位置关系，就是要测定出对刀点相对机床坐标系原点以及工件坐标系原点的坐标值，并将对刀数据（坐标值），储存在数控系统里，以备调用。对刀后，机床坐标系和工件坐标系成了"好朋友"，二者之间建立了紧密关系。对刀点与机床坐标系原点和工件坐标系原点的关系如图 4-68 所示。

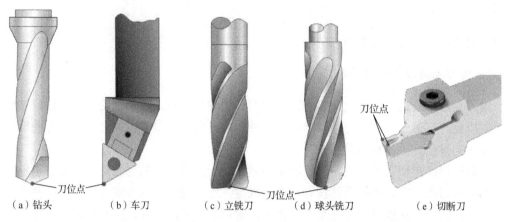

（a）钻头　　（b）车刀　　（c）立铣刀　（d）球头铣刀　　（e）切断刀

图 4-66　常用刀具的刀位点

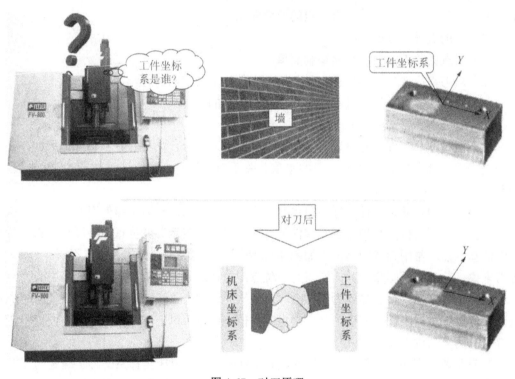

图 4-67　对刀原理

对刀点可以设在工件上，最好与工件坐标系原点重合；也可以设在工件之外任何便于对刀之处，但该点与工件坐标系原点之间必须有确定的坐标关系，如图 4-68 中的 X_1、Y_1。只要知道了对刀点相对于工件坐标系原点的位置，通过数控系统坐标显示界面就可知道对刀点在机床坐标系中的机械坐标值 (X_0, Y_0)，那么工件坐标系原点相对于机床坐标系原点的坐标值便能确定，即 (X_0+X_1, Y_0+Y_1)，以此建立工件坐标系与机床坐标系之间的联系。例如，要加工第一个孔，进行定位编程，当按绝对值编程时，不管对刀点和工件坐标系原点是否重合，编程坐标值都是（X_2,Y_2）；当按增量值编程时，对刀点与工件坐标系原点重合时，编程坐标值为（X_2,Y_2），不重合时，则为（X_1+X_2,Y_1+Y_2）。

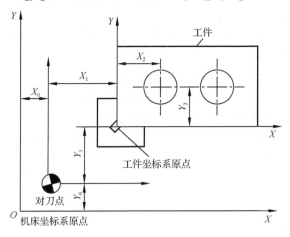

图 4-68　对刀点与机床坐标系原点和工件坐标系原点的关系

对数控机床常采用千分表、对刀测头或对刀瞄准仪进行找正对刀，这些仪器具有很高的对刀精度。对具有原点预置功能的数控系统，设定好原点后，数控系统就把原点坐标存储起来。即使不小心移动了刀具的相对位置，也可很方便地令其返回到起刀点处。有的还可分别对刀后，一次预置多个原点，调用相应部位的零件加工程序时，其原点自动变换。在编程时，应正确地选择对刀点的位置。

2. 换刀点的确定

换刀点是为数控车床、加工中心等多刀加工的机床设置的，因为这些机床在加工过程中要自动换刀，在编程时应考虑选择合适的换刀位置。所谓换刀点，是指刀架（或刀盘）转动换刀时刀架中心或主轴端面中心的位置。加工中心和数控车床的换刀点如图 4-69 所示。

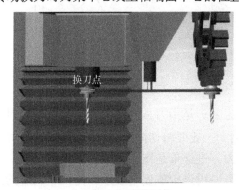

（a）加工中心的换刀点

（b）数控车床的换刀点

图 4-69　加工中心和数控车床的换刀点

对于加工中心来说，换刀点往往是一固定的点，一般与机床的参考点重合，或者设置在第二个参考点所在位置。对数控车床来说，在不与工件或夹具碰撞的前提下，可以根据需要把换刀点设在任意一点。

对手动换刀的数控铣床，也应确定相应的换刀位置。为防止换刀时碰伤工件、刀具或夹具，换刀点常常设在工件或夹具的外部，并且该点应该具有一定的安全余量。

在编制和调试换刀部分的程序时，应遵循两个原则：

（1）确保换刀时刀具不与工件及其他部件发生碰撞。

（2）力求最短的换刀路线，即所谓的"跟随式换刀"。

对刀点和换刀点的选择主要根据加工操作的实际情况，考虑如何在保证加工精度的同时，使操作简便、安全可靠。

4.5.5 切削用量的确定

1. 与切削用量相关的概念

金属切削加工是通过切削运动实现的，切削运动形式分为主运动和进给运动，如图4-70所示。主运动是使工件与刀具产生相对运动而进行切削的主要运动，进给运动是保证金属的切削能连续进行的运动。除了这两个运动形式，还有一个切深运动。为了切除工件上的全部余量，完成切削加工，刀具必须切入工件一定深度，这就是切深运动。切深运动一般是在一次进给运动完成后，刀具相对于工件在深度方向上所作的运动，而在一次进给运动中，切削用量通常是不变的，因此一般不把切深看成一种运动，而把它称为背吃刀量。切削用量就是表示这些运动大小的工艺参数，主要包括切削速度、进给量和背吃刀量，这3个工艺参数又称切削用量的三要素。

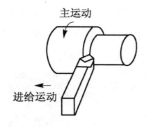

图4-70　切削运动形式

切削用量三要素如图4-71所示。其中，切削速度v_c是指刀具切削刃上的选定点相对于工件主运动的瞬时速度，即线速度，在数控编程时，一般要将切削速度转换成主轴的转速，以此表示机床主运动的性能参数，并编入程序单内。进给量是指工件或刀具每转一周，工件与刀具在进给方向上的相对位移。进给运动也可以用进给速度来表示，$v_f = nf$为进给速度与进给量的转换关系式。背吃刀量即切削深度，是指已加工表面和待加工表面之间的垂直距离。在车削加工中，切削深度是用背吃刀量a_p表示的。在铣削加工中，端铣时的切削深度用背吃刀量a_p表示，周铣时的切削深度用侧吃刀量a_e表示。

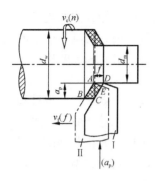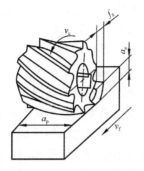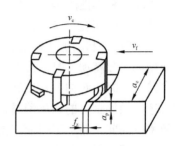

图 4-71　切削用量三要素

切削用量的大小对切削力、切削功率、刀具磨损量、加工质量和加工成本等，均有显著的影响。因此，切削用量的选择，对于保证加工质量、提高生产效率和降低加工成本具有非常重要的意义。

2. 选择切削用量的目标

在切削加工中，采用不同的切削用量会得到不同的切削效果。为此，必须合理选择切削用量。所谓合理选择切削用量，就是在保证加工质量和刀具耐用度的前提下，能够充分发挥机床性能和刀具切削性能，使生产效率最高，加工成本最低。

切削用量三要素同生产效率均保持线性关系，即提高切削速度、增大进给量和背吃刀量都能提高生产效率。但提高切削用量三要素，会影响到刀具的使用寿命。下列公式为切削用量三要素与刀具耐用度 T 的关系公式，该公式是通过刀具磨损实验得到的。

$$T = \frac{C_T}{v_c^{\frac{1}{m}} f^{\frac{1}{n}} a_p^{\frac{1}{p}}}$$

式中，C_T 为与工件材料、刀具材料和其他切削条件有关的系数；m、n、p 分别表示切削用量三要素对刀具耐用度影响程度的指数。上式中的系数和指数，均可在金属切削手册中查到。

下列公式是用硬质合金车刀切削屈服强度为 736MPa 的碳素钢时得到的实验公式。从该公式可知切削用量三要素对刀具耐用度 T 的影响各不相同，对刀具耐用度影响最大的是切削速度，其次是进给量，影响最小的是背吃刀量。要保持已确定的刀具耐用度 T 的值，就要提高其中某一要素值，同时必须相应地降低另外两个要素值。

$$T = \frac{C_T}{v_c^5 f^{2.25} a_p^{0.75}}$$

选择切削用量，就是选择切削用量三要素的最佳组合，即在保持合理刀具耐用度的前提下，使背吃刀量、进给量、切削速度三者的乘积最大，以获得最高的生产效率。

3. 选择切削用量的原则

1）粗加工时选择切削用量的原则

在粗加工时，一般以提高生产效率为主，但也应考虑经济性和加工成本，即应尽量保证较高的金属切除率和必要的刀具耐用度。此时，应首先选取尽可能大的背吃刀量；其次根据机床动力和刚性的限制条件，选择尽可能大的进给量；最后根据刀具耐用度的要求，确定合适的切削速度。增大背吃刀量可减少走刀次数，增大进给量有利于断屑。

2）半精加工和精加工时选择切削用量的原则

半精加工和精加工时，应在保证加工质量的前提下，兼顾生产效率、经济性和加工成本。在精加工时，对加工精度和表面粗糙度要求较高。因此加工余量一般都不大，并且较均匀。选择精加工时的切削用量，应着重考虑如何保证加工质量，并在此基础上尽量提高生产效率。因此，精加工时应选择较小的背吃刀量和进给量，但两者也不能太小，并且选用性能高的刀具材料和合理的几何参数，尽可能提高切削速度。

切削用量的具体数值应参考相应的机床说明书和切削用量手册并结合经验而定。

4. 选择切削用量的方法

面对不同的加工方法和加工要求，需要选择用不同的切削用量。为保证零件的加工精度和刀具耐用度，切削用量的选择顺序通常是，首先确定背吃刀量，其次确定进给量，最后确定切削速度。

1）背吃刀量的确定

主要根据机床、夹具、刀具和工件的刚度确定背吃刀量。

在粗加工时，在系统刚度允许的情况下，尽可能加大背吃刀量，以最少的走刀次数切除全部粗加工余量。最好能一次切净余量，以便提高生产效率。当粗加工余量过大、机床功率不足、系统刚度较低、刀具强度不够、断续切削及切削时冲击振动较大时，可分几次走刀。当切削表面层有硬皮的铸件和锻件时，应尽量使背吃刀量大于其硬皮层的厚度，以保护刀尖。

半精加工和精加工的加工余量一般较小，可一次走刀切除，即背吃刀量等于精加工余量。数控机床的精加工余量小于普通机床，其值一般为 0.2～0.5mm。

为保证工件的加工质量，也可二次走刀。多次走刀时，应将第一次的背吃刀量取大一些，其值一般为总加工余量的 2/3～3/4。

在中等切削功率的机床上，粗加工时的背吃刀量可达 8～10mm，半精加工时的背吃刀量可达 0.5～2mm，精加工时的背吃刀量可达 0.1～0.4mm。

2）进给量（或进给速度）的确定

进给量（或进给速度）是数控机床切削用量中的重要参数。在数控车床上编程时一般用进给量（mm/r），在数控铣床或加工中心上编程时用进给速度（mm/min）。进给量主要根据零件的加工精度和表面粗糙度要求，以及刀具、工件的材料性质等选取。进给量对工件加工表面粗糙度的影响较大。

在粗加工时，其工艺目标是尽量高效切除加工余量，对加工后的表面质量没有太高的要求，在工艺系统的强度、刚度允许的情况下，可选用较大的进给量；也可根据工件材料、刀具材料和已确定的背吃刀量，查阅相关手册确定。最大进给量（或进给速度）受机床刚度和进给系统的性能限制，并与脉冲当量有关。

在半精加工和精加工时，其工艺目标是确保加工表面的质量，主要保证表面粗糙度，对进给量应选择较小值，通常按照工件的表面粗糙度要求选择；也可根据工件材料、刀具材料、切削速度等条件，查阅切削用量等相关手册，以此确定进给量。当加工精度、表面粗糙度要求较高时，进给量或进给速度值应小一些，其值一般为 20～50mm/min。

在数控机床操作面板上都有进给量或进给速度修调开关，并可在 0～150% 范围内以每级 10% 进行调整。在试切零件时，根据具体要求，修调进给量或进给速度，以获取最佳的进给速度。

3）切削速度的确定

根据已选定的背吃刀量、进给量及刀具耐用度 T，就可按下列公式计算切削速度 v_c 和主轴转速 n。

$$v_c = \frac{C_v}{T^m \cdot a_p^{x_v} \cdot f^{y_v}} \cdot K_v \quad (\text{m/min})$$

式中，T 为刀具耐用度；m 为刀具耐用度指数；C_v 为切削速度系数；x_v、y_v 分别为背吃刀量、进给量对切削速度影响的指数；K_v 为切削速度修正系数。可根据工件材料、刀具材料、加工方法等条件，在切削用量手册中查出这些系数和指数。

在实际生产中，也可根据生产实践经验和查表的方法来选取切削速度的参考值。此时应考虑以下因素：

（1）在粗加工时，背吃刀量和进给量都较大，切削速度受刀具耐用度和机床功率的限制，其值一般较小；在精加工时，背吃刀量和进给量都取得较小，切削速度主要受加工质量和刀具耐用度影响，其值一般较大。

（2）当工件材料强度、硬度较高时，应选择较小的切削速度，反之，切削速度较大。

（3）材料加工性能越差，切削速度也相应选得越小。

（4）刀具材料的切削性能越好，切削速度也应选得越大。

（5）精加工时应尽量避开产生积屑瘤的切削速度区域。

（6）在断续切削时，为减小冲击力和热应力，应适当降低切削速度。

（7）在易发生振动的情况下，切削速度应避开自激振动的临界速度。

（8）在加工大件、细长件、薄壁件及带硬皮的工件时，应选用较小的切削速度。

切削速度 v_c 确定后，可根据刀具或工件直径按下面公式计算主轴转速 n。计算后根据机床允许值，选用标准值或近似值。

$$n = \frac{1000 v_c}{\pi d}$$

在车削螺纹时，主轴转速受螺距 P、螺纹插补运算速度等多种因素影响。通常，经济型数控车床的主轴转速可按下面公式计算：

$$n \leqslant \frac{1200}{P} - k$$

式中，P 为被加工螺纹螺距，mm；k 为保险系数，其值通常为 80。

在实际生产中，切削用量一般可根据经验并通过查表的方式确定。硬质合金刀具或涂层硬质合金刀具的常用切削用量推荐值见表4-1，各类刀具常用切削用量推荐值见表4-2。

表4-1　硬质合金刀具或涂层硬质合金刀具的常用切削用量推荐值

刀具材料	工件材料	粗加工			精加工		
		切削速度/（m/min）	进给量/（mm/r）	背吃刀量/mm	切削速度/（m/min）	进给量/（mm/r）	背吃刀量/mm
硬质合金或涂层硬质合金	碳钢	220	0.2	3	260	0.1	0.4
	低合金钢	180	0.2	3	220	0.1	0.4
	高合金钢	120	0.2	3	160	0.1	0.4
	铸铁	80	0.2	3	140	0.1	0.4
	不锈钢	80	0.2	2	120	0.1	0.4
	钛合金	40	0.3	1.5	60	0.1	0.4
	灰铸铁	120	0.3	2	150	0.15	0.5
	球墨铸铁	100	0.2	2	120	0.15	0.5
	铝合金	600	0.2	1.5	800	0.1	0.5

表4-2　各类刀具常用切削用量推荐值

工件材料	加工内容	背吃刀量/mm	切削速度/（m/min）	进给量/（mm/r）	刀具材料
碳素钢 σ_b >600MPa	粗加工	5～7	60～80	0.2～0.4	YT类
	粗加工	2～3	80～120	0.2～0.4	
	精加工	0.2～0.3	120～150	0.1～0.2	
	车削螺纹		70～100	导程	
	钻中心孔		500～800r/min		W18Cr4V
	钻孔		25～30	0.1～0.2	
	切断（宽度<5mm）		70～110	0.1～0.2	YT类
合金钢 σ_b =1470MPa	粗加工	2～3	50～80	0.2～0.4	YT类
	精加工	0.1～0.15	60～100	0.1～0.2	
	切断（宽度<5mm）		40～70	0.1～0.2	
铸铁 σ_b <200HBW	粗加工	2～3	50～70	0.2～0.4	YG类
	精加工	0.1～0.15	70～100	0.1～0.2	
	切断（宽度<5mm）		50～70	0.1～0.2	
铝	粗加工	2～3	600～1000	0.2～0.4	YG类
	精加工	0.2～0.3	800～1200	0.1～0.2	
	切断（宽度<5mm）		600～1000	0.1～0.2	
黄铜	粗加工	2～4	400～500	0.2～0.4	YG类
	精加工	0.1～0.15	450～600	0.1～0.2	
	切断（宽度<5mm）		400～500	0.1～0.2	

在选择切削用量时，首先，要考虑所使用机床的性能并结合实际经验，用类比的方法初步确定切削用量。其次，根据程序的调试结果和实际加工情况，对切削用量进行修正，使主轴转速、切削深度及进给量三者能相互适应，以形成切削用量三要素的最佳组合。

4.6　数控加工工艺文件的编制

编制数控加工工艺文件是数控加工工艺设计的重要内容之一。这些文件既是数控加工和产品验收的依据，也是操作人员遵守、执行的规程。同时，为零件产品的重复生产积累了必要的工艺资料，进行技术积累。

数控加工工艺文件是对数控加工的具体说明，目的是让操作人员更加明确加工程序的内容、装夹方式、各个加工部位所选用的刀具及其他技术问题。数控加工工艺文件主要包括工艺卡、工序卡、刀具卡、走刀路线图和程序单。

4.6.1　工艺卡

工艺卡是以数控加工工序为单位，详细说明整个工艺过程的工艺文件，是用来指导工人生产，帮助车间管理人员和技术人员掌握整个零件加工过程的一种重要技术文件。它是数控加工工艺路线设计的具体的体现，其常用格式见表4-3。

表 4-3　数控加工工艺卡的常用格式

零件名称	零件材料	毛坯种类	毛坯硬度		毛坯质量	编制
工序号	工序名称	设备名称	夹具	刀具	辅具	切削液
				编号　规格		
1						
2						
3						

4.6.2　工序卡

工序卡是在工艺卡的基础上按每道工序编写的一种数控加工工艺文件，详细说明该工序的每个工步的加工内容、工艺参数、操作要求、该工序所用设备等，还包含程序编号、所用刀具类型及材料、刀具号、夹具编号等内容。它是操作人员进行数控加工的主要指导性工艺资料，是数控加工工序设计的具体体现。工序卡应按已确定的工步顺序填写。其常用格式见表4-4。

表 4-4　数控加工工序卡的常用格式

（单位）	零件名称		零件号				
××××数控加工工序卡	材料		程序编号				
	夹具编号		使用设备				
工序号	编制		车间				
工步号	工步内容	刀具名称		切削用量			辅具
		编号	规格	转速/ (r/mm)	进给速度/ (mm/min)	背吃刀量/ mm	
1							
2							
3							

4.6.3　刀具卡

　　数控加工对刀具的要求十分严格，一般要在对刀仪上预先调整好刀具直径和长度。刀具卡也是用来编制零件加工程序和指导生产的主要数控加工工艺文件，主要包括刀具的详细资料，如刀具号、刀具尺寸、刀柄型号、刀片型号和刀具补偿号等，它是调刀人员组装刀具和调整刀具的依据，也是操作人员进行刀具数据输入的主要依据。不同类型数控机床的刀具卡也不完全一样。表 4-5 为数控铣床/加工中心刀具卡的常用格式。

表 4-5　数控铣床/加工中心刀具卡的常用格式

（单位）	零件名称		零件号		
××××数控加工刀具卡	程序编号		编制		
工步号	刀具号	刀片型号	刀柄型号	刀具尺寸/mm		刀具补偿号	
				直径	长度	D	H
1							
2							
3							

4.6.4　走刀路线图

　　在数控加工中，一般用走刀路线图反映刀具进给路线。该图应准确描述刀具从起刀点开始到加工结束返回终点的轨迹。它不仅是程序编制的基本依据，同时也便于操作人员了解刀具运动路线（例如，从哪里进刀，从哪里抬刀等），计划好夹紧位置及控制夹紧元件的高度，避免碰撞事故发生。走刀路线图一般可用统一约定的符号表示，对不同类型的数控机床，可以采用不同的图例与格式表示数控加工走刀路线，该图常用格式见表 4-6。

表4-6　数控加工走刀路线图的常用格式

数控加工走刀路线图	零件图号		工序号		工步号		程序编号	
机床型号	程序段号		加工内容				共　页	第　页

（走刀路线图，含程序说明区）

程序说明

编程	
校对	
审批	

符号	⊙	⊗	◉	→●→	←↓	◦—⋯—◦	╱●╲	⇆
含义	抬刀	下刀	编程原点	起刀点	走刀方向	走刀路线相交	爬斜坡	铰孔	行切

4.6.5　程序单

程序单是编程员根据数控加工工艺分析情况，经过数值计算，按照数控机床的程序格式和指令代码编制的。它是记录数控加工工艺过程、工艺参数、位移数据的清单，也是手动数据输入、实现数控加工的主要依据。同时，可帮助操作人员正确理解加工程序内容。数控机床类型不同、数控系统不同，数控加工程序单的格式也不同。其常用格式见表4-7。

表4-7　数控加工程序单的常用格式

××××数控加工程序单		程序编号		
零件号	零件名称	编制		审核
程序段号	程序段			注释

对数控加工工艺文件应进行必要的归档，把它作为工艺技术的积累储备，并积极向标准化、规范化方向发展。

4.7 典型零件的数控加工工艺性分析

4.7.1 轴类零件的数控车削加工工艺性分析

下面以图 4-72 所示的典型轴类零件图为例，分析其数控车削加工工艺性。

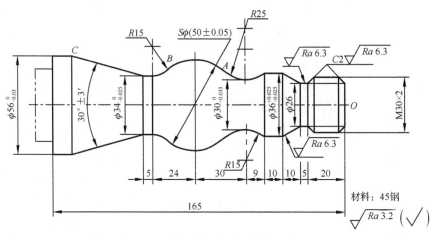

图 4-72 典型轴类零件图（单位：mm）

1. 零件图工艺性分析

该轴类零件表面由圆柱、圆锥、顺圆弧、逆圆弧及螺纹等表面组成。其中多个直径尺寸有较严格的尺寸精度和表面粗糙度等要求；球面 $S\phi50$mm 的尺寸公差还兼有控制该球面形状（线轮廓）误差的作用。该零件图尺寸标注完整，轮廓描述清楚。材料为 45 钢，无热处理和硬度要求。

通过上述分析，采取以下工艺措施。

（1）因图样上给定的几个精度（IT7～IT8）要求较高的尺寸公差数值较小，故编程时不必取其平均值，而全部取其基本尺寸。

（2）在轮廓曲线上有三处为过象限圆弧，其中两处为既过象限又改变进给方向的轮廓曲线。因此，在加工时应进行机械间隙补偿，以保证轮廓曲线的准确性。

（3）为便于装夹，应在毛坯左端面预先车削出夹持部分（图 4-72 中左侧的双点画线部分），在毛坯右端面也应先钻好中心孔。选择 $\phi60$mm 的棒料毛坯。

2. 选择设备

根据被加工零件的外形和材料等条件，选用 TND 360 型数控车床。

3. 确定毛坯的定位基准和装夹方式

（1）确定毛坯轴线和其左端的大端面（设计基准）为定位基准。

（2）对左端，采用三爪自定心卡盘定心夹紧；对右端，采用活动式顶尖支承的装夹方式。

4. 确定加工顺序及进给路线

加工顺序按由粗到精、由近及远（由右到左）的原则确定，即先从右到左进行粗车（留 0.25mm 精车余量），然后从右到左进行精车，最后车削螺纹。

数控车床一般都具有粗车循环和车削螺纹循环功能，只要正确使用编程指令，数控系统就会自行确定其加工路线。因此，该零件的粗车循环和车削螺纹循环不需要人为确定其加工路线。但精车的加工路线需要人为确定，从右到左沿零件表面轮廓对该零件进给加工。

5. 选择刀具

（1）选用直径为 5mm 的中心钻钻中心孔。

（2）粗车及车削端面选用硬质合金 90° 外圆车刀，为防止副后刀面与工件轮廓干涉（可用作图法检验或用仿真软件检验），副偏角不宜太小，即 $\kappa_r' = 35°$。

（3）精车选用硬质合金 90° 外圆车刀，车削螺纹选用硬质合金 60° 外螺纹车刀，刀尖圆弧半径应小于轮廓最小圆弧半径，即 $r_\varepsilon = 0.15 \sim 0.2\text{mm}$。将选定的刀具参数填入表 4-8 所示的数控加工刀具卡中，以便编程和操作管理。

表 4-8　数控加工刀具卡

产品名称或代号	×××		零件名称	轴	零件图号	×××
序号	刀具号	刀具规格名称	数量	加工表面	刀尖半径/mm	备注
1		直径为 5mm 的中心钻	1	钻中心孔		手动
2	T0101	硬质合金 90° 外圆车刀	1	车削右端面及粗车轮廓	0.8	右偏刀
3	T0202	硬质合金 90° 外圆车刀	1	精车轮廓	0.4	右偏刀
4	T0303	硬质合金 60° 外螺纹车刀	1	车削螺纹	0.2	
编制	×××	审核	×××	批准	×××	共 1 页	第 1 页

6. 确定切削用量

1）背吃刀量的选择

轮廓粗车循环时，选择的背吃刀量 a_p=3mm；精车时，选择的背吃刀量 a_p=0.25mm；螺纹粗车时，选择的背吃刀量 a_p=0.4mm。在加工余量逐刀减小的情况下，精车时，选择的背吃刀量 a_p=0.1mm。

2）主轴转速的选择

查表选取粗车时的切削速度 v_c=90m/min、精车时的切削速度 v_c=120m/min，然后利用公式 $v_c = \pi d n / 1000$ 计算主轴转速 n（粗车工件直径 D=60mm，对精车工件直径取平均值），并结合机床说明书选择相应参数：粗车时，选择的主轴转速 n=500r/min；精车时，选择的主轴转速 n=1200r/min；车削螺纹时，选择的主轴转速 n=520r/min。

3）进给量的选择

查切削手册，粗车时选择的进给量 f=0.4mm/r，精车时选择的进给量 f=0.15mm/r，车螺纹的进给量等于螺纹的导程，即 f=2mm/r。

综合前面分析的各项内容，将它们填入表 4-9 所示的数控加工工序卡。此表是编制数控程序的主要依据，也是操作人员配合数控程序进行数控加工的指导性文件。其主要内容包括工步顺序、工步内容、各工步所用的刀具及切削用量等。

表 4-9　数控加工工序卡

单位	×××	产品名称或代号		零件名称	材料		零件图号
		×××		轴	45 钢		×××
工序号	程序编号	夹具名称		夹具编号	使用设备		车间
×××	×××	三爪卡盘和活动顶尖		×××	TND360		×××
工步号	工步内容	刀具号	刀具规格/mm	主轴转速/(r/min)	进给量/(mm/r)	背吃刀量/mm	备注
1	平端面	T0101	25×25	500			手动
2	钻中心孔		$\phi 5$	950			手动
3	粗车轮廓	T0101	25×25	500	0.4	3	自动
4	精车轮廓	T0202	25×25	1200	0.15	0.25	自动
5	车削螺纹 M30×2	T0303	25×25	520	2		自动
编制	×××	审核	×××	批准	×××	共 1 页	第 1 页

4.7.2　盖板零件数控铣削加工工艺性分析

盖板是机械加工中常见的零件，其加工表面有平面和孔，通常需要经过铣平面、钻孔、扩孔、镗孔、铰孔及攻螺纹等工步才能完成。下面以图 4-73 所示的典型盖板零件图为例，分析其数控铣削加工工艺性。

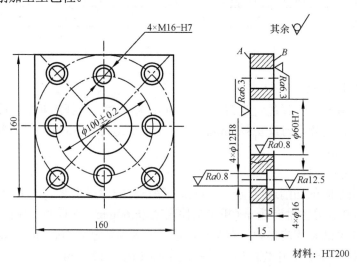

图 4-73　典型盖板零件图（单位：mm）

1. 分析图样，选择加工内容

该盖板零件的材料为铸铁，毛坯为铸件。由图 4-73 可知，盖板零件的四个侧面为不加工表面，全部加工表面都集中在 *A*、*B* 面上，最高精度为 IT7 级。从工序集中和便于定位两个方面考虑，在加工中心上加工 *B* 面及位于 *B* 面上的全部孔，将 *A* 面作为主要定位基准，并在前道工序中先加工好 *A* 面。

2. 选择设备

对 *B* 面及位于 *B* 面上的全部孔，只需单工位加工即可完成，因此选择立式加工中心。由于加工表面不多，只有粗铣、精铣、粗镗、半精镗、精镗、钻孔、扩孔、锪孔、铰孔及攻螺纹等工步，因此所需刀具不超过 20 把。选用国产 XH714 型立式加工中心即可满足上述要求。该加工中心的工作台尺寸为 400mm×800mm，*X* 轴方向上的行程为 600mm，*Y* 轴方向上的行程为 400mm，*Z* 轴方向上的行程为 400mm，主轴端面至工作台的台面距离为 125～525mm，定位精度和重复定位精度分别为 0.02mm 和 0.01mm，刀库容量为 18 把，工件一次装夹后，该加工中心就可自动完成铣削、钻孔、镗孔、铰孔及攻螺纹等工步的加工。

3. 设计工艺

1）选择加工方法

对 *B* 面，用铣削加工，因其表面粗糙度为 $Ra6.3\mu m$，故采用"粗铣→精铣"方案；$\phi60H7$ 孔为已铸出毛坯孔，为达到 IT7 级精度和 $Ra0.8\mu m$ 的表面粗糙度，需经三次镗削，即采用"粗镗→半精镗→精镗"方案；对 $\phi12H8$ 孔，为防止钻偏和达到 IT8 级精度，按"钻中心孔→钻孔→扩孔→铰孔"方案进行；对 $\phi16mm$ 孔在 $\phi12mm$ 基础上锪孔至所需尺寸即可；对 M16-H7 螺纹孔采用先钻底孔后攻螺纹的加工方法，即按"钻中心孔→钻底孔→车削倒角→攻螺纹"方案加工。

2）确定加工顺序

按照先面后孔、先粗后精的原则确定。具体加工顺序为粗、精铣 *B* 面，粗镗、半精镗、精镗 $\phi60H7$ 孔，钻各通孔和螺纹孔的中心孔，钻→扩→锪→铰 $\phi12H8$ 孔及 $\phi16$ 孔，钻 M16-H7 螺孔的底孔、车削倒角和攻螺纹。

3）确定装夹方案和选择夹具

该盖板零件形状简单，四个侧面较光整，加工面与不加工面之间的位置精度要求不高。因此，可选用通用平口钳，以盖板 *A* 面和两个侧面为定位基准，用通用平口钳从侧面把该盖板零件夹紧。

4）选择刀具

所需刀具有面铣刀、镗刀、中心钻、麻花钻、铰刀、立铣刀（用于锪 $\phi16$ 孔）及丝锥等，这些刀具规格根据加工尺寸选择。*B* 面所用粗铣铣刀直径应小一些，以减小切削力矩，但也不能太小，以免影响生产效率；*B* 面所用精铣铣刀直径应大一些，以减小接刀痕迹，但要考虑到刀库中的允许装刀直径（XH714 型立式加工中心的允许装刀直径：无相邻刀具时，装刀直径为 150mm；有相邻刀具时，装刀直径为 80mm），其值也不能太大。刀柄根据主轴锥孔和拉紧机构选择。XH714 立式型加工中心主轴锥孔为 ISO40，适用刀柄为 BT40型刀柄（日本标准 JISB 6339），故对刀柄应选择 BT40 型刀柄。所选刀具见表 4-10。

表 4-10 数控加工刀具卡

产品名称或代号		×××		零件名称	盖板	零件图号	×××
序号	刀具号	刀具规格名称	数量		加工表面	刀长/mm	备注
1	T01	ϕ100mm 可转位面铣刀的主偏角 $\kappa_r = 45°$	1		粗铣 B 面		
2	T13	ϕ100mm 可转位面铣刀的主偏角 $\kappa_r = 90°$	1		精铣 B 面		
3	T02	ϕ58mm 镗刀	1		粗镗 ϕ60H7 孔		
4	T03	ϕ59.9mm 镗刀	1		半精镗 ϕ60H7 孔		
5	T04	ϕ60H7 镗刀	1		精镗 ϕ60H7 孔		
6	T05	ϕ3mm 中心钻	1		钻中心孔		
7	T06	ϕ10mm 麻花钻	1		钻 4×ϕ12H8 底孔		
8	T07	ϕ11.85mm 扩孔钻	1		扩 4×ϕ12H8 底孔		
9	T08	ϕ16mm 阶梯铣刀	1		锪 4×ϕ16 阶梯孔		
10	T09	ϕ12H8 铰刀	1		铰 4×ϕ12 H8 孔		
11	T10	ϕ14mm 麻花钻	1		钻 4×M16-H7 螺纹底孔		
12	T11	90°的ϕ16mm 铣刀	1		倒 4×M16-H7 底孔端角		
13	T12	M16 机用丝锥	1		攻 4×M16-H1 螺纹孔		
编制	×××	审核	×××	批准	×××	共1页	第1页

5）确定进给路线

粗、精铣削 B 面的进给路线根据铣刀直径确定，因所选铣刀直径为 100mm，故安排沿 X 轴方向两次进给，如图 4-74 所示。所有孔加工进给路线均按最短路线确定，因为孔的位置精度要求不高，数控机床的定位精度完全能保证孔的位置精度，图 4-75～图 4-79 所示为加工各孔的进给路线，这些图中的尺寸单位都为 mm。

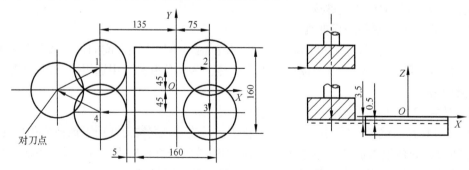

图 4-74 粗、精铣削 B 面的进给路线

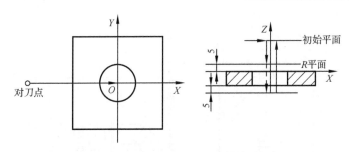

图 4-75　镗 ϕ60H7 孔的进给路线

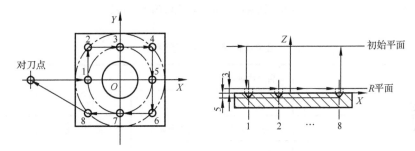

图 4-76　钻中心孔的进给路线

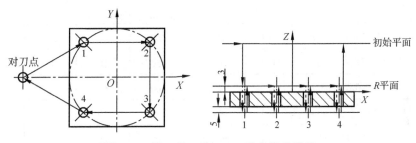

图 4-77　钻、扩、铰 ϕ12H8 孔的进给路线

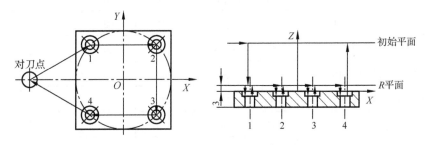

图 4-78　锪 ϕ16mm 孔的进给路线

6）选择切削用量

查表确定切削速度和进给量，然后计算出机床主轴转速和进给速度。综合前面分析的各项内容，将它们填入表 4-11 所示的数控加工工序卡中。

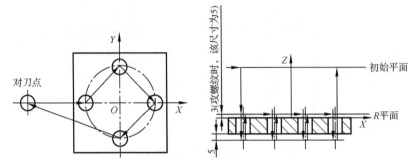

图 4-79　钻螺纹底孔、攻螺纹的进给路线

表 4-11　数控加工工序卡

单位	×××		产品名称或代号	零件名称	材料	零件图号
			×××	盖板	HT200	×××
工序号	程序号		夹具名称	夹具编号	使用设备	车间
×××	×××		通用平口钳	×××	XH714	×××
工步号	工步内容	刀具号	刀具规格/mm	主轴转速/(r/min)	进给速度/(mm/min)	背吃刀量/mm	备注
1	粗铣 B 面留余量 0.5mm	T01	$\phi 100$	300	70	3.5	自动
2	精铣 B 面至尺寸 15mm	T13	$\phi 100$	350	50	0.5	自动
3	粗镗 $\phi 60$H7 孔至 $\phi 58$mm	T02	$\phi 58$	400	60	1	自动
4	半精镗 $\phi 60$H7 至 $\phi 59.9$mm	T03	$\phi 59.9$	450	50	0.95	自动
5	精镗 $\phi 60$H7 孔至尺寸 60mm	T04	$\phi 60$H7	500	40	0.05	自动
6	钻 $4\times\phi 12$H8、$4\times$M16-H7 中心孔	T05	$\phi 3$	1000	50		自动
7	钻 $4\times\phi 12$H8 至 $\phi 10$	T06	$\phi 10$	600	60		自动
8	扩 $4\times\phi 12$H8 至 $\phi 11.85$	T07	$\phi 11.85$	300	40		自动
9	锪 $4\times\phi 16$ 至尺寸 16mm	T08	$\phi 16$	150	30		自动
10	铰 $4\times\phi 12$H8 至尺寸 12mm	T09	$\phi 12$H8	100	40		自动
11	钻 $4\times$M16 螺纹底孔至 $\phi 14$	T10	$\phi 14$	450	60		自动
12	倒 $4\times$M16 螺纹底孔端角	T11	$\phi 16$	300	40		自动
13	攻 $4\times$M16 螺纹孔	T12	M16	100	200		自动
编制	×××		审核	×××	批准	×××	共 1 页	第 1 页

思考与练习

4-1　什么是数控加工工艺？其主要内容是什么？

4-2　试述数控加工工艺的特点？

4-3　哪些类型的零件最适宜在数控机床上加工？零件上的哪些加工内容适宜采用数控加工？

4-4　数控加工零件的工艺性分析包括哪些内容？

4-5　试述数控机床加工工序划分的原则和方法？与普通机床相比，数控机床工序的划分有何异同？

4-6　在数控工艺路线设计中，应注意哪些问题？

4-7　什么是数控加工的走刀路线？确定走刀路线时通常要考虑哪些问题？

4-8　数控加工对刀具有何要求？常用数控刀具材料有哪些？选用数控刀具的注意事项有哪些？

4-9　数控加工切削用量的选择原则是什么？它们与哪些因素有关？应如何进行选择？

4-10　常用数控铣削刀具有哪些？数控铣削时如何选择合适的刀具？

4-11　数控加工工艺文件有哪些？编制数控加工工艺文件有什么意义？

4-12　在数控车床上加工如图 4-80 所示的轴类零件，毛坯为 $\phi100\text{mm}\times124\text{mm}$ 的棒料，材料为 45 钢。试按单件小批量生产要求对该零件进行数控车削加工工艺性分析。

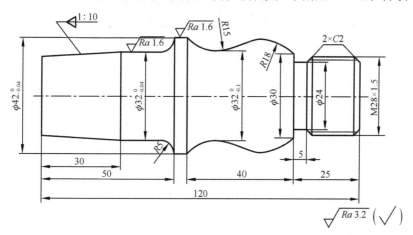

图 4-80　轴类零件（单位：mm）

4-13　在数控车床上加工如图 4-81 所示锥孔螺母套零件，毛坯为 $\phi72\text{mm}$ 的棒料，材料为 45 钢。试按中批量生产要求对该零件进行数控车削加工工艺性分析。

4-14　在数控铣床上加工如图 4-82 所示的下型腔零件，材料为 45 钢，单件小批量生产；在前面的工序中已完成零件底面和侧面的加工（尺寸为 80mm×80mm×19mm），试对该零件的顶面和内外轮廓进行数控铣削加工工艺性分析。

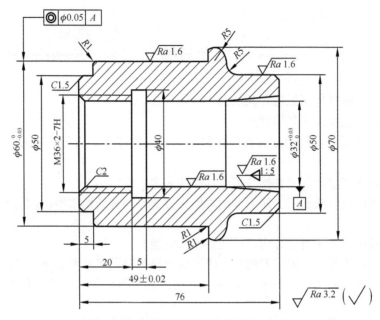

图 4-81　锥孔螺母套零件（单位：mm）

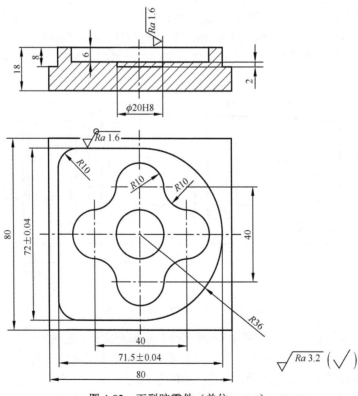

图 4-82　下型腔零件（单位：mm）

4-15　在加工中心上加工如图 4-83 所示的盖板零件，材料为 HT150，加工数量为 5000 个/年。在前面的工序中已完成零件底平面、两侧面和 ϕ40H8 型腔的加工，试对该零件的 4 个沉头孔和 2 个销孔进行加工工艺性分析。

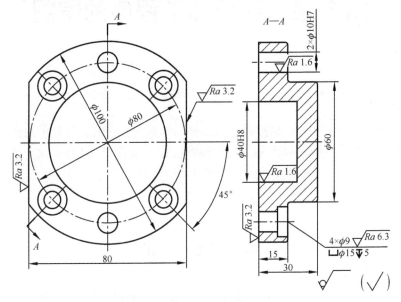

图 4-83　盖板零件（单位：mm）

第5章 数控加工程序的编制

教学要求

通过本章学习，了解数控编程的基础知识，熟悉数控铣削、数控车削常用的代码。熟练掌握各种典型零件的编程方法，熟悉数控铣床/加工中心、数控车床的操作面板与结构，掌握其操作方法，能够熟练完成从编程到加工的全过程。

5.1 概　　述

数控机床是利用程序对机床本体进行控制，使其能够自动地完成零件加工的一种自动化设备。程序在数控加工过程中起着至关重要的作用，它包含零件的加工工艺过程、工艺参数、机床的动作和运动信息等。将这些信息用特定的数字指令表示出来，就是数控加工程序的编制，简称数控编程。

一般来说，数控编程主要包括分析零件图样、工艺处理、数据处理、编写程序单、程序输入、程序校验6个步骤。图5-1所示为数控编程的一般步骤。

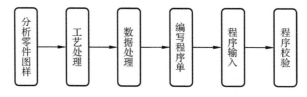

图5-1　数控编程的一般步骤

1. 分析零件图样

分析零件图样是指在数控加工前对零件的几何形状、尺寸、图样规定的技术要求等信息进行分析，明确加工内容，为下一步确定加工方案和制定工艺路线做准备。

2. 工艺处理

工艺处理主要是指确定加工方案、制定工艺路线，包括选择合适的数控机床、夹具、刀具，确定合理的走刀路线及选择合理的切削用量等。

3. 数据处理

数据处理是指根据零件的几何形状、尺寸、走刀路线和补偿方式，计算出数控编程所需要的刀位点坐标，刀位点即定位刀具的基准点。对由直线和圆弧组成的简单零件，只要计算出相邻元素之间的交点或切点坐标，就可得出这些零件各几何元素的起始点、终点、圆弧的圆心坐标等信息，然后利用数控机床的直线插补和圆弧插补功能满足数控编程的要求。对几何形状较复杂的零件，若数控机床没有相对应的插补功能，则其数据处理相对复杂烦琐，一般可借助计算机辅助设计软件进行计算。

4. 编写程序单

编写程序单是指根据数控编程需要的坐标系、数控机床所需的各种辅助开关动作、刀具和相应的切削用量等参数，结合数控系统中规定的程序格式和代码，按照设计好的走刀路线，逐段编写程序，直至编写出完整的程序。

不同的数控系统或数控机床的程序格式和代码有所区别，因此，数控编程时必须严格遵循数控系统说明书和机床说明书。编程人员必须对所用数控机床的性能、程序格式和代码都非常熟悉，以确保编写出正确的加工程序。

5. 程序输入

程序输入是将编写好的程序单输入数控系统。常用的输入方法有三种：

（1）手动数据输入。手动数据输入（MDI）就是根据程序单的内容，利用数控机床控制面板上键盘区的数字、字母及符号进行编写并输入数控系统中。该方法一般适用于简单零件的加工程序。

（2）通过存储介质输入。现代数控系统采用存储卡进行程序输入，在计算机上编写好加工程序后，先把它存储到存储卡中，再将存储卡插入数控系统的卡槽中，由数控系统读取加工程序。图 5-2 所示为某型号数控机床用 CF 卡及其配套装置。

图 5-2　某型号数控机床用 CF 卡及其配套装置

（3）通过通信接口和网络接口输入。现代数控系统都有 RS232 通信接口和网络接口，通过通信电缆（或网线）和一定的通信协议，将在计算机上编写好的加工程序输送到数控系统中。

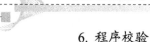

6. 程序校验

通常，输入后的加工程序，必须经过反复校验修改，直至首件加工合格后，才能正式用于生产。常见的程序校验有仿真加工、机床锁住运行、机床空运行和首件试切。

（1）仿真加工。借助宇龙、斯沃等数控仿真加工软件，可以检验装刀顺序、切入/切出位置、走刀路线等是否合理和正确。

（2）机床锁住运行。该校验方法主要用于检查加工程序的语法错误，如果加工程序存在语法或计算错误，机床在运行中会自动报警，根据报警内容，编程人员可对出错程序段进行检查和修改。

（3）机床空运行。机床空运行时刀具一般以快速移动速度执行加工程序，加工程序中的进给速度无效。该校验方法主要用于检查机床动作和刀具的运动轨迹。

但上述3种校验方法不能用于检查因刀具调整不当或切削参数不合理等因素而造成的工件加工误差大小。因此，必须用首件试切的方法进行实际切削检查。

（4）首件试切。对首件试切，一般采用单段运行工作方式进行，通过一段一段的运行检查机床每执行一段程序的动作。对较复杂的零件，可以采用石蜡、塑料或铝等易切削材料进行试切。

5.2　数控编程基础

5.2.1　数控编程的方法

数控编程方法主要有手工编程与自动编程两种方法。

1. 手工编程

手工编程是利用数控系统相应的指令直接编写出零件加工程序。这种方法比较简单，容易掌握，但需要编程人员具备一定的工艺知识和加工经验，并熟悉相关数控系统的程序格式和代码。手工编程常用于坐标计算简单、程序段不多、编程易于实现的场合，如由直线、圆弧等要素构成的简单零件加工程序的编写。

2. 自动编程

自动编程大多采用图形交互式编程，是指利用计算机及相应的计算辅助设计/计算机辅助制造（CAD/CAM）软件，自动生成加工程序。编程人员需要对毛坯和零件进行建模，并将加工参数（如刀具、行距、补偿方式、切削用量等）输入编程软件中，由计算机进行数据处理，然后利用和数控系统匹配的后处理器生成程序并进行模拟加工。编程人员需要具备手工编程的基础知识，才能够对错误的程序进行及时修改。

自动编程常用于坐标计算烦琐、手工编程困难或无法编出程序的场合，如具有非圆曲线轮廓、三维曲面等形状复杂零件加工程序的编写。

5.2.2　数控机床坐标系

1. 数控机床坐标的命名及运动方向的规定

我国关于数控机床坐标的命名和运动方向已标准化，如《数控机床　坐标和运动方向的命名》(JB/T 3051—1999)。该标准规定，在加工过程中无论是刀具移动而工件静止，还是工件移动而刀具静止，一般都假定工件相对静止不动，而刀具在移动，以刀具远离工件的方向为坐标轴的正方向。数控机床的直线运动采用笛卡儿直角坐标系（右手坐标系），如图 5-3 所示。

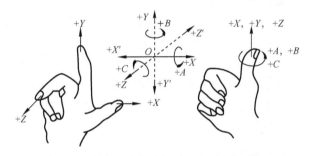

图 5-3　笛卡儿直角坐标系（右手坐标系）

（1）在图 5-3 中，X、Y、Z 轴为 3 个直线坐标轴，它们构成为基本坐标系。3 个坐标轴的关系和正向用右手定则判断，右手的拇指、食指、中指（三者互成直角的情况下）分别表示 X、Y、Z 轴，手心向外表示正向。

（2）若刀具静止而工件移动，则工件移动方向为反向，并用 $+X'$，$+Y'$，$+Z'$ 表示。

（3）设绕着 X、Y、Z 轴旋转的坐标轴分别为 A、B、C 轴，其正向用右手螺旋定则判断。

（4）若有其他轴线平行于基本坐标系中的各轴，则用 U、V、W 和 P、Q、R 指定附加的坐标轴。这些附加坐标轴的运动方向，可按确定基本坐标系运动方向的办法确定。

2. 数控机床坐标轴的确定

确定数控机床坐标轴时，一般是先确定 Z 轴，然后确定 X 轴和 Y 轴。

1）Z 轴的确定

（1）Z 轴的运动由传递切削力的主轴确定。

对于刀具旋转的数控机床，如镗床、铣床、钻床等，主轴带动刀具旋转。

对于车床、磨床和其他形式旋转表面的机床，主轴带动工件旋转。

（2）若数控机床有几个主轴，则选择垂直于装夹平面的主轴作为主要主轴。

（3）若主轴能摆动且在摆动的范围内只平行于基本坐标系中的某一坐标轴，则该坐标轴就是Z轴；若在摆动的范围内并且轴线与多个坐标轴平行，则选取垂直于工件装夹面的方向为Z轴方向。

（4）若数控机床没有主轴（如牛头刨床），则规定垂直于工件装夹平面的方向为Z轴方向。

（5）Z轴的正向为刀具远离工件的方向。

2）X轴的确定

（1）X轴通常平行于工件装夹面并与Z轴垂直。

（2）对工件旋转的数机床（如车床、磨床等），X轴的方向在工件的径向上，并且平行于横向滑座；对安装在横向滑座上的刀具，离开工件旋转中心的方向是X轴的正向。

（3）对刀具旋转的数机床进行如下规定：

若Z轴是水平的，则从主轴（后端）向工件看，X轴的正向为右方向。

若Z轴是垂直的，则从主轴向立柱看，X轴的正向为右方向。

3）Y轴的确定

Y轴垂直于X轴和Z轴，其方向可根据X轴和Z轴的方向，按右手坐标系确定。图5-4所示为数控车床坐标系示意，图5-5所示为数控铣床坐标系示意。

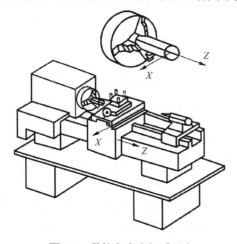

图5-4　数控车床坐标系示意

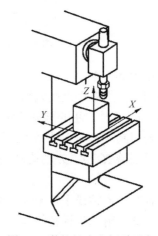

图5-5　数控铣床坐标系示意

3. 数控机床上的有关点

1）机床坐标系原点

机床坐标系原点是机床运动部件位移的基准点，它是机床设计和制造商确定的一个固定点，是一个定义点，一般不允许用户更改。

数控车床坐标系原点一般设在卡盘后端面中心处或刀架位移的正向极限位置，如图5-6（a）中的M点。数控铣床坐标系原点一般设在该机床左前下方或进给行程的终点，如图5-6（b）中的M点。

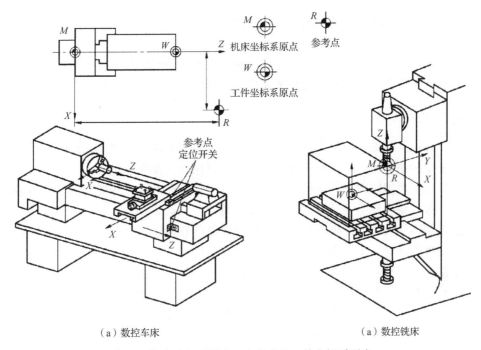

（a）数控车床　　　　　　　　　　　（a）数控铣床

图 5-6　机床坐标系原点、参考点及工件坐标系原点

2）参考点

参考点是指机床运动部件从各自的正向自动退至极限位置的一个固定点，它由限位开关定位，是机床上的一个机械固定点，出厂时已调定，用户一般对其不作变动，如图 5-6 中 R 点。通常，以参考点与机床坐标系原点之间的距离表示机床运动部件的最大行程。有的机床在返回参考点时，显示为零（X_0，Y_0，Z_0），则表示该机床坐标系原点与参考点重合。

数控机床启动后，通常要先进行机动或手动"回零"操作（采用绝对位置检测装置的机床除外），以建立机床坐标系和激活参数，"回零"实际上就是回参考点。

手动建立机床坐标系的步骤如下：

（1）打开机床电源。

（2）选择回机床坐标系原点的工作方式。

（3）选择要回零的第一个坐标轴（出于安全考虑，对车床应先回零 X 轴，对铣床和加工中心应先回零 Z 轴）。

（4）对其他坐标轴重复以上操作。

（5）检查机床坐标系原点指示灯是否亮。

（6）检查显示屏中位置模式下的坐标。

3）刀位点

刀位点是指编程和加工时用于定位刀具的基准点，各种刀具的刀位点如图 5-7 所示。车刀和镗刀的刀位点通常位于刀具的刀尖，铣刀的刀位点位于刀具底面的中心，钻头

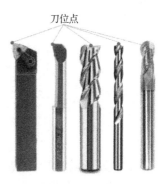

图 5-7　各种刀具的刀位点

的刀位点位于钻尖，球头铣刀的刀位点位于球头中心。

4）换刀点

换刀点就是换刀的位置，也就是换刀时的刀位点。为避免换刀时碰伤零件、刀具或夹具，换刀点常常设在待加工零件的轮廓之外，并且留有一定的安全量。

4. 工件坐标系

工件坐标系又称编程坐标系，是编程人员为了编程方便而设定的，该坐标系各轴的方向应与机床坐标系各轴方向一致。工件坐标系原点也称编程原点。

加工程序是根据图样上的零件尺寸编写的，工件坐标系原点若能和图样上的零件尺寸基准保持一致，将会使坐标计算方便并利于检查。

数控车削零件时，工件坐标系原点一般选在零件右端面的中心，如图 5-6（a）中的 W 点。数控铣削零件时，工件坐标系原点一般选在零件的尺寸基准上；铣削对称零件时，工件坐标系原点可设在对称中心上，铣削不对称零件时，工件坐标系原点可设在进刀方向一侧的工件外轮廓的某个角上，Z 轴的原点通常设在工件的上表面，如图 5-6（b）中的 W 点。

为了使刀具运动轨迹符合加工程序中设定的走刀路线，需要通过对刀操作，确定机床坐标系和工件坐标系之间的关系。对刀操作是将刀位点与对刀点重合的过程。对刀点常与工件坐标系原点保持一致。在实际操作中通过手动控制坐标轴运动，很难将刀位点直接移动到工件坐标系原点位置。因此，常采用试切法或借助寻边器/对刀仪进行对刀操作。

5.2.3 加工程序结构与格式

加工程序示例如图 5-8 所示，它是一个完整的适合 FANUC 数控系统的加工程序。该程序开头的 O0001 是程序名，末尾的 M30 是程序结束指令代码，中间的程序段是程序主体。因此，加工程序由程序名、程序主体和程序结束指令代码组成。

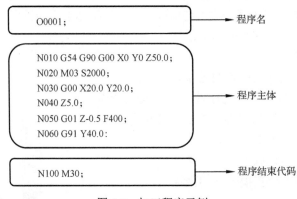

图 5-8　加工程序示例

（1）程序名。程序名是识别和调用程序的依据，它位于程序的开头，由地址码和数字组成，单独占一个程序段。

不同数控系统对应不同的地址码，例如，FANUC 数控系统采用"O"作为地址码，华中数控系统和 SIEMENS 数控系统采用"%"作为地址码。

（2）程序主体。程序主体是整个加工程序的核心，由若干程序段组成。程序主体应包含程序格式、所用刀具、刀具移动的目标点坐标、刀具以什么样的轨迹移动、切削用量和数控机床的辅助动作等内容。

每个程序段由若干程序字构成，程序字由地址码和数字组成，如 N010、G54、M03 等都是程序字。FANUC 数控系统程序段的常用地址码见表 5-1。

表 5-1　FANUC 数控系统程序段的常用地址码

N	G	X	Y	Z	F	S	T	M
程序段号	准备功能	坐标			进给功能	主轴功能	刀具功能	辅助功能

程序段的开头通常用地址码 N_表示程序段号，在大部分数控系统中，仅在程序跳转或检索时用程序段号。程序段号的大小和次序可以颠倒，也可以省略，省略段号的程序段不能用来跳转和检索。在手工编程时，也可通过操作面板上的"系统参数"设置程序段号的递增量，让数控系统自动生成程序段号。若程序段号前面有"/"，如"/N100 G00 X20;"，则表示可选择跳过 N100 这个程序段。

程序段的末尾常以"；"（或 CR 或 LF）作为程序段结束符号，表示该程序段结束并开始下一个程序段。

可在程序段后添加程序注释，注释内容用一对圆括号括起来，可以跟在程序段后，也可以编成独立一行，如"N040 Z5.0;"表示快速下刀至参考平面。

（3）程序结束指令代码。程序结束指令代码用在程序的末尾，单独用 M 代码表示。主程序的结束可以用 M02 或 M30 代码。若主程序中还有子程序，可以用 M99 代码表示子程序结束并返回主程序。

5.2.4　程序编制中的数值计算

数值计算是编程前的重要环节，决定着刀具能否按设定的走刀路线运动，它主要包括基点坐标/节点坐标的运算和辅助计算。下面介绍基点坐标和非圆曲线节点坐标的计算。

1. 基点坐标的计算

零件的轮廓一般是由直线、圆弧、二次曲线等要素构成的，这些要素的连接点（包括交点和切点）称为基点。在图 5-9 所示的轮廓上，O、A、B、C、D、E、F 点都是基点。

一般来说，可根据零件图样给定的尺寸，利用解析几何或三角函数关系求得基点坐标。对较复杂的零件，可先利用计算机辅助设计软件制作出其模型，然后查出基点坐标，或者直接利用编程软件进行程序编制。

2. 非圆曲线节点坐标的计算

非圆曲线一般是指除直线和圆弧之外的能够用数学方程表达的平面轮廓曲线，如椭圆、双曲线和抛物线等。若数控系统本身不具备对特定非圆曲线的插补功能，那么在加工时，可用直线或圆弧线段逼近非圆曲线，用来逼近的线段与被加工曲线的交点或切点称为节点。图5-10所示为非圆曲线上的节点，对该曲线，用直线段逼近，各条直线段与该曲线的交点 A～E 点即节点。节点坐标的计算方法有等间距法、等程序段法、等误差法等。用手工计算这些节点坐标通常较复杂，可采用自动编程软件编制程序。

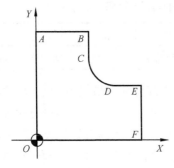

图 5-9　轮廓上的基点

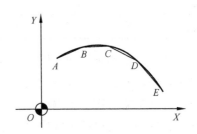

图 5-10　非圆曲线上的节点

5.3　数控铣削加工程序的编制

数控铣削常用的机床是数控铣床和加工中心。数控铣床是机械加工中常用的机床，加工范围广，不仅可以铣平面、平面轮廓、曲面、型腔，还可以进行钻孔、扩孔、铰孔、镗孔、锪孔、攻螺纹等孔加工操作。数控铣床常用于加工精度较高、中小批量、形状复杂、普通铣床难以或无法加工零件。

加工中心是指增加了刀库和自动换刀装置的数控铣床，它可以减少换刀时间，提高生产效率。此外，在孔加工方面具有固定循环功能，可简化编程，提高编程效率。

5.3.1　数控铣床和加工中心的编程特点

两者的特点如下：

（1）具有直线插补和圆弧插补这两个基本插补功能。利用手工编程，可以直接编写由直线和圆弧组成的简单形状零件的加工程序；利用计算机自动编程，可以将相应的刀具运动轨迹经过后置处理，生成具有直线插补和圆弧插补指令的程序。

（2）具有刀具长度补偿、刀具半径补偿功能。能够在不修改程序的情况下实现刀具运动轨迹的偏移。

（3）具有简化编程的功能。例如，使用缩放、镜像、旋转等功能，可以简化具有相同或相似特征零件的加工程序。

（4）具有子程序功能。可以将重复的程序段放入一个独立的程序中，通过重复调用，缩短程序，减少编程量。

（5）加工中心具有孔加工固定循环功能。将孔加工的基本步骤用特定的 G 代码表示，编程时只需输入相应的加工参数和位置参数，即可实现孔加工。

5.3.2 数控铣床及加工中心坐标系的确定

在编制加工程序时，首先确定机床坐标系，然后确定工件坐标系。

1. 机床坐标系的确定

（1）采用相对位置检测装置的数控机床在通电后执行返回参考点操作，就确定机床坐标系。若在机床运行过程中出现急停或超程报警信号，则在解除急停或超程报警信号后，数控系统会失去对参考点的记忆，需要重新返回参考点。

（2）采用绝对位置检测装置的数控机床在通电后无须执行返回参考点操作，就自动确定了机床坐标系。因为在调定这类机床时，机床制造商已将机床参考点的位置设置在数控系统的参数表中，机床断电对其没有影响。

2. 工件坐标系的确定

为了编程方便，通常根据零件的形状和尺寸特征确定工件坐标系。

通过对刀，确定机床坐标系与工件坐标系的位置关系。在编程时可用 G54～G59 代码或 G92 代码调用工件坐标系。

数控铣床和加工中心的对刀方法有试切法对刀、寻边器对刀、对刀仪对刀等。下面介绍两种常用的对刀方法，其中 X、Y 轴方向采用寻边器对刀，Z 轴方向采用对刀仪对刀。

1）对刀方法 1

对刀方法 1 如图 5-11 所示，这种对刀方法就是将工件坐标系原点设在零件上表面的左下角。对刀步骤如下：

（1）启动机床。

（2）返回参考点。

（3）X 轴方向对刀。将寻边器装在机床主轴上，低速转动寻边器，移动各进给轴，使寻边器端部的探测头缓慢靠近零件的左侧。当指示灯亮并有均匀的提示音出现时，记录此时的 X 轴坐标，记为 a。

（4）Y 轴方向对刀。调整寻边器的位置，使其端部的探测头缓慢靠近零件的前侧。当指示灯亮并有均匀的提示音出现时，记录此时的 Y 轴坐标，记为 b。将寻边器从主轴上卸下，装上加工用的刀具。

（5）Z 轴方向对刀。将校准过的对刀仪放在零件上表面，移动各进给轴，使刀具端部靠近对刀仪上表面。在两者接触后，慢速进刀，使指针归零，记录此时的 Z 轴坐标，记为 c。

（6）工件坐标系原点坐标的计算和输入。假设寻边器端部的探测头直径为 10mm，Z 轴方向对刀仪的高度为100mm，可得

$$X = a + 5$$
$$Y = b + 5$$
$$Z = c - 100$$

将计算出的 X、Y、Z 值输入对应的各坐标存储器中。

2）对刀方法2

对刀方法 2 如图 5-12 所示，这种对刀方法就是将工件坐标系原点设在零件上表面的中心。

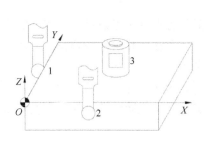

1，2—寻边器 3—对刀仪

图 5-11　对刀方法 1

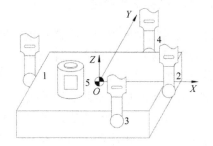

1，2，3，4—寻边器 5—对刀仪

图 5-12　对刀方法 2

该方法的对刀步骤与对刀方法 1 基本相同，主要区别如下。

（1）X 轴方向对刀时，需要将寻边器端部的探测头移动至零件左侧和右侧，并记录此时的 X 轴坐标，记为 a_1 和 a_2。

（2）Y 轴方向对刀时，需要将寻边器端部的探测头移动至零件前侧和后侧，并记录此时的 Y 轴坐标，记为 b_1 和 b_2。

（3）工件坐标系原点坐标计算：$X = (a_1 + a_2) / 2$，$Y = (b_1 + b_2) / 2$，$Z = c - 100$。

5.3.3　数控铣床和加工中心常用代码

下面以配置 FANUC 0i 数控系统的数控铣床为例，介绍其常用代码和编程方法。

1. FANUC 0i 数控系统的功能指令代码

数控铣床常用的功能指令代码有准备功能 G 代码、辅助功能 M 代码、刀具功能 T 代码、主轴功能 S 代码、进给功能 F 代码。

1）准备功能（G）

准备功能指令地址码为 G，因此也称 G 指令或 G 代码。G 代码是为建立坐标系、插补运算、刀补运算等机床功能做准备的，其范围大多为 G00～G99。随着数控系统功能的增加，有些 G 代码中的后续数字已采用三位数。通常，当 G 代码的第一位数字是"0"时，编程时可以省略 0，例如，G00 可用 G0 代替，G01 可用 G1 代替。

采用 FANUC 0i 数控系统的数控铣床和加工中心常用 G 代码及其功能见表 5-2。

（1）表 5-2 中将不能同时执行的指令分为一组，每组有各自的编号。同组指令可以相互取代，一个程序段中一般只能出现同组的一个指令，若出现两个或两个以上指令，则最后一个指令生效。

（2）表 5-2 中有模态指令和非模态指令。模态指令是续效指令，这种指令一经指定便一直有效，直到后续程序段中出现同组其他指令时才失效。非模态指令又称单段有效指令，它只在所出现的程序段中有效。表 5-2 中 00 组为非模态指令。

（3）表 5-2 中有表示机床的初始状态指令。机床启动后，会自动激活一些默认功能指令。这些功能指令一般在机床出厂调试时已经通过系统参数（参数号 3402）进行设置，在表 5-2 中，标注"*"的 G 代码为机床出厂调试时设置的初始状态指令。机床启动后若运行的程序中有这些指令的同组指令出现，其功能将发生改变。为了保证程序能够安全运行，通常将这些表示机床初始状态的指令写在程序的开头。

表 5-2　采用 FANUC-0i 系统的数控铣床和加工中心常用 G 代码及其功能

代码	组	功能	代码	组	功能	代码	组	功能
*G00	01	快速点定位	G43	08	刀具长度正补偿	G76	09	精镗孔循环
G01		直线插补	G44		刀具长度负补偿	*G80		取消固定循环
G02		顺时针圆弧插补	*G49		取消刀具长度补偿	G81		简单钻孔循环
G03		逆时针圆弧插补	*G50	11	比例缩放	G82		锪孔循环
G04	00	暂停延时	G51		取消比例缩放	G83		深孔钻循环
G09		准确停止检查	G52	00	局部坐标系	G84		右旋螺纹攻丝循环
G10		输入可编程参数	G53		选择机床坐标系	G85		镗孔循环
*G17	02	XY 平面选择	*G54	12	选择 G54 工件坐标系	G86		镗孔循环
G18		ZX 平面选择	G55		选择 G55 工件坐标系	G87		背镗孔循环
G19		YZ 平面选择	G56		选择 G56 工件坐标系	G88		镗孔循环
G20	06	使用英制单位	G57		选择 G57 工件坐标系	G89		镗孔循环
*G21		使用公制单位	G58		选择 G58 工件坐标系	*G90	03	采用绝对值编程
*G27	00	返回参考点检查	G59		选择 G59 工件坐标系	G91		采用增量值编程
G28		返回参考点	G61	15	准确停止方式	G92	00	设定工件坐标系
G29		返回参考点	G62		自动拐角倍率	*G94	05	每分钟进给方式
G30		返回第二、三、四参考点	G63		攻螺纹模式	G95		每转进给方式
G33	01	螺纹切削	*G64		切削模式	*G98	10	固定循环返回起始点
*G40	07	取消刀具半径补偿	G65	00	宏程序调用	G99		固定循环返回 R 点
G41		刀具半径左补偿	G73	09	高速深孔钻循环	—		—
G42		刀具半径右补偿	G74		左旋螺纹攻丝循环	—		—

2）辅助功能（M）

辅助功能的地址码为 M，其后跟两位数字，范围大多为 M00～M99，主要用于控制程序的使用或一些辅助开关动作。上述数控铣床和加工中心常用M代码及其功能见表5-3。

表 5-3 数控铣床和加工中心常用 M 代码及其功能

代码	功能	说明
M00	程序停止	① 非模态指令代码。 ② 执行 M00 功能后，机床的所有动作均被切断，机床处于暂停状态。机床重新启动后，数控系统将继续执行后面的程序段。一般可用于两道工序之间的尺寸测量或排屑等场合。例如， N10 G00 X100.0 Y50.0； N20 M00； N30 X50.0 Y100.0； 执行到 N20 程序段时，进入暂停状态，机床重新启动后将从 N30 程序段开始继续进行。 ③ M00 应作为一个程序段单独设定。 ④ 若在 M00 状态下，按复位键，则程序将回到开始位置
M01	选择停止	① 非模态指令代码。 ② 当机床操作面板上的任选开关处于打开状态，若程序中遇到 M01，其执行过程同 M00 相同；当任选开关处于关闭状态时，系统将忽略 M01 代码。 ③ M01 应作为一个程序段单独设定
M02	程序结束	① 非模态指令代码。 ② 用在程序末尾，表示主程序结束并切断机床所有动作。若要重新执行该程序，则需要重新调用。 ③ M02 应作为一个程序段单独设定
M03	主轴正转（CW）	① 模态指令代码。 ② 一般规定，从主轴箱沿主轴中心线方向观察，顺时针旋转的方向为主轴正转，逆时针旋转的方向为主轴反转。
M04	主轴反转（CCW）	例如，沿立式加工中心主轴中心线垂直于工件表面往下看，顺时针旋转的方向为主轴正转。 ③ 主轴正/反转指令代码 M03 和 M04 必须和主轴功能指令代码 S 配合使用，如 S1000 M03。
M05	主轴停转	④ M02 和 M30 都具有主轴停转的功能，因此有的程序不出现 M05 代码
M06	换刀	① 非模态指令代码。 ② M06 是换刀指令代码，需要和选刀指令代码 T 配合使用，如 T04 M06
M08	切削液开关开启	① 模态指令代码。 ② M00、M01 和 M02、M30 代码也可以将切削液开关关闭。若机床有安全门，则打开安
M09	切削液开关关闭	全门时切削液开关也会关闭
M30	程序结束	① 非模态指令代码。 ② 用在程序末尾，表示主程序结束，并切断机床所有动作，程序自动返回开始位置。若要重新执行该程序，只需再次下按面板上的"循环启动"键
M98	子程序调用	① 模态指令代码。 ② M98 用来调用子程序，其后跟子程序号和调用次数，如 M98P50001。
M99	子程序结束	③ M99 用在子程序的末尾，表示子程序结束并返回主程序，继续运行

3）进给功能（F）

F 代码用于控制刀具进给速度，为模态指令代码，用字母 F 及其后面的若干位数字表示。在铣削加工中，刀具进给速度的单位一般为 mm/min。例如，在机床启动后，默认设置状态为 G94，F150 表示刀具进给速度为 150mm/min。

4）主轴功能（S）

在铣削加工中，S 代码用于指定主轴转速，为模态指令代码，用字母 S 及其后面的若干位数字表示，单位是 r/min。例如，S600 表示主轴转速为 600r/min。

5）刀具功能（T）

T 代码是刀具功能指令代码，其后跟两位数字，表示更换刀具的编号，如 T00～T99。因为数控铣床无自动换刀装置，必须人工换刀，所以 T 代码只用于加工中心，作为选刀指令代码并和 M06 换刀指令代码配合使用。

2. 基本编程指令代码

1）坐标与尺寸

（1）绝对值编程指令 G90 与增量值编程指令 G91。在数控编程中，刀具按坐标移动的编程方式有绝对值编程和增量（或相对）值编程。通过 G90 代码指定绝对值，通过 G91 代码指定增量值。

采用绝对值编程时的程序格式：G90 X_Y_Z_;（X_Y_Z_为终点的绝对值）

采用增量值编程时的程序格式：G91 X_Y_Z_;（X_Y_Z_为终点相对于起始点的坐标增量）

G90、G91 代码为同组模态指令代码，可相互注销。机床启动后默认设置状态为 G90，如果需要修改该组代码，可以在机床参数（3402）中进行设置。

（2）英制单位代码 G20 与米制单位代码 G21。数控编程中尺寸的单位可以是英制或米制，用 G20 指定英制单位，单位为 in（英寸）；用 G21 指定米制单位，单位为 mm（毫米）。

通常在第一个程序段中（或在坐标系设定之前）指定 G20 或 G21；在程序执行过程中，不能切换 G20 和 G21。

一般情况下，国内使用的机床默认设置是米制单位，即初始状态指令代码是 G21。

2）工件坐标系指令代码

（1）工件坐标系的设定（G92）。

程序格式：

$$G92\ X\_Y\_Z\_;$$

代码说明：

① G92 代码可用于设定工件坐标系原点，即建立工件坐标系。

② X_Y_Z_为刀具刀位点在工件坐标系中的坐标值。

使用 G92 代码之前，需要先手动将刀具移动到代码指定的位置。使用 G92 代码建立的工件坐标系如图 5-13 所示，在图 5-13 中设定的工件坐标系原点为 O 点，已知基准点 A 距

离原点 O 的偏置值，需要先将刀位点移动到 A 点。当执行完程序段"G92 X100 Y50 Z20;"之后，机床各轴均不移动，但数控系统会根据 G92 代码中的坐标值自动建立该工件坐标系。此时，刀位点坐标代码为 X100 Y50 Z20。

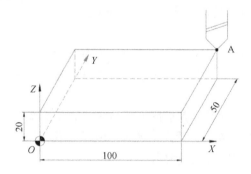

图5-13 使用 G92 代码建立的工件坐标系

由于 G92 代码通过程序设定工件坐标系，数控系统不对其进行存储，因此数控系统对该工件坐标系没有记忆功能，当机床重启后，工件坐标系原点就会失效。G92 代码通常适用于单件加工。

（2）工件坐标系的调用（G54～G59）。在数控铣削加工中，为了编程方便，一次可以建立多个工件坐标系。可在 FANUC 0i 数控系统的补偿界面用 G54～G59 代码设定 6 个不同的工件坐标系，如图5-14所示。

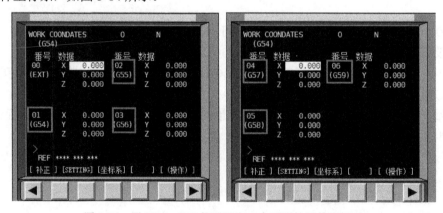

图5-14 用 G54～G59 代码设定 6 个不同的工件坐标系

程序格式：G54/…/G59；

代码说明：设定的工件坐标系在机床坐标系建立后立即生效，需要在程序中进行调用，一般用在程序开头。

使用步骤如下。

① 通过对刀操作确定工件坐标系原点在机床坐标系中的位置。将各轴分别进行对刀操作，并且将工件坐标系原点在机床坐标系中的坐标值输入补偿界面中各轴对应的文本框，

或输入当前刀位点在工件坐标系中的坐标并由数控系统自动测量出工件坐标系原点坐标。此时，工件坐标系已建立。

② 在程序中对 G54～G59 存储器中的工件坐标系原点进行调用。

工件坐标系的调用如图 5-15 所示。假设 Z 轴原点设在工件上表面，要求刀具快速定位到 G54 对应的工件坐标系原点的上方 50mm 处，则程序格式为 G90 G54 G00 X0 Y0 Z50。

G54～G59 对应的工件坐标系原点坐标数据存储在数控系统内存中，机床重启后这些坐标数据不会改变。因此，在实际加工中，一般采用 G54～G59 建立工件坐标系。

3）机床参考点指令代码

FANUC 0i 数控系统可设定 4 个参考点，这些参考点都是以机床坐标系原点为基准的，如图 5-16 所示。4 个参考点位置在系统参数（1240～1243）中设定。第一参考点通常简称参考点，通常，数控铣床的第一参考点与机床坐标系原点重合。

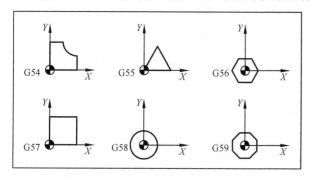

图 5-15　工件坐标系的调用

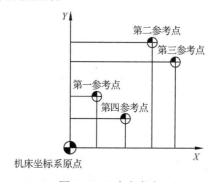

图 5-16　4 个参考点

参考点的 G 代码有 4 个，返回参考点检查用 G27 代码，自动返回参考点用 G28 代码，从参考点返回用 G29 代码，返回第二、三、四参考点用 G30 代码。

（1）返回参考点检查用 G27 代码。

程序格式：

$$G90（G91）G27 X\_Y\_Z\_;$$

使用 G90 编程时，其程序格式中的 X、Y、Z 值指参考点在工件坐标系中的绝对值，若机床坐标系原点与参考点重合，则将工件坐标系存储器（如 G54）中对应的坐标数值求相反数，即可用于 G27 代码中。使用 G91 编程时，其程序格式中的 X、Y、Z 值表示参考点相对于刀具当前点的增量坐标。

代码功能：用于检查刀具是否能够正确地返回参考点。在机床运行一段时间以后，通过返回参考点检查，判断坐标原点位置是否正确，以便进一步提高加工的可靠性及工件尺寸的正确性。

代码说明：

① 执行 G27 代码，刀具将快速定位到程序中的指定位置。若操作面板上的 X、Y、Z 轴指示灯亮，则说明刀具到达的是参考点位置；若某轴的指示灯不亮，则说明刀具未返回参考点。此时，系统报警并中断程序运行。

② 使用 G27 代码时，必须先取消刀具半径补偿和刀具长度补偿。

（2）自动返回参考点用 G28 代码。

程序格式：

$$G90（G91）G28\ X\_Y\_Z\_;$$

其中，X、Y、Z 值为返回参考点时所经过的中间点坐标。

代码功能：使各坐标轴自动返回参考点。一般在加工之前和加工结束后让机床自动返回参考点，以便装夹和取出工件。

代码说明：

① 执行 G28 代码，被指定的轴先快速定位到中间点，再从中间点返回参考点。

② 出于安全考虑，一般先使 Z 轴返回参考点，然后使 X、Y 轴返回参考点。

例如：

"G91 G28 Z0.;" 表示在刀具当前位置使 Z 轴返回参考点。

"G28 X0. Y0.;" 表示在刀具当前位置使 X、Y 轴返回参考点。

③ 为安全起见，在执行该代码前应该取消刀具半径补偿和刀具长度补偿。

（3）从参考点返回用 G29 代码。

程序格式：

$$G29\ X\_Y\_Z\_;$$

其中，X、Y、Z 的值为刀具的目标点坐标。

代码功能：使刀具由参考点经过中间点到达目标点。

代码说明：这里的中间点是由 G28 代码所指定的中间点，故刀具可以经过一个安全路径到达目标点。G29 代码可用在 G28 代码之后，不能单独使用。

（4）返回第二、三、四参考点用 G30 代码。

程序格式：

$$G30\ Pn\ X\_Y\_Z\_;$$

其中，n=2、3、4，表示第二、三、四参考点，选择第二参考点时，P 地址可省略；X、Y、Z 值为返回参考点时所经过的中间点坐标。

代码功能：使刀具由当前位置经过中间点返回第二、三、四参考点。通常用于自动换刀位置与参考点不同的场合。

代码说明：

① G30 代码的执行过程与 G28 相同，返回参考点后，指示灯亮。换刀时，可让 Z 轴返回第二参考点，程序格式为 "G91 G30 Z0;"。

② 在采用相对位置检测装置的数控系统中，在机床坐标系建立后，第二、三、四参考点才有效。

4）基本移动指令

基本移动指令代码用于控制机床，使之按照指定轨迹作进给运动，包括快速定位用 G00 代码、直线插补用 G01 代码和圆弧插补/螺旋插补用 G02/G03 代码。

（1）快速定位用 G00 代码。

程序格式：

$$G00\ X\_Y\_Z\_;$$

① 在用 G90 代码时，*X*、*Y*、*Z* 值为目标点在工件坐标系中的坐标；

② 在用 G91 代码时，*X*、*Y*、*Z* 值为目标点相对于当前位置的位移量。

代码功能：控制刀具从当前位置快速移动到目标点，以减少非切削时间，如从换刀点到工件、从工件到换刀点、工件上不同位置之间的定位等。

代码说明：

① G00 代码无须设定进给功能 F，各轴移动速度由系统参数（1420）确定。

② 在执行 G00 代码时，由于各轴分别以数控系统设定的速度移动，不能保证各轴同时到达终点，因此联动直线轴的合成轨迹不一定是直线，如图 5-17 所示。使用 G00 代码快速移动时，要确保两个点之间不能有障碍物，以保证刀具运动轨迹的安全性。

③ 该代码不能用于切削加工。

在图 5-17 中，刀具从 *A* 点快速移动到 *B* 点，可执行程序"G90 G00 X40 Y30;"或"G91 G00 X30 Y20;"。

（2）直线插补用 G01 代码。

程序格式：

$$G01\ X\_Y\_Z\_F\_;$$

其中，*X*、*Y*、*Z* 的值表示目标点坐标；F_表示进给速度（默认单位为 mm/min）。

代码功能：控制刀具以直线运动轨迹，从刀具当前位置按给定的进给速度运动到目标点。该代码不仅控制刀具运动轨迹而且控制刀具运动的速度。

执行 G01 代码时轨迹如图 5-18 所示，刀具从 *A* 点直线插补到 *B* 点的程序格式为"G90 G01 X40. Y30. F100;"或"G91 G01 X30. Y20. F100;"。

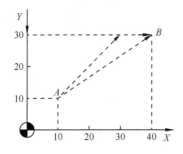

图 5-17 执行 G00 代码时的轨迹

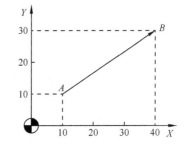

图 5-18 执行 G01 代码时轨迹

【例 5-1】采用直径为 4mm 的键槽铣刀加工如图 5-19 所示的字母"N"，切深为 0.5mm。

程序	注释
O5001;	程序名
N010 G54 G90 G00 X0 Y0 Z50.0;	调用工件坐标系，采用绝对值编程方式，将刀具快速定位到原点上方

```
N020 M03 S2000;                  主轴正转，转速为2000r/min
N030 G00 X20.0 Y20.0;            将刀具快速定位到1号点
N040 Z5.0;                       刀具快速趋近距离工件上表面5mm处
N050 G01 Z-0.5 F100;             以100mm/min的进给速度切削，切深为0.5mm
N060 G91 Y40.0;                  采用增量值编程方式，直线插补至2号点
N070 X30.0 Y-40.0;               直线插补至3号点
N080 Y40.0;                      直线插补至4号点
N090 G90 G00 Z100.0;             采用绝对值编程方式，刀具快速退回安全平面
N100 M30;                        程序结束并返回开头
```

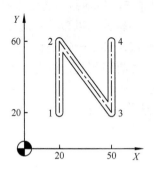

图5-19　加工字母"N"

（3）圆弧插补用G02和G03代码。

程序格式：

$$G17\begin{Bmatrix}G02\\G03\end{Bmatrix}X\_Y\_\begin{Bmatrix}I\_J\_\\R\_\end{Bmatrix}F\_;$$

$$G18\begin{Bmatrix}G02\\G03\end{Bmatrix}Z\_X\_\begin{Bmatrix}I\_K\_\\R\_\end{Bmatrix}F\_;$$

$$G19\begin{Bmatrix}G02\\G03\end{Bmatrix}Y\_Z\_\begin{Bmatrix}J\_K\_\\R\_\end{Bmatrix}F\_;$$

① G17、G18、G19为平面选择指令代码。

在笛卡尔直角坐标系中，两个坐标轴构成一个平面，共三个平面，即XY平面、ZX平面和YZ平面。在数控铣削编程中，圆弧插补指令代码、刀具半径补偿指令代码、孔加工固定循环指令代码都要包含平面的选择。

G17代码用于选择XY平面，G18代码用于选择ZX平面，G19代码用于选择YZ平面。

G17、G18、G19为同组模态指令代码，机床启动时默认的加工平面为XY平面，即默认G17状态。

② G02、G03为圆弧插补指令代码。

G02代码用于顺时针圆弧插补（CW），G03代码用于逆时针圆弧插补（CCW）。圆弧插补方向如图5-20所示。

③ X、Y、Z的值为圆弧的终点坐标，可用G90或G91表示。

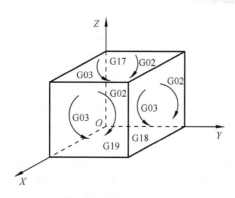

图 5-20　圆弧插补方向

④ *I*、*J*、*K* 为圆弧起始点到圆弧中心的矢量在相应坐标轴上的分量，*I*、*J*、*K* 分别对应 *X*、*Y*、*Z* 坐标轴，如图 5-21 所示。

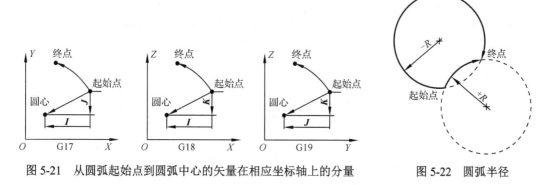

图 5-21　从圆弧起始点到圆弧中心的矢量在相应坐标轴上的分量

图 5-22　圆弧半径

⑤ *R* 为圆弧半径，如图 5-22 所示。用圆弧半径 *R* 编程时，当圆弧圆心角 *a*≤180°时，*R* 为正值；当 180°< *a* < 360°时，*R* 为负值；当 *a* = 360°时则不能用圆弧半径 *R* 编程，只能用圆心坐标编程。

⑥ F 为进给速度。

【例 5-2】采用直径为 4mm 的键槽铣刀加工如图 5-23 所示的字母"C"，切深为 0.5mm。

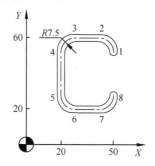

图 5-23　加工字母"C"

程序	注释
O5002;	程序名
N010 G54 G90 G00 X0 Y0 Z50.0;	调用工件坐标系，采用绝对值编程方式，将刀具快速定位到原点上方
N020 M03 S2000;	主轴正转，转速为2000r/min
N030 G00 X50.0 Y52.5;	将刀具快速定位到1号点
N040 Z5.0;	刀具快速趋近距离工件上表面5mm处
N050 G01 Z-0.5 F100;	以100mm/min的进给速度切深0.5mm
N060 G91 G03 X-7.5 Y7.5 R7.5;	采用增量值编程方式，逆时针圆弧插补至2号点
N070 G01 X-15;	直线插补至3号点
N080 G03 X-7.5 Y-7.5 R7.5;	逆时针圆弧插补至4号点
N090 G01 Y-25.0;	直线插补至5号点
N100 G03 X7.5 Y-7.5 R7.5;	逆时针圆弧插补至6号点
N110 G01 X15.0;	直线插补至7号点
N120 G03 X7.5 Y7.5 R7.5;	逆时针圆弧插补至8号点
N130 G90 G00 Z100.0;	采用绝对值编程方式，刀具快速退回安全平面
N140 M30;	程序结束并返回开头

（4）螺旋插补用 G02、G03 代码。

程序格式：

$$G17 \begin{Bmatrix} G02 \\ G03 \end{Bmatrix} X\_Y\_ \begin{Bmatrix} I\_J\_ \\ R\_ \end{Bmatrix} Z\_F\_;$$

$$G18 \begin{Bmatrix} G02 \\ G03 \end{Bmatrix} Z\_X\_ \begin{Bmatrix} K\_I\_ \\ R\_ \end{Bmatrix} Y\_F\_;$$

$$G19 \begin{Bmatrix} G02 \\ G03 \end{Bmatrix} Y\_Z\_ \begin{Bmatrix} J\_K\_ \\ R\_ \end{Bmatrix} X\_F\_;$$

以 G17 代码指定的 XY 平面为例，其中 X、Y 为螺旋线投影圆弧在 XY 平面上的终点坐标，Z 为垂直于 XY 平面的轴向上螺旋线终点的 Z 坐标。其他参数同圆弧插补。

代码功能：与圆弧插补相比，螺旋插补增加了垂直于加工平面的直线运动。螺旋插补能够正确使用的前提是，所使用的数控机床必须支持三轴联动。螺旋插补指令代码常用于螺旋下刀、圆周铣削、螺纹铣削或油槽等加工。

螺旋插补如图 5-24 所示。在图 5-24（a）中，若刀具从 A 点移动到 B 点，则程序格式为

G90 G03 X0 Y50 R50 Z20 F100;

在图 5-24（b）中，刀具从 O 点移动到 B 点，所形成的螺旋线绕圆柱两圈，需要编写两个程序段。

从 O 点到 A 点的程序格式：

G90 G03 X0 Y0 I20 J0 Z25 F100;

从 A 点到 B 点的程序格式：

Z50;

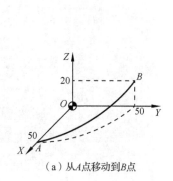

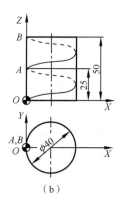

（a）从A点移动到B点　　　　　　（b）

图 5-24　螺旋插补（单位：mm）

5）暂停指令代码 G04

程序格式：

G04 X_;

或

G04 P_;

其中，X、P 均表示暂停时间，X 的后面可用带小数点的数，单位为 s。地址 P 后面不允许用带小数点的数，单位为 ms。如暂停 2s，程序格式为"G04 X2;"或"G04 P2000;"

代码功能：执行 G04 代码，进给轴停止运动，保持停止到程序中指定的时间后，进入下一个程序段继续运行。该代码一般可用于孔底的排屑或表面的光整加工。

代码说明：G04 为非模态指令代码，只在本程序段有效，编程时单独占一个程序段。

5.3.4　刀具补偿功能

在数控铣削编程时，常用的刀具补偿功能包括刀具半径补偿功能和刀具长度补偿功能。

1. 刀具半径补偿功能

在实际铣削加工中，如果按照零件实际轮廓坐标编程，就会出现过切现象；如果按照零件轮廓偏置一个刀具半径值的坐标编程，就会增加编程的复杂程度；当出现更换刀具、刀具磨损、粗/精加工等情况时，还需要改变加工程序，造成编程效率低、出错率高。使用刀具半径补偿功能，可以解决以上问题。只需按照零件实际轮廓坐标编程，并且在刀具半径补偿界面输入要偏置的补偿值，在程序中用刀具半径补偿指令代码调用补偿值，就可使刀具运动轨迹自动偏置。经刀具半径补偿后的刀具运动轨迹如图 5-25 所示，刀具半径补偿界面如图 5-26 所示。

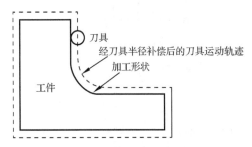

图 5-25　经刀具半径补偿后的刀具运动轨迹

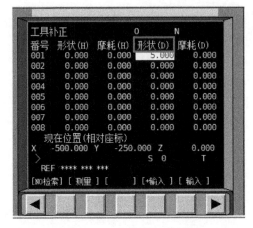

图 5-26　刀具半径补偿界面

建立刀具半径补偿的程序格式：

$$\begin{Bmatrix} G17 \\ G18 \\ G19 \end{Bmatrix} \begin{Bmatrix} G41 \\ G42 \end{Bmatrix} \begin{Bmatrix} G00 \\ G01 \end{Bmatrix} \begin{Bmatrix} X\_Y\_ \\ Z\_X\_ \\ Y\_Z\_ \end{Bmatrix} F\_D\_;$$

取消刀具半径补偿的程序格式：

$$G40 \begin{Bmatrix} G00 \\ G01 \end{Bmatrix} \begin{Bmatrix} X\_Y\_; \\ Z\_X\_; \\ Y\_Z\_; \end{Bmatrix}$$

代码说明：

（1）G17、G18、G19 为补偿平面选择指令代码。例如，执行 G17 代码后，该代码仅对刀具在 X、Y 轴方向上的移动量进行补偿，而对 Z 轴方向上的移动量补偿不起作用。平面的切换必须在刀具半径补偿取消的情况下进行。否则，将触发数控系统报警。

（2）G00、G01 为刀具移动指令代码。建立和取消刀具半径补偿的程序段必须与 G00 或 G01 代码一起使用，不能使用 G02 或 G03 圆弧插补指令代码。

（3）G40 为取消刀具半径补偿指令代码。

（4）G41 为刀具半径左补偿指令代码。该代码用于控制刀具沿着走刀路线前进方向，向左侧偏移一个刀具半径的补偿量。

（5）G42 为刀具半径右补偿指令代码。该代码用于控制刀具沿着走刀路线前进方向，向右侧偏移一个刀具半径的补偿量。

（6）X_Y_为由 G00 或 G01 代码建立刀具半径补偿后的直线段运动的编程目标点坐标。

（7）D_为由刀具半径补偿号或刀具偏置值寄存器号。

【例 5-3】 根据已建立的工件坐标系，按图 5-27 中的序号所示的路径进行加工。考虑刀具半径补偿，假设加工开始时，刀具距离工件上表面 50mm，切深为 5mm，使用直径为 6mm 的立铣刀加工。试编写该零件的加工程序。

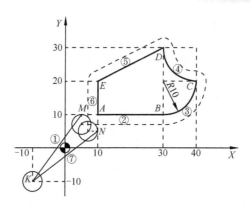

图 5-27　零件轮廓加工（单位：mm）

解：在本例中，刀具半径补偿的过程分为三个阶段：

（1）建立阶段，即序号①

（2）执行阶段，即序号②～⑥

（3）取消阶段，即序号⑦

程序	注释
O5003;	程序名
N10 G54 G90 G00 Z50;	调用工件坐标系，采用绝对值编程方式，将刀具快速定位到初始平面
N20 X-10 Y-10;	将刀具快速定位到 K 点
N30 M03 S1000;	主轴正转，转速为 1000r/min
N40 Z5;	刀具快速趋近距离工件上表面 5mm 处
N50 G01 Z-5 F300;	下刀，切深为 5mm
N60 G42 X5 Y10 D01;	建立刀具半径右补偿，$K{\rightarrow}M$
N70 X30;	沿 M 点直线插补至 B 点
N80 G03 X40 Y20 R10;	逆时针圆弧插补至 C 点
N90 G02 X30 Y30 R10;	顺时针圆弧插补至 D 点
N100 G01 X10 Y20;	直线插补至 E 点
N110 Y5;	沿 EA 延长线直线切出
N120 G40 X-10 Y-10;	取消刀具半径补偿，$N{\rightarrow}K$
N130 G00 Z50;	刀具快速退回安全平面
N140 M30;	程序结束并返回开头

2. 刀具长度补偿功能

在实际铣削加工中，当需要多把刀具时，为了忽略刀具长度对程序的影响，可以用一把基准刀具进行对刀，确定工件坐标系。将其他刀具与基准刀具的差值作为刀具长度补偿值输入刀具长度补偿界面，在程序中利用刀具长度补偿指令代码调用补偿值。

建立刀具长度补偿的程序格式：

$$\begin{Bmatrix} G43 \\ G44 \end{Bmatrix} \begin{Bmatrix} G00 \\ G01 \end{Bmatrix} Z\_H\_;$$

取消刀具长度补偿的程序格式：

$$G49 \begin{Bmatrix} G00 \\ G01 \end{Bmatrix} Z\_;$$

代码说明：

（1）G43 为刀具长度正补偿指令代码。刀具在 Z 轴方向上移动的实际距离=程序中的 Z 坐标值+ H 寄存器中存储的数值。

（2）G44 为刀具长度负补偿指令代码。刀具在 Z 轴方向上移动的实际距离=程序中的 Z 坐标值- H 寄存器中存储的数值。

（3）G49 为取消刀具长度补偿指令代码。

（4）Z 为刀具在 Z 轴方向上移动的坐标值。

（5）H 为刀具长度补偿寄存器号。一般记为 H00～H99，H00 表示恒为空。

【例 5-4】 按照图 5-28 所示的零件图和走刀路线，加工该零件，毛坯为 ϕ 50×35mm 的铝合金棒料。

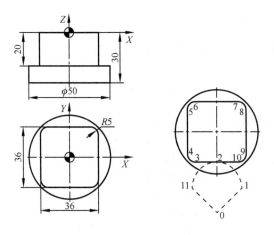

图 5-28 零件图和走刀路线（单位：mm）

加工时，该零件的切深为 20mm，可调用程序 O5004 两次，以完成切削加工。第一次切削时，设定 H01=0；第二次切削时，设定 H01=-10。若该零件有精度要求，则可按工艺要求设定合理的切削用量。

程序	注释
O5004;	程序名
G54 G90 G00 X0 Y0;	调用工件坐标系，采用绝对值编程方式，将刀具快速定位到原点上方

```
M03 S800;                          主轴正转，转速为 800r/min
G43 Z50 H01;                       建立刀具长度补偿
G00 X0 Y-50;                       刀具快速定位到 0 号点
Z5;                                刀具快速趋近距离工件上表面 5mm 处
G01 Z-10 F300;                     第一次切削的切深为 10mm
G41 G01 X12 Y-30 D01 F100;         建立刀具半径补偿，0→1
G03 X0 Y-18 R12 F50;               2
G01 X-13 F100;                     3
G02 X-18 Y-13 R5 F50;              4
G01 Y13 F100;                      5
G02 X-13 Y18 R5 F50;               6
G01 X13 F100;                      7
G02 X18 Y13 R5 F50;                8
G01 Y-13 F100;                     9
G02 X13 Y-18 R5 F50;               10
G01 X0 F100;                       2
G03 X-12 Y-30 R12 F50;             11
G40 G00 X0 Y-50;                   取消刀具半径补偿，11→0
G49 G00 Z100;                      取消刀具长度补偿，退刀
M30;                               程序结束并返回开头
```

5.3.5　子程序编程

图 5-29 所示为具有多个相同轮廓的零件。当一个零件中有多个相同的轮廓需要加工时，如果对每个轮廓都单独编写加工程序，那相当烦琐。在数控系统中可以采用子程序简化编程。把程序中某些顺序固定和重复出现的程序段单独抽出来，按一定格式把它们编成一个程序供主程序调用，这个被调用的程序就是子程序。

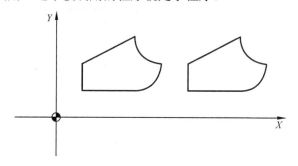

图 5-29　具有多个相同轮廓的零件

1. 子程序的组成

子程序也包含三部分的内容，即子程序名、程序主体和程序结束指令代码。子程序名

由地址码 O 和 4 位数字组成,要与主程序中的子程序调用指令中所指向的程序号保持一致。程序主体主要是加工中重复的程序段。程序结束指令代码是 M99，表示子程序结束，返回主程序。

```
O××××;
N010…;
N020…;
    ⋮
N100…;
N110 M99;
```

2. 子程序的调用

子程序的调用需要用到 M98 代码，调用程序格式为"M98 P□□□□××××;"其中，××××表示要调用的子程序号。□□□□表示重复调用的次数。

例如，要调用子程序名为 O0001 的子程序 4 次，程序格式为 M98 P40001;

3. 子程序的应用举例

【例 5-5】 根据已建立的工件坐标系，按图 5-30 所示的 $K \to A \to B \to C \to D \to E \to F \to K$ 走刀路线加工相同轮廓。考虑刀具半径补偿,假设加工开始时，刀具距离工件上表面 50mm，切深为 2mm，使用直径为 6mm 的立铣刀加工。

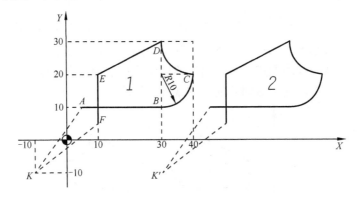

图 5-30　加工相同轮廓时的走刀路线（单位：mm）

解：在图 5-30 中，2 号轮廓相当于是 1 号轮廓在 XY 平面内的平移。因此，可以将 1 号轮廓的加工程序用 G91 相对方式单独编程成一个子程序。

```
程序                   注释
O5005;                 主程序名
G54 G90 G00 Z50;       调用工件坐标系,采用绝对值编程方式,将刀具快速定位到初始平面
X-10 Y-10;             刀具快速定位到 K 点
M03 S1000;             主轴正转,转速为1000r/min
```

Z5;	刀具快速趋近距离工件上表面 5mm 处
M98 P0505;	调用 O0505 子程序 1 次
G00 X30;	刀具快速移至 K' 点
M98 P0505;	调用 O0505 子程序 1 次
G00 Z100;	刀具快速退回安全平面
M30;	程序结束并返回开头
O0505;	子程序名
G01 Z-2 F300;	向下的切深为 2mm
G91 G42 X15 Y20 D01;	相对坐标，建立刀具半径右补偿
X25;	从 A 点直线插补至 B 点
G03 X10 Y10 R10;	逆时针圆弧插补至 C 点
G02 X-10 Y10 R10;	顺时针圆弧插补至 D 点
G01 X-20 Y-10;	直线插补至 E 点
Y-15;	直线插补至 F 点
G40 X-20 Y-15;	取消刀具半径补偿
G90 Z5;	绝对坐标，抬刀至距离工件上表面 5mm 处
M99;	子程序结束，返回主程序

【例 5-6】 根据已建立的工件坐标系，按图 5-31 所示的零件图，分层铣削该零件，毛坯为 ϕ50mm×35mm 的铝合金棒料。

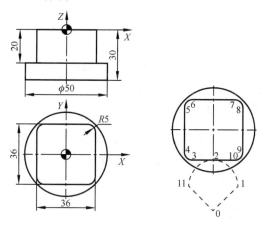

图 5-31　待分层铣削的零件图

解： 在本例中，第二层轮廓相当于第一层轮廓在 Z 轴方向上进行平移。因此，可以将每次的切深用 G91 相对方式指定，将第一层轮廓用 G90 绝对方式编程，将下刀和轮廓加工程序单独编成一个子程序。

程序	注释
O5006;	主程序名
G54 G90 G00 Z50;	调用工件坐标系，采用绝对值编程方式，将刀具快速定位到初始平面

```
X0 Y-50;                          刀具快速定位到 0 号点
M03 S800;                         主轴正转，转速为 800r/min
Z5;                               刀具快速趋近距离工件上表面 5mm 处
M98 P20506;                       调用 O0506 子程序 2 次
G00 Z100;                         刀具快速退回至安全平面
M30;                              程序结束并返回开头

O0506;                            子程序名
G91 G01 Z-15 F300;                相对坐标，实际切深为 10mm
G90 G41 G01 X12 Y-30 D01 F100;    绝对坐标，建立刀具半径补偿，0→1
G03 X0 Y-18 R12 F50;              2
G01 X-13 F100;                    3
G02 X-18 Y-13 R5 F50;             4
G01 Y13 F100;                     5
G02 X-13 Y18 R5 F50;              6
G01 X13 F100;                     7
G02 X18 Y13 R5 F50;               8
G01 Y-13 F100;                    9
G02 X13 Y-18 R5 F50;              10
G01 X0 F100;                      2
G03 X-12 Y-30 R12 F50;            11
G40 G00 X0 Y-50;                  取消刀具半径补偿，11→0
G91 Z5;                           相对坐标，向上抬刀 5mm
M99;                              子程序结束，返回主程序
```

5.3.6 孔加工固定循环指令代码

在孔加工中，根据技术要求的不同，通常会采用不同的加工方式，如钻、扩、镗、铰等。若以 XY 平面为加工平面，则孔加工的一般步骤包括将刀具在 XY 平面上进行快速定位、使刀具在 Z 轴方向上快速趋近工件、在 Z 轴方向切削、刀具退回安全平面等。这些步骤可通过快速定位、直线插补指令代码实现，对每个刀具动作都需要编写一个程序段，当加工较多的孔时，程序就比较烦琐。

数控铣床数控系统将孔加工的一般步骤用后端代码编成一个模块，这个模块用 G 代码调用。编程时只需输入孔的位置参数和加工参数，用一个程序段就可以执行一个孔加工命令。当需要加工多个相同的孔时，只需对第一个孔编写完整的加工程序，其他孔与第一个孔加工的相同数据可作为固定循环中的模态值，可以省略不写。这种能够简化孔加工程序的 G 代码称为孔加工固定循环指令代码。

1. 孔加工固定循环基本动作

孔加工固定循环基本动作如图 5-32 所示。其中，虚线表示快速进给，实线表示切削进

给，箭头表示刀具运动方向（以下各图中的虚线、实线和箭头表示意义相同）。

动作①：刀具从初始平面快速定位到孔的中心位置坐标（X, Y），Z 轴坐标不变。

动作②：刀具快进到参考点。

动作③：切削进给到孔底。

动作④：孔底动作有主轴连续旋转、反转、正转、停止、位移和进给暂停等方式。

动作⑤：返回到参考点。有快速退刀、进给速度退刀、手动退刀等返回方式。

动作⑥：经过参考点快速返回到初始点。

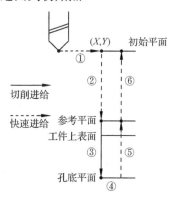

图 5-32　孔加工固定循环基本动作

（1）初始平面（又称返回平面）。初始平面是为了安全下刀而规定的一个平面。初始平面到工件表面的距离可以任意设在一个安全的高度上，它的高度（Z 值）由固定循环指令的前一段程序指定，一般设在距离工件上表面 50～100mm 处。

（2）参考平面。这个平面是刀具下刀时从快速进给转为切削进给的高度平面，一般设在距离工件上表面 2～5mm 处，一方面防止刀具撞到工件，另一方面保证加速所需要的安全距离。

（3）孔底平面。加工不通孔时，孔底平面就是孔的底面；加工通孔时，一般使刀具伸出工件底面一段距离，以保证全部孔深都能达到尺寸要求，该段距离一般为 0.3D+（1～3）mm（D 为刀具直径）。

2. 孔加工固定循环程序格式

程序格式：

　　（G17）G90/G91 G98/G99 G73～G89 X_Y_Z_R_Q_P_F_K_；

（1）G98/G99：G98 是刀具返回初始平面指令代码，G99 是刀具返回参考平面指令代码如图 5-33 所示。G98 是机床默认状态指令代码，也就是孔加工结束后刀具返回初始平面，但是，当用同一把刀具加工多个孔时，若孔与孔之间无障碍，则除了对最后一个孔使用 G98 代码，使刀具返回初始平面，对其他孔都可以使用 G99 代码。

（2）G73～G89：孔加工方式。

（3）X_Y_：孔位置坐标；

（4）Z_R_：其值与 G90/G91 有关。选择 G90 方式，Z 和 R 分别是孔底平面和参考平面距离工件坐标系原点的 Z 轴坐标；选择 G91 方式，Z 和 R 值相对于前一点计算，如图 5-34 所示。

（5）Q：每次进给深度（G73/G83）或刀具的反向位移增量（G76/G87）。

（6）P：刀具在孔底的暂停时间，单位为 ms；

（7）F：切削进给速度，默认单位为 mm/min；

（8）K：重复次数，未指定时默认为 1 次。

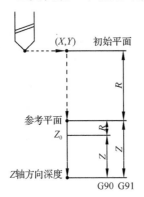

图 5-33　G98 和 G99 代码下的刀具返回方式

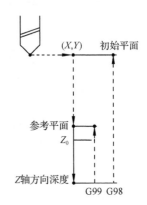

图 5-34　绝对值编程和增量值编程方式下的 R 与 Z 的计算

3．钻削固定循环指令

钻削固定循环指令主要有钻中心孔指令和钻普通孔的 G81 指令、加工台阶孔、锪孔时的 G82 指令，以及加工深孔的 G73 和 G83 指令，各指令见表 5-4。

表 5-4　钻削固定循环指令

G 代码		加工运动（Z 轴）	孔底动作	返回运动（Z 轴）	应用
钻孔指令代码	G81	切削进给	—	快退	中心孔和普通孔的钻孔循环
	G82	切削进给	暂停	快退	台阶孔、锪孔循环
	G83	间歇切削进给	—	快退	深孔钻削循环
	G73	间歇切削进给	—	快退	深孔高速钻削循环

1）钻孔循环指令代码 G81

程序格式：

$$G81\ X\_Y\_Z\_R\_F\_;$$

通过 G81 执行常规的钻孔加工动作，G81 执行动作示意如图 5-35 所示。

代码说明：

（1）刀具沿着 X、Y 轴快速定位到孔的中心位置。

（2）刀具快速移动到参考平面。

（3）刀具从参考平面切削进给到孔底位置坐标进行钻孔加工并到达孔底，此时主轴继续旋转。

（4）刀具快速退回参考平面或初始平面。

G81 一般用于加工深径比小于 5 的普通孔或中心孔，它是最基本的孔加工固定循环指令代码。

2）钻台阶孔和锪孔循环指令代码 G82

程序格式：

$$G82\ X\_Y\_Z\_R\_P\_F\_\ ;$$

代码说明：

G82 与 G81 执行的动作基本相同，与 G81 不同的是孔底动作增加了暂停，暂停时间由参数 P 指定，其单位为 ms。

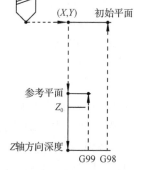

图 5-35　G81 执行动作示意

G82 与 G81 应用于钻台阶孔和锪孔等。为了获得较好的表面质量和尺寸精度，往往需要刀具进给到孔底后，暂停一段时间（进给暂停、主轴旋转），然后快速退刀。

【例 5-7】　使用 G81 和 G82 加工图 5-36 所示零件图中的各孔。

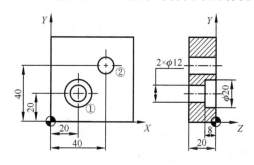

图 5-36　零件图（单位：mm）

程序如下：

程序	注释
O5007;	程序名
N010 G91 G28 Z0;	返回参考点
N020 T01 M06;	换 1 号刀（ϕ12mm 的麻花钻）
N030 G54 G90 G00 X0 Y0;	定位于 G54 原点上方
N040 S800 M03;	主轴正转，转速为 800r/min
N050 G43 H01 Z50.0;	建立刀具长度补偿且定位于初始平面
N060 G99 G81 X20.0 Y20.0 Z-25.0 R5.0 F100;	定位，钻孔①，然后返回参考平面
N070 G98 X40.0 Y40.0;	钻孔②，然后返回初始平面
N080 G80 M05;	取消固定循环且主轴停转
N090 G91 G28 Z0;	返回参考点
N100 T02 M06;	换 2 号刀（ϕ20mm 的锪孔钻）
N110 G54 G90 G00 X0 Y0;	定位于 G54 原点上方

```
N120 S600 M03;                              主轴正转，转速为 600r/min
N130 G43 H02 Z50.0;                         建立刀具长度补偿且定位于初始平面
N140 G98 G82 X20.0 Y20.0 Z-8.0 R5.0         定位，锪孔①，返回初始平面
P1000 F120;
N150 G80;                                   取消固定循环
N160 M30;                                   程序结束并返回开头
```

3）深孔钻削循环指令代码 G73 和 G83

在深孔加工中，除了合理选择切削用量，还需要解决排屑、冷却钻头和使加工周期最小三个主要问题。这就需要改变钻孔进给动作，即在钻孔过程中，每钻到一定深度后将刀具退出，排屑后继续钻削，直到完成孔的加工为止。根据退刀位置的不同，有深孔高速钻削循环指令代码 G73 和深孔钻削循环指令代码 G83。

（1）深孔高速钻削循环指令代码 G73。

程序格式：

$$G73\ X\_Y\_Z\_R\_Q\_F\_;$$

代码说明：

其中，Q 表示每次切削进给的切削深度，必须用增量值（正值）指定。

G73 执行的动作路线如图 5-37 所示。

① 刀具沿着 X、Y 轴快速定位到孔的中心位置坐标（X，Y）。

② 快速移动到参考平面。

③ 根据 Q 值切削进给到达 Z 轴方向深度。

④ 快速退刀，退刀量为 d（d 值由数控系统参数设定，编程时无须指定其值）。

⑤ 继续沿 Z 轴方向切削进给，进刀量为 Q+d。

⑥ 重复步骤④和⑤，直到进给达到 Z 轴方向深度为止。

⑦ 刀具快速退回参考点或初始点。

（2）深孔钻削循环指令代码 G83。

程序格式：

$$G83\ X\_Y\_Z\_R\_Q\_F\_;$$

代码说明：

G83 与 G73 的程序格式一样，只是在执行 G83 代码时，每次加工到指定的深度后都退回参考点。

G83 执行的动作路线如图 5-38 所示。

① 刀具沿着 X、Y 轴快速定位到孔的中心位置坐标（X，Y）。

② 刀具快速移动到参考点。

③ 根据 Q 值切削到 Z 轴方向深度。

④ 快速退刀，退至参考点。

⑤ 快速从 Z 轴方向进刀，进刀量为前一个钻孔深度减去 d（d 值由数控系统参数设定，编程时无须指定其值）。

⑥ 重复步骤③④⑤，直到到达 Z 轴方向深度。

⑦ 刀具快速退回参考点或初始点。

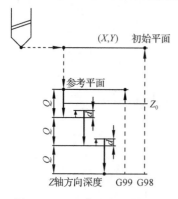

图 5-37　G73 执行的动作路线

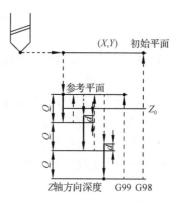

图 5-38　G83 执行的动作路线

4. 镗孔固定循环指令代码

镗孔固定循环指令代码主要有粗镗孔循环指令代码 G86、半精镗孔/铰孔/扩孔循环指令代码 G85、精镗孔循环指令代码 G76 和背镗孔循环指令代码 G87。上述代码执行的动作见表 5-5。

表 5-5　镗孔固定循环指令代码执行的动作

G 代码	加工运动（Z 轴）	孔底动作	返回运动（Z 轴）	应用
G86	切削进给	主轴停止	快退	粗镗孔循环
G85	切削进给	—	切削进给	半精镗孔/铰孔/扩孔循环
G76	切削进给	主轴定向，让刀	快退	精镗孔循环
G87	切削进给	偏移，主轴正转	快退	背镗孔循环

1）粗镗孔循环指令代码 G86

程序格式：

$$G86\ X\_Y\_Z\_R\_F\_;$$

代码说明：

该代码执行动作特点是刀具到达孔底时主轴停止，在刀具快速退回过程中主轴停止转动。该代码常用于精度或表面粗糙度要求不高的孔加工。

G86 执行的动作路线如图 5-39 所示。

① 刀具沿着 X、Y 轴快速定位到孔的中心位置坐标（X，Y）。

② 刀具快速移动到参考点。

③ 刀具从参考点切削进给到孔底位置坐标，进行镗孔加工，刀具到达孔底时，主轴停止。

④ 刀具快速退回参考点或初始点，主轴重新启动。

2）半精镗孔/铰孔/扩孔固定循环指令代码 G85

程序格式：

$$G85\ X\_Y\_Z\_R\_F\_;$$

代码说明：

该代码执行的动作特点是刀具以切削速度退刀。

G85 执行的动作路线如图 5-40 所示。

① 刀具沿着 X、Y 轴快速定位到孔的中心位置坐标（X，Y）。

② 刀具快速移动到参考点。

③ 从参考点切削进给到孔底位置坐标进行镗孔加工。

④ 刀具以切削速度退回参考点或初始点。

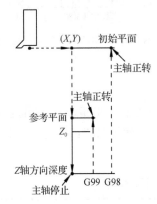

图 5-39　G86 执行的动作路线

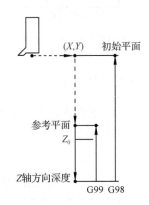

图 5-40　G85 执行的动作路线

3）精镗孔循环指令代码 G76z

程序格式：

$$G76\ X\_Y\_Z\_R\_Q\_P\_F\_;$$

代码说明：

① P 为刀具在孔底的暂停时间；Q 为主轴准停后在孔底的偏移量，其值为正。

② 该代码的动作特点是刀具在退刀过程中，刀尖离开已加工的孔表面，不会划伤孔表面。

G76 执行的动作路线如图 5-41 所示。

① 刀具沿着 X、Y 轴快速定位到孔的中心位置坐标（X，Y）。

② 快速移动到参考点。

③ 从参考点切削进给到孔底位置坐标，进行镗孔加工。

④ 主轴准停并暂停一定时间。

⑤ 刀尖向相反的方向偏移 Q，离开已加工表面（让刀）。

⑥ 刀具快速退至参考点或起始点。

⑦ 刀具复位（刀具中心回位且主轴恢复转动）。

注意：在使用 G76 代码前，应检查数控系统参数中所设置的刀尖偏移方向与通过 M19 代码使主轴定向停止后的刀尖方向是否相反。

4）背镗孔循环指令代码 G87

代码格式：G87 X_Y_Z_R_Q_P_F_；

G87 执行的动作路线如图 5-42 所示。

① 刀具沿着 X、Y 轴快速定位到孔的中心位置坐标（X，Y）。

② 主轴准停，刀尖向相反的方向偏移 Q。

③ 刀具快速移动到参考点。

④ 刀具向正方向偏移 Q 到加工位置。

⑤ 主轴正转，向上切削进给至孔底。

⑥ 主轴再次准停，刀尖向相反的方向偏移 Q。

⑦ 刀具快速返回初始点。

⑧ 刀尖向正方向偏移 Q，主轴恢复正转，循环结束。

注意：使用 G87 代码时，只能让刀具返回初始平面而不能返回参考平面，因为此时参考平面低于孔底平面。

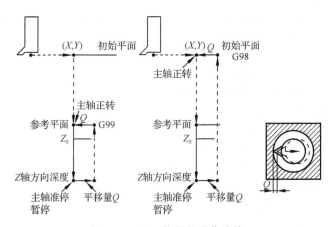

图 5-41　G76 执行的动作路线

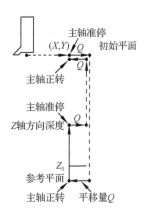

图 5-42　G87 执行的动作路线

5）取消固定循环指令代码 G80

代码格式：

G80；

代码说明：

G80 用于取消循环，恢复一般基本指令状态（如 G00、G01、G02、G03 等）。此时，循环指令代码中的孔加工数据（如 Z、R 值等）也被取消，刀具回到起始点。

5.3.7 数控铣床及加工中心编程实例

1. 内轮廓加工

【例5-8】已知毛坯孔的直径为96mm，按图5-43中的序号加工直径为100mm的内孔，主轴转速n=600r/min，进给速度F=180mm/min，试编写孔加工程序。

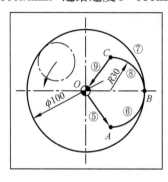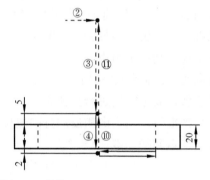

图5-43　内轮廓加工（单位：mm）

程序	注释
O5008;	程序名
N10 G90 G54 G00 Z100;	序号①（图中未标出）：调用工件坐标系，采用绝对值编程方式，将刀具快速定位到初始平面
N20 X0 Y0;	序号②：快速定位到原点上方
N30 M03 S600;	主轴正转，转速为600r/min
N40 Z5;	序号③：快速下刀到参考平面
N50 G01 Z-22 F180;	序号④：切到孔底
N60 G41 X20 Y-30 D01;	序号⑤：建立刀具半径补偿
N70 G03 X50 Y0 R30;	序号⑥：逆时针插补 AB 段切入圆弧
N80 I-50 J0;	序号⑦：逆时针插补ϕ100mm的整圆
N90 X20 Y30 R30;	序号⑧：逆时针插补 BC 段切出圆弧
N100 G40 G01 X0 Y0;	取消刀具半径补偿
N110 G00 Z100;	返回初始平面
N120 M30;	程序结束并返回开头

2. 凸台外轮廓加工

【例5-9】已知毛坯材料为100mm×80mm×25mm的45钢，要求根据图5-44所示的凸台零件图编写加工程序。

1）工艺分析

根据该凸台上下底面的轮廓尺寸80±0.02和60±0.02可知，其尺寸为IT8～IT7级精度，深度尺寸5±0.01为IT9～IT8级精度，轮廓和凸台底面的表面粗糙度都为Ra3.2。因此，以上部位都需要粗/精加工。

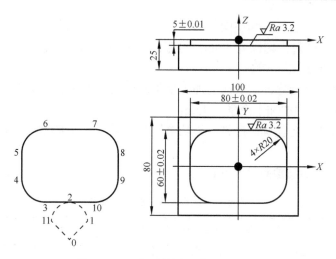

图 5-44　凸台零件图（单位：mm）

2）划分工序

按粗/精加工划分工序

工序 1：①粗加工 4 个 *R*20 圆角。②粗加工凸台轮廓和底面。

工序 2：精加工凸台轮廓和底面

3）刀具选择

选择直径为 20mm 的硬质合金立铣刀，如图 5-45 所示。

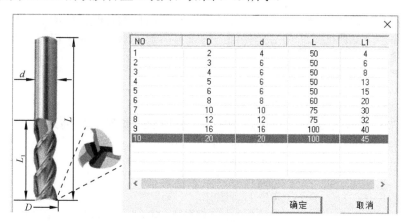

图 5-45　选择直径为 20mm 的硬质合金立铣刀

4）走刀路线

（1）工序 1：粗加工。

工步 1：粗加工 4 个 *R*20 圆角。凸台轮廓外的加工余量不均匀，最大余量为 22.43mm，在上述 4 个圆角位置。因此，需要先去除圆角外的大部分余量，保证侧面加工余量均匀且都为 10mm。

工步2：粗加工凸台轮廓和底面。顺铣，沿着轮廓铣削一周，切削宽度为9mm。对轮廓，留1mm的加工余量；切深为4mm，对底面，留1mm的加工余量。

（2）工序2：精加工。

工步1：精加工凸台底面。底面的加工余量是1mm；顺铣，沿轮廓铣削两周，底面的加工余量为0mm，轮廓的加工余量为1mm。

工步2：精加工凸台轮廓。顺铣，沿轮廓铣削一周，把各部位的余量全部切削。

5）切削参数

例5-9各工序的切削参数见表5-6。

表5-6　例5-9各序的切削参数

工序	工步内容	背吃刀量/mm	侧吃刀量/mm	进给量/(mm/min)	主轴转速/(r/min)	刀具半径补偿值	刀具长度补偿值
1	工步1：粗加工4个R20圆角	4	—	450	1000	D01=20	H01=1
	工步2：粗加工凸台轮廓和底面	4	9	450	1000	D02=11	H01=1
2	精加工凸台底面	1	—	400	1300	D03=15	—
		1	4	400	1300	D02=11	—
	精加工凸台轮廓	5	1	400	1300	D04=10	—

6）加工程序

利用刀具半径补偿指令改变半径补偿值，实现凸台轮廓的粗精加工。利用刀具长度补偿指令改变长度补偿值，实现分层铣削。将重复的加工路径编入子程序，在主程序中进行调用。

```
程序                      注释
O5009;                    主程序名
G54 G90 G00 Z50;          调用工件坐标系，采用绝对值编程方式，将刀具快速定位到初始平面
S1000 M03;                主轴正转，转速为1000r/min
X0 Y-60;                  快速定位到0号点
Z5;                       快速下刀到参考平面
                          工序1，粗加工
H01 D01 F450;             调用H01长度补偿值、D01半径补偿值，进给速度为450mm/min
M98 P0509;                调用O0509子程序，粗加工4个R20的圆角
H01 D02;                  调用H01长度补偿值、D02半径补偿值
M98 P0509;                调用O0509子程序，粗加工凸台轮廓和底面
                          工序2，精加工
D03 S1300 F400;           调用D03半径补偿值，改变主轴转速和进给速度
M98 P0509;                调用O0509子程序，精加工凸台底面
D02;                      调用D02半径补偿值
M98 P0509;                调用O0509子程序，精加工凸台底面
```

D04；	调用 D04 半径补偿值
M98 P0509；	调用 O0509 子程序，精加工凸台轮廓
G00 Z100；	刀具快速退回初始平面
M30；	程序结束并返回开头
O0509；	子程序名
G43 G01 Z-5；	建立刀具长度补偿
G91 G41 X15 Y15；	切换到增量值编程方式，建立刀具半径补偿，到达 1 号点
G03 X-15 Y15 R15；	以圆弧方式切入，到达 2 号点
G01 X-20；	3
G02 X-20 Y20 R20；	4
G01 Y20；	5
G02 X20 Y20 R20；	6
G01 X40；	7
G02 X20 Y-20 R20；	8
G01 Y-20；	9
G02 X-20 Y-20 R20；	10
G01 X-20；	2
G03 X-15 Y-15 R15；	以圆弧方式切出，到达 11 号点
G40 G01 X15 Y-15；	取消刀具半径补偿，到达 0 号点
G90 G49 Z5；	切换到增量值编程方式，取消刀具长度补偿
M99；	子程序结束并返回主程序

7）仿真加工

将以上程序在数控机床仿真软件上进行仿真加工，仿真加工结果如图 5-46 所示。经验证，尺寸符合上述凸台零件图要求。

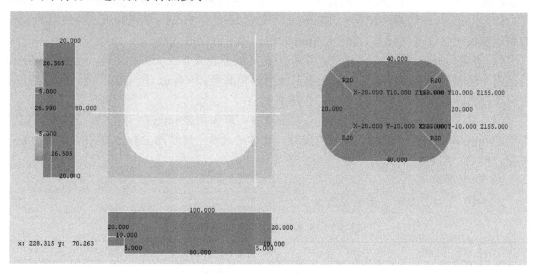

图 5-46　仿真加工结果

3. 孔加工

【例5-10】 加工如图5-47所示的各个铝合金孔。

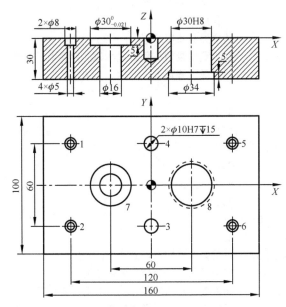

图5-47 铝合金零件（单位：mm）

1）工艺分析

（1）孔1、孔2、孔5、孔6的规格相同，ϕ5mm的孔属于一般深孔，可用ϕ5mm的麻花钻加工（G73代码）；ϕ8mm的孔属于沉头孔，可用ϕ8mm的锪孔钻加工（G82代码）。

（2）孔3、孔4的规格相同，ϕ10mm的不通孔深度为15mm，7级精度。可先用ϕ9.8mm的麻花钻加工（G81代码），再用ϕ10mm的铰刀加工（G85代码）。

（3）孔7（ϕ16mm的孔）为通孔，可用ϕ16mm的麻花钻加工（G81代码）；上表面ϕ30mm的孔为7级精度，可先用ϕ12mm的立铣刀铣削内轮廓至ϕ29.4mm，用G03代码；再用ϕ30mm的可调镗刀，镗削至要求的尺寸，用G76代码。

（4）孔8（ϕ30mm的孔）为通孔，8级精度，可先用ϕ28mm的麻花钻，用G81代码，再用ϕ30mm可调镗刀，镗削至要求的尺寸，用G76代码；对底部ϕ34mm的孔，可用ϕ34mm可调背镗刀，用G87代码。

2）切削参数

例5-10各工序的切削参数见表5-7。

表5-7 例5-10各工序的切削参数表

刀号	刀具	主轴转速/（r/min）	进给速度/（mm/min）
T01	A3中心钻	1500	125
T02	ϕ5mm的麻花钻	1200	120
T03	ϕ8mm的锪孔钻	1000	100

续表

刀号	刀具	主轴转速/（r/min）	进给速度/（mm/min）
T04	φ9.8mm 的麻花钻	800	90
T05	φ10mm 的铰刀	300	60
T06	φ16mm 的麻花钻	500	60
T07	φ12mm 的立铣刀	600	80
T08	φ28mm 的麻花钻	400	50
T09	可调镗孔刀	800	30
T10	可调背镗孔刀	800	30

3）加工程序

程序	注释
O5010;	程序名
G91 G28 Z0;	返回参考点
T1 M06;	换1号刀 T01（A3 中心钻）
G54 G90 G00 X0 Y0;	定位于 G54 原点上方
S1500 M03;	主轴正转
G43 H01 Z50.0;	建立1号刀长度补偿
G99 G81 X-60.0 Y30.0 Z-6.0 R5.0 F125;	钻孔1的中心孔，刀具返回参考平面
Y-30.0;	钻孔2的中心孔
X0;	钻孔3的中心孔
Y30.0;	钻孔4的中心孔
X60.0;	钻孔5的中心孔
Y-30.0;	钻孔6的中心孔
X30.0 Y0;	钻孔7的中心孔
G98 X-30.0;	钻孔8的中心孔，刀具返回初始平面
G80 M05;	取消孔加工固定循环，主轴停转
G91 G28 Z0;	返回参考点
T2 M06;	换2号刀 T02（φ5mm 的麻花钻）
N120 G54 G90 G00 X0 Y0;	定位于 G54 原点上方
N130 S1200 M03;	主轴正转
N140 G43 H02 Z50.0;	建立2号刀长度补偿
G99 G73 X-60.0 Y30.0 Z-35.0 R5.0 Q10.0 F120;	用深孔钻削循环指令代码钻孔 1，刀具返回参考平面
Y-30.0;	用深孔钻削循环指令代码钻孔2
X60.0;	用深孔钻削循环指令代码钻孔6
G98 Y30.0;	用深孔钻削循环指令代码钻孔 5，刀具返回初始平面
G80 M05;	取消固定循环，主轴停转
G91 G28 Z0;	返回参考点
N180 T3 M06;	换3号刀 T03（φ8mm 的锪孔钻）
N190 G54 G90 G00 X0 Y0;	定位于 G54 原点上方

N200 S1000 M03;	主轴正转
N210 G43 H03 Z50.0;	建立 3 号刀长度补偿
G99 G82 X-60.0 Y30.0 Z-35.0 R5.0 Q10.0 F100;	锪孔 1，刀具返回参考平面
Y-30.0;	锪孔 2
X60.0;	锪孔 6
G98 Y30.0;	锪孔 5，刀具返回初始平面
G80 M05;	取消固定循环，主轴停转
G91 G28 Z0;	返回参考点
T4 M06;	换 4 号刀 T04（ϕ9.8mm 的麻花钻）
G54 G90 G00 X0 Y0:	定位于 G54 原点上方
S800 M03;	主轴正转
G43 H04 Z50.0;	建立 4 号刀长度补偿
G99 G82 X0 Y30.0 Z-15.0 R5.0 F90;	钻孔 4，钻削孔径至ϕ9.8mm，刀具返回参考平面
G98 Y-30.0;	钻孔 3，钻削孔径至ϕ9.8mm，刀具返回初始平面
G80 M05;	取消固定循环，主轴停转
G91 G28 Z0;	返回参考点
T5 M06;	换 5 号刀 T05（ϕ10mm 的铰刀）
G54 G90 G00 X0 Y0:	定位于 G54 原点上方
S300 M03;	主轴正转
G43 H05 Z50.0;	建立 5 号刀长度补偿
G99 G85 X0 Y30.0 Z-15.0 R5.0 F60;	铰孔 4 至零件尺寸，刀具返回参考平面
G98 Y-30.0;	铰孔 3 至零件尺寸，刀具返回初始平面
G80 M05;	取消固定循环，主轴停转
G91 G28 Z0;	返回参考点
T6 M06;	换 6 号刀 T06（ϕ16mm 的麻花钻）
G54 G90 G00 X0 Y0:	定位于 G54 原点上方
S500 M03;	主轴正转
G43 H06 Z50.0;	建立 6 号刀长度补偿
G99 G81 X-30.0 Y0 Z-35.0 R5.0 F60;	钻孔 7，刀具返回参考平面
G98 X30.0;	钻孔 8，刀具返回初始平面
G80 M05;	取消固定循环，主轴停转
G91 G28 Z0;	返回参考点
T7 M06;	换 7 号刀 T07（ϕ12mm 的立铣刀）
G54 G90 G00 X0 Y0:	定位于 G54 原点上方
S600 M03;	主轴正转
G43 H07 Z50.0;	建立 7 号刀长度补偿
G00 X-30 Y0;	铣削孔 7，定位到孔 7 中心
Z5;	下刀到参考平面
G01 X-38.7 F80;	将刀具进给到 X-38.7 位置
G03 I8.7 J0;	逆时针插补铣削孔 7，铣削孔径至ϕ29.4mm
G01 Z5;	抬刀到参考平面

G91 G28 Z0;	返回参考点
T8 M06;	换 8 号刀 T08（ϕ28mm 的麻花钻）
G54 G90 G00 X0 Y0:	定位于 G54 原点上方
S400 M03;	主轴正转
G43 H08 Z50.0;	建立 8 号刀长度补偿
G99 G81 X30.0 Y0 Z-35.0 R5.0 F50;	钻孔 8，钻削孔径至 ϕ28mm
G80 M05;	取消固定循环，主轴停转
G91 G28 Z0;	返回参考点
T9 M06;	换 9 号刀 T09（可调镗孔刀）
G54 G90 G00 X0 Y0:	定位于 G54 原点上方
S800 M03;	主轴正转
G43 H09 Z50.0;	建立 9 号刀长度补偿
G99 G76 X-30.0 Y0 Z-5.0 R5.0 Q2000 P1000 F30;	镗孔 7，镗削孔径至零件尺寸，刀具返回参考平面
G98 X30.0 Z-32.0;	镗孔 8，镗削孔径至零件尺寸，刀具返回初始平面
G80 M05;	取消固定循环，主轴停转
G91 G28 Z0;	返回参考点
T10 M06;	换 10 号刀 T10（可调背镗孔刀）
G54 G90 G00 X0 Y0:	定位于 G54 原点上方
S800 M03;	主轴正转
G43 H10 Z50.0;	建立 10 号刀长度补偿
G98 G87 X30.0 Y0 Z-25.0 R-35.0 Q2000 F30;	用背镗孔循环指令，镗孔 8 至零件尺寸
G80 M05;	取消固定循环，主轴停转
G00 Z200.0;	抬刀
M30;	程序结束并返回开头

5.4　数控车削加工程序的编制

数控车床在生产中应用广泛，占数控机床总数的 25% 左右。数控车床主要用来加工轴类零件的内外圆柱面、圆锥面、螺纹表面、成形回转体表面等。可对盘类零件进行钻孔、扩孔、铰孔、镗孔等加工。数控车床还可以完成车削端面、切槽等加工。

5.4.1　编程特点

（1）在数控机床车削加工中，刀具只在 XZ 平面移动，因此一般数控车床编程坐标系为 XOZ；工件坐标系原点设在工件回转轴线上。

（2）绝对值编程方式与增量值编程方式。采用绝对值编程方式时，数控车床编程目标点的坐标以 X、Z 表示；采用增量值编程方式时，目标点的坐标以 U、W 表示。此外，数控车床还可以采用混合式编程，即在同一程序段中绝对值编程方式与增量值编程方式可同时出现，如 G00X50W0。

（3）编程时，X 轴的坐标值一般采用直径值编程，因为被加工零件的径向尺寸一般都用直径值表示。这些直径值与零件图样中标注的径向尺寸一致，这样可以避免因尺寸换算而造成的错误，给编程带来很大方便。因此，用绝对值编程时，X 值以直径值表示；用增量值编程时，U 值以径向实际位移量的两倍值表示，并附加方向符号。

（4）为提高零件的径向尺寸精度，把 X 轴方向的脉冲当量设为 Z 轴方向脉冲当量的一半。

（5）数控车床上使用的毛坯大多为圆棒料，加工余量较大，一个表面往往需要多次反复的加工。如果对每个加工循环都编写若干程序段，就会增加编程的工作量。为了简化加工程序，一般情况下，数控车床的数控系统中都有车削外圆、车削端面和车削螺纹等不同形式的固定循环功能，以提高编程效率。

（6）数控车床的数控系统中都有刀具补偿功能。在加工过程中，对刀具位置的变化、刀具几何形状的变化及刀尖圆弧半径的变化，都无须更改加工程序，只要将变化的尺寸或圆弧半径输入存储器中，数控系统便能自动进行刀具补偿，使程序编制简单、零件尺寸准确。

5.4.2 坐标系的确定

1. 机床坐标系的确定

在编写工件的加工程序时，首先要确定机床坐标系，然后确定工件坐标系。在数控车床通电并完成返回参考点的操作后，CRT 屏幕上立即显示刀架中心在机床坐标系中的坐标值，就说明已经确定了机床坐标系。MJ-460 型数控车床的机床坐标系及机床参考点与机床坐标系原点的相对位置如图 5-48 所示。

注意：在以下 3 种情况下，数控系统失去了对机床参考点的记忆，因此必须使刀架重新返回机床参考点。

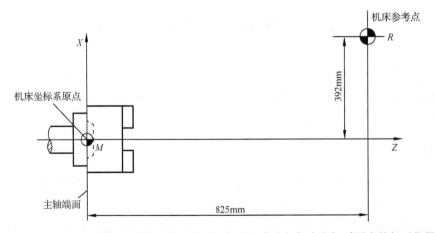

图 5-48　MJ-460 型数控车床的机床坐标系及机床参考点与机床坐标系原点的相对位置

（1）在机床关机后，又重新接通电源开关时。

（2）在机床解除急停状态后。

（3）在机床超程报警信号解除之后。

2. 工件坐标系的确定

工件坐标系是针对某一工件并根据零件图建立的坐标系，是编程人员在编程时使用的坐标系，也称编程坐标系，其坐标轴方向与机床坐标轴方向保持一致。数控车床的工件坐标系如图 5-49 所示，纵向为 Z 轴方向，正向为远离卡盘而指向尾座的方向；径向为 X 轴方向，与 Z 轴垂直，正向为刀架远离主轴轴线的方向。工件坐标系原点也称工件原点，是人为设定的，数控车床工件坐标系原点一般设在主轴中心线与工件左端面或右端面的交点处。工件坐标系原点若设在左端面中心，则有利于保证工件的总长；若设在右端面中心，则有利于对刀。

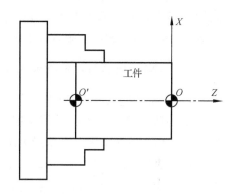

图 5-49　数控车床的工件坐标系

使用数控车床加工零件时，其数控系统是按照刀具在机床坐标系中的坐标值执行刀具运动轨迹的，而编程者是按照刀具在工件坐标系中的坐标值编制刀具运动轨迹的。为了实现两者的统一，加工之前必须先建立工件坐标系。建立工件坐标系的实质就是通过对刀操作，确定工件坐标系原点和机床坐标系原点之间的位置关系，即找到工件坐标系原点在机床坐标系中的坐标值后进行存储，然后编程时直接调用即可。通常可使用工件坐标系设定指令代码 G50、原点偏置指令代码 G54～G59 或刀具功能指令 T 代码三种方法，确定工件坐标系。

数控车削加工往往需要使用多把刀具，这种情况下的对刀法包括绝对对刀法和基准刀对刀法（又称相对对刀法）。绝对对刀法比较简单，即用每把刀具分别试切（或碰）与工件坐标系原点有确定关系的基准面或点（或工件坐标系原点），记下每把刀具的刀位点在机床坐标系中的绝对坐标值。用公式表示如下：

$$X = X_{机床坐标系坐标值} - X_{工件坐标系坐标值}$$

$$Z = Z_{机床坐标系坐标值} - Z_{工件坐标系坐标值}$$

计算每把刀具的补偿值，然后将计算结果分别填入对应刀具的刀补号 X、Z 寄存器中。其中，$X_{机床坐标系坐标值}$ 为刀位点在试切面（或点）处的机床坐标系中的坐标值，其他变量依次类推。基准刀对刀法分两步：先选一把刀具作为基准刀，通过基准刀进行对刀，以确定工件坐标系；然后用非基准刀碰对刀点（或对刀基准面），找出非基准刀的刀位点相对于基准刀的刀位点在各坐标轴方向上的差值，将该差值作为这把刀具的补偿值分别输入对应的刀补号 X、Z 寄存器中。

5.4.3 数控车床常用的功能指令代码

数控车床上的数控系统常用的功能指令代码包括准备功能指令 G 代码、辅助功能指令 M 代码、进给功能指令 F 代码、主轴转速功能指令 S 代码、刀具功能指令 T 代码等。目前，由于数控系统的种类较多，其主要功能代码在具体的内容和格式上可能会有所不同。因此，在数控编程之前，编程人员应详细了解所用数控系统的主要功能和程序格式等。下面以 FANUC-0i 系统为例，介绍数控车床的编程。

1. FANUC 0i 系统功能指令代码

1）准备功能指令 G 代码

准备功能指令字母 G 代码由字母 G 和其后的一位或两位数字组成，它用于规定刀具和工件的相对运动轨迹、机床坐标系、坐标平面、刀具补偿、坐标偏置等多种加工操作。

FANUC 0i 系统常用的准备功能指令 G 代码见表 5-8。

表 5-8　FANUC 0i 系统常用的准备功能指令 G 代码

G 代码	组	功　能	G 代码	组	功　能
*G00	01	快速点定位	G53	00	机械坐标系的选择
G01		直线插补	G54～G59	14	选择工件坐标系 1～6
G02		顺时针圆插补	G65	00	调用宏程序
G03		逆时针圆插补	G70	00	精加工循环
G04	00	暂停	G71		外径/内径粗车复合循环
G20	06	英制尺寸编程	G72		端面粗车复合循环
*G21		米制尺寸编程	G73		封闭切削复合循环
G27	00	返回参考点检查	G74		端面深孔加工复合循环
G28		返回参考点（机械原点）	G75		外圆/内圆切槽复合循环
G30		返回第二、三、四参考点	G76		螺纹切削复合循环
G32	01	螺纹切削	G90	01	外圆/内圆车削循环
G33		攻丝循环	G92		螺纹切削循环
*G40	07	取消刀具半径补偿	G94		端面切削循环
G41		刀具半径左补偿	G96	02	恒线速控制
G42		刀具半径右补偿	*G97		恒线速控制取消（恒转速控制）
G50	00	坐标系设定/最大转速设定	G98	05	每分进给
G52	00	局部坐标系设定	*G99		每转进给

注：（1）G 代码根据功能的不同分为模态代码和非模态代码。模态代码表示该功能一旦被执行，就一直有效，直到被同组的其他 G 代码注销。非模态代码只在有该代码的程序段中有效。在表 5-8 中，00 组的 G 代码为非模态代码，其余组均为模态代码。在模态 G 代码组中包含一个默认 G 代码（表中带"*"号的 G 功能）。

（2）不同组的 G 代码可以放在同一个程序段中，而且与顺序无关，如 G97G99G40；在同一个程序段中指令了两个以上的同组 G 代码时，后一个 G 代码有效。

2）辅助功能指令 M 代码

辅助功能指令 M 代码由字母 M 和其后的一位或两位数字组成，主要用于控制零件程序的走向，以及机床各种辅助功能的开关动作，如主轴的旋转方向、启动、停止，以及切削液开关的开启/闭合等功能。

FANUC 0i 系统常用的辅助功能指令 M 代码见表 5-9。

表 5-9　FANUC 0i 系统常用的辅助功能指令 M 代码

M 代码	功　能	M 代码	功　能
M00	程序停止	M10	车削螺纹时以 5°角度方向退刀
M01	选择停止	M11	车削螺纹时以直线退刀
M02	程序结束	M12	误差检测
M03	主轴正转	M13	误差检测取消
M04	主轴反转	M19	主轴准停
M05	主轴停止	M30	程序结束并返回开头
M08	切削液开关开启	M98	调用子程序
M09	切削液开关关闭	M99	子程序结束

注：在同一程序段中，若既有 M 代码又有其他代码，则 M 代码与其他代码的执行顺序由数控系统参数设定，为保证程序以正确的顺序执行，有些 M 代码，如 M02、M30、M98 等，最好作为单独程序段执行。

3）进给功能指令 F 代码

进给功能指令 F 代码用来指定刀具相对于工件运动速度的代码，它是模态代码，其程序格式为 F+数字。编程时进给速度的单位有两种：一种为每分钟进给，即 mm/min，用 G98 代码指定，例如，F100 表示刀具的进给速度为 100mm/min；另一种为每转进给，即 mm/r，用 G99 代码指定，例如，F0.2 表示刀具的进给速度为 0.2mm/r，该单位为数控系统默认单位，因此在用 G99 代码编程时可以省略该单位。当车削螺纹时，F 代码用来指定被加工螺纹的导程。例如，F2 表示被加工螺纹的导程为 2mm。

4）主轴功能指令 S 代码

主轴功能指令 S 代码是用来控制主轴转速的代码，它是模态代码，其程序格式为 S+数字。主轴功能有恒转速控制和恒线速度控制两种：

（1）恒转速控制，单位为 r/min，用 G97 代码指定。该单位是数控系统默认的单位，因此在用 G97 代码编程时可以省略该单位。例如，S800 表示主轴转速为 800r/min。

（2）恒线速控制，单位为 m/min，用 G96 代码指定，例如，G96 S500 表示主轴线速度为 500m/min。该代码用于车削端面或工件直径变化较大的场合。采用此功能可保证当工件直径变化时，主轴的线速度不变，从而保证切削速度不变，提高了加工质量。注意：设置成恒线速控制时，为了防止计算出的主轴转速过高、离心力太大，发生危险及影响机床寿命，在设置前应用 G50 代码将主轴最大转速设在某一限定值。例如，G50 S2000 表示把主轴最大转速设为 2000r/min。

主轴的正转、反转、停止分别用指令代码 M03、M04、M05，这些指令代码通常与 S

代码连用，如 M03 S1000，表示启动主轴并正转，转速为 1000r/ min。

5）刀具功能指令 T 代码

刀具功能指令 T 代码是用来指定加工中所用的刀具号及其所调用的刀具补偿号，进行选刀或换刀的指令代码，它是模态代码，其格式为 T+4 位数字。其中，前 2 位数字表示刀具号，后 2 位数字表示刀具补偿号。例如，T0202 表示选用 2 号刀具，调用 2 号刀具补偿；T0204 表示选用 2 号刀具，调用 4 号刀具补偿；T0200 表示取消刀具补偿。

2. 坐标系设定指令代码

1）设定临时工件坐标系的指令代码 G50

（1）程序格式。

G50 X__Z__;

其中 X__Z__表示走刀点在 X、Z 轴方向距离工件坐标系原点的距离。用 G50 设定的临时工件坐标系如图 5-50 所示。

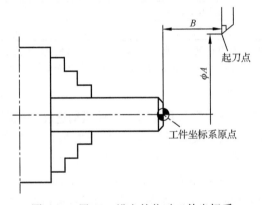

图 5-50　用 G50 设定的临时工件坐标系

（2）代码说明。

① G50 代码只用于建立工件坐标系，刀具并不产生运动。

② 通常把 G50 代码编写在加工程序的第一段；运行程序前，刀具必须位于 G50 代码指定的位置。

③ 该坐标系在机床重新启动时消失，因此它是临时的工件坐标系。

【例 5-11】　用 G50 设定工件坐标系的示例如图 5-51 所示。

解：若选择工件左端面 O 点为工件坐标系原点，则用 G50 设定工件坐标系的程序格式为 G50X150.0Z120.0；若选择工件右端面 O′点为工件坐标系原点，则用 G50 设定工件坐标系的程序格式为 G50X150.0Z20.0。

2）设定工件坐标系指令代码 G54～G59

（1）程序格式。

G54（G55～G59）；

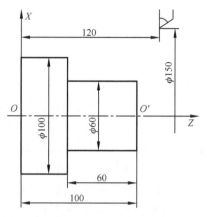

图 5-51　用 G50 设定工件坐标系的示例

将对刀数值输入数控系统中，即输入如图 5-52 所示的 G54 位置。编程时调用存储位置对应的代码即可，该代码最多可设置 6 个工件坐标系。

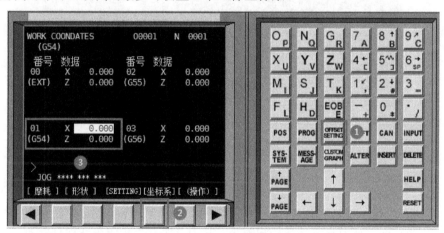

图 5-52　存储对刀数值

（2）代码说明。

① G54～G59 又称原点偏置指令代码，用来确定工件坐标系。

② 加工时必须预先给出工件坐标系原点在机床中的位置，即给出工件坐标系原点相对于机床坐标系原点在 X、Z 轴方向的偏移量，用 MDI 方式将偏移量输入 G54～G59 中任一个对应的工件坐标系偏置寄存器中，然后在程序中调用 G54～G59 代码，即可确定工件坐标系。

③ 工件坐标系一旦确定，就确定了工件坐标系与机床坐标系的相对位置，后续程序中均以工件坐标系为基准，机床启动后系统默认状态为 G54。

④ 用该方法建立的工件坐标系，其原点与刀具当前位置无关，并且在机床关机后再次启动时，仍然有效。

⑤ G54～G59 为模态代码，可相互注销。

3）刀具功能指令 T 代码

（1）程序格式。

T××××；或 T××；

当加工过程中用到多把刀具时，经常将各刀具的对刀数值存储在刀具偏置列表中，如图 5-53 所示。编程时，用刀具功能指令 T 代码的后两位数字或后一位数字调用偏置号即可。

（2）代码说明。

使用该功能时，可以直接将各刀具的对刀数值存储到刀具偏置列表中，编程时完全通过刀具功能指令 T 代码调用；也可以选择其中的一把刀具作为基准刀具，而其他刀具以基准刀具为参考，将其他刀具的刀位点相对于基准刀位点在各坐标轴方向上的差值输入刀具偏置列表中，编程时通过 G54 代码和刀具功能指令 T 代码共同调用。

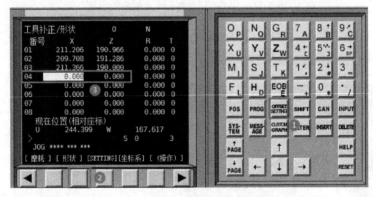

图 5-53　在刀具偏置列表中存储对刀数值

3．基本指令代码

1）快速定位指令代码 G00

（1）代码功能：使刀具以点位控制方式，从刀具所在点快速移动到目标点。

（2）程序格式：G00 X（U）__ Z（W）__。

（3）代码说明。

① X__Z__表示快速移动的目标点的绝对坐标；U__W__表示快速移动的目标点相对刀具当前点的相对坐标。绝对坐标（X，Z）和增量坐标（U，W）可以混编。不运动的坐标轴可以省略。

② 执行 G00 代码时的常见刀具运动轨迹如图 5-54 所示，从 A 点到 B 点有四种方式：直线 AB、直角线 ACB、直角线 ADB、折线 AEB。折线的起始角 β 是固定的（22.5°或 45°），它决定于各坐标轴的脉冲当量。执行 G00 代码只实现刀具从当前点到目标点的快速定位，对刀具运动轨迹没有要求。由于 X、Z 轴以各自独立的速度移动，不能保证各轴同时到达终点，因此 X、Z 轴的合成轨迹不一定是直线，而可能是折线。为避免刀具与工件、夹具等碰撞，可根据需要，先移动一个轴，再移动另一个轴。

③ 使用 G00 代码时，刀具快速移动速度由机床参数设定，不能用 F 代码指定。但可

通过操作面板上的速度调节开关进行调节。

④ G00 代码主要用于快速逼近或离开工件，不能用于切削加工，其目标点不能设在工件上，一般要与工件保持 2～5mm 的距离。

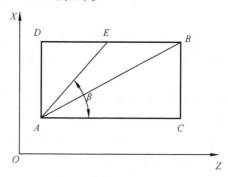

图 5-54　执行 G00 代码时的常见刀具运动轨迹

2）直线插补指令代码 G01

（1）代码功能：使刀具以给定的进给速度从当前点出发，按直线移动到目标点。

（2）程序格式：G01 X（U）__Z（W）__F__;

（3）代码说明。

① X（U）__Z（W）__表示的意义同 G00 指令。

② F__表示进给速度（或进给量）。

③ 执行 G01 代码既可以使单坐标移动，又可以使两坐标同时插补运动，主要用于完成外圆、端面、内孔、锥面、槽、倒角等表面的切削加工。

【例 5-12】　直线插补如图 5-55 所示，刀具沿 $P_0 \rightarrow P_1 \rightarrow P_2 \rightarrow P_3 \rightarrow P_0$ 运动，试编写其加工程序。

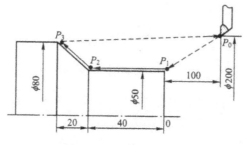

图 5-55　直线插补

解：采用两种编程方式。

① 采用绝对值编程方式：　　　　　② 增量值编程方式：

N010 G00 X50 Z2;　　　　　（$P_0 \rightarrow P_1$）　　N010 G00 U-150 W-98;　　　（$P_0 \rightarrow P_1$）

N020 G01 Z-40 F0.2;　　　　（$P_1 \rightarrow P_2$）　　N020 G01 W-42 F0.2;　　　（$P_1 \rightarrow P_2$）

N030 X80 Z-60;　　　　　　（$P_2 \rightarrow P_3$）　　N030 U30 W-20;　　　　　　（$P_2 \rightarrow P_3$）

N040 G00 X200 Z100;　　　（$P_3 \rightarrow P_0$）　　N040 G00 U120 W160;　　　（$P_3 \rightarrow P_0$）

3）圆弧插补指令代码 G02/G03

（1）代码功能：使刀具从圆弧起始点沿圆弧移动到圆弧终点；其中 G02 为顺时针圆弧插补指令代码，G03 为逆时针圆弧插补指令代码。

（2）程序格式：

$$G02/G03\ X（U）\_\_Z（W）\_\_I\_K\_F\_\_;$$

或
$$G02/G03\ X（U）\_\_Z（W）\_\_R\_F\_\_;$$

（3）代码说明：

① 圆弧顺、逆时针方向的判断：沿着圆弧所在平面（如 XZ 平面）的正法线方向（$+Y$ 轴）向负方向（$-Y$ 轴）观察，顺、逆时针方向如图 5-56 所示。通常可不考虑是采用前置刀具还是后置刀具车削，一律以上半部分圆弧为基准判断圆弧插补方向。

② X（U）__Z（W）__是圆弧终点坐标。

③ I_K__分别是圆心相对圆弧起始点的增量坐标，I 为半径值。

④ R__是圆弧半径，不带正负号。

⑤ 在同一程序段中，如 I、K 与 R 同时出现时，R 有效。

⑥ F__刀具沿圆弧运动的切削速度。

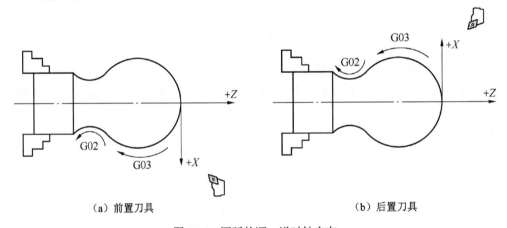

（a）前置刀具　　　　　　　　　　　　　　　　（b）后置刀具

图 5-56　圆弧的顺、逆时针方向

【例 5-13】 顺时针圆弧插补如图 5-57 所示，试写出其程序格式。

解：两种编程方式下的程序格式如下。

绝对值编程方式：G02 X64.5 Z -18.4 I15.7 K-2.5 F0.2；或 G02 X64.5 Z -18.4 R15.9 F0.2；

增量值编程方式：G03 U32.3 W-18.4 I15.7 K-2.5 F0.2；或 G03 U32.3 W-18.4 R15.9 F0.2；

【例 5-14】 逆时针圆弧插补如图 5-58 所示，试写出其程序格式。

解：两种编程方式下的程序格式如下。

绝对值编程方式：G03 X64.6 Z -18.4 I0 K-18.4 F0.2；或 G03 X64.6 Z -18.4 R18.4 F0.2；

增量值编程方式：G03 U36.8 W-18.4 I0 K-18.4 F0.2；或 G03 U36.8 W-18.4 R18.4 F0.2；

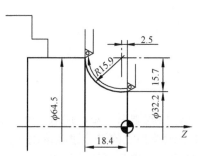

图 5-57　执行 G02 代码进行顺时针圆弧插补　　　图 5-58　执行 G03 代码进行逆时针圆弧插补

4）暂停指令代码 G04

（1）程序功能：该代码可使刀具在短时间内暂停。

（2）程序格式：G04 X__；或 G04 P__；

（3）代码说明：

① X__表示指定的暂停时间，单位为 s（秒），允许使用小数点。例如，G04X2.0 表示暂停 2s。

② P__表示指定的暂停时间，单位为 ms（毫秒），不允许使用小数点，其后跟整数值。例如，G04P2000 也表示暂停 2s。

③ G04 代码用于车削槽、镗孔、钻孔之后的动作，以提高表面质量，同时有利于铁屑充分排出。

④ 使用 G96 代码车削工件轮廓后，改成使用 G97 代码车削螺纹时，可让刀具暂停适当时间，使主轴转速稳定后再车削螺纹，以保证螺距加工精度要求。

【例 5-15】　如图 5-59 所示，车削 $\phi50mm \times 2mm$ 的槽，刀具在槽底暂停 2.5s，以保证槽底精度。试编写该槽的加工程序。

解：加工程序如下。

```
……
N10 G00 X62 Z-12；
N20 G01X50 F0.15；
N30 G04 P2500；（工件旋转，刀具进给暂停2.5s）

N40 G00 X62；
……
```

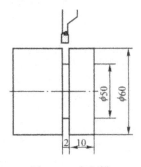

图 5-59　车削槽

5.4.4　车削固定循环指令代码

当零件外径、内径或端面的加工余量较大时，采用车削固定循环功能可以简化编程，即缩短程序的长度，节省编程时间，使程序更加清晰。车削固定循环功能分为单一固定循环和复合固定循环。

1. 单一固定循环指令代码 G90、G94

1）外径/内径车削循环指令代码 G90

（1）程序格式：

$$G90\ X（U）\_Z（W）\_R\_F\_；$$

（2）代码说明：

① 如图 5-60 所示，执行 G90 代码，使刀具从循环起始点开始，按 $A→B→C→D→A$ 进行外径车削循环。图中虚线表示快速运动，实线表示按指定的进给速度运动（以下图中的虚线和实线意义与此相同）。其中，A 点为循环起始点（也是循环的终点），B 点为切削起始点，C 点为切削终点，D 点为退刀点。

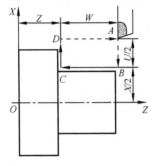
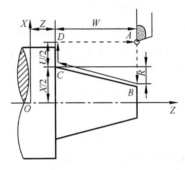

（a）执行G90代码进行外径柱面车削循环　　　（b）执行G90代码进行外圆锥面车削循环

图 5-60　执行 G90 代码进行外径车削循环

② X__Z__为切削终点（C 点）的坐标；U__W__为切削终点（C 点）相对于循环起始点（A 点）的位移量。

③ R__为外圆锥面切削起始点与切削终点的半径差，如图 5-60（b）所示，R 值的正负由 B 点和 C 点的 X 轴坐标值之间的关系确定。图中 B 点的 X 轴坐标值比 C 点的 X 轴坐标值小，因此 R 值为负；当 $R=0$ 时，表示车削圆柱面。

④ F__为进给速度。

与简单的移动指令代码（G00、G01 等）相比，该代码将 AB、BC、CD、DA 4 条直线指令组合成 1 条指令进行编程，从而达到了简化编程的目的。

需要特别指出的是，在应用 G90 代码的过程中，刀具必须先定位到一个循环起始点，然后开始执行 G90 代码，并且刀具在每次执行完一次车削循环后回到循环起始点。循环起始点一般宜选在距离工件 1～2mm 处。

该代码用于外圆柱面和外圆锥面，或者用于内圆柱面和内圆锥面加工余量较大的零件的粗车，如图 5-60 和图 5-61 所示。

2）端面车削循环指令代码 G94

（1）程序格式：

$$G94\ X（U）\_Z（W）\_R\_F\_；$$

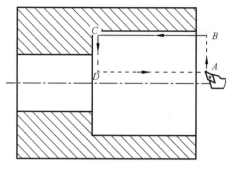

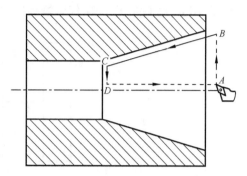

（a）执行G90代码进行内圆柱面车削循环　　　　（b）执行G90代码进行内圆锥面车削循环

图 5-61　执行 G90 代码进行内径车削循环

（2）代码说明：

① 如图 5-62 所示，执行 G94 代码，使刀具从循环起始点开始按 $A→B→C→D→A$ 进行端面车削循环。图中虚线表示快速运动，实线表示按指定的进给速度运动。其中，A 点为循环起始点（也是循环的终点），B 点为切削起始点，C 点为切削终点，D 点为退刀点。

② X__Z__为切削终点（C 点）的坐标；U__W__为切削终点（C 点）相对于循环起始点（A 点）的位移量。

③ R__为圆锥端面切削起始点与切削终点在 Z 轴方向的差，如图 5-62（b）所示，R 值的正负由 B 点和 C 点的 Z 轴坐标之间的关系确定，图中 B 点的 Z 轴坐标比 C 点的 Z 轴坐标小，因此，R 应取负值；当 $R=0$ 时，表示车削端面。

④ F__为进给速度。

执行该代码的工艺过程与执行 G90 代码的工艺过程相似，不同之处在于切削的进给速度及背吃刀量应略小，以减轻切削过程中的刀具振动。

该代码用于大切削余量端面的粗车。

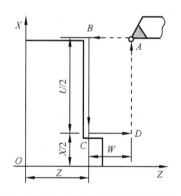

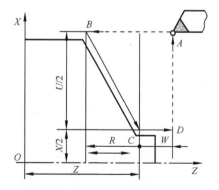

（a）执行G94代码进行直端面车削循环　　　　（b）执行G94代码进行圆锥端面车削循环

图 5-62　执行 G94 代码进行端面车削循环

【例 5-16】 用 G90 和 G94 代码编制如图 5-63 所示外圆锥面的加工程序。

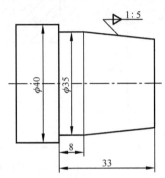

图 5-63　外圆锥面（单位：mm）

解： 根据本例零件图中的加工要求，选用直径为 40mm 的棒料毛坯，工件坐标系原点设在棒料毛坯的右端面与轴线的交点，工艺路线为车削右端面→车削 φ35mm 的外圆→车削 1:5 外圆锥。加工程序如下。

程序	注释
O0005;	主程序名
N010 G21 G97 G99 G40;	程序初始化
N020 T0101;	选择 1 号刀具，建立工件坐标系
N030 M03 S800;	主轴正转，转速为 800r/min
N040 G00 X42 Z2;	刀具快速定位到循环起始点
N050 G94 X-1 Z0 F0.1;	车削端面
N060 G90 X35 Z-33 F0.15;	车削 φ35mm 的外圆
N070 G90 X35 Z-5 R-0.7;	车削锥面
N080 Z-15 R-1.7;	
N090 Z-25 R-2.7;	
N100 G00 X100 Z100;	刀具快速返回换刀点
N110 M05;	主轴停止
N120 M30;	程序结束并返回开头

2. 复合固定循环指令代码 G71、G72、G73、G70

复合固定循环指令代码应用于不能由一次加工获得规定尺寸的车削场合。利用复合固定循环指令代码可将多次重复动作用一个程序段表示，只要编写出最终刀具运动轨迹，给出每次的背吃刀量等加工参数，CNC 系统就会自动重复切削，直到加工完成。

1）外径/内径粗车循环指令代码 G71

G71 代码主要应用于粗车圆柱毛坯外径和粗镗圆筒毛坯内径。在此类加工程序中，G71 代码后面的参数给出了零件的精加工轮廓形状。CNC 系统根据加工程序所描述的轮廓形状和 G71 代码中的各个参数自动生成加工路径，将待切除余量一次性切削完成。图 5-64 所示为使用 G71 代码粗车外径时的循环走刀路线,其特点是多次切削的方向平行于 *Z* 轴,通过粗加工切除大部分的余量(保留精加工余量)。

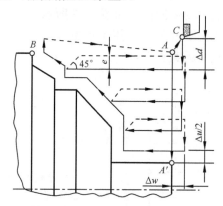

图 5-64　使用 G71 代码粗车外径时的循环走刀路线

(1)程序格式:

$$G00\ X\underline{\alpha}\ Z\underline{\beta};$$
$$G71\ U\underline{\Delta d}\ R\underline{e};$$
$$G71\ P\underline{ns}\ Q\underline{nf}\ U\underline{\Delta u}\ W\underline{\Delta w}\ F\underline{f};$$

(2)代码说明:

① α 和 β 表示粗车循环起始点位置如图 5-64 所示,即 *A* 点。在粗车圆筒毛坯外径时,α 值应比该毛坯直径稍大 1~2mm;β 值应距离该毛坯右端面 2~3 mm。在粗镗圆筒毛坯内径时,α 值应比圆筒毛坯内径稍小 1~2mm,β 值应距离该毛坯右端面 2~3 mm。

② Δd 表示循环切削过程中径向的背吃刀量,即半径值,单位为 mm。

③ e 表示循环切削过程中径向的退刀量,即半径值,单位为 mm。

④ ns 表示精加工程序段中的开始程序段号。

⑤ nf 表示精加工程序段中的结束程序段号。例如,开始段为 N50... ;结束段为 N100... ;则写成 G71 P50 Q10... 。

⑥ Δu 表示 *X* 轴方向的精加工余量,即直径值,单位为 mm。在粗镗圆筒毛坯内径时,其值应指定为负值。

⑦ Δw 表示 *Z* 轴方向的精加工余量,单位为 mm。

⑧ f 表示粗车循环中的进给速度。

(3)编程注意事项:

① 在使用 G71 代码进行粗车循环时,只有含在 G71 程序段中的 F、S、T 功能指令才有效,而包含在 ns→nf 精加工程序段中的 F、S、T 功能指令,对粗车循环无效。

② 在顺序号 ns 的程序段中指定 *A*→*A*′之间的刀具运动轨迹时,只能使用 G00 或 G01 代码,且不能含有 *Z* 轴方向的移动指令。

③ *A*′→*B* 之间的零件轮廓面积在 *X*、*Z* 轴方向必须符合单调增大或减小的模式,即一

直增大或一直减小。

④ 执行 G71 代码时有四种切削情况，无论哪种都是根据刀具重复平行于 Z 轴的移动进行切削的。在该代码中 Δu 和 Δw 的符号如图 5-65 所示。

⑤ 在顺序号 ns～nf 的程序段中不能调用子程序。

⑥ 在加工循环中可以进行刀具补偿。

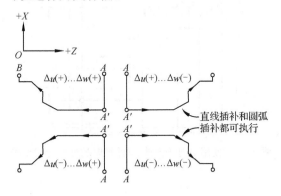

图 5-65　在 G71 代码中 Δu 和 Δw 的符号

2）精车循环指令代码 G70

G70 代码用于切除粗加工留下的加工余量，精车内径/外径时的加工余量采用经验估算法，一般取 0.2～0.5 mm。执行 G70 代码进行精车循环时，刀具沿工件的实际轨迹进行切削，如图 5-64 中 A'B 轨迹所示，循环结束后刀具返回循环起始点。

（1）程序格式：

$$G00\ X\underline{\alpha}\ Z\underline{\beta};$$
$$G70\ P\underline{ns}\ Q\underline{nf};$$

（2）代码说明：

程序段中各地址的含义同 G71。

（3）编程注意事项：

① 必须在使用 G71、G72 或 G73 代码后，才可以使用 G70 代码。

② 在 ns～nf 程序段中指定的 F、S、T 功能指令有效，当 ns～nf 程序段中不指定 F、S、T 功能指令时，粗车循环中或之前指定的 F、S、T 功能指令有效。

③ 对精车时的 F、S、T 功能指令也可以在使用 G70 代码前在换精车刀具时同时指定。

④ 精车之前，若需换精车刀具，则应注意换刀点的选择。对倾斜床身后置刀架，一般先让其返回机床参考点，再换刀；而选择水平床身前置刀架的换刀点时，通常应在换刀过程中，选择刀具不与工件、夹具、顶尖干涉的位置。

【例 5-17】用 G71 和 G70 代码编制如图 5-66 所示零件图的加工程序。

解：根据本例零件图中的加工要求，选用直径为 52mm 的棒料毛坯，选择 93°尖车刀，工件坐标系原点设在棒料毛坯右端面与轴线的交点，采用固定点换刀方式。加工程序如下。

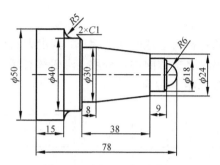

图 5-66　例 5-17 的零件图

程序	注释
O0005;	主程序名
N010 G21 G97 G99 G40;	程序初始化
N020 T0101;	选择 1 号刀具，建立工件坐标系
N030 M03 S800;	主轴正转，转速为 800r/min
N040 G00 X54 Z2;	刀具快速定位到循环起始点
N050 G94 X-1 Z0 F0.1;	车削端面
N060 G71 U1.5 R1;	使用 G71 代码循环粗车各轮廓
N070 G71 P080 Q220 U0.5 W0.2 F0.2;	
N080 G00 X0 S1000;	
N090 G01 Z0 F0.1;	
N100 G03 X12 Z-6 R6;	
N110 G01 X16;	
N120 X18 W-1;	
N130 W-9;	
N140 X24;	
N150 X30 W-30;	
N160 W-8;	
N170 X38;	
N180 X40 W-1;	
N190 Z-58;	
N200 G02 X50 W-5 R5;	
N210 G01 W-15;	
N220 X54;	
N230 G70 P080 Q200;	使用 G70 代码精车各轮廓
N240 G00 X100 Z100;	刀具快速返回换刀点
N250 M05;	主轴停止
N260 M30;	程序结束并返回开头

3）端面粗车循环指令代码 G72

G72 代码主要应用于圆柱棒料毛坯端面的粗车，其走刀路线与 G71 代码下的走刀路线类似。不同之处在于该代码沿 Z 轴方向进行分层、沿着平行于 X 轴的方向进行端面切削循环。端面粗车循环走刀路线如图 5-67 所示。

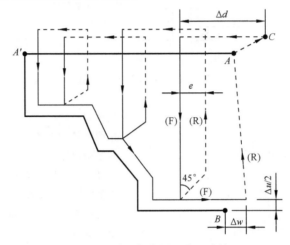

图 5-67 端面粗车循环走刀路线

（1）程序格式：

$$G00\ X\alpha\ Z\beta;$$
$$G72\ W\Delta d\ Re;$$
$$G72\ Pns\ Qnf\ U\Delta u\ W\Delta w\ Ff;$$

（2）代码说明：

① Δd 表示 Z 轴方向的背吃刀量。

② e 表示 Z 轴方向的退刀量，

其他参数的含义和要求与 G71 代码下的相同。

（3）编程注意事项：

① 在使用 G72 代码进行粗车循环时，只有含在 G72 程序段中的 F、S、T 功能指令才有效，而包含在 ns→nf 精加工程序段中的 F、S、T 功能指令，对粗车循环无效。

② 在顺序号 ns 的程序段中指定 A→A′ 之间的刀具运动轨迹，只能使用 G00 或 G01 代码，且不能含有 X 轴方向移动指令。

③ A′→B 之间的零件轮廓形状，在 X、Z 轴方向必须符合单调增大或减小的模式，即一直增大或一直减小。

④ 执行 G72 代码时有四种切削情况，无论哪种都是根据刀具重复平行于 X 轴移动进行切削的。该代码中 Δu 和 Δw 的符号如图 5-68 所示。

⑤ 在顺序号 ns～nf 的程序段中不能调用子程序。

⑥ 在加工循环中可以进行刀具补偿。

⑦ 在 G72 代码中，刀具运动轨迹不同，应特别注意，圆弧的加工指令、刀尖半径补偿指令与 G71 代码中刚好相反。

⑧ G72 代码主要用于对端面精度要求比较高、径向切削尺寸大于轴向切削尺寸这类工件进行粗加工。编程时，Z 轴方向的精车余量一般大于 X 轴方向的精车余量。

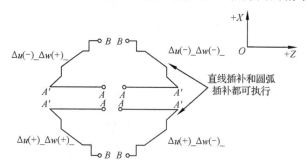

图 5-68　在 G72 代码中 Δu 和 Δw 的符号

【例 5-18】　用 G72 和 G70 代码编制如图 5-69 所示零件图的加工程序。

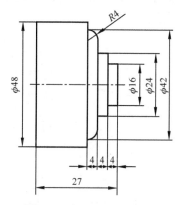

图 5-69　例 5-18 的零件图

解： 根据本例零件图中的加工要求，选用直径为 50mm 的棒料毛坯，选择 85° 机夹外圆车刀，工件坐标系原点设在棒料毛坯右端面与轴线的交点，采用固定点换刀方式。加工程序如下。

程序	注释
O0005;	主程序名
N010 G21 G97 G99 G40;	程序初始化
N020 T0101;	选择 1 号刀具，建立工件坐标系
N030 M03 S800;	主轴正转，转速为 800r/min
N040 G00 X52 Z2;	刀具快速定位到循环起始点
N050 G94 X-1 Z0 F0.1;	车削端面
N060 G72 W2 R1;	使用 G72 指令循环粗车各轮廓
N070 G72 P080 Q160 U0.1 W0.3 F0.2;	

```
N080 G00 Z-27 S1000;
N090 G01 X48 F0.1;
N100 Z-12;
N110 X42;
N120 G02 X34 Z-8 R4;
N130 G01 X24;
N140 Z-4;
N150 X16;
N160 Z0;
N170 G70 P10 Q20;          使用 G70 指令精车各轮廓
N180 G00 X100 Z100;        刀具快速返回换刀点
N190 M05;                  主轴停止
N200 M30;                  程序结束并返回开头
```

4）仿形粗车循环指令代码 G73

G73 代码主要应用于毛坯轮廓形状与零件轮廓形状基本接近的铸/锻件的粗加工，在该循环指令下刀具按同一轨迹重复切削，每次切削完后刀具都要向前移动一次。仿形粗车循环时的刀具运动轨迹如图 5-70 所示。

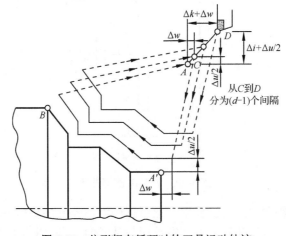

图 5-70　仿形粗车循环时的刀具运动轨迹

（1）程序格式：

$$G00 \ X\underline{\alpha} \ Z\underline{\beta};$$
$$G73 \ U\underline{\Delta i} \ W\underline{\Delta k} \ R\underline{d};$$
$$G73 \ P\underline{ns} \ Q\underline{nf} \ U\underline{\Delta u} \ W\underline{\Delta w} \ F\underline{f};$$

（2）代码说明：

① Δi 表示 X 轴上的退刀总距离及方向，用半径值表示。

② Δk 表示 Z 轴上的退刀总距离及方向。

③ d 表示分割次数，等于粗车次数。

其他参数的含义和要求与 G71 代码中的相同。

（3）编程注意事项：

① 在使用 G73 代码进行仿形粗车循环时，只有包含在 G73 程序段中的 F、S、T 功能指令才有效，而包含在 *ns*→*nf* 精加工程序段中的 F、S、T 功能指令，对仿形粗车循环无效。

② 在顺序号 *ns* 的程序段中指定 *A*→*A'* 之间的刀具运动轨迹时，只能使用 G00 或 G01 代码，可以同时含有 *X*、*Z* 轴方向的移动指令。

③ 对 *A'*→*B* 之间的零件轮廓形状，在 *X*、*Z* 轴方向没有单调递增或单调递减模式的限制，即 G73 代码可用于加工凸凹变化的轮廓。

④ 执行 G73 代码时有四种不同的进刀方式，在该代码中 Δu、Δw、Δi 和 Δk 的符号如图 5-71 所示，应予以注意。

⑤ 在顺序号 *ns*～*nf* 的程序段中不能调用子程序，但可以调用宏程序。

⑥ 在加工循环中可以进行刀具补偿。

⑦ G73 代码对于铸/锻件或已成形的工件（半成品）的车削编程来说是一种效率很高的方法。对于不具备类似成形条件的工件，若使用 G73 代码进行加工，则会增加车削过程中的空行程。

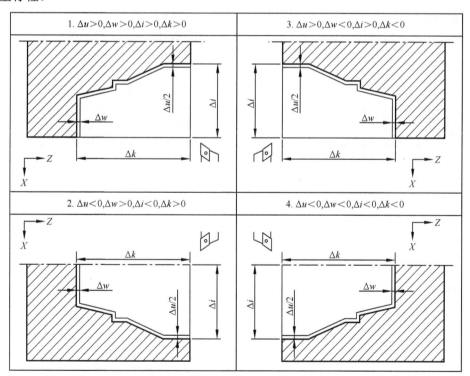

图 5-71　在 G73 代码中 Δu、Δw、Δi 和 Δk 的符号

【例 5-19】 用 G73 和 G70 代码编制如图 5-72 所示零件图的加工程序。

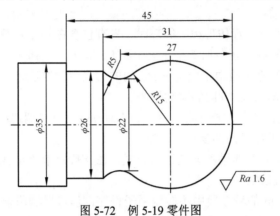

图 5-72　例 5-19 零件图

解：根据本例零件图中的加工要求，选用直径为 35mm 的棒料毛坯，选择 93°尖车刀，工件坐标系原点设在棒料毛坯右端面与轴线的交点，采用固定点换刀方式。加工程序如下。

程序	注释
O0005;	主程序名
N010 G21 G97 G99 G40;	程序初始化
	选择 1 号刀具，建立工件坐标系
N020 T0101;	
N030 M03 S800;	主轴正转，转速为 800r/min
N040 G00 X37 Z2;	刀具快速定位到循环起始点
N050 G94 X-1 Z0 F0.1;	车削端面
N060 G90 X35 Z-2 R-4;	粗车 R15mm 的圆球表面
N070 G90 X35 Z-6 R-8;	
N080 G73 U8 W0 R4;	使用 G73 代码循环粗车各轮廓
N090 G71 P100 Q150 U0.5 W0.2 F0.2;	
N100 G00 X0 S1000;	
N110 G01 Z0 F0.1;	
N120 G03 X24 Z-24 R15;	
N130 G02 X26 Z-31 R5;	
N140 G01 Z-45;	
N150 X35;	
N160 G70 P080 Q200;	使用 G70 代码精车各轮廓
N170 G00 X100 Z100;	刀具快速返回换刀点
N180 M05;	主轴停止
N190 M30;	程序结束并返回开头

5.4.5　螺纹加工指令代码

螺纹加工是数控车床的一个重要加工内容。加工时，螺纹车刀的进给运动是严格根据输入的螺纹导程进行的。数控车床可以加工直螺纹、锥螺纹和端面螺纹。数控系统提供的螺纹加工指令包括单行程螺纹切削指令代码 G32、单一固定循环螺纹切削指令代码 G92 和复合固定循环螺纹切削指令代码 G76。

1. 螺纹切削前的准备

1）螺纹总切深

要计算螺纹总切深（总切削深度），即应计算螺纹牙型高度。螺纹牙型高度是指螺纹牙型上的牙顶到牙底之间垂直于螺纹轴线的理论高度 H，如图 5-73 所示。

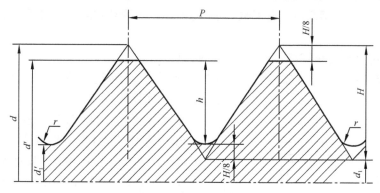

图 5-73　螺纹牙型高度

根据国家标准《普通螺纹基本牙型》（GB/T 192—2003）的规定，普通螺纹牙型的理论高度 $H=0.866P$（P 为螺距）。实际加工时，受螺纹车刀的刀尖半径 r 的影响，螺纹的实际切深有变化。根据《普通螺纹公差》（GB/T 197—2003）的规定，螺纹车刀可在牙底最小削平高度 $H/8$ 处削平或倒圆，同时在牙顶处也要削平高度 $H/8$。螺纹的实际牙型高度可按下式计算：

$$h = H - 2(H/8) = 0.6495P$$

式中，H——螺纹牙型理论高度，单位为 mm，$H=0.866P$；

　　　P——螺距，单位为 mm；

　　　h——螺纹牙型实际高度，单位为 mm。

2）螺纹起始点与螺纹终点径向尺寸的确定

车削外螺纹时，由于车刀的挤压会使螺纹大径尺寸胀大，因此车削螺纹前应把其大径车削得比基本尺寸小 0.2～0.4mm。车削好螺纹后牙顶处有 $0.125P$ 的宽度。同理，车削内螺纹时，孔径会缩小，因此车削内螺纹前的孔径要比内螺纹小径略大些。

螺纹的实际牙顶尺寸 d' 和螺纹实际牙底尺寸 d_1' 可近似地用下式计算：

$$d' = d - 0.13P$$
$$d_1' = d' - 1.3P$$

式中，d——外螺纹大径或公称直径，单位为 mm；

　　　d_1——螺纹小径，单位为 mm；

d' ——螺纹的实际牙顶尺寸，单位为 mm；

d'_1 ——螺纹的实际牙底尺寸，单位为 mm。

车削内螺纹前的孔径，可采用下列近似公式计算：

车削塑性金属的内螺纹时，$D_孔 \approx D - P$；

车削脆性金属的内螺纹时，$D_孔 \approx D - 1.05P$。

式中，$D_孔$ ——车削内螺纹前的孔径，单位为 mm；

D ——内螺纹公称直径，单位为 mm；

P ——螺距，单位为 mm。

内螺纹的实际牙型高度同外螺纹，$h = 0.6495P$。内螺纹实际大径等于 D，内螺纹小径 $D_1 = D - 1.3P$。

3）螺纹起始点与螺纹终点轴向尺寸的确定

开始车削螺纹时有一个加速过程，车削结束前有一个减速过程，在这段距离中，螺纹

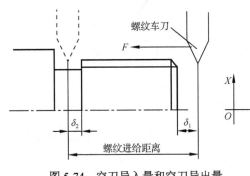

图 5-74 空刀导入量和空刀导出量

不可能保持均匀。因此，车削螺纹时，两端必须设置足够的升速进刀段（空刀导入量）δ_1 和减速退刀段（空刀导出量）δ_2，如图 5-74 所示。在实际生产中，一般对 δ_1 值选取 2～5 mm，车削大螺距和高精度的螺纹时，对 δ_1 值选取大值；δ_2 值不得大于退刀槽宽度，一般为退刀槽宽度的一半左右，其值为 1～3 mm。当螺纹收尾处没有退刀槽时，收尾处的形状与数控系统有关，一般按 45°退刀收尾。

4）分层切削深度

如果螺纹牙型较深、螺距较大，可分几次切削。每次切削的背吃刀量按递减规律分配。常用螺纹切削的切削次数与背吃刀量可参考表 5-10。

表 5-10 常用螺纹切削的切削次数与背吃刀量

公制（米制）螺纹							
螺距/mm	1.0	1.5	2.0	2.5	3.0	3.5	4.0
牙深（半径值）/mm	0.649	0.974	1.299	1.624	1.949	2.273	2.598
切削次数及背吃刀量（直径值）/mm	1 次	0.7	0.8	0.9	1.0	1.2	1.5	1.5
	2 次	0.4	0.6	0.6	0.7	0.7	0.7	0.8
	3 次	0.2	0.4	0.6	0.6	0.6	0.6	0.6
	4 次	—	0.15	0.4	0.4	0.4	0.6	0.6
	5 次	—	—	0.1	0.4	0.4	0.4	0.4
	6 次	—	—	—	0.15	0.4	0.4	0.4
	7 次	—	—	—	—	0.2	0.2	0.4
	8 次	—	—	—	—	—	0.15	0.3
	9 次	—	—	—	—	—	—	0.2

2. 单行程螺纹切削指令代码 G32

G32 代码可以执行单行程螺纹切削，实现直螺纹、锥螺纹和端面螺纹的加工。但对螺纹车刀的切入、切出和返回等运动，需编写对应的程序段。这种情况下的程序段比较多，因此在实际编程中一般很少使用 G32 代码。

（1）程序格式：

$$G32 \; X（U）\_\_Z（W）\_\_F\_\_Q\_\_;$$

（2）代码说明：

① X（U）__Z（W）__表示螺纹终点坐标。

② F__表示螺纹导程。对锥螺纹来说，当其斜角 α 在 45° 以下时，螺纹导程由 Z 轴方向指定；当其斜角 α 在 45°～90° 时，螺纹导程由 X 轴方向指定，如图 5-75 所示。若斜角 α 为 0°，则为直螺纹；若斜角 α 为 90°，则为端面螺纹。

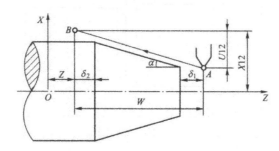

图 5-75　使用 G32 代码加工螺纹时的螺纹导程方向的指定

③ Q__表示螺纹起始角。该值为不带小数点的非模态值，其单位为 0.001°。如果是单线螺纹，则该值不用指定，这时该值为 0；如果是双线螺纹，则 Q 值为 180 000。

（3）使用 G32 代码时的注意事项：

① 使用 G32 代码进行单行程螺纹切削时的走刀路线如图 5-76 所示，其中，A 点是螺纹加工的起始点，B 点是单行程螺纹切削指令代码 G32 的起始点，C 点是单行程螺纹切削指令代码 G32 的终点，D 点是 X 轴方向退刀的终点；AB 段使用 G00 代码进刀，BC 段使用 G32 代码切削，CD 段使用 G00 代码进行 X 轴方向退刀，DA 段单行程螺纹切削时用 G00 代码进行 Z 轴方向退刀。

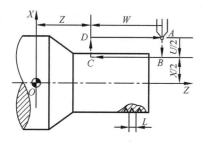 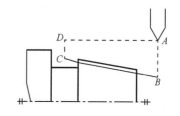

（a）使用 G32 代码加工直螺纹　　　　　　（b）使用 G32 代码加工锥螺纹

图 5-76　使用 G32 代码进行单行程螺纹切削时的走刀路线

② 在螺纹切削过程中，进给速度倍率功能无效。

③ 在螺纹切削过程中，进给暂停功能无效。如果在螺纹切削过程中按了进给暂停按钮，那么刀具在执行非螺纹切削的程序段后停止。

④ 在螺纹切削过程中，主轴速度倍率功能失效。

⑤ 在螺纹切削过程中，不宜使用恒线速度控制功能，而采用恒转速控制功能。螺纹切削过程中，通常从粗车到精车需要刀具多次在同一轨迹上进行切削，但是，主轴转速必须是恒定的。当主轴转速发生变化时，螺纹会产生一些偏差。

【例 5-20】 使用数控车床加工如图 5-77 所示的外螺纹零件，已知材料为 45 钢，毛坯尺寸为 ϕ45mm×100mm，外轮廓表面及退刀槽已加工，并且螺纹外径已车削至 ϕ29.8mm，试用 G32 代码编制该零件螺纹部分的加工程序。

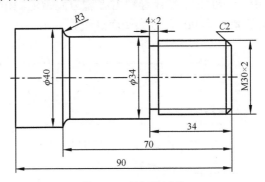

图 5-77 外螺纹零件

解：查表 5-10，可知双边切深为 2.6mm，分 5 次切削，背吃刀量分别为 0.9mm、0.6mm、0.6mm、0.4mm 和 0.1mm。加工程序如下。

程序	注释
O0005;	程序名
......	
T0303;	换螺纹车刀 T03，刀具到位
M03 S500;	主轴正转，转速为 500r/min
M08;	打开切削液开关
G00 X32 Z5;	刀具快速到达螺纹加工的起始点
X29.1;	在距离螺纹大径 30mm 处进刀，切削第一刀，背吃刀量为 0.9mm
G32 Z-32 F2;	第一次螺纹切削，螺距为 2mm
G00 X32;	从 x 轴方向退刀
Z5;	从 z 轴方向退刀
X28.5;	第二次切削，背吃刀量为 0.6mm
G32 Z-32 F2;	第二次螺纹切削，螺距为 2mm
G00 X32;	从 x 轴方向退刀
Z5;	从 z 轴方向退刀
X27.9;	第三次切削，背吃刀量为 0.6mm

G32 Z-32 F2；	第三次螺纹切削，螺距为 2mm
G00 X32；	从 X 轴方向退刀
Z5；	从 Z 轴方向退刀
X27.5；	第四次切削，背吃刀量为 0.4mm
G32 Z-32 F2；	第四次螺纹切削，螺距为 2mm
G00 X32；	从 X 轴方向退刀
Z5；	从 Z 轴方向退刀
X27.4；	第 5 次切削，背吃刀量为 0.1mm
G32 Z-32 F2；	第 5 次螺纹切削，螺距为 2mm
G00 X32；	从 X 轴方向退刀
Z5；	从 Z 轴方向退刀
X27.4；	光整加工，背吃刀量为 0mm
G32 Z-32 F2；	光整加工，螺距为 2mm
G00 X32；	从 X 轴方向退刀
Z5；	从 Z 轴方向退刀
M09；	关闭切削液开关
G00 X100 Z100；	刀具快速返回换刀点

……

3. 单一固定循环螺纹切削指令代码 G92

G92 代码用于执行螺纹切削的单一固定循环，即完成由进刀、切螺纹、退出和返回动作组成的一次切削循环，使用该代码时的走刀路线如图 5-78 所示。使用 G92 代码可以分多次进刀完成一个螺纹的加工，用此代码可以切削直螺纹和锥螺纹。与 G32 代码不同的是，螺纹车刀的切入、切出和返回不再需用程序段一一编写，而是包含在 G92 代码中。

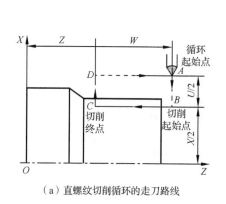
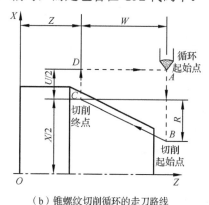

（a）直螺纹切削循环的走刀路线　　　　　　　（b）锥螺纹切削循环的走刀路线

图 5-78　使用 G92 代码时的走刀路线

（1）程序格式：

$$G92\ X（U）\_\_Z（W）\_\_R\_F\_；$$

（2）代码说明：

① 在图 5-78 中，执行 G92 代码的刀具从循环起始点开始，按 $A \to B \to C \to D \to A$ 循环。其中，A 点为循环起始点（也是循环的终点），B 点为切削起始点，C 点为切削终点，D 点为退刀点；虚线表示快速运动，实线表示切削进给，除了 BC 段为进给运动外，其他运动均为快速运动。

② X__Z__表示切削终点（C 点）的坐标；U__W__表示切削终点（C 点）相对于循环起始点（A 点）的位移量。

③ R__表示螺纹切削起始点与切削终点的半径差，如图 5-78（b）所示，R 值的正负判断方法与 G90 代码下的 R 值相同；加工圆柱螺纹时，R 为 0，可以省略不写。

④ F__表示螺纹导程。

（3）使用 G92 代码时的注意事项：

① 在螺纹切削过程中，按下循环暂停键时，刀具立即按斜线返回，然后先返回 X 轴的起始点，再回到 Z 轴的起始点。在返回期间，不能进行另外的暂停。

② 若在单段程序下执行 G92 代码，则每执行一次循环必须按 4 次循环启动按钮。

③ G92 是模态指令，当 Z 轴移动量没有变化时，只需对 X 轴指定其移动指令，即可重复执行固定循环动作。

④ 执行 G92 代码时，在螺纹切削的退尾处，刀具按接近 45° 的斜向退刀，Z 轴方向退刀距离 $r=（0.1 \sim 12.7）L$（L 为导程），该值由系统参数设定。

⑤ 在 G92 代码的执行过程中，进给速度倍率功能和主轴速度倍率功能均无效。

【例 5-21】 对例 5-20 中的外螺纹零件，试用 G92 代码编制该零件螺纹部分的加工程序。

解：利用 G92 代码编制的螺纹加工程序如下。

程序	注释
O0005;	程序名
……	
T0303;	换螺纹车刀 T03，刀具到位
M03 S500;	主轴正转，转速为 500r/min
M08;	打开切削液开关
G00 X32 Z5;	刀具快速到达螺纹加工的循环起始点
G92 X29.1 Z-32 F2;	第一次螺纹切削，切深为 0.9mm，螺距为 2mm
X28.5;	第二次螺纹切削，切深为 0.6mm
X27.9;	第三次螺纹切削，切深为 0.6mm
X27.5;	第四次螺纹切削，切深为 0.4mm
X27.4;	第五次螺纹切削，切深为 0.1mm
X27.4;	光整加工，切深为 0mm
M09;	关闭切削液开关
G00 X100 Z100;	刀具快速返回换刀点
……	

4. 复合固定循环螺纹切削指令代码 G76

G76 代码用于执行螺纹切削的复合固定循环，根据地址参数所给的数据，数控系统自动地计算中间点坐标，控制刀具进行多次螺纹切削直至满足零件尺寸，即完成由进刀、切削螺纹、退刀和返回动作组成的多次切削循环。图 5-79 所示，为执行 G76 代码时的刀具运动轨迹和切入方式。G76 代码可用于加工带螺纹退尾的直螺纹和锥螺纹，背吃刀量逐渐减小，有利于保护刀具、提高螺纹精度。编程中应用 G76 代码就可以直接完成螺纹切削加工，较 G32、G92 代码简单，简化了螺纹加工编程。

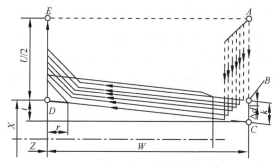

（a）执行 G76 代码时的刀具运动轨迹

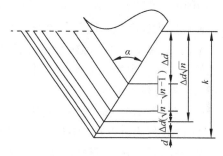

（b）执行 G76 代码时的刀具切入方式

图 5-79　执行 G76 代码时的刀具运动轨迹和切入方式

（1）程序格式：

$$G76 \; P\underline{m} \; \underline{r} \; \underline{\alpha} \; Q\Delta d_{min} \; R\underline{d};$$
$$G76 \; X（U）\_\_ \; Z（W）\_\_R\underline{i} \; P\underline{k} \; Q\Delta d \; F\underline{f};$$

（2）代码说明：

① m 表示精加工最终重复次数（1～99 次）。

② r 表示倒角量，即螺纹切削退尾处（45°）的 Z 轴方向退刀距离。该值大小可设置在 $0.0～9.9L$（L 为导程）之间，系数应为 0.1 的整数倍，用 00～99 的两位整数表示，单位为 0.1L。

③ α 表示刀尖角度（螺纹牙型角），可以选择 80°、60°、55°、30°、29° 和 0° 等 6 种中的任意一种，用两位数表示。m、r、α 都是模态量，可用地址码 P 一次指定，如 $m=3$，$r=1.2P$，$\alpha=60°$ 时可写成 P031260。

④ Δd_{min} 表示最小切入量（该值用不带小数点的半径值指定，单位为 μm）。

⑤ d 表示精加工余量（该值用带小数点的半径值指定，单位为 mm）。

⑥ X（U）__ Z（W）__ 表示螺纹切削终点坐标（绝对坐标或相对坐标）。

⑦ i 表示螺纹锥度，即螺纹部分半径差。加工圆柱螺纹时，$i=0$ 或省略；加工圆锥螺纹时，当 X 轴方向的切削起始点坐标小于切削终点坐标时，i 为负；反之，为正。

⑧ k 表示螺纹牙型高度（该值用不带小数点的半径值指定，单位为 um）。

⑨ Δd 表示第一次切削的切入量（该值用不带小数点的半径值指定，单位为 um）。

⑩ f 表示螺纹导程，若是单线螺纹，则该值为螺距。

（3）刀具运动轨迹及工艺说明：

以圆柱外螺纹（i 值为 0）为例，刀具从循环起始点 A 点，以 G00 方式沿 X 轴方向进给至螺纹牙顶 X 坐标处（B 点，该点的 X 坐标值=小径+2k），然后沿与基本牙型一侧平行的方向进给。在图 5-79（b）中，X 轴方向切深为 Δd，再以螺纹切削方式切削至离 Z 轴方向终点距离为 r 处，倒角退刀至 D 点，再 X 轴方向退刀至 E 点，最后返回 A 点，准备第二次切削循环。如此切削循环，直至循环结束为止。

第一次切削循环时，背吃刀量等于 Δd，第二次切削循环的背吃刀量为 $(\sqrt{2}-1)\Delta d$，第 n 次切削循环的背吃刀量为 $(\sqrt{n}-\sqrt{n-1})\Delta d$。当计算结果小于 Δd_{min} 这个极限值时，背吃刀量将被锁定为这个值。因此，执行 G76 代码时的背吃刀量是逐步递减的。

在图 5-79（b）中，螺纹车刀向深度方向并沿基本牙型一侧的平行方向进刀，从而保证螺纹粗车过程中始终用一个刀具进行切削，减小了切削阻力，提高了刀具寿命，为螺纹的精车质量提供了保证。

（4）使用 G76 代码时的注意事项：

① G76 代码可以在 MDI 方式下使用。

② 在执行 G76 代码时，若按下循环暂停键，则刀具在螺纹切削后的程序段暂停。

③ G76 代码为非模态指令，因此必须每次指定。

④ 在执行 G76 代码时，若要进行手动操作，则刀具应返回循环停止的位置。如果刀具没有返回循环停止位置就重新启动循环操作，手动操作的位移将叠加在该程序段停止时的位置上，刀具就多移动了一个手动操作的位移量。

⑤ G76 代码不能用于加工端面螺纹。

⑥ 执行 G76 代码时，刀具倾斜进刀，螺纹牙型不是一次成形的，因此螺纹牙型的精度及其垂直度比较难保证，但排屑效果好，该代码一般用于大螺距螺纹的加工。而执行 G32、G92 代码时，刀具垂直进刀，螺纹牙型是一次成形的，因此螺纹牙型精度及其垂直度能够得到保证，但排屑效果比较差，这两个代码一般用于小螺距且精度要求高的螺纹加工。

【例 5-22】 对例 5-20 中的外螺纹零件，试用 G76 代码编制该零件螺纹部分的加工程序。

解：利用 G76 代码编制的螺纹加工程序如下。

程序	注释
O00005;	程序名
……	
T0303;	换螺纹车刀 T03，刀具到位
M03 S500;	主轴正转，转速为 500r/min
M08;	打开切削液开关
G00 X32 Z5;	刀具快速到达螺纹加工的循环起始点
G76 P021060 Q50 R0.1;	最小切入量为 0.05mm，精加工余量为 0.1mm
G76 X27.4 Z-32 R0 P1300 Q450 F2;	牙深为 1.3mm，第一次的切入量为 0.45mm，螺距为 2mm

```
M09;                          关闭切削液开关
G00 X100 Z100;                刀具快速返回换刀点
......
```

5.4.6　刀具补偿功能

在编程时，一般不考虑刀具长度与刀尖圆弧半径，只考虑刀位点与编程轨迹重合。但在实际加工中，由于刀尖圆弧半径与刀具长度各不相同，因此会产生很大的加工误差。因此，实际加工时必须通过刀具补偿指令，使数控机床根据实际使用的刀具尺寸，自动调整各坐标轴的移动量，确保实际加工轮廓和编程轨迹完全一致。数控车床根据刀具实际尺寸，自动改变机床坐标轴或刀具刀位点位置，使实际加工轮廓和编程轨迹完全一致，这个功能称为刀具补偿功能。

数控车床的刀具补偿分为刀具偏置补偿（也称刀具长度补偿或刀具位置补偿）和刀尖圆弧半径补偿两种。这两种补偿在 FANUC 系统的补偿界面上显示为"工具补正/磨耗"。

1. 刀具偏置补偿

数控车床的 CNC 系统规定 X 轴与 Z 轴可同时实现刀具偏置。刀具偏置分为刀具几何偏置和刀具磨损偏置两种。因刀具的几何形状不同和刀具安装位置不同而产生的刀具偏置称为刀具几何偏置，因刀具刀尖的磨损而产生的刀具偏置称为刀具磨损偏置（又称磨耗）。

1）刀具几何偏置补偿

各刀具安装好后，其刀位点（如刀尖）与编程中的理想刀具或基准刀具刀位点存在位置偏移，此时需要进行几何偏置补偿。刀具几何偏置补偿有以下两种形式。

（1）相对补偿形式。刀具偏置的相对补偿形式如图 5-80 所示。在对刀时，通常先以一把刀具为基准（标准）刀具，并以其刀尖位置为依据建立工件坐标系。这样，当其他各刀具转到加工位置时，刀尖位置相对基准刀具的刀尖位置就会出现偏置，原来建立的工件坐标系就不再适用。因此，应对非基准刀具相对于基准刀具之间的偏置值 ΔX、ΔZ 进行补偿，使各刀具的刀尖位置重合。

（2）绝对补偿形式。绝对补偿形式是指当数控车床返回机床坐标系原点时，对工件坐标系原点相对于刀架工作位置上各刀具的刀尖位置的有向距离进行补偿。当进行刀具偏置补偿时，以此值设定各刀具的工件坐标系。刀具偏置的绝对补偿形式如图 5-81 所示。

2）刀具磨损偏置补偿

刀具磨损偏置补偿主要针对某把刀具而言，当某把刀具使用一段时间后，就会因磨损而导致刀尖位置尺寸的改变，进而使被加工的产品尺寸产生误差。因此，需要对其进行补偿。刀具磨损偏置补偿与刀具几何偏置补偿值存放在同一个寄存器的地址号中，可参考图 5-82 所示的 FANUC 系统的刀具磨损偏置补偿界面。各刀具的磨损偏置补偿只对该刀具有效（包括基准刀具）。

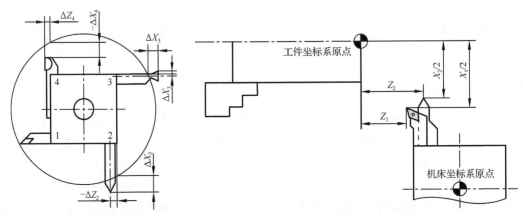

图 5-80　刀具偏置的相对补偿形式　　　　　图 5-81　刀具偏置的绝对补偿形式

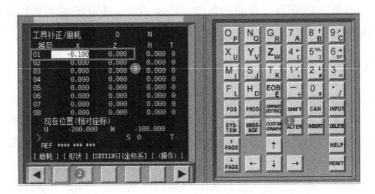

图 5-82　FANUC 系统的刀具磨损偏置补偿界面

刀具偏置补偿是通过调用程序中的 T×××× 代码实现的。将某把刀具的几何偏置补偿值和磨损偏置补偿值存入相应的寄存器地址号中，当程序执行到含有 T×××× 的程序段时，数控系统自动调取刀具几何偏置补偿值和刀具磨损偏置补偿值，驱动刀架托板进行相应的位置调整。当设定的刀具几何偏置补偿值和刀具磨损偏置补偿值都有效时，实际刀具偏置补偿值将是这两者的矢量和。

在数控加工中，常常利用刀具几何偏置补偿和刀具磨损偏置补偿的方法，达到控制加工余量、提高加工精度的目的。例如，某工件加工后外圆直径比要求的尺寸大了 0.2mm，此时只需将刀具几何偏置寄存器中的 X 值减小 0.2mm（或进入刀具磨损偏置补偿界面，在 X 值存储器中输入 -0.2），并用原刀具及原程序重新加工该零件，即可修补该工件的加工误差。同样，如出现 Z 轴方向的加工误差，则其修补方法相同。

2. 刀尖圆弧半径补偿

1）定义

在实际的数控加工中，由于刀具容易产生磨损及精加工的需要，因此常常将车刀的刀尖修磨成半径较小的圆弧，这时的刀位点为刀尖圆弧的圆心。为确保工件轮廓形状，加工时不允许刀具刀尖圆弧的圆心运动轨迹与被加工工件的轮廓重合，而应与工件轮廓偏置一个半径值，这种偏置补偿称为刀尖圆弧半径补偿。圆弧形车刀的切削刃半径偏置补偿也与其相同。

2）理想刀尖和刀尖圆弧半径

在编程时，通常都将车刀的刀尖作为一个点考虑，即所谓理想（假想）刀尖，实际刀尖是有圆弧的，理想刀尖和刀尖圆弧半径示意如图 5-83 所示。所谓刀尖圆弧半径，是指车刀的刀尖圆弧所构成的理想圆弧半径 R。

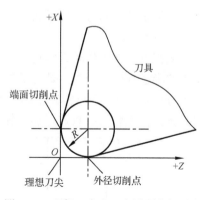

图 5-83 理想刀尖和刀尖圆弧半径示意

3）未使用刀尖圆弧半径补偿时的加工误差分析

在实际加工中，所有车刀均有大小不等或近似的刀尖圆弧，理想刀尖是不存在的。它是对刀时端面切削点和外径切削点所形成的假想刀位点，但在实际加工过程中，刀具切削点在刀尖圆弧上变动，即编程刀位点和车刀实际切削点不重合，因此在实际切削中将会对加工尺寸和形状产生影响。刀尖圆弧半径造成的少切和过切现象如图 5-84 所示，分析其车削过程可以看出，圆头车刀在车削与轴线平行或垂直的外圆、端面、内孔及内阶梯端面等表面时，车刀实际切削点加工运动轨迹与理想刀尖的运动轨迹一致，刀尖圆弧不对其尺寸、形状产生影响；在切削圆锥和圆弧时，就会产生少切或过切。因此，在用圆头车刀加工（尤其是精加工）带有圆锥和圆弧表面的零件时，编程中可用刀尖圆弧半径补偿功能消除加工误差。

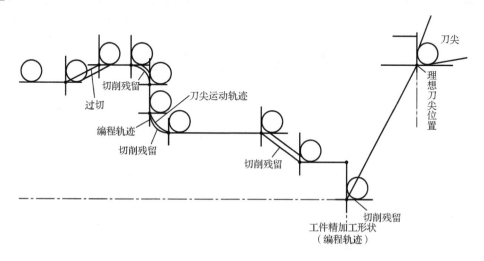

图 5-84 刀尖圆弧半径造成的少切和过切现象

4）刀尖圆弧半径补偿的方法

在加工前，通过数控系统的操作面板输入刀具半径补偿的相关参数：刀尖圆弧半径 R 和刀尖方位 T。

编程时，按零件轮廓编程，并且在程序中采用刀具半径补偿指令。当数控系统执行程序中的半径补偿指令时，数控装置读取存储器中相应刀具号的半径补偿参数，刀具自动沿刀尖方位 T 方向，偏离零件轮廓一个刀尖圆弧半径值 R。刀尖圆弧半径补偿如图 5-85 所示，刀具按刀尖圆弧圆心轨迹运动，加工出所要求的零件轮廓。

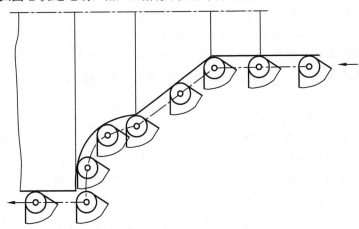

图 5-85　刀尖圆弧半径补偿

5）刀尖圆弧半径补偿指令代码 G40G41G42

（1）代码功能。

G40：用于取消刀尖圆弧半径补偿。这时，理想刀尖的运动轨迹与编程轨迹重合。

G41：用于刀尖圆弧半径左补偿。此时，操作人员从 $+Y$ 轴向 $-Y$ 轴观察，视线沿着刀具进给方向，看到刀具在工件的左侧，称为左补偿，如图 5-86 所示。

G42：用于刀尖圆弧半径右补偿。此时，操作人员从 $+Y$ 轴向 $-Y$ 轴观察，视线沿着刀具进给方向，看到刀具在工件的右侧，称为右补偿，如图 5-87 所示。

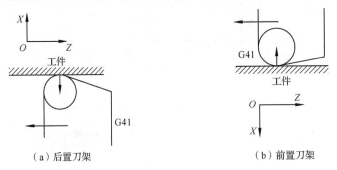

（a）后置刀架　　　　　　　　　　（b）前置刀架

图 5-86　刀尖圆弧半径左补偿

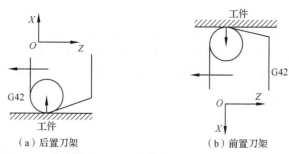

图 5-87　刀尖圆弧半径右补偿

（2）程序格式：

$$\begin{Bmatrix} G40 \\ G41 \\ G42 \end{Bmatrix} \begin{Bmatrix} G00 \\ G01 \end{Bmatrix} X(U)\_Z(W)\_ ;$$

（3）代码说明：

① G40、G41、G42 代码必须与 G00 或 G01 代码组合使用，不能用 G02、G03、G71～ G73 代码指定。G01 程序段有倒角控制功能时，也不能进行刀具补偿。

② X（U）__Z（W）__是 G00、G01 运动的目标点坐标。

③ G41、G42 代码不带参数，其补偿号（代表所用刀具对应的刀尖半径补偿值）由 T 代码指定。其刀尖圆弧补偿号与刀具偏置补偿号对应。

④ G40、G41、G42 代码均为模态指令。

（4）编程注意事项：

① G01 虽是进给指令代码，但刀尖圆弧半径补偿建立或取消时，刀具位置的变化是一个渐变的过程。在刀尖圆弧半径补偿建立和取消程序段中，G01 代码只能用于空行程段。

② 在使用 G41、G42 的指令模式中，不允许出现连续两个以上的非移动指令；否则，刀具在前一个程序段终点的垂直位置停止，并且产生过切或少切现象。

非移动指令包括如下几种。

● M 代码。

● S 代码。

● 暂停指令（G04）。

● 某些 G 代码，如 G50、G96 等。

● 移动量为零的切削指令，如 G01U0W0。

③ 对 G41、G42 代码不要重复规定；否则，会产生一种特殊的补偿。

④ 当输入刀具补偿数据时，若给的是负值，则 G41、G42 互相转化。

⑤ 在 G74～G76、G90～G92 固定循环指令代码中不用刀尖圆弧半径补偿。

⑥ 在 MDI 方式中不用刀尖圆弧半径补偿。

⑦ 编程时，在改变刀具半径左/右补偿状态或调用新刀具前，必须取消刀具补偿。

6）车刀的形状和位置参数

车刀的形状很多，其形状决定刀尖圆弧所处的位置，因此也要把代表车刀形状和位置的参数输入存储器中。车刀的形状和位置参数称为刀尖方位 T。车刀的形状和位置如图 5-88 所示，分别用参数 0～9 表示，P 点为理论刀尖点，即刀位点。在图 5-88（b）中，左下角外圆车刀的刀尖方位 T 应为 3。

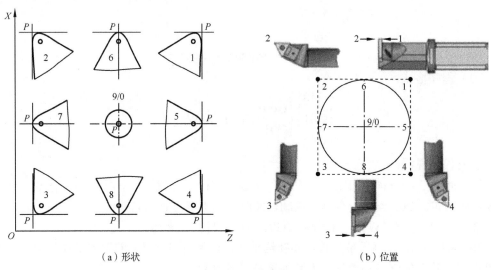

（a）形状 （b）位置

图 5-88 车刀的形状和位置

【例 5-23】 利用刀尖圆弧半径补偿功能，完成图 5-89 所示的端面与台阶的车削。

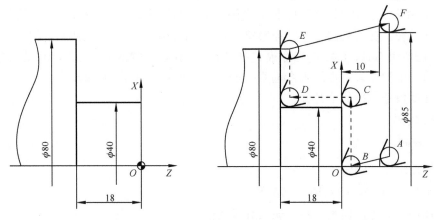

（a）刀尖圆弧半径补偿加工图样（单位：mm） （b）刀尖圆弧半径补偿过程（单位：mm）

图 5-89 利用刀尖圆弧半径补偿功能完成端面与台阶的车削

解： 本例加工程序如下。

程序	注释
O0005;	主程序名
G21G97G99G40;	程序初始化

T0101;	选择 1 号刀具，调用 1 号刀具补偿程序，建立工件坐标系
M03 S800;	主轴正转，转速为 800r/min
G00 X0 Z10;	刀具快速定位
G42 G01 X0 Z0 F0.2;	刀具补偿建立
X40;	
Z-18;	刀具补偿进行
X80;	
G40 G00 X85 Z10;	刀具补偿取消
G28 U0 W0;	自动返回参考点
M05;	主轴停止
M30;	主程序结束并返回开头

上述程序中所用刀具的刀尖圆弧半径 R 和刀尖方位 T 在补偿界面的具体设置如图 5-90 所示。

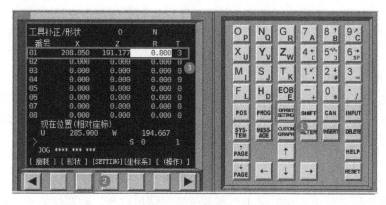

图 5-90　在补偿界面设置刀尖圆弧半径 R 和刀尖方位 T

5.4.7　子程序

1. 子程序的定义和嵌套

数控机床的加工程序分为主程序和子程序两种。主程序是一个完整的零件加工程序，或是零件加工程序的主体部分。它与被加工零件或加工要求一一对应，不同的零件或不同的加工要求，都有唯一的主程序。

在编制加工程序过程中，有时要求一组程序段在一个程序中多次出现，或者在几个程序中都要使用它。这个典型的加工程序可以做成固定程序，并且单独加以命名，这组程序段就称为子程序。

子程序一般不能作为独立的加工程序使用，它只能通过主程序进行调用，实现加工中的局部动作。子程序执行结束后，数控系数能自动返回主程序。

为了进一步简化加工程序，可以允许其子程序再调用另一个子程序，这一功能称为子程序的嵌套，FANUC 0i 系统最多只允许四级子程序嵌套，如图 5-91 所示。

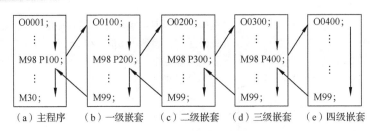

（a）主程序　（b）一级嵌套　（c）二级嵌套　（d）三级嵌套　（e）四级嵌套

图 5-91　4 级子程序嵌套

2. 子程序的调用

在大多数机床的数控系统中，子程序与主程序并无本质区别。子程序和主程序在程序号与程序内容方面基本相同，仅结束标记不同。主程序用 M02 或 M30 表示其结束，而子程序在 FANUC 系统中则用 M99 表示结束，并且实现自动返回主程序功能。

在 FANUC 0i 数控系统中，子程序的调用可通过辅助功能指令代码 M98。同时在调用格式中将子程序的程序号地址码改为 P，其常用的子程序调用格式有以下两种。

格式一：

M98P××××L××××；

其中，地址码 P 后面的四位数为子程序号，地址码 L 后面的数字表示重复子程序的次数，子程序号与调用次数前的 0 可省略不写。如果子程序只调用一次，那么地址码 L 与其后的数字均可省略，例如"M98P1000L3;"表示调用 O1000 子程序 3 次。

格式二：

M98P××××××××；

其中，地址码 P 后面八位数字中的前四位表示调用次数，后四位表示子程序号。采用这种格式时，调用次数前的 0 可省略不写，但子程序号前的 0 不可省略。例如，"M98P30001;"表示程序号为 0001 的子程序被连续调用 3 次。在同一数控系统中，子程序的两种格式不能混合使用。

3. 子程序调用的特殊用法

（1）子程序返回主程序中的某一程序段。如果在子程序的返回指令中加上 Pn 指令，那么子程序在返回主程序时，将返回主程序中段号为 n 的那个程序段，而不直接返回主程序中调用指令程序段的下一段。例如，在子程序结束时执行"M99P100;"，则直接返回主程序的 N100 程序段继续运行。

（2）自动返回程序开始段。若在主程序中执行 M99 代码，则程序返回主程序的开始程序段并继续执行主程序。也可以在主程序中插入 M99Pn，用于返回指定的程序段。为了能够执行后面的程序，通常在该指令前加"/"，以便在不需要执行返回时，跳过该程序段。

（3）强制改变子程序重复执行的次数。用 M99L×× 指令可强制改变子程序重复执行的次数，其中 L×× 表示子程序调用的次数。例如，如果在主程序中用"M98P1000L20;"，在子程序 O1000 中采用"M99L2"返回，那么子程序重复执行的次数将变为 2 次。

4. 子程序的应用

【例 5-24】　利用子程序完成图 5-92 所示槽类零件的加工程序编制。

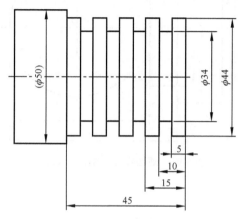

图 5-92　槽类零件（单位：mm）

解：加工程序如下。

程序	注释
O0005;	主程序名
G21 G97 G99 G40;	程序初始化
T0101;	选择 1 号刀具（93°外圆车刀），建立工件坐标系
M03 S800;	主轴正转，转速为 800r/min
G00 X52 Z2;	循环起始点
G94 X-1 Z0 F0.1;	车削端面
G90 X46 Z-45 F0.15;	车削外圆至 ϕ46mm
X44;	车削外圆至 ϕ44mm
G00 X100 Z100;	刀具返回换刀点
T0202 S400;	换 2 号刀具（5mm 的切槽刀），主轴以 400r/min 转速正转
G00 X45;	刀具快速进刀
Z0;	刀具定位至右端面位置
M98 P41000;	调用子程序 O1000，共调用 4 次
G00 X100 Z100;	刀具返回换刀点
M05;	主轴停止
M30;	主程序结束并返回开头
O1000;	子程序名
G01 W-10;	刀具向左移动 10mm
G01 X34 F0.1;	切槽
X45;	退刀
M99;	子程序结束并返回到主程序

【例 5-25】 利用子程序完成图 5-93 所示球面零件的加工程序编制。

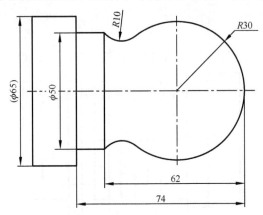

图 5-93 球面零件（单位：mm）

解：加工程序如下。

程序	注释
O0005;	主程序名
G21 G97 G99 G40;	程序初始化
T0101;	选择 1 号刀具（93° 外圆车刀），建立工件坐标系
M03 S800;	主轴正转，转速为 800r/min
G00 X66 Z2;	循环起始点
G94 X-1 Z0 F0.1;	车削端面
M98 P112000;	调用子程序 O2000，共调用 11 次
G00 X100 Z100;	刀具返回换刀点
M05;	主轴停止
M30;	主程序结束并返回开头
O2000;	子程序名
G01 U-6;	沿 X 轴负向进刀 3mm
Z0;	刀具移动至右端面
G03 U48 Z-48 R30 F0.2;	车削 R30 圆弧
G02 U2 Z-62 R10;	车削 R10 圆弧
G01Z-74;	车 ϕ50mm 的外圆
U16;	沿 X 轴正向退刀 8mm
G00 Z2;	刀具返回 Z2 位置
G01 U-66;	沿 X 轴负向进刀 33mm
M99;	子程序结束并返回到主程序

5.4.8 数控车削加工编程实例

试加工图 5-94 所示的复杂轴类零件。

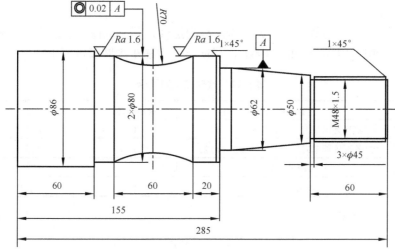

图 5-94　复杂轴类零件（单位：mm）

1）零件分析

该零件由外圆柱面、外圆锥面、圆弧面、倒角、退刀槽及螺纹组成，外形较为复杂，材料为 45 钢调质棒料，尺寸为 ϕ90mm×290mm。因为该零件较笨重，数控加工时需使用顶尖，所以可用普通车床首先完成 ϕ86mm 外圆及端面的加工，并且钻出中心孔，以便在数控车床中使用。数控加工时，选择工件右端面中心为工件坐标系原点。

2）确定工件的装夹方式

该零件为实心轴类零件，用普通车床完成其外圆加工后，转到数控车床加工时，可以使用普通三爪卡盘装夹 ϕ86mm 的外圆。同时顶尖顶紧工件右端面的中心孔，在一次装夹中完成右侧所有外形的加工。这样，可以保证 ϕ80mm 和 ϕ62mm 两个外圆的同轴度要求。

3）确定加工工序

该零件加工工序卡见表 5-11。

表 5-11　零件加工工序卡

零件名称	轴	数量/个		材料		45 钢
工序	名　称		工步及工艺要求	刀具号	主轴转速/（r/min）	进给速度/（mm/r）
1	下　料		ϕ90mm×290mm			
2	热处理		调质处理 HB220～250			
3	车削	1	车削两端面保证总长 285mm			
		2	钻中心孔			
		3	车削外圆至 ϕ86mm			
4	数控车削	1	粗车外轮廓	T01	650	0.3
		2	精车外轮廓	T02	800	0.15
		3	车削退刀槽	T03	400	0.15
		4	车削螺纹	T04	300	
5	检　验					

4）合理选择刀具

表 5-12 为该零件的数控加工刀具卡。因为工件外圆上有内凹的圆弧面，所以在粗/精车外圆时统一使用刀尖角为30°的尖刀，以防止车刀在车削圆弧过程中发生干涉。

表 5-12 数控加工刀具卡

刀具号	刀具规格名称	数量/把	加工内容
T01	93°菱形外圆车刀（刀尖角为30°，r0.4）	1	粗车外轮廓
T02	93°菱形外圆车刀（刀尖角为30°，r0.2）	1	精车外轮廓
T03	外切槽刀（3mm）	1	切削退刀槽
T04	60°外螺纹车刀	1	车削螺纹

5）编写加工程序

程序	注释
O0006;	程序号
N005 G21 G97 G99 G40;	程序初始化
N010 T0101;	选择 T01 号刀具，并调用 T01 号刀具偏置补偿
N015 M03 S650 M08;	主轴正转，转速为 650r/min，开启切削液开关
N020 G00 Z1;	刀具从纵轴快速进给到工件右端面
N025 X87;	刀具从横轴快速进给到工件附近
N030 G71 U2 R0.3;	背吃刀量为 2mm，退刀量为 0.3mm
N035 G71 P040 Q095 U0.5 W0.3 F0.3;	调用粗加工循环程序
N040 G00 X43.8;	刀具快速进给到切削位置
N045 G01 X47.8 Z-1 F0.15;	车削右端面倒角
N050 Z-60;	车削螺纹外圆
N055 X50;	车削第一个台阶面
N060 X62 Z-120;	车削锥面外圆
N065 Z-130;	车削 ϕ62mm 的外圆
N070 X80 C1;	车削第二个台阶面同时车倒角
N075 W-20;	车削右侧 ϕ80mm 的外圆
N080 G02 U0 W-60 R70 F0.15;	车削圆弧 R70mm
N085 G01 W-15 F0.15;	车削左侧 ϕ80mm 的外圆
N090 X86 C0.5;	车削第三个台阶面并倒角 0.5×45°
N095 Z-226;	车削 ϕ86mm 的外圆
N100 M09;	关闭切削液开关
N105 G00 X150;	从横轴快速退刀
N110 Z150;	从纵轴快速退刀
N115 M03 S800 T0202;	调整主轴转速，换精加工刀具
N120 G42 G00 Z1;	刀具从纵轴快速进给到工件右端面附近

N125 X87;	刀具从横轴快速进给到工件附近
N130 M08;	开启切削液开关
N135 G70 P040 Q095;	精加工循环
N140 M09;	关闭切削液开关
N145 G40 G00 X150;	从横轴快速退刀
N150 Z150;	从纵轴快速退刀
N155 M03 S400 T0303;	调整主轴转速，换切断刀具
N160 G00 Z-60;	从纵轴快速进给到退刀槽
N165 X52;	从横轴快速进给到退刀槽
N170 M08;	开启切削液开关
N175 G01 X45 F0.15;	车削退刀槽
N180 G00 X52;	从横轴快速退刀
N185 M09;	关闭切削液开关
N190 G00 X150 Z150;	快速退刀到换刀位置
N195 M03 S300 T0404;	调整主轴转速，换螺纹车刀
N200 G00 Z2;	从纵轴快速进给到螺纹外圆端面附近
N205 X50;	从横轴快速进给到螺纹外圆附近
N210 M08;	开启切削液开关
N215 G92 X47.2 Z-58.5 F1.5;	第一次螺纹切削循环
N220 X46.6;	第二次螺纹切削循环
N225 X46.2;	第三次螺纹切削循环
N230 X46.04;	第四次螺纹切削循环
N235 M09;	关闭切削液开关
N240 G00 X150;	从横轴快速退刀
N245 Z150;	从纵轴快速退刀
N250 M05 M30;	主轴停止，程序结束

思考与练习

5-1 简述数控编程的内容和步骤。

5-2 数控加工程序的编制方法有哪些？它们分别适用于什么场合？

5-3 如何确定数控机床坐标系和运动方向？

5-4 为什么要进行刀具补偿？刀具补偿的实现分为哪三大步骤？

5-5 什么是刀具长度补偿？刀具长度补偿的作用是什么？

5-6 根据图 5-95～图 5-100 所示的零件图（单位：mm）编写数控铣削加工程序。

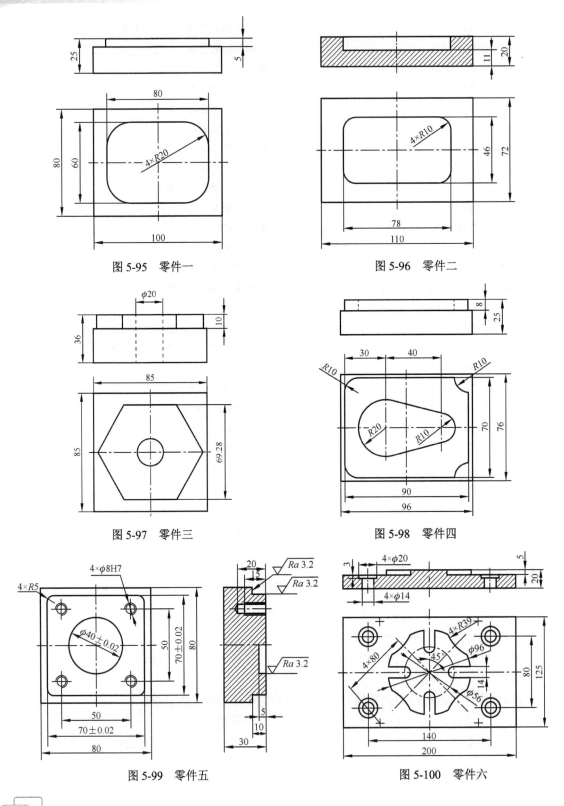

图 5-95　零件一

图 5-96　零件二

图 5-97　零件三

图 5-98　零件四

图 5-99　零件五

图 5-100　零件六

5-7　根据图 5-101～图 5-106 所示的轴类零件图（单位：mm）编写数控车削加工程序。

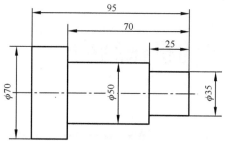

图 5-101　轴类零件一

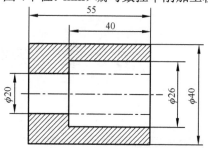

图 5-102　轴类零件二

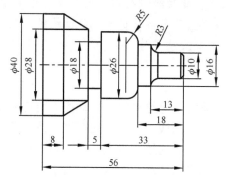

图 5-103　轴类零件三

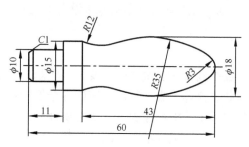

图 5-104　轴类零件四

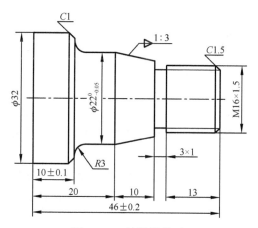

图 5-105　轴类零件五

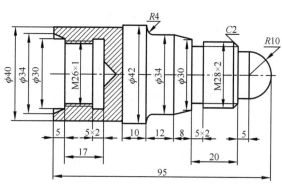

图 5-106　轴类零件六

第6章　数控机床的机械结构

教学要求

本章介绍数控机床机械结构的组成、特点及数控机床对机械结构的要求，阐述数控机床典型机械结构的特点和工作原理。通过本章的学习，了解数控机床机械结构的特点；掌握数控机床机械结构各部分的工作原理、结构要求及发展趋势。

数控机床的机械结构主要由机床基础件、主传动系统、进给系统、自动换刀装置和其他辅助装置等组成。数控机床的各个机械机构相互协调，组成一个复杂的机械系统，并且在数控系统的指令控制下，实现零件的切削加工。数控机床的控制方式、加工要求和使用特点等与普通机床不同，因此，数控机床与普通机床在机械传动和结构上有着十分显著的变化，在性能方面也提出了新的要求。

6.1　概　　述

6.1.1　数控机床机械结构的组成

数控机床的机械结构又称机床本体，是数控机床的主体部分，它主要由以下几部分组成：

（1）机床基础件（又称机床大件）。通常指床身、底座、立柱、滑座、导轨等，它们是整台机床的基础和框架，其功用是支撑机床本体的其他零部件，并保证这些零部件在工作时固定在基础件上。

（2）主传动系统。该系统包括动力源、传动部件及主运动执行件，如电动机、传动装置和主轴等。其功能是实现机床的主运动，将主电动机的原动力变为主轴上刀具的切削加工的切削力矩和切削速度，承受主切削力。

（3）进给系统。该系统包括动力源、传动部件及进给运动执行件——工作台、刀架等。其功能是实现进给运动，主要承担数控机床各坐标轴的定位和切削进给。

（4）辅助装置。此类装置包括回转工作台、液压机构、气动机构、润滑机构、冷却机构、防护机构和排屑机构等装置，用来实现某些部件动作和辅助功能。

（5）自动换刀装置。此类装置包括刀库、刀架和换刀机械手等，用于刀具存储和更换，减少换刀时间，提高生产效率。

（6）特殊功能装置。此类装置包括刀具破损检测、精度检测、测温和监控等装置，以实现某些特殊功能。

图 6-1 所示为 JCS-018A 型立式镗铣加工中心的外形。该机床可在一次装夹零件后，自动连续完成铣、钻、镗、铰、攻螺纹等加工。由于工序集中，因此显著提高了加工效率，也有利于保证各加工面之间的位置精度。该机床可以实现旋转主运动和 X、Y、Z 3 个坐标轴的直线进给运动，还可以实现自动换刀。

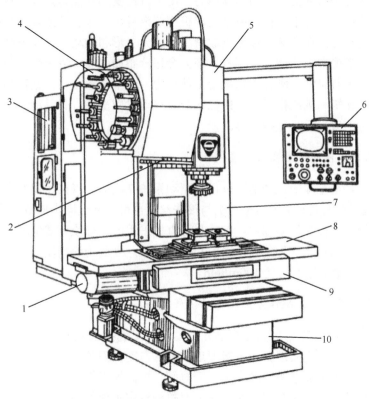

1—X 轴伺服电动机　2—换刀机械手　3—数控柜　4—盘式刀库
5—主轴箱　6—操作面板　7—驱动电控柜　8—工作台　9—滑座　10—床身

图 6-1　JCS-018A 型立式镗铣加工中心外形

在图 6-1 中，床身为机床的基础部件，交流变频调速电动机将运动经主轴箱 5 的传动件传给主轴，实现旋转主运动。3 个伺服电动机分别经滚珠丝杠副将运动传给工作台、滑座、主轴箱，实现 X、Y 坐标轴的进给运动和主轴箱沿立柱导轨（Z 坐标轴方向）的进给运动。盘式刀库可容纳 16 把刀具，由换刀机械手进行自动换刀。

6.1.2 数控机床机械结构的主要特点

数控机床的机械结构始终处在一个逐步发展变化的过程中，随着 CNC 技术、自动控制理论、液压、气动、计算机及信息处理等技术的飞速发展，以及对高精度和高效率的不断适应，数控机床的机械结构已得到很大改进。与普通机床相比，数控机床的机械结构具有以下自身特点。

1. 高刚度和高抗振性

机床的刚度是指机床在切削力和其他力作用下抵抗变形的能力，因为数控机床经常在高速和连续重载切削条件下工作，所以要求机床的床身、工作台、主轴、立柱、刀架等主要部件有很高的刚度，在高速、连续重载情况下应无变形和振动，以保证被加工工件的高精度和低表面粗糙度要求。例如，床身各部分合理分布加强筋，以承受重载与重切削力；工作台与拖板应具有足够的刚性，以承受工件重力，并平稳运行；主轴在高速下运转，应具有较高的径向转矩和轴向推力；立柱在床身上移动时应平稳，并且能承受大的切削力；刀架在切削加工中应平稳且无振动等。

2. 结构简单、传递精度高且速度快

数控机床上各坐标轴的运动是通过伺服驱动系统完成的，直接用伺服电动机与滚珠丝杠连接，带动运动部件运动，伺服电动机与滚珠丝杠也可以通过同步皮带副或齿轮副连接，不需要使用挂轮、光杆等传动部件，有的甚至直接采用电主轴或直线电动机、伺服电动机直接驱动，省去中间传动部件的系统误差和传动误差，因而传递精度高且速度快。一般速度可达 15m/min，最高速度可达 100m/min。

3. 可实现无级变速、操作方便和自动化程度高

数控机床多采用直流或交流控制单元驱动主轴或进给系统，按控制指令实现无级变速，一般通过一级齿轮副实现分段无级变速。配有自动换刀装置，有的采用多主轴、多刀架及带刀库的自动换刀装置等，减少了换刀时间，提高换刀效率。有的具有工作台交换装置，进一步缩短了辅助加工时间。在操作上，数控机床不像普通机床那样，需要操作人员通过手柄进行调整和变速，其操纵机构比普通机床简单得多，许多数控机床甚至没有手动机械操纵机构。此外，由于数控机床的大部分辅助动作都可以通过数控系统的辅助功能进行控制，因此常用的操作按钮也较普通机床少，自动化程度高。

4. 高灵敏度和高可靠性

数控机床作为一种高精度的机械加工装置，在加工过程中，要求运动部件具有高的灵敏度。例如，导轨部件采用滚动导轨、塑料导轨、静压导轨等，以减小摩擦力，在低速运动时无爬行现象。工作台、刀架等部件由电动机驱动，再经滚珠丝杠或静压丝杠带动，要求这些运动部件具有较高的灵敏度。为提高生产效率，要求数控机床能在高负荷下长时间

无故障地连续工作。例如，柔性制造系统中的数控机床可 24 小时运转，实现无人管理，因而要求机床部件和控制系统具有较高的可靠性。例如，对频繁动作的刀库、换刀机构、托盘、工件交换装置等部件，除了保证它们不出故障，还必须保证它们能长期而可靠地工作。

5. 高的精度保持性和良好的热稳定性

为保证数控机床在高速、强力切削下具有较高的精度，防止其在使用中出现变形和快速磨损现象，长期具有稳定的加工精度。数控机床在设计时，除了正确选择有关零件的材料，还要采取一些如淬火、磨削导轨、粘贴抗磨塑料导轨等工艺性措施，以提高运动部件的耐磨性，使其具有较高的精度保持性。

数控机床在高速、强力切削时，会在单位时间内产生大量的热量。如果这些热量不能及时有效的散发出去，会导致局部温度急剧变化，引起某些部件的热变形，影响加工精度。为防止加工过程中产生热变形，保证部件的运动精度，在设计机床时，一般对立柱采取双壁框式结构，使零件结构对称，防止因热变形而产生倾斜或偏移。为减少电动机和主轴轴承在运转中产生的热量，在电动机上安装散热装置和恒温式冷却装置。

6. 工艺复合化和功能集成化

工艺复合化是指一次装夹、多工序加工。例如，在加工中心上，工件经一次装夹，就可以对其进行钻、铣、镗、攻螺纹等多个工序的加工；又如，车削加工中心除了能加工内孔、外圆、端面，还可以在外圆、端面的任意位置进行钻、铣、镗、攻丝和曲面的加工。功能集成化是指数控机床的自动换刀机构和自动托盘交换装置的功能集成化。随着数控机床向柔性化和无人化发展，功能集成化的水平更高，包括工件自动装卸/自动定位、刀具的机内对刀/刀具破损监控/刀具使用寿命管理、机床与工件精度的自动测量和自动补偿等功能的集成化。

6.1.3　数控机床对机械结构的要求

数控机床相对于普通机床具有可加工复杂零件、高加工精度、高生产效率、对产品适应性强、高可靠性和高精度保持性、自动化程度高及操作方便等优点，也因此对其机械结构的设计和布局提出新的要求。

1. 高的静/动刚度及良好的抗振性

数控机床的切削速度相对较快，而且在加工过程中还要频繁地进行启动、停止和加/减速等动作，不可避免地产生较大的冲击和振动。在数控加工过程中又不允许人工调整，这不仅会影响工件的加工精度和表面质量，而且还会降低刀具使用寿命，影响生产效率，增加产品的制造成本。因此，要求数控机床的机械结构具有较高的动/静刚度和良好的抗振性。

2. 良好的热稳定性

机床在高速切削过程中，其动力源（油泵、电动机等）、切削区域和运动部件结合面之间会产生大量的热量。如果不能及时将这些热量散发就会导致温度升高，就使各个部件发生不同程度的热变形，破坏工件与刀具之间的相对位置关系，从而影响工件的加工精度（见图 6-2）。对于高速数控机床来说，热变形的影响更为突出。一方面，工艺过程的自动化及精密加工的发展，对数控机床的加工精度和精度的稳定性提出了越来越高的要求；另一方面，数控机床的主轴转速、进给速度及切削用量等也大于普通机床的切削用量，而且常常处于长时间连续加工状态，产生的热量也多于传统机床。为减小热变形的影响，常常要花费很长的时间预热数控机床，严重影响了生产效率。因此应保证数控机床的机械结构具有良好的热稳定性，以减小热变形对加工精度的影响。

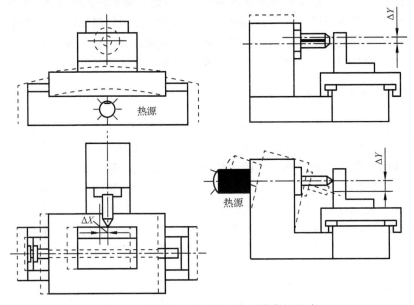

图 6-2　数控机床热变形对加工精度的影响

3. 高的运动精度和低速运动的平稳性

数控机床进给系统的一个特点是无间隙传动。由于加工的需要，数控机床各坐标轴的运动都是双向的，各传动元件的间隙无疑会影响数控机床的定位精度及重复定位精度，因此，必须采取措施消除进给系统中的间隙，如齿轮副、丝杠螺母副的间隙。

4. 具有良好的操作性和安全防护性能

数控机床是一种高精度、高效率的机械加工设备，加工过程中工件的装卸比普通机床上频繁。目前，已有许多数控机床采用多主轴、多刀架及自动换刀等装置，特别是加工中心可完成多工序的加工，节省大量工件装夹和换刀时间，其方便、舒适的操作性能已成为使用者普遍关注的问题，在设计时应该考虑这一点。另外，数控机床上的高速运动部件较多，动作复杂，因此要求数控机床具有可靠的动作互锁、安全防护性能。数控机床一般有高压、大流量的冷却系统，在切削过程中大量的切削液被高速喷射在切削区域，为防止切屑、切削液飞溅，数控机床也要求设置防护装置，以增强其安全防护性能。

6.2 数控机床整体布局

数控机床的整体布局是指确定机床的组成部件及其在整台机床中的配置，保证工件和刀具的相对运动和加工精度，便于操作、调整和维修。合理的布局，不但可以使机床满足数控化的要求，而且能够使机床的结构更加简单和经济。当前对大多数数控机床都采用机电液一体化的布局方式，全封闭或半封闭式防护。随着数控技术和电子技术的不断发展，尤其是近几年来高速加工中心的出现，使现代数控机床的机械结构得到了很大的简化，其整体结构变化很大，形式灵活多样，出现了许多独特的结构，使数控机床的制造、维护更加方便，更易于实现计算机辅助设计、制造和全面自动化管理。

数控机床的整体布局直接影响其结构和使用性能，主要包括确定数控机床各主要运动部件之间的相对运动和相对位置关系，布局方式主要取决于被加工零件的结构类型和加工工艺。

6.2.1 数控车床的布局

数控车床主要用于对各种形状不同的轴类或盘类回转表面进行车削加工。由数控车床加工的零件尺寸精度可达 IT5～IT6，表面粗糙度可达 $Ra1.6\mu m$ 以下。数控车床一般由车床主机、数控系统、伺服驱动系统、辅助装置等部分组成。

从总体上看，与普通车床相比，数控车床仍然由床身、主轴箱、刀架、进给系统、液压系统、冷却系统、润滑系统等部分组成。但由于数控车床采用了数控系统，因此它与普通车床在结构上存在着本质的差别。数控车床的主轴、尾座等部件相对于床身的布局方式与普通机床基本一致，而刀架和导轨的布局方式发生了根本的变化，这是因为刀架和导轨的布局方式直接影响数控车床的使用性能及及其结构和外观。

1. 床身和导轨的布局

按床身布局方式划分，数控车床的床身主要有水平床身、斜床身、平床身斜滑板和立式床身，这些床身布局方式决定了相应的导轨布局方式，如图 6-3 所示。

（1）水平床身/导轨如图 6-3（a）所示，该结构类型为水平床身配置水平滑板，其刀架水平放置，有利于提高刀架的运动精度，工艺性好，部件精度较容易保证，便于导轨面的加工。这种结构的床身和工件重力产生的变形方向竖直向下，和刀具运动方向垂直，对加工精度影响较小，但是床身下部空间小，排屑困难。从结构尺寸来看，刀架水平放置使得滑板横向尺寸较大，从而加大了数机床宽度方向的结构尺寸。一般情况下，大型数控车床或小型精密数控车床采用这种布局方式。

（2）斜床身/导轨如图6-3（b）所示，该结构类型为斜床身配置斜滑板，这种结构的导轨倾斜角度多为30°、45°、60°、和75°。导轨倾斜角度的大小直接影响数控机床高度和宽度的比例，倾斜角度小，排屑不便；倾斜角度大，导轨的导向性及受力情况差。采用这种布局方式的数控车床在同等条件下，观察角度好，调整工件比较方便，不仅能改善受力情况，还可以通过整体封闭式截面设计，提高床身的刚度。性能要求较高的中、小规格的数控车床常采用这种布局方式，其床身的倾斜角度以60°为宜。

（3）平床身斜滑板（斜导轨）如图6-3（c）所示，采用这种布局方式的床身水平放置，滑板倾斜放置。这种结构通常配置倾斜的导轨防护罩。一方面具有水平床身工艺性好的特点，另一方面机床宽度比水平布局滑板的宽度小，并且排屑方便。一般中、小型数控车床普遍采用这种布局方式。

（4）立式床身/导轨如图6-3（d）所示，这种床身配置90°的滑板，即导轨倾斜角度为90°。采用这种布局方式的数控车床的切屑可自由落下，排屑性能最好，受切屑产生的热量影响较小，导轨防护也较容易；但受自身重力的影响较大，需要增加平衡机构，而且床身产生的变形方向正好沿着运动方向，对精度影响较大。因此，这种布局方式较少使用。

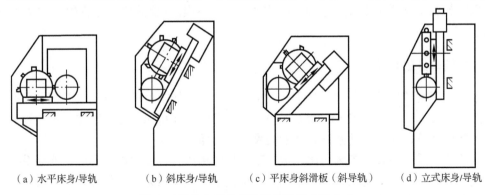

（a）水平床身/导轨　　　（b）斜床身/导轨　　　（c）平床身斜滑板（斜导轨）　　　（d）立式床身/导轨

图6-3　数控车床的床身和导轨的布局方式

2. 刀架的布局

数控车床使用的刀架是最简单的自动换刀装置，它用于安装各种切削加工工具和自动换刀，必须具有良好的强度、刚度和较高的定位精度，以便承受大的切削力和保证回转刀架在每次转位时的重复定位精度，其结构和布局方式对数控机床的整体布局及工作性能影响很大。

刀架作为数控车床的重要部件，其结构形式很多，可分为转塔式刀架和排刀式刀架两大类。转塔式刀架是应用比较多的一种刀架形式，它通过转塔头的旋转、分度、定位实现数控机床的自动换刀工作。转塔式刀架有两种形式，一种是回转轴线垂直于主轴，如图6-4（a）所示的立式回转刀架，它一般有四工位和六工位，主要用于简易型数控车床；另一种是回转轴与主轴平行，如图6-4（b）所示的卧式回转刀架，有六工位、八工位、十二工位等，可正、反方向旋转，就近选刀，这种刀架用于全功能型数控车床。图6-4（c）所示为排刀式刀架，这种刀架在刀具布置和机床调整等方面都较为方便；刀具通过刀夹安装在横向滑板上，可以根据具体工件的车削工艺要求，任意组合各种不同用途的刀具；换刀迅速，有利于提高机床的生产效率。这种刀架适用于短轴或套类零件的加工，主要用于小型数控车床。

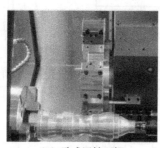

（a）立式回转刀架　　　　　　　（b）卧式回转刀架　　　　　　　（c）排刀式刀架

图6-4　数控车床的刀架结构形式

6.2.2　数控铣床的布局

数控铣床是一种用途广泛的机床，因为数控铣削是机械加工中最常用和最主要的数控加工方法之一。数控铣床除了可以加工各种平面、沟槽、螺旋槽、成形表面和孔，还能加工变斜角类零件、曲面类零件和空间复杂型面等，适用于加工各种模具、凸轮、板类及箱体类零件。和传统的通用铣床一样，数控铣床也分为立式数控铣床和卧式数控铣床两种。

数控铣床加工工件时，刀具或工件作相对运动，以此方式加工一定形状的工件表面，并且由相应的执行部件及一些必要的辅助运动部件完成这些运动。因为被加工工件所需要的运动仅仅是相对运动，所以对部件的运动分配可以有多种方案。根据工件的质量和尺寸的不同，数控铣床有4种整体布局方式，如图6-5所示。

布局方式一如图6-5（a）所示，即工作台升降式数控铣床的总体布局方式。加工时由该铣床的工作台带动工件完成 X、Y 轴两个方向的运动，由升降台完成 Z 轴方向的运动，主要用来加工较轻的工件。

当加工件较重或尺寸较高时，由升降台带着工件作垂直方向的进给运动，会增加加工过程的不稳定性。此时，由铣头带着刀具完成竖直方向（Z 轴方向）的进给运动，即如图6-5（b）所示的布局方式二。在这种布局方式下，工件在 X、Y 轴两个方向的进给运动由工作台完成，Z 轴方向的进给运动则由铣刀的自身运动完成，铣床的尺寸参数（加工尺寸范围）可以取得大一些。

布局方式三如图6-5（c）所示，即龙门式数控铣床的总体布局方式。在这种布局方式下，加工时工作台载着工件作一个方向上的进给运动，其他两个方向的进给运动由多个刀架在立柱和横梁上的移动完成。这样的布局方式不仅适用于质量大的工件加工，而且由于增加了铣削刀具，因此极大地提高了生产效率。

布局方式四如图6-5（d）所示，即加工特大、特重型零件时采用的一种数控铣床的整体布局方式。在这种布局方式下，加工时工件不作进给运动，全部进给运动均由铣头的运动完成。

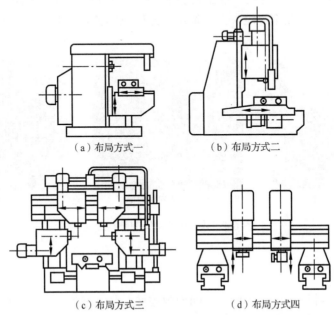

（a）布局方式一   （b）布局方式二

（c）布局方式三   （d）布局方式四

图6-5 数控铣床的4种整体布局

6.2.3 加工中心的布局

加工中心又称多工序自动换刀数控机床，它是在数控铣床的基础上配置刀库及自动换刀装置或多个工作台，能够实现自动选择和更换刀具，是一种由计算机控制的、集数控铣床、数控镗床、数控钻床的功能于一体的高效率的加工机床。工件在一次装夹后，加工中心根据加工需要，可以进行多个工序的加工，极大地减少了工件的装夹、测量和机床调整的时间，同时也减少了各工序之间的工件周转、搬运和存放时间，缩短了生产周期，极大地提高了生产效率。这种布局方式适用于被加工零件形状比较复杂、精度要求较高、产品更换频繁的中小批量生产。加工中心的总体布局方式随卧式和立式、工作台进给运动和主轴箱进给运动的不同而不同。但从总体上看，都是由基础部件、主轴部件、数控系统、自动换刀/交换托盘系统和辅助系统几大部分构成的。

1. 卧式加工中心

卧式加工中心是指主轴的轴线水平设置的加工中心，它有多种形式，如立柱固定的卧式加工中心和工作台固定的卧式加工中心，如图6-6所示。

（a）立柱固定的卧式加工中心　　　　　　　　（b）工作台固定的卧式加工中心

图 6-6　卧式加工中心

立柱固定的卧式加工中心的主轴箱沿立柱作上下运动，而工作台可在水平面内沿前后、左右移动。工作台固定的卧式加工中心由主轴箱和立柱的移动实现沿 X、Y、Z 轴 3 个方向的直线运动。卧式加工中心一般具有 3～5 个运动坐标轴，常见的是 3 个直线运动坐标轴（沿 X、Y、Z 轴方向）加 1 个回转运动坐标轴（回转工作台）。工件在一次装夹后该卧式中心就可完成除了安装面和顶面的其余 4 个面的加工，适用于箱体类工件的加工。与立式加工中心相比较，卧式加工中心的结构复杂、占地面积大、质量大、价格也较高。

2. 立式加工中心

立式加工中心（见图 6-7）是指主轴的轴线竖直设置的加工中心，其结构形式多为固定立柱式，工作台为长方形，无分度回转功能，具有 3 个直线运动坐标轴，并且可在工作台上安装一个水平轴的数控回转台（第 4 轴），用于加工螺旋线类零件。立式加工中心主要适用于加工盘、套、板类零件。与卧式加工中心相比，立式加工中心的结构简单、占地面积小、装夹方便、价格便宜、易于观察加工情况。

图 6-7　立式加工中心

3．龙门式加工中心

龙门式加工中心（见图 6-8）结构与龙门式数控铣床结构相似，主轴多为垂直设置，带有自动换刀装置和可更换的主轴头附件，能够一机多用。龙门式加工中心具有结构刚性好、容易实现热对称性设计，尤其适用于加工大型或形状复杂的工件，如航天工业及大型汽轮机上的某些零件的加工。

图 6-8　龙门式加工中心

4．万能加工中心

万能加工中心（见图 6-9）又称五面加工中心，具有立式加工中心和卧式加工中心的功能。工件一次装夹后，万能加工中心就能完成除了安装面的所有侧面和顶面的加工。常见的万能加工中心有主轴可作 90°的旋转和工作台可以带着工件作 90°的旋转两种形式，既可以像立式加工中心那样工作，也可以像卧式加工中心那样工作，完成对工件五个表面的加工。万能加工中心主要适用于加工复杂外形、复杂曲线的小型工件，如螺旋桨叶片及各种复杂模具。但是万能加工中心存在着结构复杂、造价高、占地面积大等缺点，在使用和生产中的数量上不如其他类型的加工中心。

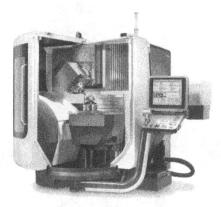

图 6-9　万能加工中心

5. 虚轴加工中心

虚轴加工中心（见图 6-10）又称并联机床，它是空间机构学、机械制造、数控技术、计算机与仿真和 CAD/CAM 技术的高度交叉与集成的高科技产品。虚轴加工中心普遍采用 Stewart 平台及其变形机构，完全改变了普通机床的结构，抛弃了固定导轨的刀具导向方式，采用多杆并联机构驱动。通过连杆的运动，实现主轴多自由度的运动，可广泛用于叶片、叶轮、螺旋推进器和模具等各种空间复杂曲面的加工。由于采用 Stewart 平台及其变形机构，因此大大提高了机床的刚度，促使加工速度和加工质量显著提高。又由于这种机床具有高刚度、高承载能力、高速度、高精度、质量小、机械结构简单、标准化程度高和模块化程度高等优点，因此在要求精密加工的航空、航天、兵器、船舶、电子等领域得到了成功的应用。并联机床被认为是 20 世纪最具有革命性的机床设计的突破，代表了 21 世纪机床发展的方向。

图 6-10　虚轴加工中心

6.3　数控机床的主传动系统

6.3.1　数控机床对主传动系统的要求

数控机床的主传动系统是指驱动主轴运动的系统。主轴是数控机床上带动刀具或工件旋转而产生切削运动的轴，它是数控机床上消耗功率最大的运动轴。数控机床的工艺范围很宽，针对不同的机床类型和加工工艺特点，数控机床对其主传动系统提出了更高的要求。

（1）主轴高转速、宽调速范围和无级调速。为满足各种工况下的切削，数控机床在加工时应选用合理的切削用量，从而保证加工精度、表面质量及高的生产效率，因而必须具有较大的调速范围。对于加工中心，为了适应各种刀具、各种材料的加工，它对主轴的调速范围要求更高，主轴的调速范围还应进一步扩大，以便满足数控机床进行大功率切削和高速切削，实现高效率。

（2）较高的精度与刚度、传动平稳、低噪声。数控机床的加工精度与主传动系统的刚度密切相关。为此，应提高传动元件的制造精度与刚度。例如，对齿轮齿面采用高频感应加热淬火工艺，以增加其耐磨性；采用高精度的轴承及合理的跨距提高主轴组件的刚性。在一次装夹好工件后，数控机床要完成工件的全部或绝大部分的切削加工，包括粗加工和精加工。在加工过程中数控机床是在程序控制下自动运行的，更需要良好的主轴部件刚度并且要求精度有较大余量，从而保证数控机床在使用过程中的可靠性。

（3）高的抗振性和良好的热稳定性。数控机床一般要同时承担粗加工和精加工任务，在加工过程中需要频繁地启动、停止和改变运动方向，并且在加工时可能会出现断续切削、加工余量不均匀、运动部件不平衡以及切削过程中的自激振动等现象，造成主轴振动，影响加工精度和表面质量。因此，主传动系统中的主要零部件不但要具有一定的静刚度，而且要具有良好的抗振性。此外，在切削加工过程中，主传动系统的发热往往使零部件产生热变形，降低传动效率，破坏零部件之间的相对位置精度和运动精度，造成加工误差。为此，要求主轴部件具有较高的热稳定性，通常要求主轴部件保持合适的配合间隙，并采用循环润滑等措施。

（4）能实现刀具的快速自动装卸。在自动换刀的数控机床中，主轴应能准确地停在某一固定位置，以便在该处进行换刀等动作，这就要求主轴实现定向准停控制。此外，为实现主轴快速自动换刀功能，主传动系统必须具有刀具的自动夹紧机构。

（5）控制功能的多样化。为使数控车床具有车削螺纹的功能，要对其主轴与进给运动实施同步控制，并且在主轴上安装脉冲编码器。为扩大车削中心的工艺范围，要求其主轴具有 C 轴控制功能，因此，还需要在其主轴上安装位置检测装置，以便实现对主轴位置的控制。

6.3.2 主传动系统的传动方式

为适应不同的加工要求及数控机床自动调速的要求数控机床主传动系统的传动方式有四种，如图 6-11 所示。其中，图 6-11（a）为二级齿轮变速传动方式，图 6-11（b）为定比传动带传动方式，图 6-11（c）为电动机与主轴直连的传动方式，图 6-11（d）为电主轴传动方式。

1）带有变速齿轮的主传动

齿轮变速主轴箱如图 6-12 所示，它采用无级变速交/直流电动机输出动力，通过几对齿轮传动变速，实现分段无级变速，确保低速大转矩，以满足主轴对输出转矩特性的要求，同时增大主轴的调速范围。这种传动方式下的齿轮变速机构的结构、原理和普通机床相同，常采用液压拨叉、电磁离合器、液压或气动装置带动齿轮滑移，实现传动，但会导致主轴箱结构复杂、成本较高，并且容易引起振动和噪声。这种传动方式多用于大中型数控机床。

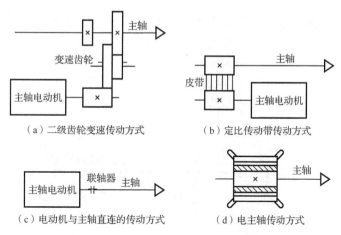

（a）二级齿轮变速传动方式　　　　（b）定比传动带传动方式

（c）电动机与主轴直连的传动方式　　　（d）电主轴传动方式

图 6-11　主传动系统的 4 种传动方式

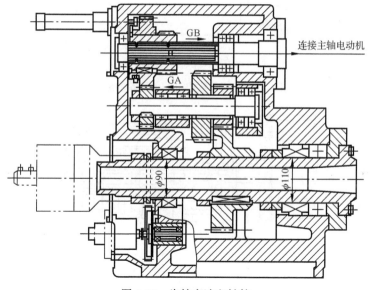

图 6-12　齿轮变速主轴箱

2）经过一级变速的主传动

一般采用 V 带或同步带实现一级变速，其优点是结构简单、安装调试方便，可以避免齿轮传动引起的振动和噪声，并且在一定程度上能够满足转速与转矩输出要求。但其主轴调速范围和电动机一样，受电动机调速范围的约束，只能适用于低转矩特性要求的主轴和转速较高、变速范围不大的数控机床上。图 6-13 所示为某型号数控机床主轴箱的展开图。

3）电动机与主轴直连的主传动

电动机与主轴直连的主传动如图 6-14 所示，其中主轴电动机的输出轴通过精密联轴器直接与主轴相连（简称直连），这种传动方式的优点是简化了传动系统结构，使结构更紧凑，有效提高了主轴部件的刚度、响应速度，减少了功率损失，提高了传动效率。但主轴的输出功率、转矩和功率调速范围决定于电动机本身，主轴转矩的变化及转矩的输出特性和电动机的输出特性不一致，因而在使用上受到一定限制。

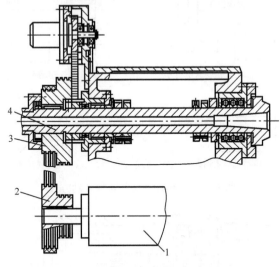

1—电动机 2，3—皮带轮 4—主轴

图 6-13　某型号数控机床主轴箱的展开图

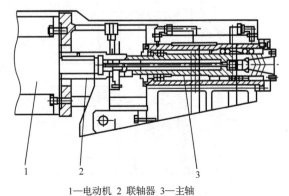

1—电动机 2 联轴器 3—主轴

图 6-14　电动机与主轴直连的主传动

4）电主轴

电主轴是指将变频电动机和数控机床主轴作为一体的结构形式，即将数控机床主轴零件通过过盈配合与变频电动机的空心转子套装在一起，带有冷却套的定子装配在主轴单元的壳体内，直接与数控机床相连，成为一种集成式电动机主轴。电主轴结构原理如图6-15所示，其中主轴部件结构紧凑、质量小、惯量小，可提高电动机启动和停止时的响应特性，有利于控制振动和噪声；缺点是制造和维护困难且成本较高。由于电动机运转产生的热量直接影响主轴，主轴的热变形严重影响机床的加工精度，因此合理选用主轴轴承及润滑/冷却装置十分重要。这些装置通常作为现代机电一体化的功能部件，装备在高速数控机床上。

根据电主轴和主轴轴承相对位置的不同，数控机床上的高速电主轴有两种安装形式：

（1）主轴电动机置于主轴的前、后轴承之间。这种方式的优点：主轴单元的轴向尺寸较短，主轴刚度高，较适用于中大型高速加工中心。目前，大多数加工中心都采用这种安装形式。

（2）主轴电动机置于主轴的后轴承之后，即把主轴箱和主轴电动机安装在同一轴上（有的用联轴器）。这种安装方式有利于减小电主轴前端的径向尺寸，电动机的散热条件也较好。但整个主轴单元的轴向尺寸较大。因此，这种安装方式常用于小型高速数控机床，尤其适用于模具型腔的高速精密加工。

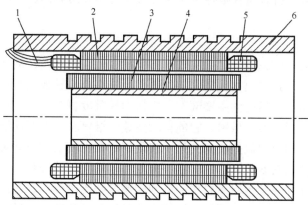

1—引出线　2—定子　3—转子　4—套筒　5—绕组　6—冷却套

图 6-15　电主轴结构原理

虽然电主轴外形各不相同，但其实质都是一个转子中空的电动机。这类电动机外壳上有用于强制冷却的水槽，套筒用于直接安装各种数控机床主轴，从而取消了从主轴电动机到主轴之间的机械传动环节（如传动带、齿轮、离合器等），实现了主轴电动机与数控机床主轴的一体化，使数控机床的主传动系统实现了"零传动"。如图 6-16 所示为瑞士 Step-Tec 公司生产的电主轴内部结构。

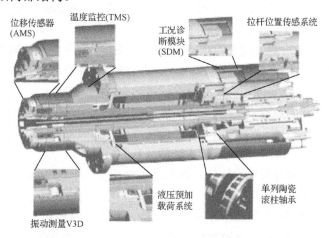

图 6-16　瑞士 Step-Tec 公司生产的电主轴内部结构

采用电主轴的主轴部件传动方式有以下特点：

（1）机械结构较简单，转动惯量小，因而快速响应性好，能实现极高的速度、加/减速度和定角度的快速准停（C 轴控制）。

（2）采用交流变频调速或磁场矢量控制的交流主轴驱动装置，输出功率大，调速范围宽，并有比较理想的转矩功率特性。

（3）可以实现主轴部件的单元化。电主轴可被独立做成标准功能部件，并由专业厂商进行系列化生产。机床生产厂商只需根据用户的不同要求进行选用，可很方便地组成各种性能的高速数控机床，符合现代数控机床设计模块化的发展方向。

6.3.3　主轴部件

作为数控机床的一个关键部件，主轴部件包括主轴、轴承、传动元件、刀具或工件的装夹装置、主轴上的密封件及其他辅助部件等，用来夹持刀具或工件产生切削运动。主轴部件是影响数控机床加工精度的主要部件，它的回转精度直接影响工件的加工精度，它的功率大小与回转速度影响加工效率，它的自动变速、准停和换刀等功能影响数控机床的自动化程度。尤其是自动换刀数控机床，为了实现刀具在主轴上的自动装卸与夹紧，这类机床还必须有刀具的自动夹紧装置、主轴准停装置和主轴孔的清理装置等。

数控机床主轴部件应满足以下要求：高回转精度和高刚度、良好的抗振性、耐磨性和热稳定性等。此外，在结构上必须很好地解决刀具和工具的装夹、轴承的配置、轴承间隙调整和润滑液密封等问题。

1．主轴

1）主轴端部结构形式

数控机床主轴端部用于安装刀具或夹持工件，在设计上应能保证定位准确、安装可靠、装卸方便等要求，并具有足够的强度和刚度，能传递足够的转矩。数控机床主轴端部的结构形状都已标准化，图 6-17 所示为数控机床主轴端部的 3 种结构形式。

图 6-17（a）为数控车床主轴端部的结构形式，卡盘依靠前端的短圆锥面和凸缘端面定位，用拔销传递转矩，卡盘装有固定螺栓，卡盘装于主轴端部时，螺栓从凸缘上的孔中穿过，转动快卸卡板将数个螺栓同时卡住，再拧紧螺母将卡盘固定在主轴端部。主轴空心前端有莫氏锥度孔，用以安装顶尖或心轴。

图 6-17（b）所示为数控铣/镗床主轴端部的结构形式，主轴前端有锥度为 7∶24 的锥孔，用于装夹铣刀柄或刀杆。主轴端面有一个端面键，既可通过它传递刀具的转矩，又可把它用于刀具的周向定位，并用拉杆从主轴后端拉紧。

图 6-17（c）所示为外圆磨床砂轮主轴端部的结构形式。

2）数控车床主轴

图 6-18 所示为 MJ-50 型数控车床主轴箱结构，其工作原理如下：

交流主轴电动机通过带轮 15 把运动传给主轴 7。主轴有两个支承，前支承由一个圆锥孔双列圆柱滚子轴承 11 和一对角接触球轴承 10 组成，圆锥孔双列圆柱滚子轴承 11 用来承受径向载荷；一对角接触球轴承中的一个大口向外（朝向主轴前端），另一个大口向里（朝向主轴后端），用来承受双向的轴向载荷和径向载荷。前支承轴的间隙用螺母 8 支撑。螺钉 12 用来防止螺母 8 松动。主轴的后支承为圆锥孔双列圆柱滚子轴承 14，轴承间隙由螺母 1 和螺母 6 调整。螺钉 17 和螺钉 13 用于防止螺母 1 和螺母 6 松动。主轴的支撑方式为前端定位，受热膨胀向后伸长。前/后支承所用圆锥孔双列圆柱滚子轴承的刚性好，允许的极限转速高。前支承中的角接触球轴承能承受较大的轴向载荷，并且允许的极限转速高。主轴所采用的支撑结构适合低速大载荷的需要。主轴的运动经过同步带轮 16、同步带轮 3 及同步带 2 带动脉冲编码器 4，使其与主轴同速运转。脉冲编码器用螺钉 5 固定在主轴箱体 9 上。

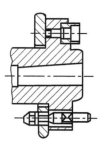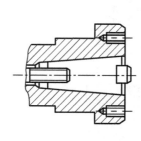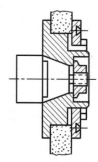

（a）数控车床主轴端部的结构形式　　（b）数控铣/镗床主轴端部的结构形式　　（c）外圆磨床砂轮主轴端部的结构形式

图 6-17　数控机床主轴端部的 3 种结构形式

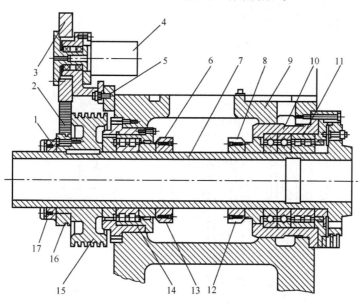

1，6，8—螺母　2—同步带　3，16—同步带轮　4—脉冲编码器　5，12，13，17—螺钉　7—主轴　9—主轴箱体
10—角接触球轴承　11，14—圆锥孔双列圆柱滚子轴承　15—带轮

图 6-18　MJ-50 型数控车床主轴箱结构

3）加工中心主轴

图 6-19 所示为某型号立式加工中心的主轴部件及其刀具自动夹紧机构原理。采用电动机经带传动直接驱动主轴的结构形式，带传动采用两级塔轮带结构。主轴的前/后支承采用高精度的角接触球轴承，组合使用，以承受径向载荷和轴向载荷。这种配置可以使主轴获得较高的速度，同时也保证主轴的回转精度和刚度。

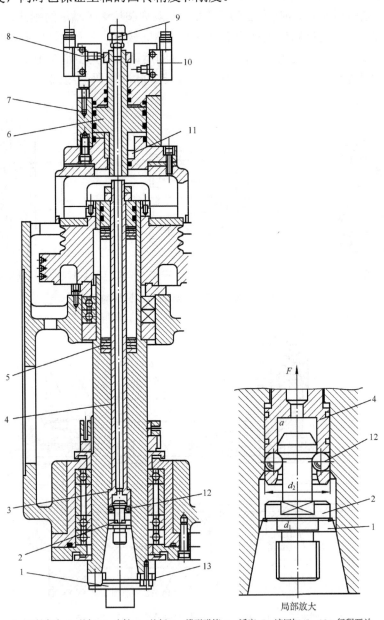

1—刀具夹头 2—拉钉 3—主轴 4—拉杆 5—蝶形弹簧 6—活塞 7—液压缸 8，10—行程开关
9—管接头 11—弹簧 12—钢球 13—端面键

图 6-19 某型号立式加工中心的主轴部件及其刀具自动夹紧机构原理

其工作过程如下:

刀具自动夹紧机构安装在主轴 3 内部,该夹紧机构由拉杆 4、蝶形弹簧 5、活塞 6 及钢球 12 组成。刀具安装在主轴 3 的锥孔中,在刀具夹头锥柄尾部装有拉钉 2,该拉钉用于夹紧刀具。端面键 13 用来定位刀具和传递转矩。图 6-18 中所示为夹紧状态,当要松开刀具时,液压缸 7 的上腔进油,活塞 6 下移,进而推动拉杆 4 向下移动,同时蝶形弹簧 5 被压缩。当钢球 12 随拉杆 4 一起下移至主轴孔径较大处时,就松开拉钉 2,紧接着拉杆前段内孔的台肩端面碰到拉钉,顶松刀具。行程开关 10 发出信号,取出刀具,同时压缩空气由管接头 9 通过活塞杆和拉杆 4 中的孔吹入主轴的锥孔,清除切屑和污染物,以保证刀具的装夹精度。装入刀具之后,液压缸上腔回油,活塞 6 在其下端弹簧 11 的作用下上移,同时拉杆 4 在蝶形弹簧 5 的作用下也向上移动。此时,安装在拉杆 4 前段径向孔中的 4 个钢球 12 进入主轴孔径较小处,钢球 12 被迫收拢卡紧在拉钉 2 的环形槽内,刀杆被拉杆拉紧,使刀具夹头的外锥面与主轴锥孔的内锥面相互压紧,实现刀具在主轴上的夹紧。刀具夹紧后,行程开关 8 发出信号。刀具夹紧机构采用蝶形弹簧夹紧,采用液压放松,可以保证在工作中,即使突然停电,刀具也不会自行脱落。

4)主轴内的切屑清除装置

如果主轴锥孔中有切屑、灰尘或其他污物,在拉紧刀杆时,主轴锥孔表面和刀杆的锥柄就会被划伤,甚至会使刀杆发生偏斜,破坏了刀杆的正确定位,影响零件的加工精度,甚至会使零件超差报废。为了保持主轴锥孔的清洁,在换刀过程中需要及时清除主轴锥孔内的灰尘和切屑,常采用压缩空气吹屑。在换刀过程中,活塞 6 推动拉杆 4 松开刀柄时,压缩空气由喷气头经过活塞中心孔和拉杆中的孔吹出,将锥孔清理干净,防止主轴锥孔中掉入切屑和灰尘,把主轴孔表面和刀杆的锥柄划伤,保证刀具的正确位置。为了提高吹屑效率,喷气小孔要有合理的喷射角度,并均匀布置。

2. 主轴部件的支承

数控机床主轴部件的支承是指用来支撑主轴部件的不同种类的轴承组合及配置。数控机床主轴带着刀具或夹具在回转运动时,应保证必要的旋转精度、传递切削转矩并承受切削抗力。主轴轴承作为主轴部件的重要组成部分,它的类型、结构、配置、精度、安装、润滑和冷却都直接影响主轴的工作性能。不同规格、精度的机床采用不同的主轴轴承,多采用滚动轴承作为主轴部件的支承。对精度要求高的主轴,则采用动压或静压滑动轴承作为支承。对一般中小型数控机床的主轴部件,多采用成组的高精度滚动轴承;对重型数控机床,采用液体静压轴承;对高精度数控机床,采用气体静压轴承;对转速高达 20 000～100 000r/min 的主轴,采用磁力轴承或氮化硅材料的陶瓷滚珠轴承。

1)主轴轴承的类型

(1)滚动轴承。滚动轴承具有摩擦系数小、能够预紧、润滑维护简单、在一定的转速范围和载荷变动范围内能稳定地工作等优点。对一般数控机床的主轴轴承,可以选择滚动轴承，特别是立式主轴和装在套筒内能作轴向移动的主轴。为了适应主轴高速发展的趋势，对滚动轴承的滚珠，也可采用陶瓷滚珠。图 6-20 所示为常用的 4 种主轴滚动轴承。

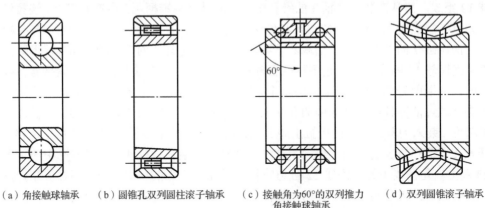

（a）角接触球轴承　　（b）圆锥孔双列圆柱滚子轴承　　（c）接触角为60°的双列推力　　（d）双列圆锥滚子轴承
　　　　　　　　　　　　　　　　　　　　　　　　　　　　　角接触球轴承

图 6-20　常用的 4 种主轴滚动轴承

图 6-20（a）所示为角接触球轴承。这种轴承常由两个或更多个轴承组合而成，能承受径向、双向轴向载荷。组合使用能满足刚度要求，并能方便地消除轴向和径向间隙，对其预紧。这种轴承所允许的主轴最大转速较大。

图 6-20（b）所示为圆锥孔双列圆柱滚子轴承。这种轴承能承受径向载荷，内圈为锥孔。当内圈沿锥形轴颈沿轴向移动时，内圈胀大，以调整轴承滚道的间隙。因滚子数目多且两列滚子交错排列，承载能力大、刚性好、允许的转速高。但内、外圈均较薄，对主轴颈与箱体孔的制造精度要求较高，以免轴颈与箱体孔的形状误差使轴承滚道发生畸变而影响主轴的旋转精度。

图 6-20（c）所示为接触角为 60°的双列推力角接触球轴承。这类轴承一般与圆锥孔双列圆柱滚子轴承配套，用作主轴的前支承，其外圈的外径为负偏差，只能承受轴向载荷。磨薄中间隔套可以调整间隙或预紧，轴向刚度较高，允许的转速高。

图 6-20（d）所示为双列圆锥滚子轴承。这种轴承有一个公用的外圈和两个内圈，由外圈的凸肩在箱体上进行轴向定位。磨薄中间隔套可以调整间隙或预紧，两列滚子的数目相差一个，使振动频率不一致，能明显改善轴承的动态特性。这种轴承能同时承受径向和轴向载荷，通常用作主轴的前支承。

（2）滑动轴承。滑动轴承分成很多种类，如液体润滑滑动轴承、气体润滑滑动轴承、无润滑滑动轴承等。数控机床中常用的是液体润滑滑动轴承，液体润滑滑动轴承分为动压滑动轴承和静压滑动轴承，其中静压滑动轴承应用较广。静压滑动轴承的油膜压强由液压缸从外界供给，与主轴的转动情况、转速的高低无关（忽略旋转时的动压效应），即它的承载能力不随转速而变化，而且无磨损。数控机床启动和运转时的摩擦阻力力矩相同，因此静压滑动轴承的刚度大，回转精度高，但静压滑动轴承需要一套液压装置，成本较高。

液体润滑静压滑动轴承装置主要由供油系统、节流器和轴承三部分组成，其工作原理如图 6-21 所示。在轴承的内圆柱表面上，对称地开了 4 个矩形油腔和回油槽，油腔与回油槽之间的圆弧面成为周向封油面，周向封油面与主轴之间有 0.02～0.04mm 的径向间隙。供油系统的压力油经各节流器降压后进入各油腔。在压力油的作用下，主轴浮起而处于平衡状态。油腔内的压力油经封油边流出后，流回油箱。当主轴受到外部载荷 F 的作用，主轴轴颈会产生偏移量。这时，上下油腔的回油间隙发生变化，上油腔的回油量增大，而下油腔的回油量减少。根据节流器的流量 q 与节流器两端的压强差 p 之间的关系式 $q=Kp$ 可知，当节流器进口油的压强保持不变时，流量改变，节流器出油口的压强也随之改变。因此，上油腔的压强 p_1 下降，下油腔的压强 p_3 增大，若油腔面积为 A，当 $A(p_3-p_1)=F$ 时，油压力平衡了外部载荷 F。这样主轴轴心线始终保持在回转中心轴线上。

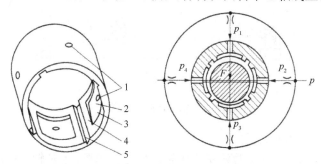

1—进油孔　2—油腔　3—轴向封油面　4—周向封油面　5—回油槽

图 6-21　液体润滑静压滑动轴承装置的工作原理

2）主轴轴承的配置

合理配置主轴轴承的支撑方式和选择轴承的精度等级，能有效提高主轴精度、降低温升、避免主轴的热变形引起的加工误差、简化支撑结构。在主轴上配置轴承时，除了应考虑轴承承受的载荷类型，还应合理选择前/后支承的间距。主轴部件所用滚动轴承的精度有高级（E 级）、精密级（D 级）、特精级（C 级）和超精级（B 级）。前支承的精度一般比后支承的精度高一级，也可以用相同的精度等级。普通精度数控机床的前支承精度等级通常为 C、D 级，后支承精度等级通常为 D、E 级。特高精度数控机床的前/后支承的精度等级均为 B 级。

在实际应用中，数控机床主轴轴承常见的配置方式有 3 种，如图 6-22 所示。

（1）配置方式一如图 6-22（a）所示，即前支承采用圆锥孔双列圆柱滚子轴承和 60°角接触球轴承的组合，后支承采用成对角接触球轴承。这种配置方式是现代数控机床主轴结构中刚性最好的一种，可以满足强力切削的要求，所以目前各类数控机床的主轴普遍采用这种配置形式。

（2）配置方式二如图 6-22（b）所示，即前支承采用高精度双列（或三列）角接触球轴承，后支承采用单列(或双列)角接触球轴承。这种结构配置形式具有较好的高速性能，但承载能力小，适用于高速、轻载和精密的数控机床主轴。

（3）配置方式三如图 6-22（c）所示，即前支承采用圆锥孔双列圆锥滚子轴承，后支承采用单列圆锥滚子轴承。这种配置方式能提高径向和轴向刚度高，可承受重载荷，尤其能承受较大的动载荷，便于安装，调整性能好。但是这种轴承配置方式限制了主轴的最大转速和精度，因此仅适用于中等精度、低速与重载的数控机床主轴。

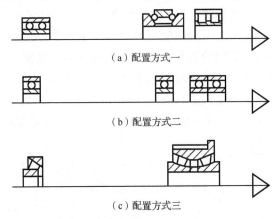

（a）配置方式一

（b）配置方式二

（c）配置方式三

图 6-22　主轴轴承的 3 种配置方式

3）典型主轴的支撑方式

图 6-23 所示为 TND360 型数控车床主轴部件结构示意，主轴轴承的配置采用上述第二种方式，前/后轴承都采用角接触球轴承。前轴承的内/外圈轴向由轴肩和箱体孔的台阶固定，以承受轴向载荷，后轴承只承受径向载荷，由后压套进行预紧。

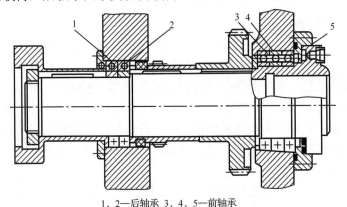

1，2—后轴承　3，4，5—前轴承

图 6-23　TND360 型数控车床主轴部件结构示意

图 6-24 所示为卧式数控铣床主轴的支撑方式。这种支撑方式下，主轴的径向刚度好，具有较高的转速。

图 6-25 所示为卧式数控镗/铣床主轴的支撑方式。这种支撑方式可以使主轴承受轴向载荷和径向载荷，承载能力大，刚性好，结构简单。

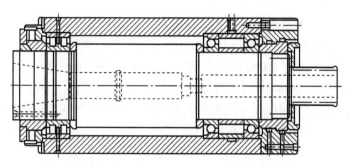

图 6-24　卧式数控铣床主轴的支撑方式

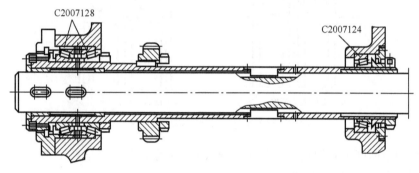

图 6-25　卧式数控镗/铣床主轴的支撑方式

4）轴承的预紧

对滚动轴承进行适当预紧，使滚动体与内/外圈滚道在接触处产生预变形，使承载的滚动体数量增多，受力趋向均匀，能有效提高承载能力和刚度，有利于减小主轴回转轴线的漂移量，提高旋转精度。若过盈量太大，轴承磨损加剧，则承载能力将显著下降。因此，主轴组件必须具备轴承间隙的调整结构。同时对主轴滚动轴承合理选择预紧量，可以提高主轴部件的回转精度、刚度和抗振性。对数控机床主轴部件，除了在装配时要对轴承进行预紧，在使用一段时间以后，间隙或过盈量有了变化，还得重新调整。因此，要求预紧结构应便于调整。滚动轴承间隙的调整或预紧，通常是通过轴承内/外圈的相对轴向移动实现的。常用的轴承间隙调整方法有以下几种：

（1）轴承内圈移动法如图 6-26 所示，这种方法适用于圆锥孔双列圆柱滚子轴承。通过套筒推动内圈在锥形轴颈上沿轴向移动，使内圈变形胀大，在滚道上产生过盈量，从而达到预紧的目的。

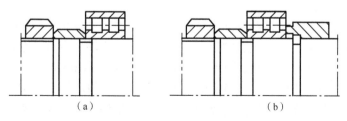

（a）　　　　　　　　　　　　　　（b）

图 6-26　轴承内圈移动法

图 6-26（a）所示方法简单，但预紧量不易控制，常用于轻载数控机床主轴部件的支撑。图 6-26（b）所示方法用右端螺母限制内圈的移动量，易于控制预紧量。

（2）修磨座圈或隔套。图 6-27（a）所示为轴承外围宽边相对（背对背）安装，这时修磨轴承内圈的内侧；图 6-27（b）所示为轴承外围窄边相对（面对面）安装，这时修磨轴承外圈的窄边。在安装时按图示的相对关系装配，并用螺母或法兰盖将两个轴承沿轴向压拢，使两个修磨过的端面贴紧，使两个轴承的滚道预紧。

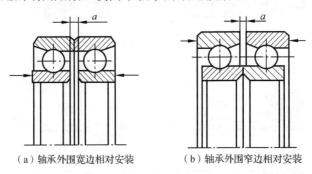

（a）轴承外围宽边相对安装　　　　（b）轴承外围窄边相对安装

图 6-27　修磨座圈法

或者将两个厚度不同的隔套放在两个轴承内、外圈之间，把这两个轴承沿轴向相对压紧，使滚道预紧，如图 6-28 所示。

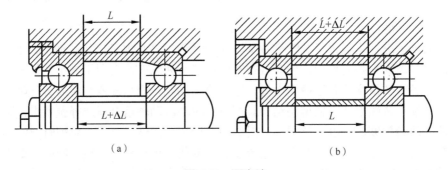

（a）　　　　　　　　　　　　　（b）

图 6-28　隔套法

3. 主轴准停装置

目前，主轴准停装置很多，主要分为机械准停装置和电气准停装置两种。

1）机械准停装置

机械准停装置主要有机械凸轮准停装置和定位盘准停装置两种。图 6-29 所示为典型的端面螺旋凸轮准停装置。在主轴上固定一个定位滚子，主轴上套有一个双向端面凸轮，该凸轮和液压缸中的活塞杆相连接。当活塞杆 4 带动双向端面凸轮向下移动时（不转动），通过拨动定位滚子并带动主轴转动，当定位滚子落入双向端面凸轮 3 的 V 形槽内，便完成了主轴准停。因为是双向端面凸轮，所以能从两个方向拨动主轴转动以实现准停。这种双向端面凸轮准停装置，动作迅速可靠，但是凸轮的制造较复杂。

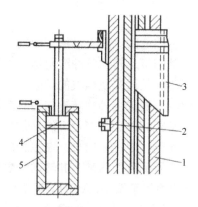

1—主轴　2—定位滚子　3—凸轮　4—活塞杆　5—液压缸

图6-29　典型的端面螺旋凸轮准停装置

2）电气准停装置

常用的电气准停装置有磁传感器准停装置、编码器准停装置和数控系统准停装置。图6-30所示为磁传感器准停装置，磁发体安装在主轴后端，磁传感器通过支架安装在主轴箱上，其安装位置决定了主轴的准停点，磁发体和磁传感器之间的间隙为（1.5±0.5）mm。磁传感器准停装置的工作原理如图6-31所示，安装在主轴上的磁发体（永久磁铁）与主轴一起旋转，当主轴需要停转以便换刀时，数控装置发出主轴停转指令，主轴电动机立即降速，主轴以最低转速旋转；当磁发体对准磁传感器时，发出准停信号，该信号经放大后，由定向电路控制主轴电动机准确地停在规定的周向位置上。这种准停装置的机械结构简单，磁发体与磁传感器之间没有接触摩擦，可以保证主轴的重复定位精度在-1°～1°范围内，而且定向时间短，可靠性较高。

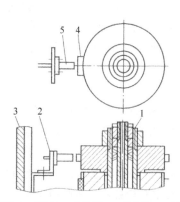

1—主轴　2—支架　3—主轴箱　4—磁发体　5—磁传感器

图6-30　磁传感器准停装置

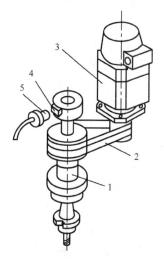

1—主轴　2—同步带　3—主轴电动机　4—磁发体　5—磁传感器

图6-31　磁传感器准停装置的工作原理

4. 主轴同步装置

数控机床主轴的转动与进给运动之间，没有机械方面的直接联系。数控机床能加工各种螺纹，这是因为它安装了与主轴同步运转的脉冲编码器，以便检测脉冲信号，使主轴电动机的旋转与刀具的切削进给同步，从而实现螺纹的切削。

在数控车床上加工圆柱螺纹时，要求主轴的转速与刀具的轴向进给运动之间保持一种严格的运动关系，无论该螺纹是等距螺纹还是变距螺纹都是如此。通常，通过在主轴上安装脉冲编码器检测主轴的转角、相位、零位等信号。在主轴旋转过程中，与其相连的脉冲编码器不断发出脉冲（由 A、B 相检测到的脉冲）并输送到数控装置，控制插补速度。根据插补计算结果，控制进给坐标轴的伺服系统，使进给量与主轴转速保持所需的比例关系，实现主轴转动与进给运动同步，从而车削出所需的螺纹。通过改变主轴的旋转方向，可以加工出左螺纹或右螺纹，而主轴方向的判别可通过脉冲编码器发出正交的 A 相和 B 相脉冲信号相位的先后顺序判别。

6.3.4 主轴润滑与密封

1. 主轴的润滑

为了保证主轴有良好的润滑性，减少因摩擦引起的发热量，同时又能把主轴部件的热量及时带走，通常采用循环式润滑系统。常见主轴润滑方式主要有以下 3 种，后两种方式如图 6-32 所示。

1）油雾润滑方式

利用经过净化处理的高压气体将润滑油雾化后，把油雾从管道喷送到需润滑的部位，这就是油雾润滑方式。由于油雾吸热性好，又无油液搅拌作用，因此能以较少油量获得较充分的润滑。该方式常用于高速主轴轴承的润滑，缺点是油雾容易被吹出，污染环境。

2）喷注润滑方式

喷注润滑方式如图 6-32（a）所示。采用专用高精度大容量恒温油箱，油温的变化被控制在 -0.5～0.5℃。将较大流量的恒温油按每个轴承 3～4L/min 的流量喷注到主轴轴承部位，以达到冷却和润滑的目的。该润滑系统中，回油不是自然回流，而是用两台排油液压泵强制排除回油。

3）油气润滑方式

油气润滑方式近似于油雾润滑方式，是指定时定量地把油雾送进轴承空隙中，而油雾润滑则是连续供给油雾，如图 6-32（b）所示。根据轴承供油量的要求，定时器的循环时间可从 1～99min 定时，二位二通气阀定时开通一次，压缩空气进入注油器，把少量油液带入混合室，流经节流阀的压缩空气，经混合室，把油液带进塑料管道内，油液沿管道壁被吹进轴承内，此时，油液变成小油滴状。这种润滑方式既实现了油雾润滑，又不至于油雾太多而污染周围空气。

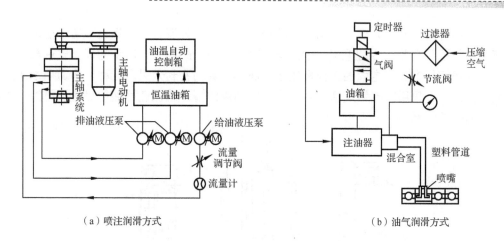

（a）喷注润滑方式　　　　　　　　　　　（b）油气润滑方式

图 6-32　主轴的两种润滑方式

2. 主轴的密封

为了防止润滑油泄漏，防止灰尘、切屑微粒及其他杂物和水分侵入，必须对轴承必须进行密封处理，以保持良好的润滑条件和工作环境，使轴承达到预期的工作寿命。主轴的密封分接触式密封和非接触式密封两种。

1）接触式密封

接触式密封包括油毡圈密封和耐油橡胶密封圈密封。在此类密封装置中，密封件与轴或其他配合件直接接触。因此，在工作中产生摩擦磨损使轴承温度升高。该方式一般适用于低、中速条件下的轴承密封。图 6-33 所示是两种接触式密封。

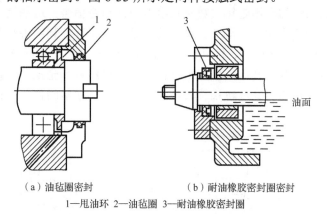

（a）油毡圈密封　　　　　　　（b）耐油橡胶密封圈密封

1—甩油环　2—油毡圈　3—耐油橡胶密封圈

图 6-33　两种接触式密封

2）非接触式密封

非接触式密封包括间隙密封、螺母密封和迷宫式密封，如图 6-34 所示。图 6-34（a）所示为间隙密封，在轴承盖的孔内开槽，是为了提高密封效果。图 6-34（b）所示为螺母密封，在螺母的外圆上开出一个锯齿形环槽，当油液向外流时，依靠主轴转动的离心力把油液沿斜面甩到端盖 1 的空腔内，油液流回箱内。图 6-34（c）所示为迷宫式密封，这种密封方式在切屑多、灰尘大的工作环境下可获得可靠的密封效果，这种结构适用油脂或油液润滑的密封。采用非接触式密封时，为了防油液泄漏，应保证回油能尽快被排掉，同时保证回油孔的畅通。

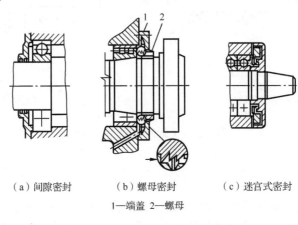

（a）间隙密封　　　　（b）螺母密封　　　　（c）迷宫式密封

1—端盖 2—螺母

图 6-34　非接触式密封

6.4　数控机床的进给系统

数控机床进给系统的作用是接收数控系统发出的指令信号，这些信号经放大后被用于控制执行部件的运动速度和运动轨迹。典型的数控机床闭环控制的进给系统，通常由位置比较装置、放大元件、驱动单元、机械传动元件和检测反馈装置等部分组成。图 6-35 所示为数控机床进给系统示意。其中，伺服电动机 1 通过机械机构带动工作台或刀架 6 运动。机械机构主要由传动机构、导向机构、执行元件等组成。常用的传动机构有传动齿轮、同

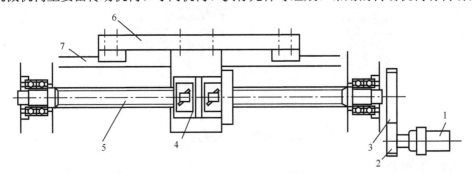

1—伺服电动机 2，3—传动齿轮 4—螺母 5—丝杠 6—工作台或刀架 7—导轨

图 6-35　数控机床的进给系统示意

步带、丝杠副、蜗杆蜗轮副和齿轮齿条副等；导向机构有滚动导轨、滑动导轨、静压导轨等；执行元件有工作台和刀架等。

6.4.1 对数控机床进给系统的要求

数控机床进给系统承担了数控机床各坐标轴的定位和切削进给，进给系统的传动精度、灵敏度和稳定性直接影响被加工工件的最后轮廓精度与加工精度。为了保证定位精度和动态性能，对数控机床进给系统提出以下3个方面的要求。

1. 进给系统的传动精度和刚度高

通常数控机床进给系统的直线位移精度达到微米级，角位移精度达到秒级。进给系统的驱动力矩也很大，进给传动链的弹性变形会引起工作台运动时间滞后，降低进给系统的快速响应特性。因此，提高进给系统的传动精度和刚度是首要任务。

数控机床进给系统的刚度主要取决于滚珠丝杠副（直线运动）或蜗轮蜗杆副（回转运动）及其支承部件的刚度。刚度不足和摩擦阻力大会导致工作台产生爬行现象及造成反向死区，影响传动精度。缩短传动链，合理选择丝杠尺寸，对滚珠丝杠副和支承部件采取预紧措施是提高刚度的有效途径。

2. 减小运动惯量，具有适当的阻尼

进给系统需要经常启动、停止、变速或反向运动，若其中的机械传动装置惯量大，则会增大负载并使系统动态性能变差。进给系统中的每个传动元件的惯量对伺服系统的启动、制动特性都有直接影响，特别是对高速运动的零件的影响。在满足强度和刚度的条件下，应尽可能合理地配置各传动元件，减小运动部件的自重及各传动元件的直径和自重，使它们的惯量尽可能地小。进给系统中的阻尼一方面降低伺服系统的快速响应特性，另一方面能够提高进给系统的稳定性。因此，在进给系统中要有适当的阻尼。

3. 消除传动间隙，减小摩擦阻力

传动间隙一般指反向间隙，即反向死区误差，它存在于整个传动链的各传动副中，直接影响数控机床的加工精度。传动间隙主要来自传动齿轮副、蜗轮蜗杆副、联轴器、螺旋副及其支承部件之间，应施加预紧力和采取消除间隙的结构措施。数控机床进给系统的运动都是双向的，进给系统中的间隙使工作台不能马上跟随指令运动，特别在改变旋转方向时，会造成进给系统快速响应特性变差。对于开环伺服系统，传动环节的间隙会产生定位误差；对于闭环伺服系统，传动环节的间隙会增加系统工作的不稳定性。因此，在传动各环节，包括滚珠丝杠副、轴承、齿轮、蜗轮蜗杆副、联轴器和键连接都必须采取相应的消除间隙的措施。例如，可在设计中采用消除间隙的联轴器及有消除间隙措施的传动副等，尽量消除传动间隙，减小反向死区误差。

进给系统要求运动平稳、定位准确、快速响应特性好，必须减小运动元件的摩擦阻力

和动摩擦系数与静摩擦系数之差。例如，采用具有较小摩擦系数和高耐磨性的滚动导轨、静压导轨与滑动导轨等。

6.4.2 数控机床进给系统的形式

数控机床的进给运动包括直线运动和圆周运动两种，一般采用蜗杆蜗轮副实现圆周运动，直线运动的实现一般采用以下 3 种形式。

1. 齿轮齿条传动副

通过齿轮齿条副，可以将电动机的旋转运动转换为工作台的直线运动，这种传动方式可以得到较大的传动比，刚度和机械效率也较高，而且不受行程的限制，常用于行程较大的大型数控机床上。但其传动稳定性和精度不是太高，并且不能实现自锁。在设计时，除了考虑应满足强度和精度，还应考虑其速比分配及传动级数对传动的转动惯量和执行元件的失动的影响。增加传动级数，可以减小转动惯量。但级数增加，会使传动装置结构复杂，降低传动效率，增大噪声，同时也加大传动间隙和摩擦损失，对伺服系统不利。因此，不能单纯根据转动惯量选取传动级数，要综合考虑，选取最佳的传动级数和各级的速比。

2. 丝杠副

丝杠副是将旋转运动转换为直线运动的一种传动方式，具有传动精度高、阻力小，传动效率高等优点，但丝杠制造困难，长度较大时容易弯曲下垂，受热温度影响较大，轴向刚度和扭转刚度也很难提高，影响传动精度。在数控机床上一般采用滚珠丝杠副和静压丝杠副，滚珠丝杠副主要用于小型数控机床中，静压丝杠副常用于大型数控机床的进给系统中。

3. 采用直线电动机驱动

直线电动机是指可以直接产生直线运动的电动机。作为进给驱动系统，电动机与工作台之间不用机械连接，实现了进给系统传动链的"零传动"。工作台对位置指令几乎是立即反应（电气时间常数约为 1ms），没有机械滞后或齿节周期误差，精度完全取决于反馈系统的检测精度，从而使得跟随误差减至最小，达到较高的精度。另外，由于没有低效率的中间传动部件，因此直线电动机具有较高的传动效率，并且可获得很好的动态刚度。但是也带来了一些技术上新的问题。

6.4.3 滚珠丝杠副

滚珠丝杠副是数控机床的进给运动链中能将旋转运动转换为直线运动的一种新型理想传动装置。滚珠丝杠副的结构原理如图 6-36 所示。在丝杠和螺母的内表面上都有半圆弧形的螺旋槽，当它们套装在一起时形成供滚珠滚动循环的螺旋滚道。螺母上有滚珠回路管道，将几圈螺母滚道的两端连接起来，构成封闭的循环滚道，并在滚道内装满滚珠。当丝杠旋转时，滚珠在滚道内既自转又沿滚道循环转动，从而迫使螺母沿轴向移动，将丝杠的旋转运动转换为螺母的直线移动。

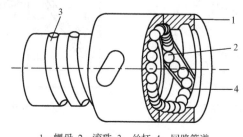

1—螺母 2—滚珠 3—丝杠 4—回路管道

图6-36 滚珠丝杠副的结构原理

1. 滚珠丝杠副的特点

（1）传动效率高，摩擦损失小。滚珠丝杠副以滚动摩擦代替常规丝杠副的滑动摩擦，传动效率可达 0.92～0.96，比常规丝杠副提高 3～4 倍，功率消耗只相当于常规丝杠副的 1/4～1/3，发热量也大幅度降低。

（2）给予适当预紧力，可消除丝杠和螺母的螺纹间隙，反向时就可以消除空行程死区；定位精度高，刚度好。

（3）定位精度高，有可逆性。在安装过程中，对丝杠采取预拉升并预紧消除轴向间隙，使之具有较高的定位精度和重复定位精度。可以从旋转运动转换为直线运动，也可以从直线运动转换为旋转运动，即丝杠和螺母都可以作为主动件。

（4）制造工艺复杂，成本高。对滚珠丝杠和螺母等元件的加工精度要求高，对表面粗糙度的要求也高，因此制造成本高。

（5）不能自锁。特别是对于竖直放置的丝杠，在自身重力的作用下，当传动链被切断动力源后，丝杠不能立即停止运动，需要添加制动装置。

2. 滚珠丝杠副的循环方式

常用的滚珠丝杠副的循环方式有两种：外循环和内循环。滚珠在循环过程中有时与丝杠脱离接触的循环称为外循环，始终与丝杠保持接触循环的称为内循环。

1）外循环

按滚珠循环时的返回方式主要有端盖式、插管式和螺旋槽式。图6-37 所示为常用的一种外循环滚珠丝杠副组成结构，即在螺母轴向相隔数个半导程处钻两个孔与螺旋槽相切，把这两个孔作为滚珠的进口与出口；在螺母的外表面上铣出回珠槽并沟通上述两个孔。另外，在螺母内的进/出口处各安装一个挡珠器，在螺母外表面安装一个套筒，这样构成封闭的循环滚道。外循环滚珠丝杠副的结构和制造工艺简单，使用较广泛。其缺点是滚道接缝处很难做得平滑，影响滚珠滚动时的平稳性，甚至发生卡珠现象，噪声也较大。

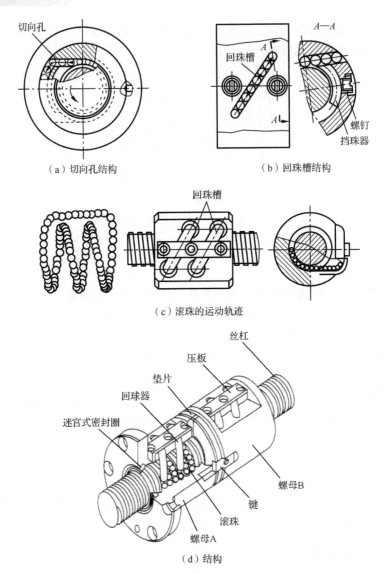

（a）切向孔结构

（b）回珠槽结构

（c）滚珠的运动轨迹

（d）结构

图6-37　常用的一种外循环滚珠丝杠副组成结构

2）内循环

内循环是指通过在螺母内表面上安装的反向器（见图 6-38），接通相邻滚道，以构成封闭环回路。反向器有圆柱凸键反向器和扁圆镶块反向器两种类型。如图 6-38（a）所示为圆柱凸键反向器，这种反向器的圆柱部分被嵌入螺母内，端部开有反向槽 2。反向槽 2 依靠圆柱外圆面及其上端的凸键 1 定位，以保证其对准螺纹滚道方向。图 6-38（b）所示为扁圆镶块反向器，这种反向器为一个半圆头平键形镶块，镶块被嵌入螺母的切槽中，其端部开有反向槽 3，用镶块的外廓定位。扁圆镶块反向器尺寸较小，从而减小了螺母的径向尺寸，缩短了轴向尺寸，但这种反向器的外廓和螺母上的切槽尺寸精度要求较高。

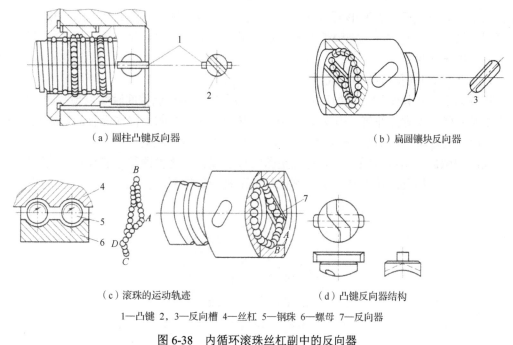

（a）圆柱凸键反向器 　　　　　　　　　　（b）扁圆镶块反向器

（c）滚珠的运动轨迹 　　　　　　　　（d）凸键反向器结构

1—凸键 2，3—反向槽 4—丝杠 5—钢珠 6—螺母 7—反向器

图 6-38　内循环滚珠丝杠副中的反向器

3. 螺旋滚道型面

螺旋滚道型面（滚道法向截面）的形状有多种，图 6-39 所示为 3 种螺旋滚道型面的简图。图中，滚珠和滚道表面在接触点处的公法线与螺纹轴线的垂线之间的夹角 α 称为接触角。

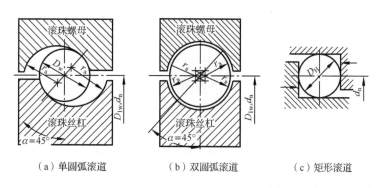

（a）单圆弧滚道 　　　　（b）双圆弧滚道 　　　　（c）矩形滚道

图 6-39　3 种螺旋滚道型面的简图

4. 滚珠丝杠副轴向间隙的消除和预紧

滚珠丝杠副对轴向间隙有严格的要求，以保证反向时的运动精度。轴向间隙是指丝杠和螺母无相对转动时，丝杠和螺母之间最大轴向窜动量。它除了结构本身的游隙，还包括

在施加轴向载荷之后弹性变形所造成的窜动。因此，要把轴向间隙完全消除比较困难，通常采用双螺母预紧的方法，把弹性变形控制在最小的限度内。目前，常用的双螺母预紧结构形式有以下3种。

1）螺纹调隙式预紧结构形式

螺纹调隙式预紧结构形式如图6-40所示，即利用双螺母调整间隙实现预紧的结构，左螺母1和右螺母7通过平键2与外套3相连，其中右螺母7的外伸端没有凸缘并制有外螺纹。用调整圆螺母5（通过垫片4和外套3）可使左右两螺母相对于丝杠8沿轴向移动，在消除轴向间隙后，用锁紧圆螺母6将调整圆螺母5锁紧。这种调整方法具有结构紧凑、调整方便等优点，因此应用广泛，但调整位移量不易精确控制。

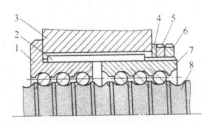

1—左螺母　2—平键　3—外套　4—垫片　5—调整圆螺母　6—锁紧圆螺母　7—右螺母　8—丝杠

图6-40　螺纹调隙式预紧结构形式

2）修磨垫片调隙式预紧结构形式

修磨垫片调隙式预紧结构形式如图6-41所示，通过修磨垫片的厚度，使滚珠丝杠的左右两个螺母产生轴向位移，实现预紧。这种方式结构简单、刚性好，调整轴向间隙时需卸下垫片进行修磨。为了装卸方便，最好将垫片做成半环结构。

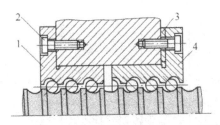

1—左螺母　2—锁紧螺钉　3—调整垫片　4—右螺母

图6-41　修磨垫片调隙式预紧结构形式

3）齿差调隙式预紧结构形式

图6-42所示为齿差调隙式预紧结构形式。把左右螺母的端部做成外齿轮，齿数分别为z_1、z_2，而且z_1和z_2相差一个齿。两个齿轮分别与两端相应的内齿圈相啮合。内齿圈紧固在螺母座上，预紧时脱开两个内齿圈，使左右两个螺母同向转动相同的齿数，然后再合上内齿圈，两个螺母的轴向相对位置就发生变化，从而实现轴向间隙的调整和施加预紧力。当两个齿轮沿同一方向各转过一个齿时，其轴向位移量可按下式计算。

$$s = \left(\frac{1}{z_1} - \frac{1}{z_2} \right) P_h$$

式中，s 为左右螺母相对轴向位移量，单位 mm；P_h 为丝杠导程，单位 mm。

例如，设 $z_1 = 99$，$z_2 = 100$，$P_h = 10\text{mm}$，则 $s \approx 0.001\text{mm}$，若滚珠丝杠的轴向间隙为 0.005mm，则相应的两个螺母沿同方向转过 5 个齿，即可消除轴向间隙。

这种方法使滚珠丝杠的左右两个螺母的最小相对轴向位移量可达 1μm，其调整精度高，调整准确可靠，但结构复杂。

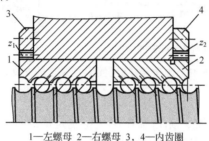

1—左螺母　2—右螺母　3，4—内齿圈

图 6-42　齿差调隙式预紧结构形式

5. 滚珠丝杠副的安全使用

1）滚珠丝杠副的支撑

数控机床的进给系统要获得较高的传动刚度，除了加强滚珠丝杠副自身的刚度，滚珠丝杠副的正确安装及支撑结构的刚度也是不可忽视的。滚珠丝杠副常用推力轴承支座，以提高轴向刚度（当滚珠丝杠的轴向负载很小时，也可用角接触球轴承支座）。滚珠丝杠副在数控机床上的支撑方式有以下几种：

（1）一端安装推力轴承，另一端自由（固定-自由式），如图 6-43（a）所示。这种安装方式的承载能力小，轴向刚度低，只适用于低转速、中精度、短丝杠的场合，一般用于数控机床的调节，或者用在升降台式数控铣床的垂直坐标中。

（2）一端安装推力轴承，另一端安装深沟球轴承（固定-支撑式），如图 6-43（b）所示。这种安装方式的轴承承受径向力，能做微量的轴向浮动。当发生热变形时，轴承可以向一端伸长，可用于中等转速、高精度且丝杠较长的场合，同时应将推力轴承远离液压马达等热源，以减小丝杠热变形的影响。

（3）两端安装推力轴承（单推-单推式或双推-单推式），如图 6-43（c）所示。把推力轴承安装在滚珠丝杠的两端，并且施加预紧拉力，产生预拉伸，可以提高轴向刚度，其轴向刚度为固定-自由式的 4 倍左右，但这种安装方式对丝杠的热变形较为敏感。

（4）两端安装推力轴承及深沟球轴承（固定-固定式），如图 6-43（d）所示。为使丝杠具有最大的刚度，它的两端可用双重支撑结构，即同时使用推力轴承和深沟球轴承，并且施加预紧拉力。这种安装方式可以使丝杠的热变形转化为推力轴承的预紧力，但设计时要求提高推力轴承的承载能力和刚度。

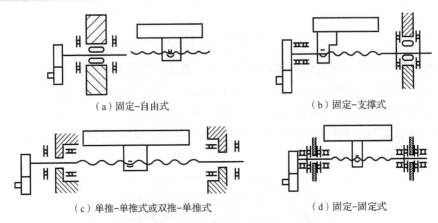

（a）固定-自由式   （b）固定-支撑式

（c）单推-单推式或双推-单推式   （d）固定-固定式

图 6-43　滚珠丝杠副在数控机床上的支撑方式

2）滚珠丝杠副的制动

滚珠丝杠副的传动效率高，无自锁作用（特别是滚珠丝杠副处于垂直传动时）。为防止滚珠丝杠副因自身重量而下降，必须安装制动装置。

如图 6-44 所示为卧式数控镗床用滚珠丝杠副的制动示意图。其制动装置的工作过程：数控镗床工作时，电磁铁通电，使摩擦离合器脱开。电动机的传动经减速齿轮传给滚珠丝杠，在滚珠丝杠的带动下主轴箱上下移动。当数控镗床加工完毕或中间停转时，电动机和电磁铁同时断电，借助压力弹簧合上摩擦离合器，使丝杠不能运动，主轴箱便不会下落。

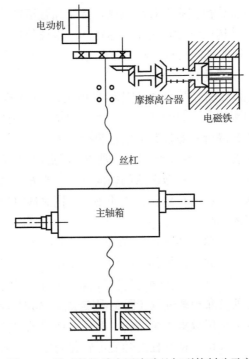

图 6-44　卧式数控镗床用滚珠丝杠副的制动示意

3）滚珠丝杠的预拉伸

滚珠丝杠在工作时会发热，其温度会升高，丝杠的热膨胀将使导程加大，影响定位精度。可将丝杠预拉伸量补偿热膨胀量，丝杠的预拉伸量应略大于热膨胀量。发热后，热膨胀量抵消了部分预拉伸量，使丝杠内的拉应力下降，但其长度没有变化。需进行预拉伸的丝杠在制造时应使其目标行程（螺纹部分在常温下的长度）等于公称行程（螺纹部分的理论长度等于公称导程乘以丝杠上的螺纹圈数）减去预拉伸量。

4）滚珠丝杠副的防护

滚珠丝杠副和其他滚动摩擦的传动元件一样对待，应避免硬质灰尘或切屑污物进入其中，因此必须安装防护装置和进行合理的润滑。如果滚珠丝杠副在数控机床上外露，则应采用封闭的防护罩，如螺旋弹簧钢带套管、伸缩套管以及折叠式套管等。安装时将防护罩的一端连接在螺母的侧面，另一端固定在滚珠丝杠的支承座上。工作中应避免碰击防护装置，防护装置若有损伤，则应及时更换。

如果滚珠丝杠副处于隐蔽的位置，则可采用密封圈防护，密封圈装在螺母的两端。密封圈有接触式和非接触式两种，接触式的弹性密封圈采用耐油橡胶或尼龙制成，其内孔被做成与丝杠螺纹滚道相配的形状，防尘效果好，但存在接触压力，会使摩擦力矩略有增加，磨损加剧。非接触式密封圈采用硬质塑料制成，其内孔与丝杠螺纹滚道的形状相反，并且稍有间隙，这样可避免摩擦力矩，但是防尘效果差。

对滚珠丝杠副，可合理地选用润滑剂以减小摩擦力、提高耐磨性及传动效率。润滑剂可为润滑油及润滑脂两大类。润滑脂一般施加在螺纹滚道和安装螺母用的壳体空间内，而润滑油则经过壳体上的油孔注入螺母的空间内。

6.4.4　齿轮传动副间隙的调整

数控机床进给系统经常处于自动变向状态，齿轮传动副的间隙会在进给运动反向时丢失脉冲指令而产生反向死区，从而影响加工精度。因此，必须采取措施消除齿轮传动副的间隙。消除齿轮传动副间隙的方法有刚性调整法（见图6-45）和柔性调整法（见图6-46）两种。

1. 刚性调整法

1）偏心套调整法

图6-45（a）所示为偏心套调整法。其工作原理如下：电动机通过偏心套安装到数控机床上，转动偏心套，使电动机中心轴线的位置向上，而从动齿轮的轴线位置不变。因此，两个啮合齿轮的中心距减小，从而消除齿轮传动副的间隙。这种方法常用于消除直齿圆柱齿轮的齿侧间隙。

2）锥度齿轮垫片调整法

图6-45（b）所示为锥度齿轮垫片调整法。其工作原理如下：一对啮合的齿轮在它们的分度圆直径沿着齿厚方向制有一个较小的锥度，只要改变垫片的厚度就能使齿轮2沿轴向移动，改变其与齿轮1的轴向相对位置，从而消除了两个齿轮的齿侧间隙。这种方法常

用于消除直齿圆柱齿轮的齿侧间隙。装配时垫片的厚度应使得齿轮 1 和齿轮 2 之间的齿侧间隙变小，而且运转灵活。

3）斜齿轮轴向垫片调整法

图 6-45（c）所示为斜齿轮轴向垫片调整法。其工作原理如下：两个薄齿轮的齿形拼装在一起加工，装配时在两个薄齿轮之间装入厚度为 t 的垫片，然后修磨垫片，使两个齿轮的螺旋线错开，分别与宽齿轮的左右齿面贴紧，从而消除齿轮的齿侧间隙，这种方法常用于消除斜齿圆柱齿轮的齿侧间隙。

以上 3 种方法都是调整后的齿侧间隙不能自动补偿的调整法，因此对齿轮的周节公差及齿厚要严格控制，否则，传动的灵活性会受到影响。这种调整方结构比较简单，并且有较好的传动刚度。

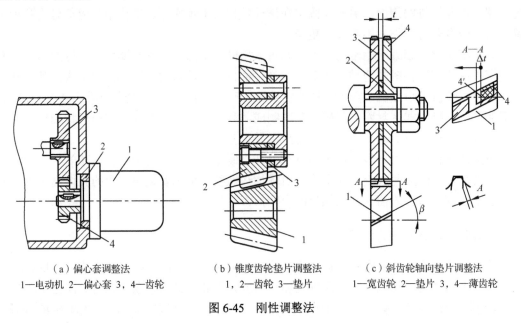

（a）偏心套调整法   （b）锥度齿轮垫片调整法   （c）斜齿轮轴向垫片调整法
1—电动机 2—偏心套 3，4—齿轮   1，2—齿轮 3—垫片   1—宽齿轮 2—垫片 3，4—薄齿轮

图 6-45　刚性调整法

2. 柔性调整法

柔性调整法是指通过调整弹簧的拉力消除齿侧间隙，调整后的齿侧间隙仍可以自动补偿，但结构复杂，传动刚度差，平稳性较刚性调整法差。

1）双片薄齿轮错齿调整法

图 6-46（a）所示为双片薄齿轮错齿调整法。在一对啮合的齿轮中，其中一个是宽齿轮，另一个由双片薄齿轮组成。薄齿轮 1 和薄齿轮 2 套装在一起，可相对回转，在这两片薄齿轮上各开两条周向通槽，在薄齿轮的端面上装有短圆柱 3，用来安装弹簧 4。装配时使弹簧 4 具有足够的拉力，使薄齿轮 1 和薄齿轮 2 错位，分别与宽齿轮齿槽的左、右侧贴紧，以消除齿侧间隙。这种方法常用于直齿圆柱齿轮齿侧间隙的调整。

2）轴向压簧调整法

图 6-46（b）所示为斜齿轮轴向压簧调整法。两片薄斜齿轮 1 和薄斜齿轮 2 被键滑套在轴上，相互间无相对转动。薄斜齿轮 1 和薄斜齿轮 2 同时与宽齿轮啮合，用螺母来调节弹簧的轴向压力，使薄斜齿轮 1 和薄斜齿轮 2 的左、右齿面分别与宽齿轮齿槽的左、右侧面贴紧，从而消除齿侧间隙。如果齿轮磨损，在弹簧力作用下，齿侧间隙仍会自动消除。该方法也可用于消除圆锥齿轮的齿侧间隙。

3）周向弹簧调整法

图 6-46（c）所示为锥齿轮周向弹簧调整法。将一对啮合的锥齿轮中的一个齿轮做成大小不等的两片薄锥齿轮 1 和薄锥齿轮 2，在大片薄锥齿轮上制有三个圆弧槽，而在小片薄锥齿轮的端面上制有三个凸爪，凸爪伸入大片薄锥齿轮的圆弧槽中。弹簧一端顶在凸爪上，而另一端顶在镶块上。为了安装的方便，用螺钉将大小片薄锥齿轮齿圈相对固定，安装完毕将螺钉卸去，利用弹簧力使大小片薄锥齿轮稍微错开，从而达到消除齿侧间隙的目的。

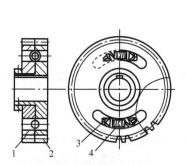

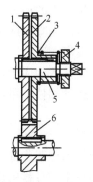

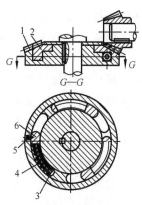

（a）双片薄齿轮错齿调整法

1，2—薄齿轮 3—短圆柱 4—弹簧

（b）斜齿轮轴向压簧调整法

1，2—薄斜齿轮 3—弹簧 4—螺母
5—轴 6—宽齿轮

（c）锥齿轮周向弹簧调整法

1，2—薄锥齿轮 3—镶块 4—弹簧
5—螺钉 6—凸爪

图 6-46 柔性调整法

6.5 数控机床的导轨

导轨是数控机床进给系统的导向机构，对数控机床上的运动部件起支撑和导向的作用，保证运动部件在外力（运动部件自身的重量、工件的重量、切削力、牵引力等）的作用下，能准确地沿着一定的方向运动。在导轨副中，运动的导轨称为动导轨，固定不动的导轨称为支撑导轨。导轨副在很大程度上决定数控机床的刚度、精度和精度保持性，是数控机床的重要部件之一。

6.5.1　数控机床对导轨的要求

1）导向精度高

导向精度是指数控机床的运动部件沿导轨移动时的直线性和与有关基面之间相互位置的准确性程度。导向精度直接影响导轨上运动部件的运行精度及其在运行过程中的摩擦阻力，无论在空载或切削加工时，导轨都应有足够的刚度和导向精度。影响导向精度的主要因素有导轨的结构形式、导轨的制造精度、导轨的装配质量及导轨与基础件的刚度等。

2）低速运动的平稳性

运动部件在导轨上运行时，根据实际加工情况，其运行速度有很大的差异。在低速运动或微量位移时，应保持运动平稳、无爬行现象，这一要求对数控机床尤为重要。低速运动的平稳性与导轨的结构形式、润滑条件等有关，并且要求导轨的摩擦系数小，以减小摩擦阻力，而且动摩擦系数和静摩擦系数应尽量接近并有良好的阻尼特性。

3）足够的刚度，良好的抗振性

导轨受力变形会影响部件之间的导向精度和相对位置，因此要求导轨应有足够的刚度，以保证在载荷作用下导轨不产生过大的形变，进而保证各部件之间的相对位置和导向精度。刚度受导轨结构和尺寸的影响，为减轻或平衡外力的影响，数控机床常采用加大导轨面的尺寸或添加辅助导轨的方法提高刚度。

随着控制技术的发展和高速加工技术的应用，导轨上运动部件的运动速度越来越高，并且启动、停止、换向频繁。这些运动部件不可避免地会产生冲击力，引起振动，要求数控机床的导轨具有很好的抗振性。

4）耐磨性好，良好的热稳定性

导轨的耐磨性是指导轨在长期使用过程中保持一定导向精度的能力。导轨的耐磨性决定了导轨的精度保持性，因为导轨在工作过程中难免磨损，所以应尽量减小磨损量，并在磨损后能自动补偿或便于调整。耐磨性受到导轨副的材料、硬度、润滑和载荷等因素的影响，在数控机床中常采用摩擦系数小的滚动导轨和静压导轨，以降低导轨磨损量。

运动部件在导轨上运动时，引起的摩擦力会导致热量产生，使摩擦部位的温度在短时间内发生很大的变化。应保证导轨具有良好的热稳定性，在工作温度变化的条件下，仍能正常工作。

5）其他要求

除了以上要求，导轨还应该具有结构简单、制造成本较低、工艺性好，便于加工、装配、调整和维修等特点。

6.5.2　数控机床导轨形状和组合形式

1. 直线导轨

1）直线运动导轨的形状

如图 6-47 所示，数控机床常用导轨的截面形状有矩形、三角形、燕尾形及圆形等。不同截面中，各个平面所起的作用也各不相同。根据支撑导轨的凸凹状态，导轨又可分为凸形导轨（图 6-47 中的上一行图）和凹形导轨（图 6-47 中的下一行图）两类导轨。凸形导轨不能储存油，需要有良好的润滑条件。凹形导轨容易储存油，但也容易积存切屑和尘粒，需要防护良好的环境。

（1）矩形导轨。如图 6-47（a）所示，M 面主要起支撑作用，N 面是保证直线移动精度的导向面，J 面是防止运动部件抬起的压板面。矩形导轨的承载能力大，易于加工制造，安装调整方便，水平方向和垂直方向的位置精度互不相关。但是，其侧面间隙不能自动补偿，需要安装间隙调整装置。此类导轨适用于载荷大且导向精度要求不高的数控机床。

（2）三角形导轨。如图 6-47（b）所示，M、N 面起支撑兼导向作用。当这两个面受力不均匀时，为使导轨面上的压强分布均匀可以采用不对称导轨。这类导轨的三角形顶角一般为 90°。由于导轨截面有两个导向面，因此可以同时控制垂直方向和水平方向的导向精度。这类导轨在载荷的作用下，能自动补偿而消除间隙，导向精度也较其他导轨高。

（3）燕尾形导轨。如图 6-47（c）所示，M 面起导向和压板作用，J 面起支撑作用，夹角一般为 55°。燕尾形导轨是闭式导轨中接触面最少的一种，一般用在高度小而层次多的动部件上，如数控车床的刀架导轨及仪表机床上的导轨。这类导轨在磨损后不能自动补偿间隙，需用镶条调整间隙。

（4）圆形导轨。如图 6-47（d）所示，这种导轨刚度高，易制造，外径可磨削，内径可不磨削，就能达到精密配合，但磨损后间隙调整困难。这类导轨适用于受轴向载荷的场合，如压力机、攻螺纹机和机械手等。

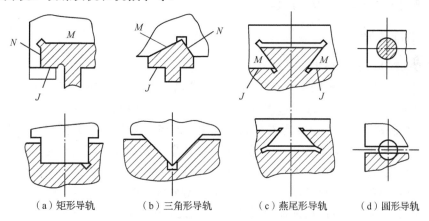

（a）矩形导轨　　　（b）三角形导轨　　　（c）燕尾形导轨　　　（d）圆形导轨

图 6-47　数控机床常用导轨的截面形状

2）直线导轨的组合形式

数控机床上一般都采用直线导轨承受载荷和导向。重型机床承载大，常采用 3～4 条直线导轨。直线导轨的组合形式取决于载荷大小、导向精度、工艺性、润滑和防护等因素。常见的直线导轨组合形式有双三角形组合、双矩形组合、三角形平导轨组合、三角形与矩形导轨组合、平三角形与平三角形导轨组合等形式，如图 6-48 所示。

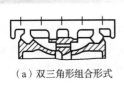

（a）双三角形组合形式

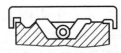

（b）双矩形组合形式

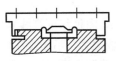

（c）三角形平导轨组合形式

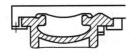

（d）三角形与矩形导轨组合形式

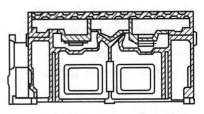

（e）平三角形与平三角形导轨组合形式

图6-48　直线导轨的组合形式

2．圆周运动导轨

圆周运动导轨主要用于圆形工作台、转盘和转塔等旋转运动部件，常见的圆周运动导轨有平面圆环导轨（必须配有工作台心轴轴承，应用得较多）、锥形圆环导轨（能承受轴向和径向载荷，但制造较困难）、V形圆环导轨（制造复杂）。

6.5.3　数控机床常用的导轨

导轨按运动轨迹，可分为直线运动导轨和圆周运动导轨；按工作性质，可分为主运动导轨、进给运动导轨和调整导轨；按摩擦性质，分为滑动导轨、滚动导轨及静压导轨。导轨副的制造精度和精度保持性对数控机床的加工精度有重要影响。在数控机床上常用的导轨主要有塑料滑动导轨、滚动导轨和静压导轨等。

1．塑料滑动导轨

1）塑料滑动导轨的分类

塑料滑动导轨主要指铸铁-塑料滑动导轨或镶钢-塑料滑动导轨。塑料滑动导轨常用在导轨副的动导轨上，与之相配的金属导轨是铸铁或钢制导轨两种。导轨用塑料为聚四氟乙烯，用该塑料制成导轨软带，粘贴在导轨基面上，习惯上称为"贴塑导轨"，用于进给速度为15m/min以下的中小型数控机床。另一种导轨用塑料是树脂型耐磨涂层，该涂层以环氧树脂和二硫化钼为基体，加入增塑剂混合成液状或膏状作为一组份，加入固化剂混合成另一组分，形成了双组分塑料涂层。国外最有名的导轨涂层是 SKC_3 塑料涂层和 Mogilce 钻石牌导轨涂层。国内导轨涂层的型号为 HNT。SKC_3 导轨涂层有良好的可加工性，可进行车削、铣削、刨削、钻削、磨削、刮削等加工，其抗压强度比聚四氟乙烯导轨软带高，固化时体积不收缩，尺寸稳定，特别是可在调整好位置精度后注入涂料，适用于重型机床和不能用导轨软带的复杂配合型面。这类涂层导轨的制作采用涂刮或注入膏状塑料的方法，国内习惯上称之为"涂塑导轨"或"注塑导轨"。塑料滑动导轨的粘接如图6-49所示。

图6-50所示为某型号加工中心工作台的剖视图，工作台和床身之间采用双矩形导轨组合导向，导轨采用聚四氟乙烯塑料-铸铁导轨副。作为移动部件的工作台各导轨面上都粘有聚四氟乙烯导轨软带，在下压板和调整镶条上也粘有导轨软带。

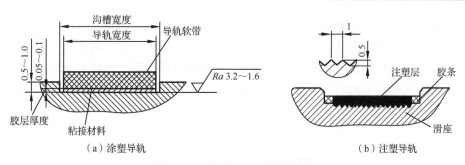

（a）涂塑导轨　　　　　　　　　　　（b）注塑导轨

图 6-49　塑料滑动导轨的粘接

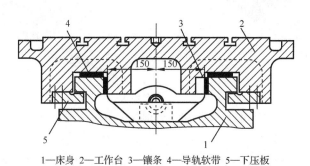

1—床身　2—工作台　3—镶条　4—导轨软带　5—下压板

图 6-50　某型号加工中心工作台的剖视图

2）塑料滑动导轨的特点

与其他导轨相比，塑料滑动导轨具有以下特点：

① 摩擦系数低而稳定：摩擦系数比铸铁导轨副低一个数量级。

② 动、静摩擦系数相近：运动平稳性和爬行性能较铸铁导轨副好。

③ 吸振性好：具有良好的阻尼性，优于接触刚度较低的滚动导轨和易漂浮的静压导轨。

④ 耐磨性好：有自身润滑作用，无润滑油也能工作，灰尘及磨粒的嵌入性好。

⑤ 化学稳定性好：耐磨、耐低温、耐强酸、强碱、强氧化剂及各种有机溶剂。

⑥ 维护修理方便：软带耐磨，损坏后更换容易。

⑦ 经济性好：结构简单，成本低。

2. 滚动导轨

滚动导轨的摩擦系数小（$\mu=0.002\sim0.005$），动、静摩擦系数差别小，启动阻力小，并且能微量准确移动，低速运动平稳，无爬行现象，因而运动灵活、定位精度高、使用寿命长。通过预紧可以提高滚动导轨的刚度和抗振性，能承受较大的冲击和振动，是数控机床进给系统应用中比较理想的导轨。常用的滚动导轨有直线滚动导轨和滚动导轨块两种。

1）直线滚动导轨

图 6-51 所示为直线滚动导轨的外形和结构。直线滚动导轨主要由导轨体、金属刮片、刮油片、端盖、滑块、滚珠等组成，由于它把支撑导轨和运动导轨组合在一起，作为独立的标准导轨副部件，故又称单元式滚动导轨。在使用时导轨固定在不运动的部件上，滑块

固定在运动的部件上。当滑块沿导轨体运动时，滚珠在导轨体和滑块之间的圆弧直槽内滚动，并通过端盖内的暗道从工作负载区滚动到非工作负载区，然后再滚动回工作负载区，不断循环，从而把导轨体和滑块之间的滑动，变成滚珠的滚动。为防止灰尘和污物进入导轨滚道，滑块两端及下部均装有塑料密封垫，滑块上还有润滑油杯。直线滚动导轨的配置如图 6-52 所示。

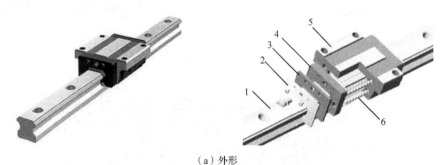

（a）外形

1—导轨体 2—金属刮片 3—刮油片 4—端盖 5—滑块 6—滚珠

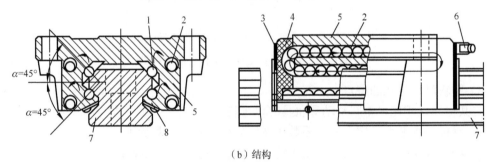

（b）结构

1—滚珠 2—回珠孔 3—密封端盖 4—反向器 5—滑块 6—油杯 7—导轨条 8—侧密封垫

图 6-51　直线滚动导轨的外形和结构

图 6-52　直线滚动导轨的配置

2）滚动导轨块

滚动导轨块是一种作循环运动的圆柱滚动体标准结构件，其外形和结构如图 6-53 所示。滚动导轨块主要由本体、端盖、保持架及滚柱组成，承载能力和刚度比直线滚动导轨高，但摩擦系数略大。使用时用螺钉把导轨固定在数控机床的运动部件上，当部件移动时，滚柱在支承部件的导轨面与本体 6 之间滚动，同时又绕本体作循环滚动。滚柱与运动部件的导轨面不接触，故该导轨面不需要进行淬硬磨光。支撑导轨一般采用镶钢淬火导轨，固定在床身或立柱的基体上。滚动导轨块的数目与导轨的长度和负载的大小有关。滚动导轨块在数控机床上的安装实例如图 6-54 所示。

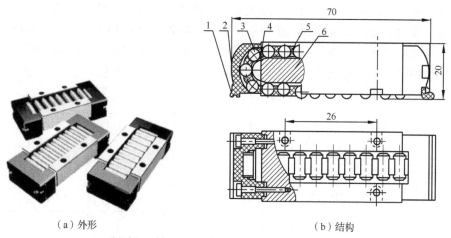

（a）外形　　　　　　　　　　　　　（b）结构

1—防护板　2—端盖　3—滚柱　4—导向片　5—保持架　6—本体

图 6-53　滚动导轨块的外形和结构

图 6-54　滚动导轨块在数控机床上的安装实例

3. 静压导轨

静压导轨分为液体静压导轨和气体静压导轨两类。

1）液体静压导轨

液体静压导轨的工作原理：在导轨的滑动面之间开有油腔，将有一定压力的油液通过节流器输入油腔，形成压力油膜，使运动部件浮起，工作时导轨面上油腔中的油压随外载荷的变化而自动调节，以平衡外载荷，使导轨工作表面处于纯液体摩擦，不产生磨损量，精度保持性好；同时摩擦系数小（一般为 0.001～0.005），使驱动功率大大降低，提高机械效率；其运动不受速度和负载的限制，低速无爬行，承载能力大，刚度好；油液有吸振作用，抗振性好，导轨摩擦发热量也小。其缺点是结构复杂，并且需要配置一套专门的供油系统，制造成本较高。这类导轨较多应用在精密或大型、重型数控机床上。

按承载方式的不同，静压导轨可分为开式静压导轨和闭式静压导轨两种。图 6-55（a）所示为开式静压导轨的工作原理，油泵启动后，压力油的油压 P_s 经节流器调节至 P_r（油腔压力）进入导轨油腔，并通过导轨间隙向外流出回油箱。油腔压力形成浮力将运动部件浮起，形成一定的导轨间隙 h_0。当载荷增大时，运动部件下沉，导轨间隙减小，液阻增加，流量减小，使油液经过节流器时的压力损失减小，油腔压力 P_r 增大，直至与载荷 W 平衡。开式静压导轨只能承受垂直方向的载荷，不能承受倾覆力矩。图 6-55（b）所示为闭式静压导轨工作原理，闭式静压导轨各方向导轨面上都开有油腔，所以，它能承受较大的倾覆力矩，导轨刚度也较大。

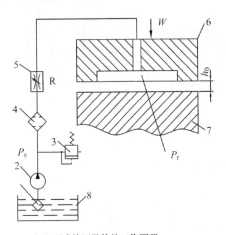 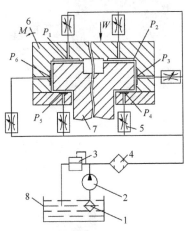

（a）开式静压导轨的工作原理　　　　　（b）闭式静压导轨的工作原理

1，4—滤油器 2—油泵 3—溢流阀 5—节流器 6—运动部件 7—固定部件 8—油箱

图 6-55　静压导轨的工作原理

2）气体静压导轨

气体静压导轨利用恒定压力的空气膜，使运动部件之间形成均匀间隔，以得到高精度的运动，摩擦系数小，不易引起热变形。但是，气体静压导轨会随空气压力波动而使空气膜发生变化，并且承载能力小。这类导轨常用于负荷不大的场合，如数控坐标磨床和三坐标测量机。

6.5.4　导轨的润滑与防护

1. 导轨的润滑

对导轨面进行合理的润滑后，可降低导轨面上的摩擦系数，减小磨损量，并且可防止导轨面锈蚀。因此，必须对导轨面进行润滑。导轨常用的润滑剂有润滑油和润滑脂，对滑动导轨，主要用润滑油润滑；对滚动导轨可以用润滑油或润滑脂润滑。

1）润滑方式

导轨的润滑方式可以分为非强制性润滑和强制性润滑。导轨最简单的润滑方式是人工定期加油或用油杯供油，这是一种非强制性润滑。这种方法简单，成本低，但不可靠，一般用于辅助导轨及运动速度低、工作不频繁的滚动导轨。在非强制性润滑方式下润滑油一般不能回收。

对运动速度较高的导轨大都采用润滑泵，以压力油强制性润滑。这样，不但可连续或间歇供油给导轨进行润滑，而且可利用油液的流动冲洗和冷却导轨面。根据压力油的供油方式的不同，强制性润滑又可分为连续供油和间歇供油两大类。为实现强制性润滑，导轨必须备有专门的供油系统，造成结构复杂，维修成本较高。

2）对润滑油的要求

在工作温度变化时，要求润滑油的黏度变化小，具有良好的润滑性能和足够的油膜刚度，油液中的杂质尽可能少，并且不侵蚀机件。常用的全损耗系统用润滑油（俗称"机油"）有 L-AN10/15/32/42/68、精密机床导轨用润滑油 L-HG68、汽轮机用润滑油 L-TSA32/46 等。

2. 导轨的防护

为了防止切屑、磨粒或切削液散落在导轨面上而引起导轨磨损加快、擦伤和锈蚀，必须在导轨面上安装可靠的防护罩。导轨的防护罩除了可以改善导轨的工作条件、提高导轨的使用寿命，还可以起到防止坠物砸伤导轨面的作用。导轨的防护罩种类如图 6-56 所示，常用的导轨防护罩有刮板式防护罩（"刮板"可为金属、毛毡、人造橡胶或它们的组合）、卷帘式防护罩和叠层式防护罩，大多用于长导轨机床上，如龙门刨床、导轨磨床等。另外，还有风琴式防护罩等。这些防护罩结构简单，并且由专门厂家制造。在数控机床的使用过程中应防止损坏防护罩，对叠层式防护罩应经常用刷子蘸机油清理其移动接缝，避免碰壳现象的产生。

（a）刮十板式防护罩

（b）卷帘式防护罩

（c）叠层式防护罩

（d）风琴式防护罩

图 6-56 导轨的防护罩种类

6.6　数控机床的自动换刀装置

自动换刀装置具有根据工艺要求自动更换所需刀具的功能。为了使数控机床在工件的一次装夹中完成多种加工工序，缩短辅助加工时间，减少因多次安装工件而引起的误差，必须在数控机床上配置自动换刀装置。自动换刀装置应满足换刀时间短、刀具重复定位精度高、刀具存储量大、刀库占地面积小及安全可靠等要求。自动换刀装置的结构取决于数控机床的类型、工艺范围、使用刀具的种类和数量等。下面仅介绍数控车床（包括车削中心）和加工中心的自动换刀装置。

6.6.1　数控车床的自动换刀装置

数控车床的刀架是最简单的自动换刀装置，其中的回转刀架如图 6-57 所示。回转刀架是数控车床刀架中应用最多的一种换刀装置，通过刀架的回转运动实现数控车床的换刀动作。

（a）立式自动回转刀架　　　　　　　　　　　　　（b）卧式自动回转刀架

图 6-57　数控车床的回转刀架

图 6-58 所示为立式自动回转刀架的结构。其换刀动作如下：当数控系统发出换刀指令后，电动机 22 正转，并经联轴套 16、轴 17，由滑键（或花键）带动蜗杆 18、蜗轮 2、轴 1、轴套 10 转动。轴套 10 的外圆上有两处凸起，可在套筒 9 内孔中的螺旋槽内滑动，从而举起与套筒 9 相连的刀架 8 及上端齿盘 6，使上端齿盘 6 与下端齿盘 5 分开，完成刀架的抬起动作。刀架抬起后，轴套 10 继续转动，同时带动刀架 8 转过 90°或 180°或 270°或 360°，并由微动开关 19 发出信号给数控系统。具体转过的角度由数控系统的控制信号确定，刀架上的刀具位置一般采用编码盘确定。刀架转位后，由微动开关 19 发出的信号使电动机 22 反转，销 13 使刀架 8 定位而不随轴套 10 回转，于是刀架 8 向下移动。上、下端齿盘合拢压紧。蜗杆 18 继续转动产生轴向位移，压缩弹簧 21，套筒 20 的外圆曲面压下微动开关 19 使电动机 22 停止旋转，从而完成一次转位。

图 6-59 所示为卧式自动回转刀架的结构。刀架转位为机械传动，齿盘定位。驱动电动机 11 尾部的带有电磁制动器，数控系统发出换刀指令后，首先松开电动机制动器，电动机

通过齿轮 10、9、8 带动蜗杆 7 旋转，使蜗轮 5 转动。由于蜗轮 5 与轴 6 之间采用螺纹连接，因此，蜗轮 5 的旋转带动轴 6 沿轴向（向左）移动。因刀盘 1 与轴 6、左齿盘 2 固定在一起，故刀盘 1 也一起向左移动，使左齿盘 2 与右齿盘 3 脱开，刀架完成松开动作。在轴 6 上开有两个对称槽，内装两个滑块 4，当齿盘脱开后，电动机继续带动蜗轮旋转。当蜗轮转到一定角度时，与蜗轮固定的圆盘 14 上的凸块便碰到滑块 4，蜗轮便通过圆盘 14 上的凸块带动滑块，连同轴 6、刀盘 1 一起进行旋转，刀架进行转位，到达要求的位置后，电刷选择器发出信号，使电动机 11 反转。这时，圆盘 14 上的凸块便与滑块 4 脱离，不再带动轴 6 转动。蜗轮通过螺纹带动轴 6 右移，左齿盘 2 与右齿盘 3 啮合定位，完成刀架定位动作。当齿盘压紧时，轴 6 右端的小轴 13 压下微动开关 12，发出转动结束信号，电动机断电，电动机制动器制动，维持电动机轴上的反转力矩，以保持齿盘之间有一定的夹紧力，换刀动作结束。

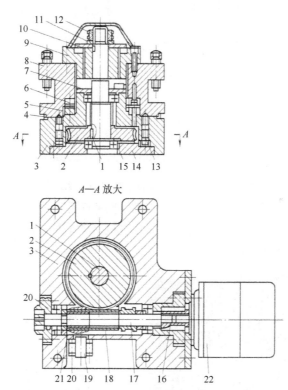

1，17—轴 2—蜗轮 3—刀座 4—密封圈 5，6—齿盘 7—压盖 8—刀架 9，20—套筒 10—轴套 11—垫圈 12—螺母；13—销 14—底盘 15—轴承 16—联轴套 18—蜗杆 19—微动开关 21—压缩弹簧 22—电动机

图 6-58　立式自动回转刀架的结构

车削中心是在全功能型数控车床的基础上发展而来的。它的主体是全功能型数控车床，配置刀库、换刀装置、分度装置、铣削动力头和机械手等，可实现多工序的车削、铣削复合加工。图 6-60 所示为车削中心的动力刀架，该刀架上备有刀架主轴电动机，可实现自动无级变速，通过传动机构驱动装在刀架上的刀具主轴，完成切削加工。

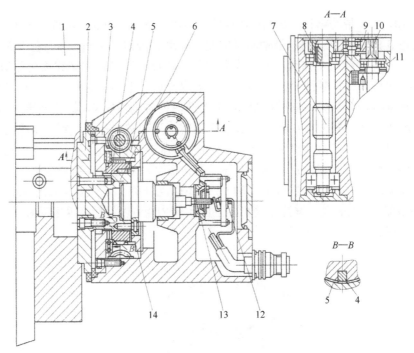

1—刀盘 2—左齿盘 3—右齿盘 4—滑块 5—蜗轮 6—轴 7—蜗杆 8，9，10—齿轮 11—电动机
12—微动开关 13—小轴 14—圆盘

图 6-59　卧式自动回转刀架的结构

图 6-61 所示为车削中心回转刀架上的动力刀具结构。既可以在刀盘上安装各种非动力
辅助刀夹（车刀夹、镗刀夹、弹簧夹头和莫氏锥度刀柄），用于夹持刀具以便进行加工，还
可安装动力刀夹，以便进行主动切削，配合主机完成车削、铣削、钻削、镗削等各种复杂
工序，实现加工程序自动化、高效化。

图 6-60　车削中心的动力刀架

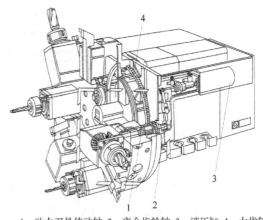

1—动力刀具传动轴 2—离合齿轮轴 3—液压缸 4—大齿轮

图 6-61　动力刀具结构

在图 6-61 中，控制系统接收到动力刀具在回转刀架上需要转位的信号时，驱动液压缸 3 的活塞杆带动离合齿轮轴 2 右移至转塔刀盘体内（脱开传动），动力刀具在回转刀架上开始转位。当动力刀具在回转刀架上转到工作位置时，定位夹紧后发出信号，驱动液压缸 3 的活塞杆带动离合齿轮轴 2 左移，离合齿轮轴 2 左端的内齿轮与动力刀具传动轴 1 右端的齿轮啮合，这时由大齿轮 4 驱动动力刀具旋转。

6.6.2　加工中心自动换刀装置

加工中心带有刀库及自动换刀装置，可使工件在一次装夹后完成钻削、扩削、铰削、镗削、攻螺纹、铣削等多工序的加工，使工序高度集中。

1．刀库的种类

刀库用于储备一定数量的刀具，通过机械手或其他换刀方式实现与主轴上刀具的交换。根据刀库存放的刀具数目和取刀方式，刀库可被设计成不同的形式。

1）盘式刀库

盘式刀库如图 6-62 所示，其存刀量一般是 16～30 把，这类刀库中刀具的存放方向一般与主轴上的装刀方向垂直，需要机械手进行换刀。盘式刀库通常用于中小型立式加工中心。

2）斗笠式刀库

斗笠式刀库如图 6-63 所示，其存刀量一般是 16～24 把，这类刀库中刀具的存放方向一般与主轴上的装刀方向一致，属于无机械手换刀方式。在换刀时整个刀库向主轴移动，当主轴上的刀具进入刀库的卡槽时，主轴向上移动脱离刀具，这时刀库转动。当要换的刀具对正主轴正下方时主轴下移，使刀具进入主轴锥孔内，夹具夹紧刀具后，刀库退回原来的位置。

图 6-62　盘式刀库

图 6-63　斗笠式刀库

3）链式刀库

链式刀库如图 6-64 所示，其存刀量大，一般是 30～120 把，甚至更多。这类刀库的刀座固定在链条上，当链条较长时，可以增加支承链轮数目，使链条折叠回绕，提高空间利用率。当调用刀库中的刀具时，由链条把需要更换的刀具传到指定位置，由机械手将刀具装到主轴上。

（a）单环链式刀库　　　　　　　　　　　（b）链条折叠式刀库

图 6-64　链式刀库

2. 刀库的选刀方式

常用的刀库选刀方式有顺序选刀和任意选刀两种。

1）顺序选刀

顺序选刀是指将加工所需要的刀具，按照预先确定的加工顺序依次安装在刀座中；换刀时，刀库按顺序转位，调用所需要的刀具。已经使用过的刀具可以放回到原来的刀座内，也可以按顺序放入下一个刀座内。这种方式不需要刀具识别装置，驱动控制也较简单，工作可靠，但刀库中的每把刀具在不同的工序中不能重复使用。为了满足加工需要，只有增加刀具的数量和刀库的容量，这就降低了刀具和刀库的利用率。此外，装刀时必须十分谨慎，如果刀具不按顺序安装在刀座中，将会产生严重的后果。顺序选刀适用于加工品种少、产品批量较大的数控机床。

2）任意选刀

任意选刀是目前在加工中心上大量使用的选刀方式。这种选刀方式能将刀具号和刀库中的刀座位置对应地储存在系统的 PLC 中，无论刀具放在哪个刀座内，刀具信息都始终储存在 PLC 内。刀库上装有位置检测装置，可获得每个刀座的位置信息。这样，刀具就可以被任意取出并送回。此时，刀库中刀具的排列顺序与工件加工顺序无关，相同的刀具可重复使用。因此，刀具数量比顺序选刀方式的刀具数量少一些，刀库也相应小一些。刀库上还设有机械原点，使每次选刀时就近选取。例如，对于盘式刀库，每次选刀运动正转或反转都不会超过180°。因此，这种选刀方式具有方便灵活、稳定性和高可靠性等特点。

3. 换刀方式

在加工中心中实现刀库与主轴进行刀具传递和刀具装卸的装置称为刀具交换装置。刀具的交换方式（简称换刀方式）很多，一般分无机械手换刀和机械手换刀两大类。

1）无机械手换刀

在无机械手的自动换刀装置中，一般把刀库放在主轴箱可以运动到的位置，或整个刀库（或某一刀位）能移动到主轴箱可以到达的位置，实现刀具的自动交换。刀库中的刀具的存放方向一般与主轴上的装刀方向一致。换刀时，由主轴和刀库的相对运动进行换刀动作。因为无机械手，所以结构和控制方式简单，换刀可靠。但是，刀库容量不大，换刀动作麻烦且换刀时间长，一般适用于中小型加工中心。图6-63所示的斗笠式刀库就采用无机械手换刀方式。图6-65所示为TH5640型立式加工中心无机械手换刀动作示意。

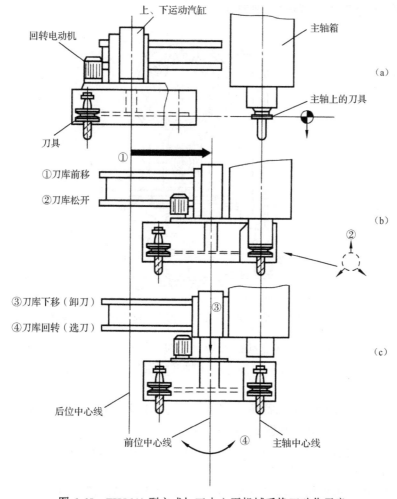

图6-65　TH5640型立式加工中心无机械手换刀动作示意

  TH5640 型立式加工中心的自动换刀装置由刀库和自动换刀机构组成。刀库可在导轨上沿左右及上下移动，以完成卸刀和装刀动作，上、下、左、右移动分别通过上、下运动汽缸及左、右运动汽缸实现。刀库的选刀是利用电动机经减速器带动槽轮机构回转实现的。为确定刀号，在刀库内安装了原位开关和计数开关。换刀时，首先，刀库由左、右运动汽缸驱动，在导轨上沿水平方向移动，刀库鼓轮上的一个空缺刀位插入主轴上的刀柄凹槽处，刀位上的夹刀弹簧将刀柄夹紧，如图 6-65（a）所示。其次，主轴上的刀具松开装置动作，松开刀具，如图 6-65（b）所示。刀库在上、下运动汽缸的作用下向下运动，完成卸刀过程，如图 6-65（c）所示。再次，刀库回转进行选刀，当刀位选定后，在上、下运动汽缸的作用下，刀库向上运动，选中的刀具被装入主轴锥孔，主轴内的拉杆将该刀具拉紧，完成刀具装夹；最后左、右运动汽缸带动刀库沿导轨返回原位，完成一次换刀。

  图 6-66 所示为立柱不动式卧式加工中心的无机械手自动换刀装置，该加工中心的刀库位于顶部，主轴在立柱上可以沿 Y 轴方向上、下移动，工作台沿横向的 Z 轴和纵向的 X 轴运动。刀库有 30 个刀位，可装 29 把刀具。

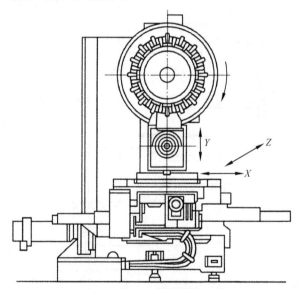

图 6-66   立柱不动式卧式加工中心的无机械手自动换刀装置

  图 6-67 所示为该加工中心的自动换刀装置的换刀过程示意。具体过程如下：

  （1）上一工序结束后，执行换刀指令，主轴实现准停，主轴箱沿 Y 轴上升，如图 6-67（a）所示。

  （2）主轴箱上升至顶部换刀位置，主轴上的刀具进入刀库的交换位置（空位），刀具被刀库夹紧，主轴松开刀具，如图 6-67（b）所示。

  （3）刀库夹住刀具前移，从主轴上卸刀，主轴孔的吹气装置吹气以清洁主轴孔，如图 6-67（c）所示。

  （4）刀库转位，根据指令将下一道工序的刀具转到换刀位置，如图 6-67（d）所示。

（5）刀库后退，将新刀具插入主轴孔，主轴的夹紧装置动作，夹紧刀具，停止对主轴孔的吹气，如图 6-67（e）所示。

（6）主轴箱离开换刀位置，下降到工作位置，准备下一道工序的加工，如图 6-67（f）所示。

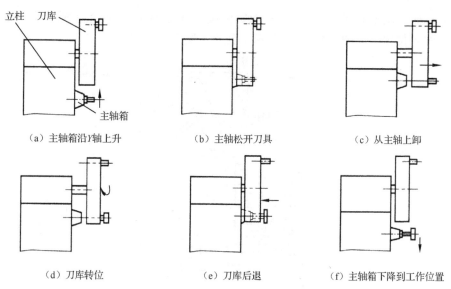

图 6-67　立柱式卧式加工中心的无机械手自动换刀装置的换刀过程示意

2）机械手换刀

有机械手的自动换刀装置一般由机械手和刀库组成。其刀库的配置、位置及数量的选用比无机械手的自动换刀装置灵活得多。在加工中心中常采用机械手进行刀具交换，因为机械手换刀时间短，换刀动作灵活。图 6-62 所示的盘式刀库及图 6-64 所示的链式刀库都采用机械手换刀。下面以 JCS-018 型立式加工中心的自动换刀装置为例，说明其自动换刀过程。

图 6-68 所示为 JCS-018 型立式加工中心自动换刀装置的结构及动作示意，刀库位于立柱左侧，刀具在刀库中的安装方向与主轴垂直。在进行切削加工时，机械手的手臂与主轴中心到换刀位置的"待换"刀具轴线的连线呈 75° 角。该位置为机械手的原始位置，如图 6-68 中的 K 向视图）。其换刀过程如下。

（1）刀库将准备更换的刀具转到固定的换刀位置，该位置处在刀库的下方。如图 6-69（a）所示。

（2）上一工步结束后，刀库将换刀位置上的刀座逆时针转 90°，使刀具轴线与主轴轴线平行。主轴箱上升到换刀位置后，机械手旋转 75°，分别抓住主轴和刀库刀座上的刀柄，如图 6-69（b）所示。

（3）待主轴自动放松刀柄后，机械手下降，同时把主轴孔内和刀座内的刀柄拔出，如图 6-69（c）所示。

（4）机械手带着两把刀具逆时针回转180°（从图6-68中K向观察），使主轴上的刀具和刀库中的刀具交换位置，如图6-69（d）所示。

（5）机械手上升，将交换位置后的两个刀柄同时被插入主轴孔和刀座中并被夹紧，如图6-69（e）所示。

（6）机械手反方向回转75°，回到原始位置。刀座带动刀具向上（顺时针）转动90°，回到初始水平位置，如图6-69（f）所示。至此，换刀过程结束。

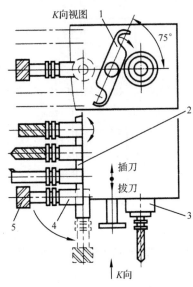

1—机械手 2—刀库 3—主轴 4—刀座 5—刀具

图6-68 JCS-018型立式加工中心自动换刀装置的结构及动作示意

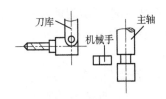

（a）刀具转到固定的换刀位置

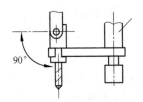

（b）刀座逆时针转90°

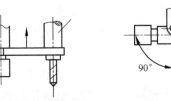

（c）把主轴孔内和刀座内的刀柄拔出

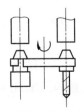

（d）主轴上的刀具和刀库中的刀具交换位置

（e）交换后的两个刀，同时被插入主轴孔和刀座中并被夹紧

（f）刀座回到初始水平位置

图6-69 换刀过程详解

4．换刀机械手

1）机械手的形式

在自动换刀的数控机床中，机械手的形式是多种多样的，换刀方式也各不相同。图 6-70 所示为 6 种常见机械手的形式。

（1）单臂单爪回转式机械手。这种机械手只有一个手臂和卡爪，如图 6-70（a）所示。它可以回转不同的角度进行自动换刀，但因为是单臂单爪，不论在刀库上或在主轴上，均靠这一个卡爪装刀或卸刀，所以换刀时间较长。

（2）单臂双爪回转式机械手。这种机械手有一个手臂和两个卡爪，如图 6-70（b）所示。两个卡爪有所分工，一个卡爪执行从主轴上取下"旧刀"送回刀库的任务，另一个卡爪则执行从刀库中取出"新刀"传送到主轴的任务。其换刀时间较单臂单爪回转式机械手短。

（3）单臂双爪回转式机械手。这种机械手有一个手臂和两个卡爪，如图 6-70（c）所示。两个卡爪可同时抓取刀库及主轴上的"新旧"刀具，回转 180°后，又同时将"新旧"刀具分别装入主轴及放回刀库。其换刀时间较以上两种单臂机械手短，因此它是最常用的一种换刀机械手。图 6-70（c）右边的机械手在刀库和主轴上抓取刀具或装入刀具时，两臂可伸缩。

（4）双机械手。这种机械手相当两个单臂单爪机械手，两个卡爪均可沿手臂伸缩，如图 6-70（d）所示。两个机械手相互配合进行自动换刀，其中一个机械手从主轴上取下"旧刀"送回刀库，另一个机械手从刀库中取出"新刀"装入机床主轴。其换刀时间较短，但结构较前 3 种机械手复杂。

（5）双臂往复交叉式机械手。这种机械手有两个手臂，两个手臂交叉成一定的角度，并且可以伸缩，如图 6-70（e）所示。一个手臂从主轴上取下"旧刀"送回刀库，另一个手臂从刀库中取出"新刀"装入主轴。整个机械手可沿某个导轨直线移动或绕某个转轴回转，以实现刀库与主轴之间的刀具传递。

（6）双臂端面夹紧机械手。这种机械手只是在夹紧部位上与前 5 种不同。前 5 种机械手均靠夹紧刀柄的外圆表面，以抓取刀具，这种机械手则夹紧刀柄的两个端面，如图 6-70（f）所示。

2）机械手夹持刀具的方法

在自动换刀装置上，机械手夹持刀具的方法大体上可分为柄式夹持和法兰盘式夹持两类。

（1）柄式夹持（也称轴向夹持或 V 形槽夹持）。图 6-71 所示为标准刀具夹头柄部示意。其刀柄前端有 V 形槽，供机械手夹持用。按所安装刀具（如钻头、铣刀、铰刀及镗杆等）的不同，带 V 形槽的圆柱部分的右端被设计成不同形式。目前，我国数控机床较多采用这种夹持方式。

（a）单臂单爪回转式机械手

（b）双臂双爪回转式机械手

（c）单臂双爪回转式机械手

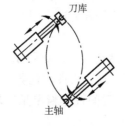

刀库

主轴

（d）双机械手

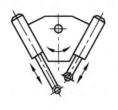

（e）双臂往复交叉式机械手

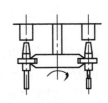

（f）双臂端面夹紧机械手

图 6-70　机械手的形式

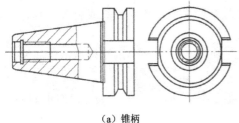

（a）锥柄

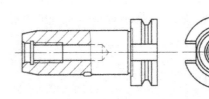

（b）直柄

图 6-71　标准刀具夹头柄部示意

（2）法兰盘式夹持。法兰盘式夹持也称径向夹持或碟式夹持，其所用的刀具夹头，如图 6-72（a）所示。在刀具夹头的前端，有供机械手夹持用的法兰盘；图 6-72（b）所示为机械手夹持刀具夹头的方法，上面的图为松开状态，下面的图为夹持状态。当应用中间搬运装置时，采用法兰盘式夹持，可以很方便地将刀具夹头从一个机械手过渡到另一个辅助机械手，如图 6-73 所示。采用法兰盘式夹持时，换刀动作较多，但不如柄式夹持应用广泛。

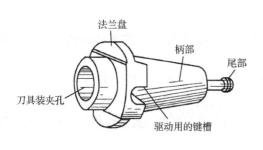

法兰盘

柄部

尾部

刀具装夹孔

驱动用的键槽

（a）刀具夹头

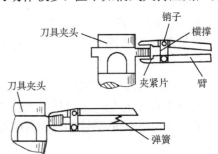

刀具夹头

销子

横撑

刀具夹头

夹紧片

臂

弹簧

（b）机械手夹持刀具夹头的方法

图 6-72　法兰盘式夹持示意

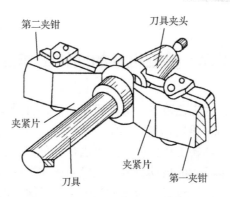

图 6-73　法兰盘式夹持交换示意

3）机械手的结构

在换刀过程中，机械手除了要抓住刀柄快速回转并完成拔、插刀具的动作，还要保证刀柄键槽的角度位置对准主轴上的驱动键。因此，在设计机械手的结构时，夹持部分要十分可靠，并保证有适当的夹紧力，活动爪要有锁紧装置，以防止刀具在换刀过程中因转动而脱落。

图 7-74 所示为柄式夹持机械手结构，它主要由手臂和其两端结构完全一样的两个卡爪组成。卡爪上握刀的圆弧部分有一个定位键，当机械手抓住刀具时，该定位键插入刀柄的键槽中。当机械手由原始位置转 75° 抓住刀具时，两个手爪的长销分别被主轴的端面和刀库上的挡块压下，进而锁紧销被压下，使轴向开有长槽的活动销在弹簧的作用下右移并顶住刀具。机械手拔刀时，长销和挡块脱离接触，锁紧销被弹簧顶起，使得活动销顶住刀具，使之不能后退。这样，机械手在回转 180° 时，刀具不会被甩出。当机械手上升并进行插刀时，两个长销又分别被两个挡块压下，锁紧销从活动销的槽中退出，松开刀具，机械手便可放开刀具反转 75° 复位。

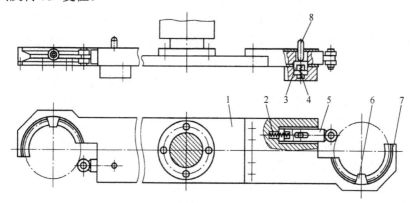

1—手臂 2，4—弹簧 3—锁紧销 5—活动销 6—定位键 7—卡爪 8—长销

图 6-74　柄式夹持机械手结构

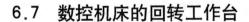

6.7　数控机床的回转工作台

为了提高生产效率，扩大工艺范围，数控机床除了具有沿直线进给的功能，还应具有绕 X、Y、Z 轴的圆周进给或分度的功能。通常，数控机床的圆周进给运动是由回转工作台实现的。其中，数控铣床的回转工作台除了用来进行各种圆弧加工，或者与直线进给联动进行曲面加工，还可以实现精确的自动分度，这给箱体类零件的加工带来便利。对于自动换刀的多工序加工中心来说，回转工作台已成为一个不可缺少的部件。数控机床中常用的回转工作台有分度工作台和数控回转工作台两种。

6.7.1　分度工作台

数控机床的分度工作台与数控回转工作台不同，它只能够完成分度运动，而不能实现圆周进给。分度工作台的功能是将工件转位换面，完成分度运动；和自动换刀装置配合使用，实现工件一次安装后，就可进行多种工序。由于结构上的原因，通常分度工作台的分度运动只限于某些规定的角度（45°、60°、90°、180°等）。分度工作台的分度和定位是按照控制系统的指令自动进行，为满足分度精度的要求，需要使用专门的定位元件保证分度精度。常用的定位元件有插销定位和齿盘定位等。

1. 采用插销定位的分度工作台

以 THK6380 型卧式镗/铣床为例，说明其分度工作台的结构，这是采用插销定位的分度工作台，如图 6-75 所示。其定位元件由定位销和定位套孔组成。分度工作台置于长方形固定工作台的中间，在不单独使用分度工作台时，这两个工作台可以作为一个整体使用。分度工作台下方有 8 个均布的圆柱定位销、定位套及一个马蹄形环槽。定位时，只有一个定位销插入定位套的孔中，其他 7 个则进入马蹄形环槽中。由于定位销之间的分布角度为 45°，因此，这种分度工作台只能实现二、四、八等分的分度运动。

采用插销定位的分度工作台作分度运动时，其工作过程分为 3 个步骤：

（1）分度工作台抬起。当需要分度时，由控制系统发出指令，使 6 个均布于固定工作台圆周上的夹紧液压缸 8（图中只画出一个）上腔中的压力油流回油箱。在弹簧 11 的作用下，推动活塞 10 上升 15mm，使分度工作台放松。同时中央液压缸 15 从管道 16 压入压力油，于是活塞 14 上升。通过止推螺钉 13，止推轴套 4 将推力圆柱滚子轴承 18 向上抬起 15mm而顶在转台座 19 上。通过六角螺钉 3，转台轴 2 使分度工作台 1 也抬高 15mm。与此同时，定位销 7 从定位套 6 中拔出，完成了分度前的准备动作。

（2）回转分度。控制系统再发出指令，使液压马达回转，并通过齿轮传动（图中未表示出）使和分度工作台固定在一起的大齿轮 9 回转，分度工作台便进行分度。当分度工作台上的挡块碰到第一个微动开关时减速，然后慢速回转，碰到第二个微动开关时准停。此时，新的定位销 7 正好对准定位套的定位孔，准备定位。由于分度工作台的回转部分在径向有双列滚柱轴承 12 及滚针轴承 17 作为两端径向支承，中间又有推力球轴承，因此运动平稳。

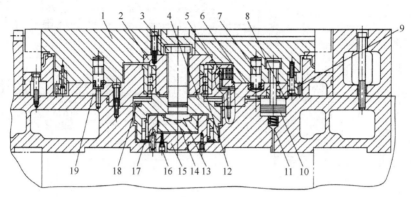

1—分度工作台 2—转台轴 3—六角螺钉 4—止推轴套 5，10，14—活塞 6—定位套 7—定位销
8—夹紧液压缸 9—大齿轮 11—弹簧 12—双列滚柱轴承 13—止推螺钉 15—中央液压缸
16—管道 17—滚针轴承 18—推力圆柱滚子轴承 19—转台座

图 6-75　采用插销定位的分度工作台的结构

（3）分度工作台下降定位夹紧。分度运动结束后，中央液压缸 15 的油液流回油箱，分度工作台下降定位，同时夹紧液压缸 8 的上端进压力油，活塞 10 下降，通过活塞杆上端的台阶部分将工作台夹紧。在工作台定位之后夹紧之前，活塞 5 顶住分度工作台，将分度工作台转轴中的径向间隙消除后再夹紧，以提高分度定位精度。

采用插销定位的分度工作台的分度精度，主要取决于定位销和定位孔的尺寸精度及坐标精度，最高精度可达±5″。为适应大多数的加工要求，应当尽可能提高最常用的分度工作台旋转 180° 时的定位销销孔的坐标精度（常用于调头镗孔），而其他角度（45°、90° 和 135°）可以适当降低。定位销和定位套的制造和装配精度要求都很高，硬度的要求也很高，而且耐磨性好。

2. 采用齿盘定位的分度工作台

以 THK6370 型卧式镗/铣床为例，说明其分度工作台的结构，它是采用齿盘（也称为端面多齿盘、多齿盘、鼠齿盘）定位的分度工作台，如图 6-76 所示。主要由上齿盘 13、下齿盘 14、升降液压缸 12、活塞 8、ZM16 型液压马达、蜗杆 3、蜗轮 4、减速齿轮 5、减速齿轮 6 等组成。

采用齿盘定位的分度工作台的分度转位动作包括以下三个步骤：

（1）分度工作台抬起。当需要分度时，控制系统发出分度指令，压力油通过管道 7 进入分度工作台 9 中央的升降液压缸 12 的下腔，使活塞 8 向上移动，通过推力球轴承 10 和推力球轴承 11 带动分度工作台 9 向上抬起，使上齿盘 13 和下齿盘 14 相互脱离；升降液压缸 12 上腔中的油液经管道 7 排出，完成分度前的准备工作。

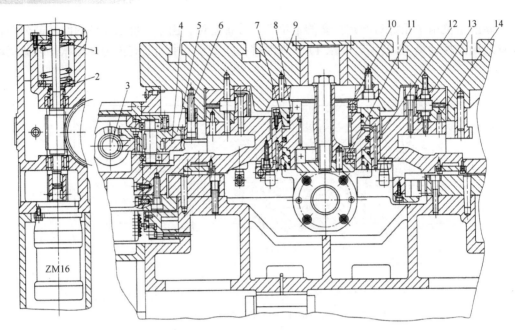

1—弹簧 2，10，11—推力球轴承 3—蜗杆 4—蜗轮 5，6—减速齿轮 7—管道
8—活塞 9—分度工作台 12—升降液压缸 13，14—齿盘

图 6-76　采用齿盘定位的分度工作台的结构

（2）回转分度。当分度工作台 9 向上抬起时，通过推杆和微动开关发出信号，压力油从管道 7 进入 ZM16 型液压马达，使其转动。通过蜗轮蜗杆副（3、4）和齿轮副（5、6）带动分度工作台 9 进行分度回转运动。该工作台的分度回转角度的大小由指令给出，共 8 个等分，等分值都是 45°的整数倍。当分度工作台 9 的回转角度接近所要分度的角度时，减速挡块使微动开关动作，发出减速信号，在分度工作台 9 停止转动之前其转速已显著降低，为准确定位做准备。当分度工作台 9 的回转角度达到所要求的角度时，准停挡块压下微动开关，发出准停信号。此时，进入 ZM16 型液压马达的压力油被堵住，该液压马达停止转动，分度工作台 9 完成准停动作。

（3）分度工作台 9 下降并完成定位夹紧。分度工作台 9 完成准停动作的同时，压力油从管道 7 进入升降液压缸 12 的上腔，推动活塞 8 带动分度工作台 9 下降。于是，上、下齿盘又重新啮合，完成定位夹紧。在分度工作台 9 下降的同时，推杆使另一个微动开关动作，发出分度运动完成的信号。分度工作台 9 的传动蜗轮蜗杆副（3、4）具有自锁性，即运动不能从蜗轮 4 传至蜗杆 3。但当分度工作台 9 下降时，上、下齿盘重新啮合，齿盘带动减速齿轮 5 时，蜗轮 4 会产生微小转动。如果蜗轮蜗杆副锁住不动，那么上、下齿盘下降时就难以啮合不能准确定位。为此，将蜗轮轴设计成浮动结构，即其轴向用上、下一对推力球轴承 2 抵在弹簧 1 上面。这样，分度工作台 9 作微小回转时，蜗轮 4 带动蜗杆 3 压缩弹簧 1 作微小的轴向移动。

采用齿盘定位的分度工作台能达到很高的定位精度，一般定位精度为±3″，最高可达

±0.4″；能承受很大的载荷，定位刚度高，精度保持性好。实际上，由于齿盘的啮合和脱开相当于两个齿盘对研过程，因此，随着齿盘使用时间的延续，其定位精度还有不断提高的趋势。采用齿盘定位的分度工作台广泛用于数控机床，也用于组合机床和其他专用机床。

6.7.2　数控回转工作台

数控回转工作台是数控铣床、数控镗床、加工中心等数控机床不可缺少的重要部件，它可按照控制装置的信号或指令作回转分度或连续回转进给运动，使数控机床能完成指定的加工工序。其外形和分度工作台十分相似，但其内部结构具有数控进给驱动机构的许多特点。数控回转工作台分为开环数控回转工作台和闭环数控回转工作台两种。

1. 开环数控回转工作台

开环数控回转工作台是由步进电动机驱动的，其结构如图 6-77 所示。在该图中，步进电动机 3 通过齿轮 2、齿轮 6、蜗杆 4 和蜗轮 15 实现圆周进给运动。齿轮 2 和齿轮 6 的啮合间隙的消除依靠偏心环 1 的调整。齿轮 6 与蜗杆 4 用花键连接，其间隙应尽量小，以减小对分度定位精度的影响。蜗杆 4 为双导程蜗杆，用于消除蜗杆和蜗轮的啮合间隙。蜗轮 15 下部的内、外两面装有夹紧瓦 18 和夹紧瓦 19，数控回转工作台底座 21 上固定的支座 24 内有 6 个液压缸 14，当液压缸的上腔进压力油时，柱塞 16 下移，并通过钢球 17 推动夹紧瓦 18 和夹紧瓦 19，将蜗轮 15 夹紧，从而将数控回转工作台夹紧。当不需要夹紧时，只要卸掉液压缸 14 上腔的压力油，没有承受压力的弹簧 20 即可将钢球 17 抬起，蜗轮 15 被放松。

开环数控回转工作台设有零点，当进行"回零"操作时，该工作台先快速回转至挡块11，由挡块 11 压合微动开关 10，发出由"快速回转"变为"慢速回转"的信号；然后慢速回转至挡块 9，由挡块 9 压合微动开关 8，发出由"慢速回转"变为"点动步进"的信号；最后步进电动机 3 停在某一固定的通电相位上，从而使开环数控回转工作台准确地停靠在零点位置上。

由于开环数控回转工作台是根据数控系统发出的脉冲指令控制转位角度的，没有其他定位元件，因此，对开环数控转台的传动精度要求高，传动间隙应尽量小。这种数控回转工作台的回转轴可以水平安装也可以垂直安装，以适应不同工件的加工要求。

2. 闭环数控回转工作台

闭环数控回转工作台的结构与开环数控回转工作台的结构大致相同，两者区别在于闭环数控回转工作台安装了转动角度的测量元件（圆光栅或感应同步器）。测量元件的测量结果经反馈并与指令值进行比较，按闭环原理进行工作，使闭环数控回转工作台的分度精度更高。

图 6-78 所示为闭环数控回转工作台的结构。伺服电动机 15 通过减速齿轮 14、减速齿轮 16、蜗杆 12 和蜗轮 13 带动闭环数控回转工作台 1 回转，该工作台的转角位置用圆光栅

9 测量。测量结果的反馈信号与数控系统发出的脉冲信号进行比较，若两者之间有偏差，则将偏差信号放大后控制伺服电动机，使该电动机朝消除偏差的方向转动，使闭环数控回转工作台精确定位。当该工作台静止时，它必须处于锁紧状态。该工作台的锁紧用均布的8个小液压缸完成，当控制系统发出夹紧指令时，液压缸5的上腔进压力油，活塞6下移，通过钢球8推开夹紧瓦3和夹紧瓦4，从而把蜗轮13夹紧。当该工作台回转时，控制系统发出指令，液压缸5上腔的压力油流回油箱，在弹簧7的作用下，钢球8抬起，夹紧瓦松开，不再夹紧蜗轮13。然后按数控系统的指令，由伺服电动机15通过传动装置实现该工作台的分度转位、定位、夹紧或连续回转运动。

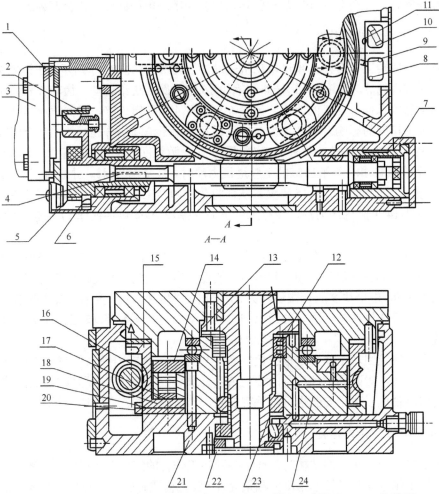

1—偏心环 2，6—齿轮 3—步进电动机 4—蜗杆 5—垫圈 7—调整环 8，10—微动开关 9，11—挡块 12，13—轴承 14—液压缸 15—蜗轮 16—柱塞 17—钢球 18，19—夹紧瓦 20—弹簧 21—底座 22—圆锥滚子轴承 23—调整套 24—支座

图 6-77 开环数控回转工作台的结构

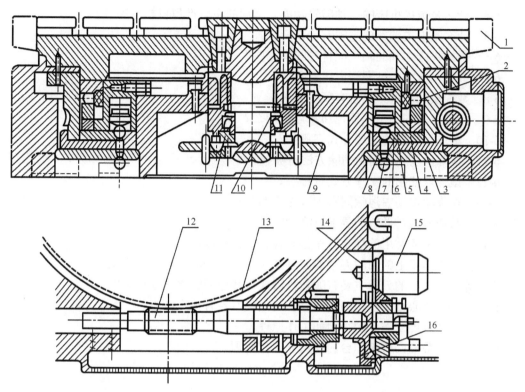

1—闭环数控回转工作台 2—镶钢滚柱导轨 3，4—夹紧瓦 5—液压缸 6—活塞 7—弹簧 8—钢球
9—圆光栅 10—双列向心短圆柱滚子 11—圆锥滚子轴承 12—蜗杆 13—蜗轮 14，16—减速齿轮 15—伺服电动机

图 6-78　闭环数控回转工作台的结构

闭环数控回转工作台的中心回转轴采用双列向心短圆柱滚子轴承 10 及圆锥滚子轴承 11，并预紧消除其径向和轴向间隙，以提高该工作台的刚度和回转精度。该工作台支撑在镶钢滚柱导轨 2 上，因此运动平稳而且耐磨。

闭环数控回转工作台设有零点，当它作返回零点时，挡块碰撞限位开关（图 6-78 中未示出），使该工作台降速；然后通过感应块和无触点开关，使该工作台准确地停在零点位置。闭环数控回转工作台在任意角度转位和分度时，由圆光栅进行读数并控制，因此能够达到较高的分度精度。

思考与练习

6-1　数控机床的机械结构有哪些特点？

6-2　数控机床对主传动系统有哪些要求？

6-3　数控机床主传动系统的传动方式有哪些？

6-4 什么是数控机床的主轴准停功能？常用的主轴准停机构有哪些？

6-5 什么是电主轴？电主轴有什么特点？

6-6 数控机床主轴的轴承配置方式有哪些？

6-7 数控机床的主轴润滑方式有哪些？

6-8 数控机床对进给系统有哪些要求？

6-9 滚珠丝杠副的工作原理和特点是什么？

6-10 滚珠丝杠副的循环方式有哪些？

6-11 滚珠丝杠副的间隙消除方法有哪些？

6-12 滚珠丝杠副的支撑方式有哪些？

6-13 在齿轮传动中消除间隙的方法有哪些？

6-14 数控机床对导轨的要求有哪些？

6-15 数控机床常用的导轨有哪些？各有什么特点？

6-16 数控车床上的回转刀架换刀时需要完成哪些动作？如何实现？

6-17 加工中心的刀库主要有哪几种形式？其选刀的原理是什么？

6-18 加工中心常见的换刀方式分哪两大类？各有什么特点？

6-19 简述分度工作台的功用和工作原理。

6-20 简述数控回转工作台的功用和工作原理。

参 考 文 献

[1] 刘军，张秀丽．机床数控技术[M]．北京：电子工业出版社，2015.

[2] 刘军．数控技术及应用[M]．北京：北京大学出版社，2013.

[3] 周文玉，杜国臣，赵先仲，等．数控加工技术[M]．北京：高等教育出版社，2010.

[4] 杜国臣．机床数控技术[M]．北京：机械工业出版社，2018.

[5] 杜国臣．机床数控技术[M]．3版．北京：北京大学出版社，2016.

[6] 宋宏明，杨丰．数控加工工艺[M]．2版．北京：机械工业出版社，2019.

[7] 赵玉刚，宋现春．数控技术[M]．北京：机械工业出版社，2011.

[8] 朱晓春．数控技术[M]．2版．北京：机械工业出版社，2012.

[9] 娄锐．数控机床[M]．5版．大连：大连理工大学出版社，2018.

[10] 严育才，张福润，等．数控技术[M]．北京：清华大学出版社，2012.

[11] 李宏胜．机床数控技术及应用[M]．北京：高等教育出版社，2010.

[12] 董玉红．数控技术[M]．2版．北京：高等教育出版社，2012.

[13] 马宏伟．数控技术[M]．北京：电子工业出版社，2011.

[14] 王爱玲．数控机床加工工艺[M]．2版．北京：机械工业出版社，2013.

[15] 陈蔚芳，王宏涛．机床数控技术及应用[M]．4版．北京：科学技术出版社，2020.

[16] 顾晔，卢卓．数控编程与操作[M]．2版．北京：人民邮电出版社，2017.

[17] 李郝林，方键．机床数控技术[M]．3版．北京：机械工业出版社，2021.

[18] 王爱玲．数控机床结构及应用[M]．2版．北京：机械工业出版社，2022.

[19] 蔡厚道，杨家兴．数控机床构造[M]．2版．北京：北京理工大学出版社，2010.

[20] 张耀满．机床数控技术[M]．北京：机械工业出版社，2013.

[21] 魏杰．数控机床结构[M]．北京：化学工业出版社，2011.

[22] 唐文献．数控机床加工工艺入门与提高[M]．北京：机械工业出版社，2013.

[23] 李虹霖．机床数控技术[M]．上海：上海科学技术出版社，2012.